개정판

대학수학

권중성 · 길병문 · 심홍태 · 한동환 공저

JN431777

북스힐

머리말

수학은 현대문명사회를 합리적으로 이끌어 가고 새롭게 도래하는 사회를 창조적으로 건설하는 데 필수적인 학문이다. 그런 측면에서 근래 이공계열 기피현상이 널리 퍼져 있는 것은 안타까운 일이 아닐 수 없다. 정부의 정책 및 교육을 담당하는 사람들은 이 현상을 해결하고자 많은 고심을 하고 있다. 투자한 시간과 노력에 비하여 이공계 출신자에 대한 사회적 대우가 기대에 미치지 못하는 것이 이공계열 기피의 가장 큰 원인 중 하나일 것이며, 또 다른 이유는 이공계열의 기초가 되는 수학에 대한 공포 혹은 거부감일 것이다.

입시에서 수학은 성적에 변별력을 부여하는 결정적인 과목이지만, 이러한 수학을 제대로 이해하는 데에는 여타 과목과는 다른 능력을 필요로 한다. 이러한 이유로 대학에 진학한 후에도 수학 관련 과목에 대한 흥미 상실과 거부감이 계속되는 것이다. 그러나 오늘날 학문의 계열을 초월하여 연관된 현상을 규명하고 설명하기 위해서는 수학적 사고와 표현 없이는 불가능하다. 따라서 대학교육에 있어서 수학적으로 사고하고 수학적으로 표현하는 능력은 인문, 사회, 이공계열을 망라하여 매우 중요하다 하겠다. 입시 도구로서의 수학이 아니라 실용학문을 효과적으로 배우고 응용하기 위해서는, 복잡한 수학문제를 푸는 것보다 기본적인 수학적 지식과 초보적인 연역적 사고력을 기르는 것이 도움이 될 것이다.

이런 맥락에서 본 교재는 대학교육의 모든 계열학생들이 수학에 대한 친근감을 가지고 수학에 쉽게 다가설 수 있도록 저술하였다. 학생들의 이해를 돕기 위하여 가능한 한 많은 예제를 수록하였고 각 절 마지막에는 다양한 연습문제를 실었다. 부록으로 모든 연습문제의 해답을 제공함으로써 학생들 스스로 기본내용을 연습하고 확인할 수 있도록 배려하였다. 또한 명제의 증명으로 엄밀성만을 강조하지 않고 구체적인 문제 풀이에 주

안점을 두었으며, 보다 쉬운 내용을 가능한 한 많이 싣고자 했다.

음악을 이해하기 위해서 음악의 언어를 알아야 하듯이 수학을 잘 이해하기 위해서는 수학의 언어를 배워야 한다. 하나의 언어를 배운다는 자세로 차근차근 학습한다면, 이 책이 본인들의 전공을 이해하는 데 밑거름이자 좋은 길잡이가 되어 주리라 확신한다. 끝으로 출판을 맡아주신 출판사 북스힐에 심심한 사의를 표한다.

저자 일동

차례

Chapter 3 ••• 함 수

Chapter 4 ••• 극한과 연속성

Chapter 5 ••• 도함수와 응용

Chapter 6 ••• 초월함수의 미분과 Taylor 정리

Chapter 7 ••• 적 분

Chapter 10 ••• 중적분

부 록 •••

Chapter

1

행렬과 행렬식

케일리(Arthur Cayley, 1821~1895)는 967편이라는 방대한 양의 논문을 남긴 영국의 수학자이다. 리치몬드에서 태어나 케임브리지 트리니티 대학에서 공부하였다. 학부 재학 중에도 논문을 발표할 정도로 우수한 학생이었으며 졸업하던 해인 1842년에는 스미스 상(Smith's prize)을 받았다. 여러 논문 중에서 특히 〈행렬의 이론에 대한 연구논문집(Memoir on the Theory of Matrices, 1858)〉은 행렬의 연산, 일차변환 등의 수학적 새로운 방법을 창조한 것으로 높이 평가된다. 대학 졸업 후 마땅한 일자리를 찾지 못해 대학에서 법학을 다시 전공하여 법조계에서 일했으며 그러한 과정에서도 수학 연구를 게을리 하지 않아 200여 편의 논문을 남겼다. 또한 1843년에는 영국의 수학자 실베스터(James Joseph Sylvester, 1814~1897)와 협동으로 연구하기도 했다. 1854년 추상대수학(abstract algebra)에 대한 그의 업적은 더욱 혁신적이었으며, 그뿐만 아니라 기하학(algebraic geometry) 분야에서 3차원 이상의 공간에 대한 특별한 연구도 하였다. 그의 저서 《선형 변환에 관하여》를 통하여 케일리가 행렬을 연구한 첫 수학자임을 확인할 수 있다.

1.1 ••• 행렬과 행렬의 연산

자연과학과 사회과학 및 공학의 여러 분야에서 나타나는 행렬은 최근 들어 IT 기술과 정보 기술을 기반으로 서로 융합을 이루면서 이론 전개에 중요한 도구로 자리하고 있다.

정의 1.1.1

수나 문자의 직사각형 나열을 행렬(matrix)이라고 한다. 이때 가로 줄에 놓인 배열을 행(row)이라 하고 세로줄에 놓인 배열을 열(column)이라 한다. 그리고 행의 개수가 m이고 열의 개수가 n인 행렬을 $m \times n$ 행렬이라 한다.
행렬은 $A, B, \cdots, P, \cdots$ 등의 대문자로 나타내며, 행렬에 나타나는 원소 a_{ij}를 주어진 행렬의 i행 j열의 성분(entry)이라 부르고 크기가 $m \times n$ 행렬을 $A=(a_{ij})_{m\times n}$으로 나타낸다.

정의 1.1.2

행의 개수와 열의 개수가 같은 행렬을 정방행렬(square matrix)이라 하고 n행과 n열을 가지는 행렬을 n차 정방행렬이라 부른다. 이 때 $a_{ii}(1 \le i \le n)$를 주 대각원소라 한다. 모든 주 대각원소가 1이고 다른 요소는 0인 행렬을 단위행렬이라 부르며 I_n으로 쓴다.

정의 1.1.3

모든 원소가 0인 행렬을 영행렬(zero matrix)라 하고 O 혹은 $O_{m\times n}$으로 나타낸다.

예제 1.1.1 $A=\begin{pmatrix} 1 & -3 & 2 \\ 4 & 1 & 0 \end{pmatrix}$, $B=\begin{pmatrix} 2 & -1 \\ 3 & 4 \end{pmatrix}$, $C=\begin{pmatrix} 1 \\ 2 \\ -3 \end{pmatrix}$,

$$D=\begin{pmatrix} 1 & 0 & 1 \\ -2 & 3 & 7 \\ 2 & 2 & -6 \end{pmatrix},\quad E=(4),\quad F=(3\ 4\ -1),$$

$$G=\begin{pmatrix}1&0&0\\0&1&0\\0&0&1\end{pmatrix},\quad H=\begin{pmatrix}0&0\\0&0\end{pmatrix}$$

일 때 A는 2×3행렬이며 $a_{11}=1$, $a_{12}=-3$, $a_{21}=4$이고 B는 2차 정방행렬, C는 3×1 행렬, D는 3차 정방행렬, E는 1차 정방행렬이며 F는 1×3행렬, G는 3×3 단위행렬 H는 2×2 영행렬이다. ■

정의 1.1.4

두 행렬 $A=(a_{ij})$, $B=(b_{ij})$가 크기가 같고, 즉 행과 열의 개수가 같을 때 서로 대응하는 행렬의 성분이 각각 같으면 두 행렬 A와 B는 같다라 하고 $A=B$로 나타낸다.

예제 1.1.2 다음 두 행렬 A, B가 $A=B$이기 위한 w, x, y의 값을 구하라.

$$A=\begin{pmatrix}1&3&-2\\-1&4&5\\0&-4&10\end{pmatrix},\quad B=\begin{pmatrix}1&w&-2\\x&4&5\\0&-4&y\end{pmatrix}.$$

[풀이] $w=3$, $x=-1$, $y=10$. ■

정의 1.1.5 행렬의 합, 차, 상수곱

두 행렬 $A=(a_{ij})$, $B=(b_{ij})$가 각각 $m\times n$ 행렬일 때 두 행렬의 합 $A+B$와 차 $A-B$는

$$A+B=(a_{ij}+b_{ij}),$$
$$A-B=(a_{ij}-b_{ij})$$

로 정의한다. 또 r이 실수일 때 행렬 A와 r의 상수 곱 rA는

$$rA=r(a_{ij})=(ra_{ij})$$

로 정의한다.

예제 1.1.3 두 행렬 $A=\begin{pmatrix} 2 & 3 & 1 \\ 3 & 2 & 3 \end{pmatrix}$과 $B=\begin{pmatrix} -1 & 2 & 0 \\ 3 & 2 & 5 \end{pmatrix}$에 대하여 다음을 구하라.

(1) $A+B$ (2) $2A$

(3) $A-B$

[풀이] (1) $A+B=\begin{pmatrix} 2+(-1) & 3+2 & 1+0 \\ 3+3 & 2+2 & 3+5 \end{pmatrix}=\begin{pmatrix} 1 & 5 & 1 \\ 6 & 4 & 8 \end{pmatrix}.$

(2) $2A=\begin{pmatrix} 2\cdot 2 & 2\cdot 3 & 2\cdot 1 \\ 2\cdot 3 & 2\cdot 2 & 2\cdot 3 \end{pmatrix}=\begin{pmatrix} 4 & 6 & 2 \\ 6 & 4 & 6 \end{pmatrix}.$

(3) $A-B=A+(-1)B=\begin{pmatrix} 2-(-1) & 3-2 & 1-0 \\ 3-3 & 2-2 & 3-5 \end{pmatrix}=\begin{pmatrix} 3 & 1 & 1 \\ 0 & 0 & -2 \end{pmatrix}.$ ■

행렬에 대하여 실수와 동일하게 덧셈에 대하여 교환법칙, 결합법칙이 성립하고 또 덧셈에 대한 항등원과 역원을 갖는다.

정리 1.1.1 행렬의 연산

A, B, C가 모두 $m\times n$행렬이고 α, β가 임의의 실수라 하면 다음 등식이 성립한다.

(1) $A+B=B+A$ (교환법칙)

(2) $A+(B+C)=(A+B)+C$ (결합법칙)

(3) $A+O=O+A=A$ (항등원의 존재)

(4) $A+(-A)=O$ (역원의 존재)

(5) $(\alpha+\beta)A=\alpha A+\beta A$

(6) $(\alpha\beta)A=\alpha(\beta A)$

(7) $\alpha(A+B)=\alpha A+\alpha\beta$

예제 1.1.4 다음 두 행렬 $A=\begin{pmatrix} 3 & -1 \\ 0 & -4 \end{pmatrix}$와 $B=\begin{pmatrix} -1 & 2 \\ 4 & 3 \end{pmatrix}$에 대해서 $2A+2X=B$를 만족하는 행렬 X를 구하라.

[풀이] $2A+2X=B$에서 X를 A, B로 나타내면

$$X=\frac{1}{2}B-A.$$

따라서,

$$X = \frac{1}{2}\begin{pmatrix} -1 & 2 \\ 4 & 3 \end{pmatrix} - \begin{pmatrix} 3 & -1 \\ 0 & -4 \end{pmatrix}$$
$$= \begin{pmatrix} -\frac{1}{2} & 1 \\ 2 & \frac{3}{2} \end{pmatrix} - \begin{pmatrix} 3 & -1 \\ 0 & -4 \end{pmatrix} = \begin{pmatrix} -\frac{7}{2} & 2 \\ 2 & \frac{11}{2} \end{pmatrix}.$$

■

예제 1.1.5 두 행렬 $A = \begin{pmatrix} 1 & -6 \\ 3 & -2 \end{pmatrix}$와 $B = \begin{pmatrix} 3 & -4 \\ 1 & 2 \end{pmatrix}$에 대하여 다음 두 식을 동시에 만족하는 행렬 X와 Y를 각각 구하라.

$$X + Y = A \qquad \cdots\cdots ①$$
$$X - Y = B \qquad \cdots\cdots ②$$

[풀이] ①+②를 하면 $2X = A + B$이므로

$$X = \frac{1}{2}(A + B) = \frac{1}{2}\left\{\begin{pmatrix} 1 & -6 \\ 3 & -2 \end{pmatrix} + \begin{pmatrix} 3 & -4 \\ 1 & 2 \end{pmatrix}\right\} = \begin{pmatrix} 2 & -5 \\ 2 & 0 \end{pmatrix}$$
$$Y = A - X = \begin{pmatrix} 1 & -6 \\ 3 & -2 \end{pmatrix} - \begin{pmatrix} 2 & -5 \\ 2 & 0 \end{pmatrix} = \begin{pmatrix} -1 & -1 \\ 1 & -2 \end{pmatrix}$$

임을 알 수가 있다. ■

정의 1.1.6

$m \times n$ 행렬 $A = (a_{ij})$와 $n \times \ell$ 행렬 $B = (b_{ij})$에 대하여 두 행렬의 곱 $m \times \ell$ 행렬 $C = (c_{ij})$는 다음과 같이 정의하며 $C = AB$로 나타낸다.

$$c_{ij} = a_{i1}b_{1j} + a_{i2}b_{2j} + \cdots + a_{il}b_{lj} = \sum_{k=1}^{n} a_{ik}b_{kl}$$

따라서 행렬 A의 열의 개수와 행렬 B의 행의 개수가 같은 경우에만 두 행렬의 곱이 정의되며 그 결과로 나타나는 행렬 C는 A의 행의 수와 B의 열의 수를 각각 행과 열의 개수를 갖는 행렬이다.

예제 1.1.6

(1) $A = \begin{pmatrix} 2 & 1 \\ 3 & 4 \end{pmatrix}$이고, $B = \begin{pmatrix} 1 & -2 \\ 5 & 3 \end{pmatrix}$일 때

$$AB=\begin{pmatrix}2&1\\3&4\end{pmatrix}\begin{pmatrix}1&-2\\5&3\end{pmatrix}=\begin{pmatrix}2\times1+1\times5 & 2\times(-2)+1\times3\\3\times1+4\times5 & 3\times(-2)+4\times3\end{pmatrix}=\begin{pmatrix}7&-1\\23&6\end{pmatrix}.$$

$$BA=\begin{pmatrix}1&-2\\5&3\end{pmatrix}\begin{pmatrix}2&1\\3&4\end{pmatrix}=\begin{pmatrix}1\times2+(-2)\times3 & 1\times1+(-2)\times4\\5\times2+3\times3 & 5\times1+3\times4\end{pmatrix}=\begin{pmatrix}-4&-7\\19&17\end{pmatrix}.$$

(2) $A=\begin{pmatrix}1&3\\2&6\end{pmatrix}$이고 $B=\begin{pmatrix}-3&3\\1&-1\end{pmatrix}$이면

$$AB=\begin{pmatrix}1&3\\2&6\end{pmatrix}\begin{pmatrix}-3&3\\1&-1\end{pmatrix}=\begin{pmatrix}1\times(-3)+3\times1 & 1\times3+3\times(-1)\\2\times(-3)+6\times1 & 2\times3+6\times(-1)\end{pmatrix}=\begin{pmatrix}0&0\\0&0\end{pmatrix}.$$

(3) $A=\begin{pmatrix}0&1\\0&2\end{pmatrix}$, $B=\begin{pmatrix}1&2\\3&4\end{pmatrix}$, $C=\begin{pmatrix}2&5\\3&4\end{pmatrix}$에 대하여 $AB=AC=\begin{pmatrix}3&4\\6&8\end{pmatrix}$. ■

일반적으로 행렬의 곱셈에서 교환법칙이 성립하지 않으며, 더욱이 실수에서 성립하는 약분법칙이 행렬에서는 성립하지 않는다.

그러나 다음 정리에서와 같이 행렬에 대한 배분법칙과 결합법칙은 성립한다.

정리 1.1.2

행렬 A, B, C와 임의의 상수 c에 대하여 다음이 성립한다.

(1) $A(B+C)=AB+AC$

(2) $(A+B)C=AC+BC$

(3) $(AB)C=A(BC)$

(4) $c(AB)=(cA)B=A(cB)$

정의 1.1.7 전치행렬

주어진 행렬 A의 행과 열을 바꾸어 배열한 새로운 행렬을 A의 전치행렬이라 하고 A^T로 나타낸다. 즉 $m\times n$행렬 $A=(a_{ij})$에 대한 전치행렬은 $n\times m$행렬이다.

예제 1.1.7 $A=\begin{pmatrix}1&2&3\\4&5&6\\7&8&9\end{pmatrix}$이면 $A^T=\begin{pmatrix}1&4&7\\2&5&8\\3&6&9\end{pmatrix}$이다. ■

연습문제 1.1

1. 다음 등식이 성립하도록 x, y, z, w의 값을 구하라.

(1) $\begin{pmatrix} 2 & x \\ -1 & 4 \end{pmatrix} = \begin{pmatrix} 2 & 1 \\ y & 4 \end{pmatrix}$

(2) $\begin{pmatrix} x+2y \\ x-y \end{pmatrix} = \begin{pmatrix} 5 \\ 2 \end{pmatrix}$

(3) $\begin{pmatrix} 0 & x+y \\ x-y & 0 \end{pmatrix} = \begin{pmatrix} 0 & 4 \\ -2 & 0 \end{pmatrix}$

(4) $\begin{pmatrix} 2x+1 & y-4 \\ -z+5 & 3w-1 \end{pmatrix} = \begin{pmatrix} 3z+2 & z-4 \\ z & -2y-4 \end{pmatrix}$

2. $A = \begin{pmatrix} 2 & 1 \\ 1 & 3 \end{pmatrix}$, $B = \begin{pmatrix} -2 & 0 \\ 3 & 4 \end{pmatrix}$, $C = \begin{pmatrix} 3 & 2 & 0 \\ 1 & 0 & 4 \end{pmatrix}$, $D = \begin{pmatrix} 2 & 6 & 0 \\ 3 & 5 & 0 \end{pmatrix}$이라 할 때 다음을 계산하라. 또 정의되지 않으면 이유를 설명하라.

(1) $A - B$
(2) $A + D$
(3) $5D - C$
(4) AB
(5) $(A + B)C$
(6) $D(A + B)$

3. A, B는 5×4행렬, C, D, E는 각각 4×3, 3×5, 5×3 행렬이라 할 때 다음 중 정의되는 것을 판단하고 그 결과의 행과 열의 수를 구하라.

(1) $AC + E$
(2) $(A + C)E$
(3) $(BC)D$
(4) $CD - AC$
(5) $DE - C$
(6) $D(A - B)$

4. 두 행렬 A와 B에 대하여 다음이 성립할 때 행렬 $A^2 + B^2$을 구하라.

$$A + B = \begin{pmatrix} 2 & 1 \\ 0 & 3 \end{pmatrix}, \quad AB + BA = \begin{pmatrix} 3 & 1 \\ 2 & -1 \end{pmatrix}.$$

5. 다음을 만족시키는 두 행렬 A와 B에 대하여 $A^2 - B^2$을 구하라.

$$A - B = \begin{pmatrix} 1 & 2 \\ 4 & 0 \end{pmatrix}, \quad A + B = \begin{pmatrix} 3 & 4 \\ 0 & 2 \end{pmatrix}.$$

6. $A = \begin{pmatrix} 1 & 2 \\ 0 & 1 \end{pmatrix}$에 대하여 $A + A^2 + A^3 + \cdots + A^{10} = \begin{pmatrix} a & b \\ c & d \end{pmatrix}$일 때 b의 값을 구하라.

7. 영행렬이 아닌 2×2 행렬 중에서 $A^2 = O$되는 A를 찾아라.

8. 두 행렬 $A = \begin{pmatrix} 2 & -2 \\ 1 & 0 \end{pmatrix}$과 $B = \begin{pmatrix} a & -2 \\ 1 & 1 \end{pmatrix}$에 대하여 $AB = BA$가 성립하도록 a의 값을 정하라.

1.2 ••• 행렬과 일차 연립방정식

정의 1.2.1

변수 $x_1, x_2, \cdots, x_m$에 관한 일차방정식이 두 개 이상으로 이루어졌을 때에, 즉

$$\begin{cases} a_{11}x_1 + a_{12}x_2 + \cdots + a_{1m}x_m = b_1 \\ a_{21}x_1 + a_{22}x_2 + \cdots + a_{2m}x_m = b_2 \\ \quad \vdots \\ a_{n1}x_1 + a_{n2}x_2 + \cdots + a_{nm}x_m = b_n \end{cases} \qquad (*)$$

을 변수 $x_1, x_2, \cdots, x_m$에 관한 $n \times m$ 일차 연립방정식이라 한다.

여기서 $a_{ij}(1 \le i \le n, 1 \le j \le m)$와 $b_i(1 \le i \le n)$은 실수이며 a_{ij}를 계수 b_i를 상수라 부른다.

정의 1.2.2

$(*)$로 주어진 $n \times m$ 일차 연립방정식에서

$$A = \begin{pmatrix} a_{11} & a_{12} & \cdots & a_{1m} \\ a_{21} & a_{22} & \cdots & a_{2m} \\ \vdots & & & \\ a_{n1} & & \cdots & a_{nm} \end{pmatrix}, \quad X = \begin{pmatrix} x_1 \\ \vdots \\ x_m \end{pmatrix}, \quad B = \begin{pmatrix} b_1 \\ \vdots \\ b_n \end{pmatrix}$$

으로 두면 $(*)$는 행렬의 연산을 이용하여

$$AX = B \qquad (**)$$

로 나타낼 수 있다. 이때 $(**)$를 행렬방정식이라 한다. 또 A를 계수행렬(coefficient matrix), B를 상수행렬(constant matrix)라 하고

$$\begin{pmatrix} a_{11} & a_{12} & \cdots & a_{1m} & \cdots & b_1 \\ a_{21} & a_{22} & \cdots & a_{2m} & \cdots & b_2 \\ \vdots & \vdots & \vdots & \vdots & \vdots & \vdots \\ a_{n1} & a_{n2} & \cdots & a_{nm} & \cdots & b_n \end{pmatrix} = (A \mid B)$$

를 확대행렬(Augmented matrix)라 한다.

예제 1.2.1 다음 선형 연립방정식의 계수행렬과 확대행렬을 구하고 행렬의 연산을 이용하여 표현하라.

$$\begin{cases} x_1 - 2x_2 + 3x_3 = -4 \\ 4x_1 + x_2 - 2x_3 = 7 \\ -5x_1 - x_2 + 4x_3 = 1 \end{cases}$$

[풀이]

$$A = \begin{pmatrix} 1 & -2 & 3 \\ 4 & 1 & -2 \\ -5 & -1 & 4 \end{pmatrix}, \quad X = \begin{pmatrix} x_1 \\ x_2 \\ x_3 \end{pmatrix}, \quad B = \begin{pmatrix} -4 \\ 7 \\ 1 \end{pmatrix}.$$

또 행렬연산으로 나타내면

$$\begin{pmatrix} 1 & -2 & 3 \\ 4 & 1 & -2 \\ -5 & -1 & 4 \end{pmatrix} \begin{pmatrix} x_1 \\ x_2 \\ x_3 \end{pmatrix} = \begin{pmatrix} -4 \\ 7 \\ 1 \end{pmatrix}$$

이며 확대행렬은

$$\left(\begin{array}{ccc:c} 1 & -2 & 3 & -4 \\ 4 & 1 & -2 & 7 \\ -5 & -1 & 4 & 1 \end{array}\right)$$

이다. ■

예제 1.2.2 다음 선형 연립방정식을 풀고 각 단계별로 대응하는 확대행렬을 구하라.

$$\begin{cases} 4x_1 - 2x_2 = 8 \\ x_1 - 2x_2 = 5 \end{cases}$$

[풀이]

$$\begin{cases} 4x_1 - 2x_2 = 8 \\ x_1 - 2x_2 = 5 \end{cases} \qquad \left(\begin{array}{cc:c} 4 & -2 & 8 \\ 1 & -2 & 5 \end{array}\right).$$

첫째 식과 둘째 식을 바꾼다.

$$\begin{cases} x_1 - 2x_2 = 5 \\ 4x_1 - 2x_2 = 8 \end{cases} \qquad \left(\begin{array}{cc:c} 4 & -2 & 5 \\ 1 & -2 & 8 \end{array}\right).$$

둘째 식에 $\frac{1}{2}$배 한다.

$$\begin{cases} x_1 - 2x_2 = 5 \\ 2x_1 - x_2 = 4 \end{cases} \qquad \left(\begin{array}{cc:c} 1 & -2 & 5 \\ 2 & -1 & 4 \end{array}\right).$$

첫째 식에 -2배하여 둘째 식에 더한다.

$$\begin{cases} x_1 - 2x_2 = 5 \\ \quad\ \ 3x_2 = -6 \end{cases} \qquad \left(\begin{array}{cc:c} 1 & -2 & 5 \\ 0 & 3 & -6 \end{array}\right).$$

둘째 식에 $\frac{1}{3}$배 한다.

$$\begin{cases} x_1 - 2x_2 = 5 \\ \qquad\ x_2 = -2 \end{cases} \qquad \left(\begin{array}{cc:c} 1 & -2 & 5 \\ 0 & 1 & -2 \end{array}\right).$$

둘째 식을 2배하여 첫째 식에 더한다.

$$\begin{cases} x_1 = 1 \\ x_2 = -2 \end{cases} \qquad \left(\begin{array}{cc:c} 1 & 0 & 1 \\ 0 & 1 & -2 \end{array}\right).$$

■

예제 1.2.2에서 좌변은 동치인 연립방정식을 우변은 대응하는 확대행렬을 나타낸다. 연립방정식에서 변수를 소거해 갈 때 x_1, x_2가 중요한게 아니며 필요한 것은 그들의 계수임에 주의하자.

예제 1.2.2의 풀이과정에서 해를 구하는 과정으로부터 다음의 정의를 얻을 수 있다.

정의 1.2.3 선형 연립방정식의 기본연산(elementary operation)

선형 연립방정식의 **기본연산**(elementary operation)이란 다음의 (1), (2), (3)을 의미한다.

(1) 어느 한 방정식의 양변에 0 아닌 수를 곱한다.

(2) 한 방정식에 0 아닌 수를 곱하여 다른 방정식에 더한다.

(3) 두 방정식을 교환한다.

정의 1.2.4 행렬의 기본행연산

행렬의 **기본연산**(elementary operation)이란 다음의 (E_1), (E_2), (E_3)를 의미한다.

(E_1) 한 행에 0 아닌 수를 곱한다.

(E_2) 한 행에 0 아닌 수를 곱하여 다른 행에 더한다.

(E_3) 두 행을 교환한다.

정의 1.2.5

연립일차방정식의 확대행렬을 구하고 행렬의 기본연산을 이용하여 해를 구하는 방법을 Gauss소거법이라 한다.

표현을 간단히 하기 위하여

$3R_2$	: 둘째 행에 3을 곱함을 의미한다.
$(-1)R_1+R_2$	: 첫째 행에 -1을 곱하여 둘째 행에 더함을 의미한다.
$R_2 \leftrightarrow R_3$	: 둘째 행과 셋째 행을 교환함을 의미한다.
$\dfrac{R_1+R_4}{-R_3+R_1}$	: 연산 R_1+R_4와 $-R_3+R_1$을 동시에 행함을 의미한다.

예제 1.2.3 다음 연립방정식을 Gauss소거법으로 풀어라.

$$\begin{cases} x \quad\quad\; + 3z = 3 \\ 2x + 4y + z = -1 \\ x + 3y + z = 8 \end{cases}$$

[풀이] R_1, R_2, R_3는 각각 첫째 행, 둘째 행, 셋째 행을 나타내기로 한다.

$$\left(\begin{array}{ccc|c} 1 & 0 & 3 & 3 \\ 2 & 4 & 1 & -1 \\ 1 & 3 & 1 & 8 \end{array}\right) \xrightarrow{(-2)R_1+R_2} \left(\begin{array}{ccc|c} 1 & 0 & 3 & 3 \\ 0 & 4 & -5 & -7 \\ 1 & 3 & 1 & 8 \end{array}\right)$$

$$\xrightarrow{(-1)R_1+R_3} \left(\begin{array}{ccc|c} 1 & 0 & 3 & 3 \\ 0 & 4 & -5 & -7 \\ 0 & 3 & -2 & 5 \end{array}\right)$$

$$\xrightarrow{(-1)R_3+R_2} \left(\begin{array}{ccc|c} 1 & 0 & 3 & 3 \\ 0 & 1 & -3 & -12 \\ 0 & 3 & -2 & 5 \end{array}\right)$$

$$\xrightarrow{(-3)R_2+R_3} \left(\begin{array}{ccc|c} 1 & 0 & 3 & 3 \\ 0 & 1 & -3 & -12 \\ 0 & 0 & 7 & 41 \end{array}\right)$$

$$\xrightarrow{\frac{1}{7}R_3} \left(\begin{array}{ccc|c} 1 & 0 & 3 & 3 \\ 0 & 1 & -3 & -12 \\ 0 & 0 & 1 & \frac{41}{7} \end{array}\right)$$

$$\xrightarrow[3R_3+R_2]{(-3)R_3+R_1} \left(\begin{array}{ccc|c} 1 & 0 & 0 & -\frac{102}{7} \\ 0 & 1 & 0 & \frac{39}{7} \\ 0 & 0 & 1 & \frac{41}{7} \end{array}\right)$$

이므로 첫째 행에서 $x=-\frac{102}{7}$, 둘째 행에서 $y=\frac{39}{7}$, 셋째 행에서 $z=\frac{41}{7}$이다. ■

예제 1.2.4 다음 연립방정식을 Gauss소거법으로 풀어라.

$$\begin{cases} x+2y+3z=14 \\ 2x-3y+2z=2 \\ 3x+y-z=2 \end{cases}$$

[풀이]

$$\left(\begin{array}{ccc|c} 1 & 2 & 3 & 14 \\ 2 & -3 & 2 & 2 \\ 3 & 1 & -1 & 2 \end{array}\right) \xrightarrow[-3R_1+R_3]{-2R_1+R_2} \left(\begin{array}{ccc|c} 1 & 2 & 3 & 14 \\ 0 & -7 & -4 & -26 \\ 0 & -5 & -10 & -40 \end{array}\right)$$

$$\xrightarrow{-\frac{1}{5}R_3} \left(\begin{array}{ccc|c} 1 & 2 & 3 & 14 \\ 0 & -7 & -4 & -26 \\ 0 & 1 & 2 & 8 \end{array}\right)$$

$$\xrightarrow{7R_3+R_2} \left(\begin{array}{ccc|c} 1 & 2 & 3 & 14 \\ 0 & 0 & 10 & 30 \\ 0 & 1 & 2 & 8 \end{array}\right)$$

$$\xrightarrow{R_2 \leftrightarrow R_3} \left(\begin{array}{ccc|c} 1 & 2 & 3 & 14 \\ 0 & 1 & 2 & 8 \\ 0 & 0 & 10 & 30 \end{array}\right)$$

$$\xrightarrow{\frac{1}{10}R_3} \left(\begin{array}{ccc|c} 1 & 2 & 3 & 14 \\ 0 & 1 & 2 & 8 \\ 0 & 0 & 1 & 3 \end{array}\right)$$

이므로 셋째 행에서 $z=3$, 둘째 행에 $z=3$을 대입하면 $y=2$, 첫째 행에 $y=2$ $z=3$을 대입하며 $x=1$이다. ■

예제 1.2.5 다음 연립방정식을 Gauss소거법으로 풀어라.

$$\begin{cases} 3x+2y-2z=3 \\ 2x+3y-3z=4 \\ -2x+4y+2z=3 \\ 5x-2y+4z=2 \end{cases}$$

[풀이]

$$\left(\begin{array}{ccc|c} 3 & 2 & -2 & 3 \\ 2 & 3 & -3 & 4 \\ -2 & 4 & 2 & 3 \\ 5 & -2 & 4 & 2 \end{array}\right) \xrightarrow[R_2+R_3]{R_1+R_4} \left(\begin{array}{ccc|c} 3 & 2 & -2 & 3 \\ 2 & 3 & -3 & 4 \\ 0 & 7 & -1 & 7 \\ 8 & 0 & 2 & 5 \end{array}\right)$$

$$\xrightarrow{(-1)R_2+R_1} \left(\begin{array}{ccc|c} 1 & -1 & 1 & -1 \\ 2 & 3 & -3 & 4 \\ 0 & 7 & -1 & 7 \\ 8 & 0 & 2 & 5 \end{array}\right)$$

$$\xrightarrow[(-8)R_1+R_4]{(-2)R_1+R_2}\left(\begin{array}{ccc|c} 1 & -1 & 1 & -1 \\ 0 & 5 & -5 & 6 \\ 0 & 7 & -1 & 7 \\ 0 & 8 & -6 & 13 \end{array}\right)$$

$$\xrightarrow{(-1)R_3+R_4}\left(\begin{array}{ccc|c} 1 & -1 & 1 & -1 \\ 0 & 5 & -5 & 6 \\ 0 & 7 & -1 & 7 \\ 0 & 1 & -5 & 6 \end{array}\right)$$

$$\xrightarrow[(-7)R_4+R_3]{(-5)R_4+R_2}\left(\begin{array}{ccc|c} 1 & -1 & 1 & -1 \\ 0 & 0 & 20 & -24 \\ 0 & 0 & 34 & -35 \\ 0 & 1 & -5 & 6 \end{array}\right)$$

$$\xrightarrow{R_2 \leftrightarrow R_4}\left(\begin{array}{ccc|c} 1 & -1 & 1 & -1 \\ 0 & 1 & -5 & 6 \\ 0 & 0 & 34 & -35 \\ 0 & 0 & 20 & -24 \end{array}\right)$$

$$\xrightarrow[\frac{1}{34}R_3]{R_2+R_1}\left(\begin{array}{ccc|c} 1 & 0 & -4 & 5 \\ 0 & 1 & -5 & 6 \\ 0 & 0 & 1 & -\frac{35}{34} \\ 0 & 0 & 20 & -24 \end{array}\right)$$

$$\xrightarrow{(-20)R_3+R_4}\left(\begin{array}{ccc|c} 1 & 0 & -4 & 5 \\ 0 & 1 & -5 & 6 \\ 0 & 0 & 1 & -\frac{35}{34} \\ 0 & 0 & 0 & -\frac{58}{17} \end{array}\right)$$

이다. 따라서 대응하는 연립방정식은

$$\begin{cases} x \quad - 4z = 5 \\ \quad y - 5z = 6 \\ \qquad\quad z = -\frac{35}{34} \\ \qquad\quad 0 = \frac{58}{17} \end{cases}$$

과 같다. 그러므로 주어진 연립방정식은 해를 갖지 않는다. ■

예제 1.2.6 다음 연립방정식을 풀어라.

$$\begin{cases} 2x_1 + 3x_2 + 8x_3 = 0 \\ x_1 + x_2 + 2x_3 = 0 \\ 5x_1 + x_2 - 6x_3 = 0 \end{cases}$$

[풀이] 확대행렬을 기본연산하여 해를 구한다.

$$\left(\begin{array}{ccc|c} 2 & 3 & 8 & 0 \\ 1 & 1 & 2 & 0 \\ 5 & 1 & -6 & 0 \end{array}\right)$$

$$\xrightarrow{R_1 \leftrightarrow R_2} \left(\begin{array}{ccc|c} 1 & 1 & 2 & 0 \\ 2 & 3 & 8 & 0 \\ 5 & 1 & -6 & 0 \end{array}\right)$$

$$\xrightarrow{(-2)R_1 + R_2} \left(\begin{array}{ccc|c} 1 & 1 & 2 & 0 \\ 0 & 1 & 4 & 0 \\ 5 & 1 & -6 & 0 \end{array}\right)$$

$$\xrightarrow{(-5)R_1 + R_3} \left(\begin{array}{ccc|c} 1 & 1 & 2 & 0 \\ 0 & 1 & 4 & 0 \\ 0 & -4 & -16 & 0 \end{array}\right)$$

$$\xrightarrow{(-1)R_2 + R_1} \left(\begin{array}{ccc|c} 1 & 0 & -2 & 0 \\ 0 & 1 & 4 & 0 \\ 0 & -4 & -16 & 0 \end{array}\right)$$

$$\xrightarrow{\left(-\frac{1}{4}\right)R_3} \left(\begin{array}{ccc|c} 1 & 0 & -2 & 0 \\ 0 & 1 & 4 & 0 \\ 0 & 1 & 4 & 0 \end{array}\right)$$

$$\xrightarrow{(-1)R_2 + R_3} \left(\begin{array}{ccc|c} 1 & 0 & -2 & 0 \\ 0 & 1 & 4 & 0 \\ 0 & 0 & 0 & 0 \end{array}\right)$$

$$\begin{cases} x_1 - 2x_3 = 0 \\ x_2 + 4x_3 = 0 \end{cases}$$

즉

$$\begin{cases} x_1 = 2x_3 \\ x_2 = -4x_3 \end{cases}$$

이므로 x_3의 값이 정하여지면 x_1, x_2의 값이 정하여진다. $x_3 = 0$이면 $x_1 = 0$, $x_2 = 0$가 되어 자명한 해를 갖는다. 주어진 연립방정식의 해를 순서쌍 (x_1, x_2, x_3)로 나타내면 $(2x_3, -4x_3, x_3)$이므로 임의의 x_3에 대하여 해가 존재하므로 구하는 해는 자명한 해를 포함하여 무수히 많다. ■

다음 예제는 일차방정식의 개수보다 미지수의 개수가 많은 동차연립방정식의 풀이이다. 이 경우 해는 무수히 많다.

예제 1.2.7 다음 연립방정식을 풀어라.

$$\begin{cases} 2x_1 + 2x_2 + \ \ x_3 = 0 \\ 2x_1 - 6x_2 - 5x_3 = 0 \end{cases}$$

[풀이] 확대계수행렬을 기본(행)변형에 의하여 변형한다.

$$\left(\begin{array}{ccc|c} 2 & 2 & 1 & 0 \\ 2 & -6 & -5 & 0 \end{array}\right)$$

$$\xrightarrow{\frac{1}{2}R_1} \left(\begin{array}{ccc|c} 1 & 1 & \frac{1}{2} & 0 \\ 2 & -6 & -5 & 0 \end{array}\right)$$

$$\xrightarrow{(-2)R_1 + R_2} \left(\begin{array}{ccc|c} 1 & 1 & \frac{1}{2} & 0 \\ 0 & -8 & -6 & 0 \end{array}\right)$$

$$\xrightarrow{\left(-\frac{1}{8}\right)R_2} \left(\begin{array}{ccc|c} 1 & 1 & \frac{1}{2} & 0 \\ 0 & 1 & \frac{3}{4} & 0 \end{array}\right)$$

$$\xrightarrow{(-1)R_2 + R_1} \left(\begin{array}{ccc|c} 1 & 0 & -\frac{1}{4} & 0 \\ 0 & 1 & \frac{3}{4} & 0 \end{array}\right)$$

$$\begin{cases} x_1 - \frac{1}{4}x_3 = 0 \\ x_2 + \frac{3}{4}x_3 = 0 \end{cases}$$

따라서 구하는 해를 순서쌍$(x_1,\ x_2,\ x_3)$로 나타내면 $\left(\frac{1}{4}x_3,\ -\frac{3}{4}x_3,\ x_3\right)$로 해는 무수히 많다. ■

연습문제 1.2

1. Gauss소거법을 이용하여 다음 선형방정식을 풀어라.

(1) $\begin{cases} 2x + \ \ y = 4 \\ 5x - 2y = 1 \end{cases}$ (2) $\begin{cases} 3x + y = 11 \\ x \ - y = 5 \end{cases}$

(3) $\begin{cases} x + \ \ y = 0 \\ 3x - 4y = 1 \end{cases}$ (4) $\begin{cases} 2x + 3y = 8 \\ x + \ \ y = 3 \end{cases}$

(5) $\begin{cases} 3x + 2y = 6 \\ 6x + 4y = 12 \end{cases}$ (6) $\begin{cases} x + \ \ y = 5 \\ 2x + 2y = 6 \end{cases}$

2. Gauss소거법을 이용하여 다음 선형방정식을 풀어라.

(1) $\begin{cases} -x + y + 2z = 0 \\ 3x + 4y + z = 0 \\ 2x + 5y + 3z = 0 \end{cases}$

(2) $\begin{cases} 2x + 2y - 4z = -1 \\ 3y + 2z = 9 \\ -4z + y + 3z = 4.5 \end{cases}$

(3) $\begin{cases} -2x - y + 2z = 0 \\ x - y = 0 \\ x + y = 0 \end{cases}$

(4) $\begin{cases} 3x - 2y + z = 6 \\ x + 10y - z = 2 \\ -3x - 2y + z = 10 \end{cases}$

(5) $\begin{cases} x + y + z = 1 \\ 4y + 6z = 6 \\ y + z = 1 \end{cases}$

3. 다음 선형방정식계의 해의 존재성을 논하고 있으면 해를 구하라.

(1) $\begin{cases} 2x - 3y = 6 \\ 4x - 6y = 18 \end{cases}$

(2) $\begin{cases} 2x - y + 3z = 4 \\ x + 3y - z = -2 \end{cases}$

(3) $\begin{cases} 7x + 4y - 2z = -6 \\ 16x + 2y + z = 3 \end{cases}$

(4) $\begin{cases} x + 2y - z + u = 0 \\ y - z + u = 0 \end{cases}$

(5) $\begin{cases} 3x - 12y = 6 \\ -7x + 28y = -14 \\ 5x - 20y = 10 \end{cases}$

(6) $\begin{cases} -2x - 2y - z + u = 0 \\ y + 7z + u = 0 \\ x + 2y + 4z = 0 \\ -2x - 2y + 6z + 2u = 0 \end{cases}$

$$|A| = 1\cdot\begin{vmatrix}1&4&2\\1&0&4\\0&2&1\end{vmatrix} - 2\cdot\begin{vmatrix}0&4&2\\0&0&4\\1&2&1\end{vmatrix} - 1\cdot\begin{vmatrix}0&1&2\\0&1&4\\1&0&1\end{vmatrix} - 3\cdot\begin{vmatrix}0&1&4\\0&1&0\\1&0&2\end{vmatrix}$$
$$= (-8-4+4) - 2(16) - 1(4-2) - 3(-4)$$
$$= -30.$$ ■

[참고] 예제 1.3.2와 예제 1.3.3에서 구한 2차, 3차의 행렬식의 값은 아래의 그림을 참고하면 쉽게 얻을 수 있다. 이와 같은 방법을 Sarrus 방법이라 한다. 그러나 이 방법은 4차 이상의 행렬식의 값을 구하는 데는 적용할 수 없음에 유의하여야겠다.

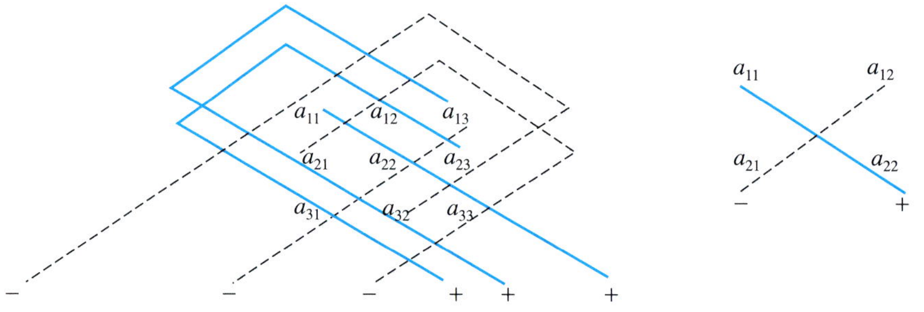

다음에는 행렬식의 성질에 대하여 알아보고 행렬식을 보다 간편하게 계산하는 방법에 대하여 알아보자.

A는 n차 정방행렬이라 하자.

정리 1.3.1

(1) 행렬 A의 행렬식과 A의 전치행렬의 행렬식은 같다.

$$\det(A) = \det(A^T)$$

(2) 만약 B가 A의 한 행에 실수 k배하여 얻은 행렬이라면

$$\det(B) = k\det A$$

예제 1.3.4 $A = \begin{pmatrix}1 & 3\\2 & -5\end{pmatrix}$이고 $k=3$일 때

$\det(A) = 1\times(-5) - 3\times 2 = -11,\ \det(A^T) = 1\times(-5) - 3\times 2 = -11.$

$\det(B) = \det\begin{pmatrix}3 & 9\\2 & -5\end{pmatrix} = 3\times(-5) - 9\times 2 = 15 - 18 = -33.$ ■

정리 1.3.2

(1) A의 임의의 두 행(또는 열)을 서로 교환하여 얻은 행렬을 B라 하면

$$\det(B) = -\det(A)$$

(2) 행렬 A의 한 행(또는 열)에 k배하여 다른 행(열)에 더하여 얻은 행렬을 B라 하면

$$\det(B) = \det(A)$$

예제 1.3.5 $A = \begin{pmatrix} 1 & 2 \\ 3 & -1 \end{pmatrix}$이며 $B = \begin{pmatrix} 3 & -1 \\ 1 & 2 \end{pmatrix}$, $C = \begin{pmatrix} 1 & 4 \\ 3 & 5 \end{pmatrix}$라 하면

$\det A = 1 \times (-1) - 2 \times 3 = -7$, $\det B = 3 \times 2 - (-1) \times 1 = 6 + 1 = 7$,
$\det C = 1 \times 5 - 3 \times 4 = -7$.

따라서 $\det(A) = -\det(B)$, $\det A = \det B$. ■

정리 1.3.3

(1) 행렬 A의 한 행(또는 열)의 원소가 모두 0이면 $\det(A) = 0$이다.

(2) 행렬 A의 두 행(또는 열)이 서로 같거나 비례하면 $\det(A) = 0$이다.

예제 1.3.6 $A = \begin{pmatrix} 1 & 3 \\ 0 & 0 \end{pmatrix}$이면 $\det A = 1 \times 0 - 3 \times 0 = 0$.

$A = \begin{pmatrix} 1 & 3 \\ 1 & 3 \end{pmatrix}$이면 $\det A = 1 \times 3 - 3 \times 1 = 0$.

$A = \begin{pmatrix} 1 & 3 \\ 8 & 24 \end{pmatrix}$이면 $\det A = 1 \times 24 - 3 \times 8 = 0$. ■

정리 1.3.4

(1) n차 정방행렬 A에 k배하여 얻은 행렬을 B라 하면 $\det(B) = k^n \det(A)$이다.

(2) 행렬 A가 대각(상삼각, 하삼각) 행렬이면 $\det(A)$는 주대각선의 곱이다.

예제 1.3.7 (1) $A=\begin{pmatrix}1 & -2\\ 3 & 1\end{pmatrix}$이며 $k=3$이면

$\det(3A)=3\times3-(-6)\times9=9+15=9(1+6)=9(1-(-2)\times3)=9\det(A).$

(2) $A=\begin{pmatrix}1 & 9 & 20\\ 0 & 2 & -6\\ 0 & 0 & 3\end{pmatrix}$일 때 $\det(A)=1\times2\times3=6.$ ■

정리 1.3.5

A와 B가 n차 정방행렬이면

$$\det(AB)=\det(A)\det(B)=\det(BA)$$

예제 1.3.8 $A=\begin{pmatrix}1 & 3\\ 2 & -5\end{pmatrix}$, $B=\begin{pmatrix}2 & 4\\ -1 & 0\end{pmatrix}$일 때

$AB=\begin{pmatrix}-1 & 4\\ 9 & 8\end{pmatrix}$이며 $BA=\begin{pmatrix}10 & -14\\ -1 & -3\end{pmatrix}$이며

$\det(A)=1\times(-5)-3\times2=-11$이며 $\det B=0-4(-1)=4.$

$$\det(AB)=(-1)\times8-4\times9=-44=\det(BA).$$

따라서 $\det(AB)=\det(A)\det(B)=\det(BA)$이다. ■

예제 1.3.9 다음 행렬식을 계산하라.

(1) $\begin{vmatrix}5 & 3 & -4\\ -2 & 7 & 7\\ 0 & 0 & 1\end{vmatrix}$ (2) $\begin{vmatrix}3 & 1 & 7\\ 0 & 2 & 1\\ 3 & 4 & -1\end{vmatrix}$

[풀이] (1) 둘째 행과 셋째 행을 교환한다.

$$\begin{vmatrix}5 & 3 & -4\\ -2 & 7 & 7\\ 0 & 0 & 1\end{vmatrix}=-1\begin{vmatrix}5 & 3 & -4\\ 0 & 0 & 1\\ -2 & 7 & 7\end{vmatrix}$$

첫째 행과 둘째 행을 교환한다.

$$=(-1)^2\begin{vmatrix}0 & 0 & 1\\ 5 & 3 & -4\\ -2 & 7 & 9\end{vmatrix}$$

첫째 행에 관하여 여인수 전개를 한다.

$$= 1 \cdot 1 \cdot (-1)^{1+3} \begin{vmatrix} 5 & 3 \\ -2 & 7 \end{vmatrix}$$
$$= 35 + 6 = 41.$$

(2) 첫째 행에 -1을 곱하여 셋째 행에 더한다.

$$\begin{vmatrix} 3 & 1 & 7 \\ 0 & 2 & 1 \\ 3 & 4 & -1 \end{vmatrix} = \begin{vmatrix} 3 & 1 & 7 \\ 0 & 2 & 1 \\ 0 & 3 & -8 \end{vmatrix}$$

행렬을 전치시킨다.

$$= \begin{vmatrix} 3 & 0 & 0 \\ 1 & 2 & 3 \\ 7 & 1 & -8 \end{vmatrix}$$

첫째 행에 관한 여인수 전개를 한다.

$$= 3 \cdot (-1)^{1+1} \begin{vmatrix} 2 & 3 \\ 1 & -8 \end{vmatrix}$$
$$= 3(-16 - 3)$$
$$= -57.$$

■

예제 1.3.10 다음 방정식을 풀어라.

$$\begin{vmatrix} 5 & -4 & 1 \\ 4 & 6 & 3 \\ 3-2x & 1+x & 3x \end{vmatrix} = 0$$

[풀이] 셋째 열에 -5를 곱하여 첫째 열에 더하고, 셋째 열에 4를 곱하여 둘째 열에 더하면,

$$\begin{vmatrix} 5 & -4 & 1 \\ 4 & 6 & 3 \\ 3-2x & 1+x & 3x \end{vmatrix} = \begin{vmatrix} 0 & 0 & 1 \\ -11 & 18 & 3 \\ 3-17x & 1+13x & 3x \end{vmatrix}$$

첫째 행에 관하여 여인수 전개하여 계산하면

$$= 1 \cdot (-1)^{1+3} \begin{vmatrix} -11 & 18 \\ 3-17x & 1+13x \end{vmatrix}$$
$$= -65 + 163x = 0$$

이므로 $x = \dfrac{65}{163}$이다.

■

연습문제 1.3

1. 다음 행렬식을 계산하라.

(1) $\begin{vmatrix} 3 & -1 \\ 2 & 4 \end{vmatrix}$

(2) $\begin{vmatrix} 0 & 3 \\ 5 & 7 \end{vmatrix}$

(3) $\begin{vmatrix} 13 & 24 & 12 \\ 0 & 6 & 0 \\ 12 & 81 & 5 \end{vmatrix}$

(4) $\begin{vmatrix} 16 & 89 & 76 \\ 0 & 10 & 37 \\ 0 & 0 & 25 \end{vmatrix}$

(5) $\begin{vmatrix} 6 & 13 & -2 \\ 5 & 37 & -5 \\ 1 & 13 & -2 \end{vmatrix}$

(6) $\begin{vmatrix} 3 & 5 & -2 \\ 0 & 6 & 1 \\ 2 & 0 & -4 \end{vmatrix}$

(7) $\begin{vmatrix} 1 & 3 & 1 & 2 \\ 2 & 0 & -2 & -4 \\ -1 & 1 & 0 & 1 \\ 2 & 5 & 3 & 6 \end{vmatrix}$

(8) $\begin{vmatrix} 2 & 4 & -3 & 6 \\ -1 & 2 & 1 & -2 \\ 0 & 1 & -4 & 2 \\ 3 & -1 & 5 & 1 \end{vmatrix}$

2. $\det A = -2$, $\det B = -3$일 때 다음 식을 구하라(단 A, B는 4×4행렬).

(1) $\det(A^t)$

(2) $\det(2A)$

(3) $\det(AB)$

(4) $\det(A^2 B^2)$

(5) $\det(BB^t)$

(6) $\det(2AB)$

3. $\begin{vmatrix} 1 & 2 & 3 \\ a & b & c \\ x & y & z \end{vmatrix} = 3$일 때 다음 행렬식의 값은?

(1) $\begin{vmatrix} 1 & a & x \\ 2 & b & y \\ 3 & c & z \end{vmatrix}$

(2) $\begin{vmatrix} 2 & 4 & 6 \\ a & b & c \\ x & y & z \end{vmatrix}$

(3) $\begin{vmatrix} 1 & 2 & 3 \\ a-2 & b-4 & c-6 \\ x & y & z \end{vmatrix}$

(4) $\begin{vmatrix} 1 & 2 & 3 \\ -a & -b & -c \\ x+a & y+b & z+c \end{vmatrix}$

1.4 ••• 역행렬과 크레머 법칙

정의 1.4.1 정칙행렬, 비정칙행렬 및 역행렬

(1) n차 정방행렬 A에 대하여, 정방행렬 B가 존재하여

$$AB = BA = I_n$$

일 때, A를 정칙행렬(nonsingular or regular matrix)이라 하고, B를 A의 역행렬(inverse matrix)이라 부르며, $B = A^{-1}$로 쓴다.

(2) A가 정칙행렬이 아닐 때, 이를 비정칙행렬(singular matrix)이라 한다.

예제 1.4.1 행렬 $A = \begin{pmatrix} 1 & 2 \\ 3 & 4 \end{pmatrix}$의 역행렬을 구하라.

[풀이] $A^{-1} = \begin{pmatrix} a & b \\ c & d \end{pmatrix}$라 하자. 그러면

$$AA^{-1} = \begin{pmatrix} 1 & 2 \\ 3 & 4 \end{pmatrix}\begin{pmatrix} a & b \\ c & d \end{pmatrix} = \begin{pmatrix} 1 & 0 \\ 0 & 1 \end{pmatrix} = I_2$$

에서

$$\begin{pmatrix} a+2c & b+2d \\ 3a+4c & 3b+4d \end{pmatrix} = \begin{pmatrix} 1 & 0 \\ 0 & 1 \end{pmatrix}$$

이다. 따라서 연립방정식

$$\begin{cases} a+2c=1 \\ 3a+4c=0 \end{cases} \quad \text{과} \quad \begin{cases} b+2d=0 \\ 3b+4d=1 \end{cases}$$

을 풀면

$$a=-2, \quad b=1, \quad c=\frac{3}{2}, \quad d=-\frac{1}{2}$$

을 얻는다. 따라서 A의 역행렬은

$$\begin{pmatrix} -2 & 1 \\ \frac{3}{2} & -\frac{1}{2} \end{pmatrix}.$$

■

예제 1.4.2 다음 행렬이 비정칙행렬임을 보여라. 즉 역행렬을 갖지 않음을 보여라.

$$A=\begin{pmatrix}1 & 2\\ -2 & -4\end{pmatrix}$$

[풀이] 정방행렬로서 $AB=BA=I$가 되는 행렬 B가 존재하지 않음을 보이면 충분하다. 만약 $AB=BA=I$를 만족하는 B가 존재한다고 가정하고

$$A=\begin{pmatrix}a & b\\ c & d\end{pmatrix}$$

라 두자. 그러면

$$AB=\begin{pmatrix}1 & 2\\ -2 & -4\end{pmatrix}\begin{pmatrix}a & b\\ c & d\end{pmatrix}=\begin{pmatrix}1 & 0\\ 0 & 1\end{pmatrix}=I$$

에서

$$\begin{pmatrix}a+2c & b+2d\\ -2a-4c & -2b-4d\end{pmatrix}=\begin{pmatrix}1 & 0\\ 0 & 1\end{pmatrix}\begin{pmatrix}1 & 0\\ 0 & 1\end{pmatrix}$$

을 얻는다. 두 행렬의 대응하는 원소가 같아야 하므로 일차연립방정식

$$\begin{cases} a+2c=1\\ b+2d=0\\ -2a-4c=0\\ -2b-4d=1\end{cases}$$

을 얻는다. 첫 번째 방정식에 -2를 곱하여 세 번째 방정식을 비교하면,

$$-2=-2a-4c=0$$

을 얻어 모순이 된다. 따라서 $AB=I$가 되는 B가 존재할 수 없다. ■

정리 1.4.1 역행렬의 성질

정방행렬 A와 B의 역행렬을 각각 A^{-1}, B^{-1}라고 하면 다음이 성립한다.

(1) $(A^{-1})^{-1}=A$ (2) $(AB)^{-1}=B^{-1}A^{-1}$

[증명] n차 정방행렬 A의 역행렬 A^{-1}가 존재할 때

$$AA^{-1}=A^{-1}A=I$$

이므로 A^{-1}의 역행렬은 A이다. 즉, 다음이 성립한다.

$$(A^{-1})^{-1}=A.$$

또한 n차 정방행렬 A와 B의 역행렬 A^{-1}과 B^{-1}가 존재할 때 곱셈에 대한 결합법칙에 의하여

$$\begin{aligned}(AB)(B^{-1}A^{-1}) &= A(BB^{-1})A^{-1} \\ &= AIA^{-1} = AA^{-1} = I. \\ (B^{-1}A^{-1})(AB) &= B^{-1}(A^{-1}A)B \\ &= B^{-1}IB = B^{-1}B = I\end{aligned}$$

이므로 AB의 역행렬은 $B^{-1}A^{-1}$이다. 즉, 다음이 성립한다.

$$(AB)^{-1} = B^{-1}A^{-1}.$$

■

예제 1.4.3 두 행렬 $A = \begin{pmatrix} 1 & 3 \\ 0 & 1 \end{pmatrix}$과 $B = \begin{pmatrix} 0 & 1 \\ -1 & 4 \end{pmatrix}$에 대하여 A^{-1}, B^{-1} 및 $(AB)^{-1}$를 구하라.

[풀이] 정의 1.4.1에 의하여 $A^{-1} = \begin{pmatrix} 1 & -3 \\ 0 & 1 \end{pmatrix}$, $B^{-1} = \begin{pmatrix} 4 & -1 \\ 1 & 0 \end{pmatrix}$이다. 또 정리 1.4.1에 의하여

$$(AB)^{-1} = B^{-1}A^{-1} = \begin{pmatrix} 4 & -1 \\ 1 & 0 \end{pmatrix}\begin{pmatrix} 1 & -3 \\ 0 & 1 \end{pmatrix} = \begin{pmatrix} 4 & -13 \\ 1 & -3 \end{pmatrix}.$$

■

지금부터는 미지수와 식의 개수가 동일한 경우를 생각하고 행렬식을 이용하여 연립일차 방정식계의 해를 구하는 방법에 대하여 알아본다. n개의 미지수 $x_1, x_2, \cdots, x_n$와 n개의 방정식에 관한 연립일차방정식

$$\begin{cases} a_{11}x_1 + a_{12}x_2 + \cdots + a_{1n}x_n = b_1 \\ a_{21}x_1 + a_{22}x_2 + \cdots + a_{1n}x_n = b_2 \\ \qquad\qquad \vdots \\ a_{n1}x_1 + a_{n2}x_2 + \cdots + a_{nn}x_n = b_n \end{cases} \tag{1.4.1}$$

에서

$$A = \begin{pmatrix} a_{11} & a_{12} & \cdots & a_{1n} \\ a_{21} & a_{22} & \cdots & a_{2n} \\ \vdots & & & \\ a_{n1} & a_{n2} & \cdots & a_{nn} \end{pmatrix}, \quad X = \begin{pmatrix} x_1 \\ x_2 \\ \vdots \\ x_n \end{pmatrix}, \quad B = \begin{pmatrix} b_1 \\ b_2 \\ \vdots \\ b_n \end{pmatrix}$$

이라 두면 (1.4.1)은

$$AX = B \tag{1.4.2}$$

이다. 여기서 만약 A가 역행렬 A^{-1}를 가지면

$$X = I_n X = (A^{-1}A)X = A^{-1}(AX) = A^{-1}B$$

이므로 $X = A^{-1}B$는 (1.4.1)의 해가 된다.

또 주어진 정방행렬의 역행렬의 존재성과 그의 응용으로서 크레머 법칙(Cramer rule)에 관하여 살펴본다.

정리 1.4.2 정칙과 A^{-1}

정방행렬 $A = (a_{ij})$에서

(1) A가 정칙일 필요충분조건은 $|A| \neq 0$이다.

(2) A가 정칙일 때, A에서의 a_{ij}의 여인수를 A_{ij}라 하면, A^{-1}은 다음과 같이 주어진다.

$$A^{-1} = \left(\frac{A_{ij}}{|A|} \right)^T$$

예제 1.4.4 정리 1.4.2를 이용하여 행렬 $A = \begin{pmatrix} 6 & 7 \\ 5 & 6 \end{pmatrix}$의 역행렬을 구하라.

[풀이] $|A| = 36 - 35 = 1 \neq 0$이므로 정리 1.4.2에 의하여 역행렬을 갖는다. 또 A의 여인수를 계산하면

$$A_{11} = (-1)^{1+1}|6| = 6, \qquad A_{12} = (-1)^{1+2}|5| = -5,$$
$$A_{21} = (-1)^{2+1}|7| = -7, \qquad A_{22} = (-1)^{2+2}|6| = 6.$$

따라서

$$A^{-1} = \frac{1}{1}(A_{ij})^T = \begin{pmatrix} 6 & -7 \\ -5 & 6 \end{pmatrix}.$$

■

예제 1.4.5 정리 1.4.2를 이용하여 다음 행렬의 역행렬을 구하라.

$$A = \begin{pmatrix} -1 & 0 & 3 \\ 7 & 1 & -1 \\ 2 & 3 & 0 \end{pmatrix}$$

[풀이] 먼저 $|A|$를 계산하자.

$$|A| = \begin{vmatrix} -1 & 0 & 3 \\ 7 & 1 & -1 \\ 2 & 3 & 0 \end{vmatrix} = \begin{vmatrix} -1 & 0 & 3 \\ 0 & 1 & 20 \\ 0 & 3 & 6 \end{vmatrix}$$
$$= -\begin{vmatrix} 1 & 20 \\ 3 & 6 \end{vmatrix} = 54 \neq 0$$

이므로 정리 1.4.2에 의하여 역행렬 A^{-1}를 가진다.

$$A_{11}=(-1)^{1+1}\begin{vmatrix} 1 & -1 \\ 3 & 0 \end{vmatrix}=3, \quad A_{12}=(-1)^{1+2}\begin{vmatrix} 7 & -1 \\ 2 & 0 \end{vmatrix}=-2,$$
$$A_{13}=(-1)^{1+3}\begin{vmatrix} 7 & 1 \\ 2 & 3 \end{vmatrix}=19, \quad A_{21}=(-1)^{2+1}\begin{vmatrix} 0 & 3 \\ 3 & 0 \end{vmatrix}=9,$$
$$A_{22}=-6, \quad A_{23}=3, \quad A_{31}=-3, \quad A_{32}=20, \quad A_{33}=-1.$$

따라서

$$A^{-1}=\frac{1}{54}(A_{ij})^T=\frac{1}{54}\begin{pmatrix} 3 & 9 & -3 \\ -2 & -6 & 20 \\ 19 & 3 & -1 \end{pmatrix}$$

이다. ■

예제 1.4.6 다음 연립방정식을 행렬을 써서 나타내고 역행렬을 이용하여 해를 구하라.

$$\begin{cases} -x \qquad\quad + 3z = \ \ 2 \\ 7x + y - z = -1 \\ 2x + 3y \qquad\ = \ \ 3 \end{cases}$$

[풀이] 주어진 연립방정식을 행렬을 써서 나타내면

$$\begin{pmatrix} -1 & 0 & 3 \\ 7 & 1 & -1 \\ 2 & 3 & 0 \end{pmatrix}\begin{pmatrix} x \\ y \\ z \end{pmatrix}=\begin{pmatrix} 2 \\ -1 \\ 3 \end{pmatrix}$$

이다. 좌변의 계수행렬을 A라 두고 A의 역행렬을 구하면 예제 1.4.5에 의하여

$$A^{-1}=\frac{1}{54}\begin{pmatrix} 3 & 9 & -3 \\ -2 & -6 & 20 \\ 19 & 3 & -1 \end{pmatrix}$$

이므로

$$\begin{pmatrix} x \\ y \\ z \end{pmatrix}=\frac{1}{54}\begin{pmatrix} 3 & 9 & -3 \\ -2 & -6 & 20 \\ 19 & 3 & -1 \end{pmatrix}\begin{pmatrix} 2 \\ -1 \\ 3 \end{pmatrix}=\frac{1}{54}\begin{pmatrix} -12 \\ 62 \\ 32 \end{pmatrix}.$$

따라서 $x=-\frac{2}{9}$, $y=\frac{31}{27}$, $z=\frac{16}{27}$이다. ■

정리 1.4.3 크레머 법칙(Cramer rule)

(1) 식 (1.4.1)과 같이 n개의 미지수를 가진 n개의 일차연립방정식이 $AX=B$로 표현되었다 하자. 이 때 연립방정식은 $|A|\neq 0$일 때 유일한 해를 가진다. 또한 그 해는

$$x_k=\frac{1}{|A|}\begin{vmatrix} a_{11} & \cdots & a_{1k-1} & b_1 & a_{1k+1} & \cdots & a_{1n} \\ a_{21} & \cdots & a_{2k-1} & b_2 & a_{2k+1} & \cdots & a_{2n} \\ \vdots & & & & & & \\ a_{n1} & \cdots & a_{nk-1} & b_n & a_{nk+1} & \cdots & a_{nn} \end{vmatrix} \quad (1\leq k\leq n)$$

으로 주어진다.

(2) 식 (1.4.1)이 제차형이고(즉, 모든 상수가 0일 때) $|A|\neq 0$이면 자명해만을 가지며, $|A|=0$이면 무수히 많은 해를 가진다.

[증명] 이 책의 수준을 벗어나므로 생략한다. ■

예제 1.4.7 크레머 법칙을 이용하여 다음 연립방정식을 풀어라.

$$\begin{cases} 3x+y=11 \\ x-y=5 \end{cases}$$

[풀이] 주어진 연립방정식의 계수행렬을 A라 하면,

$$|A|=\begin{vmatrix} 3 & 1 \\ 1 & -1 \end{vmatrix}=-3-1=-4$$

이다. 따라서,

$$x=\frac{1}{-4}\begin{vmatrix} 11 & 1 \\ 5 & -1 \end{vmatrix}=\frac{-1}{4}(-11-5)=4,$$
$$y=\frac{1}{-4}\begin{vmatrix} 3 & 11 \\ 1 & 5 \end{vmatrix}=\frac{-1}{4}(15-11)=-1.$$ ■

예제 1.4.8 크레머 법칙을 이용하여 다음 연립방정식을 풀어라.

$$\begin{cases} 3x-2y+4z=5 \\ x+y+3z=2 \\ -x+2y-z=1 \end{cases}$$

[풀이] 주어진 연립방정식의 계수행렬을 A라 하면,

$$|A| = \begin{vmatrix} 3 & -2 & 4 \\ 1 & 1 & 3 \\ -1 & 2 & -1 \end{vmatrix} = \begin{vmatrix} 5 & -2 & 10 \\ 0 & 1 & 0 \\ -3 & 2 & -7 \end{vmatrix}$$

$$= \begin{vmatrix} 5 & 10 \\ -3 & -7 \end{vmatrix} = -5$$

이다. 따라서, 주어진 연립방정식의 해는

$$x = -\frac{1}{5}\begin{vmatrix} 5 & -2 & 4 \\ 2 & 1 & 3 \\ 1 & 2 & -1 \end{vmatrix} = -\frac{1}{5}\begin{vmatrix} 9 & 0 & 10 \\ 2 & 1 & 3 \\ -3 & 0 & -7 \end{vmatrix}$$

$$= -\frac{1}{5}\begin{vmatrix} 9 & 10 \\ -3 & -7 \end{vmatrix} = \frac{33}{5},$$

$$y = -\frac{1}{5}\begin{vmatrix} 3 & 5 & 4 \\ 1 & 2 & 3 \\ -1 & 1 & -1 \end{vmatrix} = \frac{13}{5},$$

$$z = -\frac{1}{5}\begin{vmatrix} 3 & -2 & 5 \\ 1 & 1 & 2 \\ -1 & 2 & 1 \end{vmatrix} = -\frac{12}{5}.$$

■

연습문제 1.4

1. 다음 행렬이 정칙행렬인지 결정하고 정칙행렬이면 역행렬을 계산하라.

(1) $\begin{pmatrix} -2 & 5 \\ 2 & 3 \end{pmatrix}$ (2) $\begin{pmatrix} 3 & 2 \\ 1 & 2 \end{pmatrix}$

(3) $\begin{pmatrix} 3 & 2 & 1 \\ 0 & 2 & 2 \\ 0 & 0 & -1 \end{pmatrix}$ (4) $\begin{pmatrix} 2 & 0 & -1 \\ 5 & 1 & 0 \\ 0 & 1 & 3 \end{pmatrix}$

(5) $\begin{pmatrix} 1 & 2 & 3 \\ -2 & 1 & 4 \\ 2 & 3 & 2 \end{pmatrix}$ (6) $\begin{pmatrix} 2 & 4 & 1 \\ 1 & -2 & 1 \\ 0 & 5 & -1 \end{pmatrix}$

2. 크레머 법칙을 이용하여 풀어라.

(1) $\begin{cases} 5x + 4y = 1 \\ -x - 2y = -5 \end{cases}$ (2) $\begin{cases} 15x + 4y = 5 \\ 8x - y = -4 \end{cases}$

(3) $\begin{cases} x + 4y = 13 \\ 4x + 2y = 10 \end{cases}$ (4) $\begin{cases} 2x + 3y = -5 \\ 6x - 2y = 7 \end{cases}$

(5) $\begin{cases} x + y - 3z = 0 \\ y - 4z = 0 \\ x - y - z = 5 \end{cases}$ (6) $\begin{cases} 2x + 2y + z = 7 \\ x + y - z = 0 \\ -x + y + 3z = 1 \end{cases}$

(7) $\begin{cases} 2x + y + 3z = 4 \\ x - 2y - 5z = 3 \\ 3x + 2y - 2z = -2 \end{cases}$

(8) $\begin{cases} x + 3z = 3 \\ 2x + 4y + z = -1 \\ x + 3y + z = 8 \end{cases}$

(9) $\begin{cases} x + 2y + 3z = 14 \\ 2x - 3y + 2z = 2 \\ 3x + y - z = 2 \end{cases}$

(10) $\begin{cases} x - 3y + z = -2 \\ x + y - z = 0 \\ 2x + 3y - 5z = -7 \end{cases}$

3. 행렬 $\begin{pmatrix} \alpha & -3 \\ 4 & 1-\alpha \end{pmatrix}$가 정칙행렬이기 위한 α의 값을 결정하라.

Chapter 2

벡 터

깁스(Josiah Willard Gibbs, 1839~1903)는 미국의 수학자이자 물리학자로 코네티컷 주의 뉴 헤이븐에서 태어났다. 예일 대학에서 수학과 물리를 공부했고 1863년 물리학으로 박사학위를 받았다. 1866년부터 1869년까지 파리, 베를린, 하이델베르크에서 수학과 물리학에 대해 더욱 깊이 연구하였다. 깁스가 창시한 벡터는, 아일랜드의 수학자 해밀턴(Sir William Rowan Hamilton, 1805~1865)의 4원수와 더불어 물리학적인 연구에 큰 도움을 준 수학의 개념으로 평가된다. 1881년의 저서 《벡터 해석학(Vector Analysis)》, 1902년의 저서 《통계역학의 기본원리(Elementary principle of statistical mechanics)》 등을 통해 수리물리 연구의 장을 활짝 열었다.

2.1 ••• 벡터의 연산

선분의 길이, 물체의 질량, 도형의 넓이 등과 같은 양은 하나의 실수로 나타낼 수 있다. 그러나 힘이나 속도 가속도 등은 방향을 가지므로 크기만으로는 결정되지 않는다. 아래 그림과 같이 점 A를 B까지 옮겼을 때 점 A에서 B까지 옮긴 이외에 A에서 B로의 방향을 함께 생각하여야 한다.

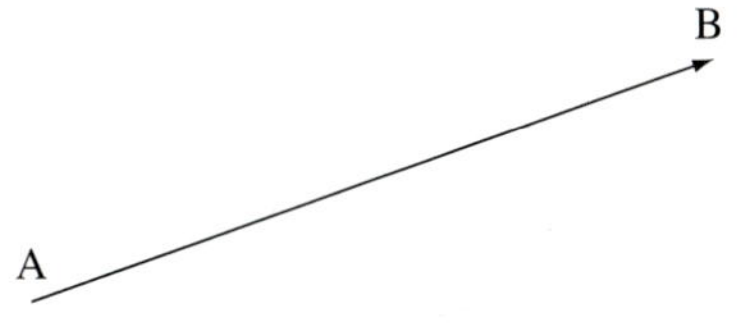

정의 2.1.1 벡터와 스칼라

크기와 방향을 가진 양을 벡터(vector)라 하고 크기만으로 나타낼 수 있는 양을 스칼라(scalar)라 한다.

물리량으로서 길이, 온도, 압력, 물체의 속력은 스칼라이고 물체의 속도, 가속도, 힘, 전기장, 자기장 등은 벡터의 예이다.

벡터는 화살표 모양으로 크기와 방향이 있는 유향선분(directed line seqment)으로 나타낸다. 이 유향선분이 시작하는 점을 시점(intial point), 끝점을 벡터의 종점(terminal point)이라 한다.

정의 2.1.2 크기와 방향

크기와 방향을 동시에 나타내는 양을 벡터라 하고, 유향선분으로 표시하며 이 유향선분의 길이를 벡터의 크기(magnitude of vector), 이 유향선분의 방향을 벡터의 방향(directrion of vector)이라 한다.

시점이 A, 종점이 B인 벡터를

$$\overrightarrow{AB} \text{ 또는 } \vec{a} \text{ 또는 } \boldsymbol{a}$$

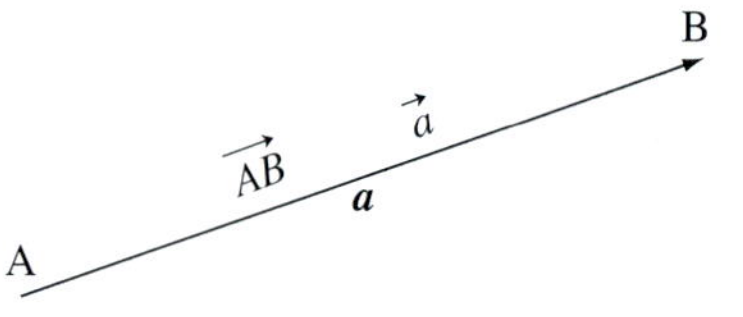

로 나타내고 크기는

$$|\overrightarrow{AB}| \text{ 또는 } |\vec{a}| \text{ 또는 } |\boldsymbol{a}|$$

로 나타낸다.

정의 2.1.3 단위벡터, 영벡터

크기가 1인 벡터를 단위벡터(unit vector)라 하고 크기가 0인 벡터를 영벡터(zero vertor)라 하며 $\vec{0}$ 또는 $\mathbf{0}$으로 쓴다.

벡터 $\overrightarrow{AB}$를 평행이동하여 벡터 $\overrightarrow{CD}$, 벡터 $\overrightarrow{EF}$가 되었다면 이들 벡터는 시점이 다를 수 있으나 그 크기와 방향은 모두 같다. 즉,

$$\overrightarrow{AB} = \overrightarrow{CD} = \overrightarrow{EF}, \text{ 또는}$$

$$\boldsymbol{a} = \boldsymbol{b} = \boldsymbol{c}.$$

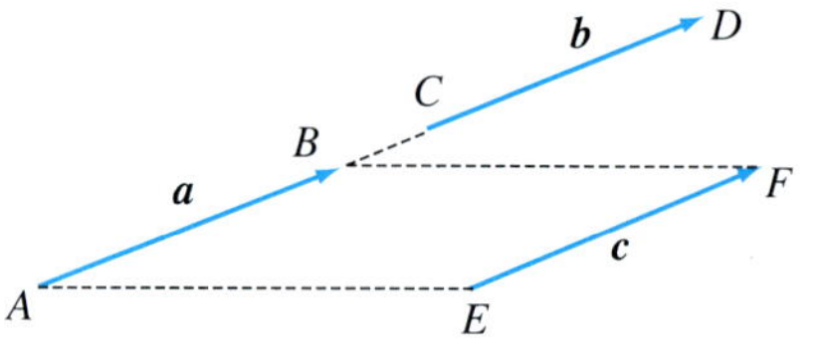

크기가 같고 방향이 반대인 두 벡터는 한 벡터가 $\boldsymbol{a}$이면 다른 벡터는

$$-\boldsymbol{a}$$

로 나타낸다. 이 때

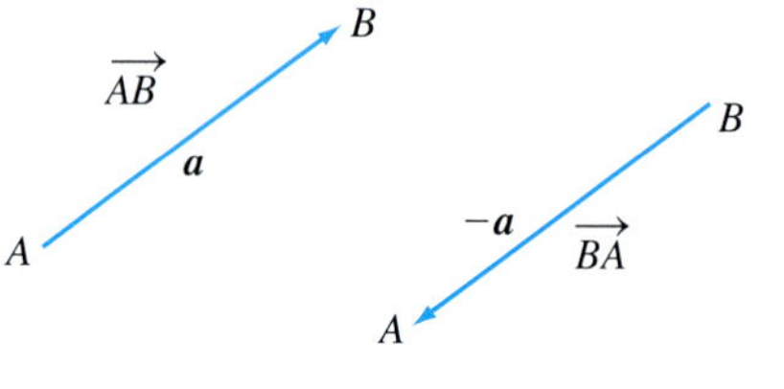

$$|-\boldsymbol{a}| = |\boldsymbol{a}|$$

임을 알 수 있다. 두 벡터 $\boldsymbol{a}, \boldsymbol{b}(\boldsymbol{a} \neq 0, \boldsymbol{b} \neq 0)$가 방향이 같거나 반대 방향일 때 이 두 벡터는 평행이라 하고

$$\boldsymbol{a} /\!/ \boldsymbol{b}$$

와 같이 나타낸다.

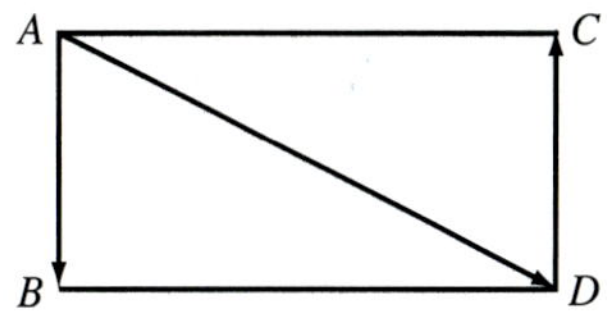

예제 2.1.1 오른쪽 직사각형 그림에서
$\overline{AB}=1$, $\overline{AD}=2$이다.

$$|\overrightarrow{BC}|,\quad |\overrightarrow{CD}|,\quad |\overrightarrow{AC}|$$

를 각각 말하라.

[풀이] $|\overrightarrow{BC}|=2$, $|\overrightarrow{CD}|=1$, $|\overrightarrow{AC}|=\sqrt{|\overrightarrow{AB}|^2+|\overrightarrow{BC}|^2}$,
따라서 $|\overrightarrow{AC}|=\sqrt{1^2+2^2}=\sqrt{5}$. ■

정의 2.1.4 벡터의 합, 차

두 벡터 $\boldsymbol{a}$, $\boldsymbol{b}$의 합 벡터 $\boldsymbol{c}$는 $\boldsymbol{a}$의 종점과 $\boldsymbol{b}$의 시점을 일치시키고 $\boldsymbol{a}$의 시점을 시점, $\boldsymbol{b}$의 종점을 중점으로 하는 벡터로 정의하고

$$\boldsymbol{c}=\boldsymbol{a}+\boldsymbol{b}$$

로 나타낸다.
두 벡터 $\boldsymbol{a}$, $\boldsymbol{b}$의 차 벡터는 두 벡터 $\boldsymbol{a}$와 $-\boldsymbol{b}$의 합벡터 $\boldsymbol{a}+(-\boldsymbol{b})$로 정의한다. 두 벡터의 합은 평행사변형을 이용하여 나타낼 수 있다.
아래 그림과 같이 $\boldsymbol{a}$와 $\boldsymbol{b}$의 시점을 일치시키고 $\boldsymbol{a}$와 $\boldsymbol{b}$를 이웃하는 두변으로 하는 평행사변형의 대각선이 같은 시점으로 하는 한 벡터 $\boldsymbol{a}+\boldsymbol{b}$이다.

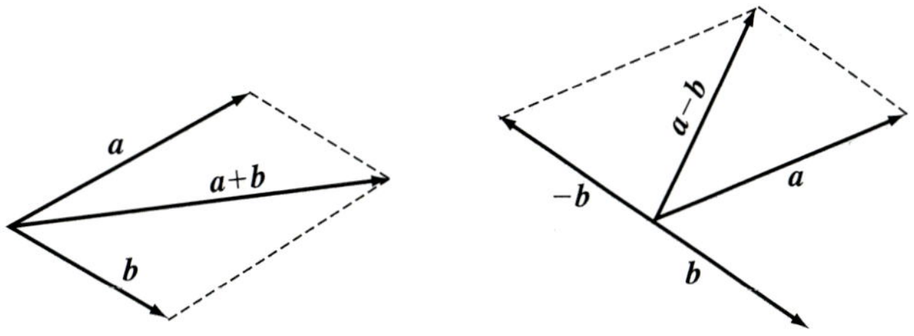

예제 2.1.2 예제 2.1.1에서 $\overrightarrow{AB}+\overrightarrow{AD}=\overrightarrow{AC}$이며 $\overrightarrow{AB}-\overrightarrow{BC}=\overrightarrow{DB}$와 같다. ■

정의 2.1.5 스칼라배(scalar multiple)

벡터 $\boldsymbol{a}$와 실수 m에 대하여 벡터 $\boldsymbol{a}$와 m의 곱

$$m\boldsymbol{a}$$

를 $\boldsymbol{a}$의 스칼라배라 하고, 이 $m\boldsymbol{a}$는

(1) $m>0$일 때, 방향은 $\boldsymbol{a}$와 같고, 크기는 $m|\boldsymbol{a}|$이고

(2) $m<0$일 때, 방향은 $\boldsymbol{a}$와 반대이고, 크기는 $-m|\boldsymbol{a}|$이고

(3) $m=0$이거나 $a=0$일 때, $m\boldsymbol{a}=0$이다.

예제 2.1.3 $2a$는 크기가 a의 2배인 방향이 같은 벡터이고 $\frac{1}{2}a$는 크기가 a의 절반인 방향이 같은 벡터이다.

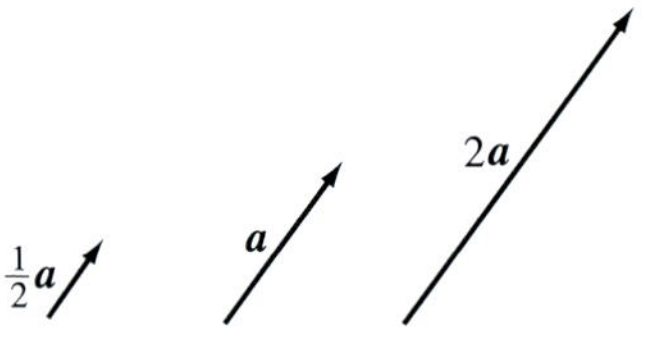

일반적으로 벡터의 합과 실수배에 대하여 다음 성질이 성립한다.

정리 2.1.1

$\boldsymbol{a}, \boldsymbol{b}, \boldsymbol{c}$는 벡터이고, m, n은 스칼라이다.

(1) $\boldsymbol{a}+\boldsymbol{b}=\boldsymbol{b}+\boldsymbol{a}$

(2) $\boldsymbol{a}+(\boldsymbol{b}+\boldsymbol{c})=(\boldsymbol{a}+\boldsymbol{b})+\boldsymbol{c}$

(3) $\boldsymbol{a}+\boldsymbol{0}=\boldsymbol{0}+\boldsymbol{a}=\boldsymbol{a}$

(4) $\boldsymbol{a}+(-\boldsymbol{a})=(-\boldsymbol{a})+\boldsymbol{a}=\boldsymbol{0}$

(5) $m(n\boldsymbol{a})=(mn)\boldsymbol{a}$

(6) $(m+n)\boldsymbol{a}=m\boldsymbol{a}+n\boldsymbol{a}$

(7) $m(\boldsymbol{a}+\boldsymbol{b})=m\boldsymbol{a}+m\boldsymbol{b}$

[증명] (7)의 증명

오른쪽 그림에서 $\overrightarrow{AB}=\boldsymbol{a}$, $\overrightarrow{BC}=\boldsymbol{b}$라 하고

$$\overrightarrow{AD}=m\overrightarrow{AB}=m\boldsymbol{a}$$
$$\overrightarrow{DE}=m\overrightarrow{BC}=m\boldsymbol{b}$$

되게 점 D, E를 정하면

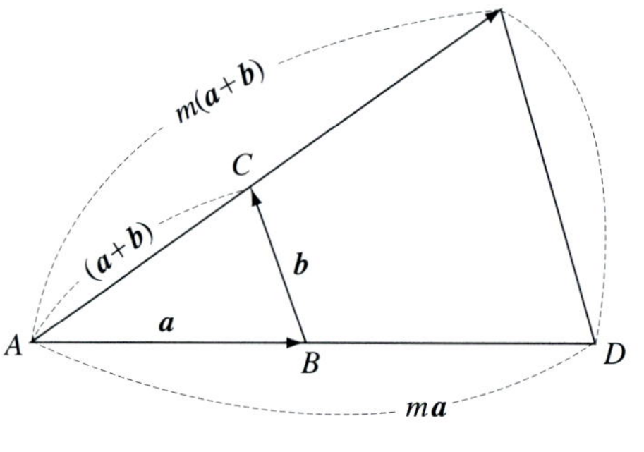

$$\overline{BC} \mathbin{/\!/} \overline{DE}$$

이므로 $\overrightarrow{AE} = m\overrightarrow{AC}$

$$\overrightarrow{AD} + \overrightarrow{DE} = m(\overrightarrow{AB} + \overrightarrow{BC})$$

즉, $m(\boldsymbol{a} + \boldsymbol{b}) = m\boldsymbol{a} + m\boldsymbol{b}$. ■

다음은 좌표공간과 벡터와의 관계에 대하여 알아본다. 평면 또는 공간에서 한 점 O를 고정하여 임의의 벡터 $\boldsymbol{p}$를 $\overrightarrow{OP} = \boldsymbol{p}$인 점 P 하나가 정하여지고 역으로 점 P에 대하여 $\boldsymbol{p} = \overrightarrow{OP}$인 벡터 $\boldsymbol{p}$ 하나가 결정된다.

정의 2.1.6 위치벡터(position vector)

평면이나 공간에서 점 O를 고정하였을 때 벡터 $\overrightarrow{OP}$를 점 O에 대한 점 P의 위치벡터라 한다. $\overrightarrow{OP}$의 종점의 좌표가 (a_1, a_2) 혹은 (a_1, a_2, a_3)일 때 이 좌표를 $\overrightarrow{OP}$의 성분(component)이라 한다.

$\overrightarrow{OP} = (a_1, a_2)$일 때 2차원 벡터라 하고 $\overrightarrow{OP} = (a_1, a_2, a_3)$일 때 3차원 벡터라 한다.

좌표평면 위에서 위치벡터나 좌표 사이의 관계를 알아보도록 하자.

좌표평면 위에서 두 점 $E_1(1, 0)$, $E_2(0, 1)$의 원점 O에 대한 위치벡터 $\overrightarrow{OE_1}$, $\overrightarrow{OE_2}$를 각각

$$\boldsymbol{i} = \overrightarrow{OE_1} \quad \boldsymbol{j} = \overrightarrow{OE_2}$$

라 하면 $|\boldsymbol{i}| = |\boldsymbol{j}| = 1$이 되어 $\boldsymbol{i}$와 $\boldsymbol{j}$는 단위벡터가 된다.

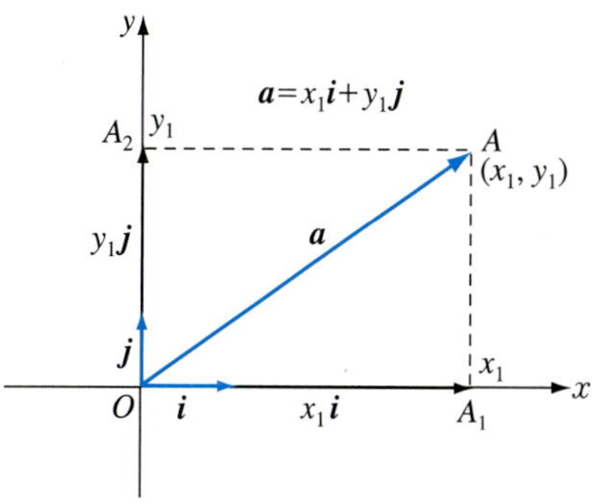

임의의 벡터를 $\boldsymbol{a}$라 하고 $\boldsymbol{a} = \overrightarrow{OA}$로 표현되며 A의 좌표는 (x_1, y_1)이라 하자. 그러면

$$\boldsymbol{a} = (x_1, y_1) = x_1(1, 0) + y_1(0, 1) = x_1\boldsymbol{i} + y_1\boldsymbol{j}$$

로 쓸 수 있다.

그리고 $\boldsymbol{a}$의 크기는 $\overrightarrow{OA}$의 길이이므로

$$|\boldsymbol{a}| = |\overrightarrow{OA}| = \sqrt{|\overrightarrow{OA_1}|^2 + |\overrightarrow{OA_2}|^2} = \sqrt{x_1^2 + y_1^2}.$$

정리 2.1.2

$\boldsymbol{a} = (x_1, y_1)$, $\boldsymbol{b} = (x_2, y_2)$, m을 임의의 실수라 할 때

(1) $\boldsymbol{a} = \boldsymbol{b}$이면 $x_1 = x_2$이고 $y_1 = y_2$이다.

(2) $\boldsymbol{a} + \boldsymbol{b} = (x_1 + x_2, y_1 + y_2)$이다.

(3) $\boldsymbol{a} - \boldsymbol{b} = (x_1 - x_2, y_1 - y_2)$이다.

(4) $m\boldsymbol{a} = (mx_1, my_1)$이다.

좌표공간에서 세 점 $E_1(1, 0, 0)$, $E_2(0, 1, 0)$, $E_3(0, 0, 1)$의 원점 O에 대한 위치벡터 $\overrightarrow{OE_1}$, $\overrightarrow{OE_2}$, $\overrightarrow{OE_3}$를 각각

$$\overrightarrow{OE_1} = \boldsymbol{i}, \quad \overrightarrow{OE_2} = \boldsymbol{j}, \quad \overrightarrow{OE_3} = \boldsymbol{k}$$

라 하자.

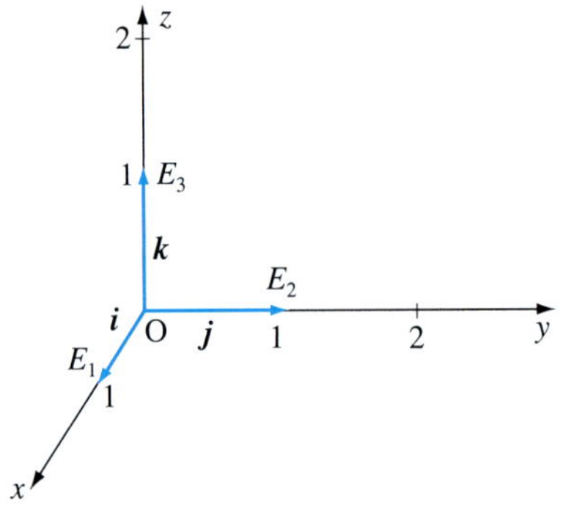

임의의 벡터 $\boldsymbol{a}$에 대하여 $\boldsymbol{a}=\overrightarrow{OA}$인 A의 좌표가 $(x_1,\ y_1,\ z_1)$이라 하면 $\overrightarrow{OA}_1=x_1,\ \overrightarrow{OA}_2=y_1,\ \overrightarrow{OA}_3=z_1$이며

$$\begin{aligned}\overrightarrow{OA}&=\overrightarrow{OA'}+\overrightarrow{A'A}\\&=\overrightarrow{OA}_1+\overrightarrow{A_1A'}+\overrightarrow{A'A}\\&=\overrightarrow{OA}_1+\overrightarrow{OA}_2+\overrightarrow{OA}_3\\&=x_1\boldsymbol{i}+x_2\boldsymbol{j}+x_3\boldsymbol{k}\end{aligned}$$

이다.

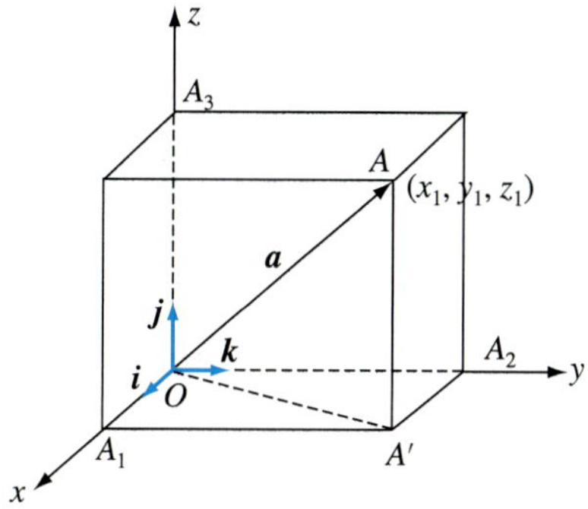

정리 2.1.3

$\boldsymbol{a}=(x_1,\ y_1,\ z_1)$, $\boldsymbol{b}=(x_2,\ y_2,\ z_2)$, m을 임의의 실수라 하면

(1) $\boldsymbol{a}=\boldsymbol{b}\ \Leftrightarrow\ x_1=x_2$이고 $y_1=y_2$이고 $z_1=z_2$이다.

(2) $|\boldsymbol{a}|=\sqrt{x_1^2+x_2^2+x_3^2}$이다.

(3) $\boldsymbol{a}\pm\boldsymbol{b}=(x_1\pm x_2,\ y_1\pm y_2,\ z_1\pm z_2)$이다.

(4) $m\boldsymbol{a}=(mx_1,\ my_1,\ mz_1)$이다.

예제 2.1.4 공간의 두 점 $P(2,1,1)$, $Q(1,3,-1)$을 연결하는 두 벡터 $\overrightarrow{PQ}$와 $\overrightarrow{QP}$를 구하라.

[풀이] 시점이 P이고 종점이 Q인 벡터 $\overrightarrow{PQ}$는

$$\overrightarrow{PQ}=(1-2)\boldsymbol{i}+(3-1)\boldsymbol{j}+(-1-1)\boldsymbol{k}=-\boldsymbol{i}+2\boldsymbol{j}-2\boldsymbol{k}.$$

같은 방법으로 $\overrightarrow{QP}=\boldsymbol{i}-2\boldsymbol{j}+2\boldsymbol{k}$. ■

예제 2.1.5 $\boldsymbol{a} = 2\boldsymbol{i} + 3\boldsymbol{j} - \boldsymbol{k},\ \boldsymbol{b} = -\boldsymbol{i} - 2\boldsymbol{j} + 4\boldsymbol{k}$일 때 다음을 구하라.

(1) $|\boldsymbol{a}|$　　(2) $2\boldsymbol{a}$

(3) $2\boldsymbol{a} - 3\boldsymbol{b}$　　(4) $\dfrac{\boldsymbol{a}}{|\boldsymbol{a}|}$

[풀이] 정리 2.1.3을 이용하여 계산하면 다음과 같다.

(1) $|\boldsymbol{a}| = \sqrt{2^2 + 3^2 + (-1)^2} = \sqrt{4 + 9 + 1} = \sqrt{14}$

(2) $2\boldsymbol{a} = (2 \cdot 2)\boldsymbol{i} + (2 \cdot 3)\boldsymbol{j} + (2 \cdot (-1))\boldsymbol{k} = 4\boldsymbol{i} + 6\boldsymbol{j} - 2\boldsymbol{k}$

(3)
$$\begin{aligned} 2\boldsymbol{a} - 3\boldsymbol{b} &= 2(2\boldsymbol{i} + 3\boldsymbol{j} - \boldsymbol{k}) - 3(-\boldsymbol{i} - 2\boldsymbol{j} + 4\boldsymbol{k}) \\ &= (4\boldsymbol{i} + 6\boldsymbol{j} - 2\boldsymbol{k}) - (-3\boldsymbol{i} - 6\boldsymbol{j} + 12\boldsymbol{k}) \\ &= 7\boldsymbol{i} + 12\boldsymbol{j} - 14\boldsymbol{k} \end{aligned}$$

(4)
$$\frac{\boldsymbol{a}}{|\boldsymbol{a}|} = \frac{2\boldsymbol{i} + 3\boldsymbol{j} - \boldsymbol{k}}{\sqrt{14}} = \frac{2}{\sqrt{14}}\boldsymbol{i} + \frac{3}{\sqrt{14}}\boldsymbol{j} - \frac{1}{\sqrt{14}}\boldsymbol{k}.$$

$$\left|\frac{\boldsymbol{a}}{|\boldsymbol{a}|}\right| = \sqrt{\left(\frac{2}{\sqrt{14}}\right)^2 + \left(\frac{3}{\sqrt{14}}\right)^2 + \left(\frac{-1}{\sqrt{14}}\right)^2} = \sqrt{\frac{14}{14}} = 1$$

■

연습문제 2.1

1. 오른쪽 그림의 △ABC에 대하여

$$\overrightarrow{AB} + \overrightarrow{BC} + \overrightarrow{CA}$$

를 구하라.

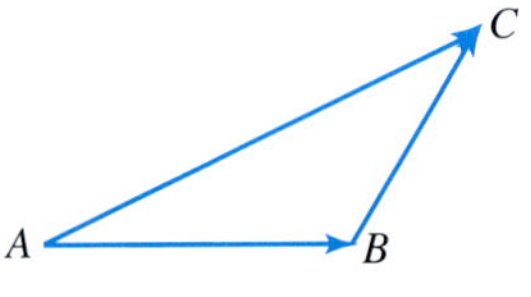

2. 다음을 간단히 하라.

(1) $2(\boldsymbol{a} - 3\boldsymbol{b}) - (-\boldsymbol{a} - 2\boldsymbol{b})$　　(2) $-2(\boldsymbol{a} + 2\boldsymbol{b} - \boldsymbol{c}) + 4(\boldsymbol{a} - 3\boldsymbol{b} + 2\boldsymbol{c})$

3. 오른쪽 그림의 정육각형에서 다음 벡터에 해당하는 벡터를 모두 말하라.

(1) $\overrightarrow{AB}$와 같은(방향, 크기) 벡터

(2) $\overrightarrow{CF}$와 평행이고 방향이 같은 벡터

(3) $\overrightarrow{BE}$와 평행이고 방향이 반대인 벡터

(4) 2배하여 $\overrightarrow{CF}$와 같은 벡터

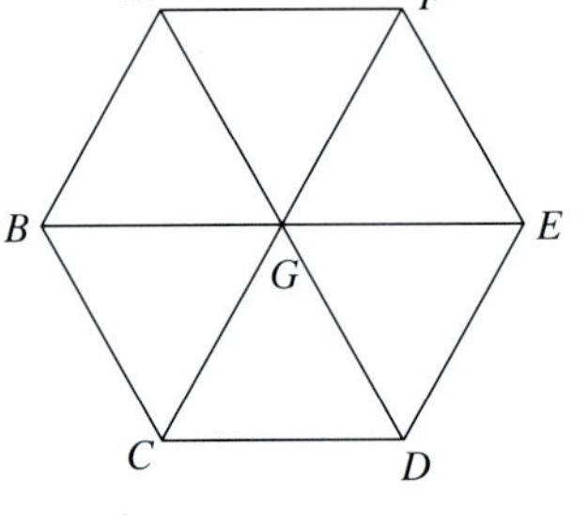

4. 문제 3의 정육각형에서 다음과 같은 벡터를 찾아라.

(1) $\overrightarrow{BA} + \overrightarrow{AG}$ (2) $2(\overrightarrow{CD} + \overrightarrow{DG})$

(3) $\overrightarrow{BA} + \overrightarrow{AF}$ (4) $\overrightarrow{CD} - \overrightarrow{ED}$

(5) $\overrightarrow{BA} + \overrightarrow{AF} + \overrightarrow{FE}$ (6) $\overrightarrow{CD} - \overrightarrow{ED} - \overrightarrow{FE}$

5. 정리 2.1.1의 (1) $\boldsymbol{a} + \boldsymbol{b} = \boldsymbol{b} + \boldsymbol{a}$를 증명하라.

6. 정리 2.1.1의 (2) $\boldsymbol{a} + (\boldsymbol{b} + \boldsymbol{c}) = (\boldsymbol{a} + \boldsymbol{b}) + \boldsymbol{c}$임을 증명하라.

7. 다음에서 $\overrightarrow{PQ}$를 구하라.

(1) $P(0, 2, 1)$, $Q(0, 0, 2)$ (2) $P(4, 7, 0)$, $Q(0, 5, 6)$

(3) $P(-1, 0, 1)$, $Q(2, 0, 0)$ (4) $P(6, 2, 2)$, $Q(2, 6, 2)$

(5) $P(0, 0, 0)$, $Q(x, y, z)$ (6) $P(0, 0, 0)$, $Q(0, y, 0)$

8. $\boldsymbol{a} = \boldsymbol{i} - 2\boldsymbol{j} - 3\boldsymbol{k}$, $\boldsymbol{b} = 3\boldsymbol{i} + \boldsymbol{j} - \boldsymbol{k}$, $\boldsymbol{c} = 6\boldsymbol{i} + \boldsymbol{j} + \boldsymbol{k}$일 때 다음 계산하라.

(1) $3\boldsymbol{b} - 2\boldsymbol{c}$ (2) $|\boldsymbol{b} - \boldsymbol{c}|$

(3) $2\boldsymbol{a} - 3\boldsymbol{b} + 4\boldsymbol{c}$ (4) $|5\boldsymbol{a} - \boldsymbol{b} + \boldsymbol{c}|$

(5) $|\boldsymbol{a} + \boldsymbol{b} + \boldsymbol{c}|$

9. $P_1 = (3, 4, 7)$, $P_2 = (4, -1, 6)$일 때 벡터 $\overrightarrow{P_1P_2}$를 $\boldsymbol{i}$, $\boldsymbol{j}$, $\boldsymbol{k}$를 이용하여 나타내어라.

10. O는 원점, $P(x, y, z)$는 공간상의 점일 때, $\overrightarrow{OP}$는 $\boldsymbol{i}$, $\boldsymbol{j}$, $\boldsymbol{k}$를 이용하여 나타내어라.

11. 크기가 4이고 $2\boldsymbol{i} - 3\boldsymbol{j} + 4\boldsymbol{k}$에 평행하여 방향이 반대인 벡터를 구하라.

12. 크기가 2이고 $-\boldsymbol{i} + \boldsymbol{j} + 2\boldsymbol{k}$에 평행한 벡터를 구하라.

13. $2\boldsymbol{i} + \boldsymbol{j} - \boldsymbol{k}$와 $2\alpha\boldsymbol{i} + \boldsymbol{j} + \boldsymbol{k}$가 같은 길이를 갖도록 α를 정하라.

14. $|\alpha\boldsymbol{i} + (\alpha + 1)\boldsymbol{j} + 2\boldsymbol{k}| = 3$이 되도록 α를 정하라.

2.2 ••• 벡터의 내적

지금까지는 두 벡터를 더하는 연산과 스칼라 곱 연산을 했다. 그러면 두 벡터의 곱은 어떻게 정의할까? 그런 곱연산이 내적과 외적이다.

정의 2.2.1 벡터의 내적

두 벡터 $\boldsymbol{a}=(a_1, a_2, a_3)$, $\boldsymbol{b}=(b_1, b_2, b_3)$에 대하여 $a_1b_1+a_2b_2+a_3b_3$을 $\boldsymbol{a}$와 $\boldsymbol{b}$의 내적(inner product)이라 하고 $\boldsymbol{a}\cdot\boldsymbol{b}$로 나타낸다. 즉,

$$\boldsymbol{a}\cdot\boldsymbol{b}=a_1b_1+a_2b_2+a_3b_3$$

위의 내적의 정의로부터

$$\boldsymbol{i}\cdot\boldsymbol{j}=\boldsymbol{j}\cdot\boldsymbol{k}=\boldsymbol{k}\cdot\boldsymbol{i}=0, \quad \boldsymbol{i}\cdot\boldsymbol{i}=\boldsymbol{j}\cdot\boldsymbol{j}=\boldsymbol{k}\cdot\boldsymbol{k}=1$$

임을 곧 알 수 있으며, 벡터의 내적은 항상 실수값임을 유의하여야 한다.

예제 2.2.1 $\boldsymbol{a}=2\boldsymbol{i}-\boldsymbol{j}+\boldsymbol{k}$, $\boldsymbol{b}=4\boldsymbol{i}+2\boldsymbol{j}-\boldsymbol{k}$일 때 $\boldsymbol{a}\cdot\boldsymbol{a}$, $\boldsymbol{a}\cdot\boldsymbol{b}$, $\boldsymbol{b}\cdot\boldsymbol{b}$를 구하라.

[풀이] 정의로부터

$$\begin{aligned}\boldsymbol{a}\cdot\boldsymbol{b}&=2\cdot4+(-1)\cdot2+1\cdot(-1)=8-2-1=5,\\ \boldsymbol{b}\cdot\boldsymbol{b}&=4\cdot4+2\cdot2+(-1)\cdot(-1)=16+4+1=21,\\ \boldsymbol{a}\cdot\boldsymbol{a}&=2\cdot2+(-1)\cdot(-1)+1\cdot1=4+1+1=6.\end{aligned}$$

■

정리 2.2.1 내적의 성질

벡터 $\boldsymbol{a}, \boldsymbol{b}, \boldsymbol{c}$와 스칼라 α에 대해 다음이 성립한다.

(1) $\boldsymbol{b}\cdot\boldsymbol{a}=\boldsymbol{a}\cdot\boldsymbol{b}$

(2) $\boldsymbol{a}\cdot(\boldsymbol{b}+\boldsymbol{c})=\boldsymbol{a}\cdot\boldsymbol{b}+\boldsymbol{a}\cdot\boldsymbol{c}$.

(3) $(\alpha\boldsymbol{a})\cdot\boldsymbol{b}=\alpha(\boldsymbol{a}\cdot\boldsymbol{b})$

(4) $\boldsymbol{a}\cdot\boldsymbol{a}=|\boldsymbol{a}|^2\geq 0,\quad \boldsymbol{a}\cdot\boldsymbol{a}=0 \quad\Leftrightarrow\quad \boldsymbol{a}=0$

[증명] (1) $\boldsymbol{a}=a_1\boldsymbol{i}+a_2\boldsymbol{j}+a_3\boldsymbol{k},\ \boldsymbol{b}=b_1\boldsymbol{i}+b_2\boldsymbol{j}+b_3\boldsymbol{k}$라 하면

$$\begin{aligned}\boldsymbol{b}\cdot\boldsymbol{a}&=b_1a_1+b_2a_2+b_3a_3\\&=a_1b_1+a_2b_2+a_3b_3=\boldsymbol{a}\cdot\boldsymbol{b}.\end{aligned}$$

(2) $\boldsymbol{c}=c_1\boldsymbol{i}+c_2\boldsymbol{j}+c_3\boldsymbol{k}$라 하면

$\boldsymbol{b}+\boldsymbol{c}=(b_1+c_1)\boldsymbol{i}+(b_2+c_2)\boldsymbol{j}+(b_3+c_3)\boldsymbol{k}$이므로

$$\begin{aligned}\boldsymbol{a}\cdot(\boldsymbol{b}+\boldsymbol{c})&=a_1(b_1+c_1)+a_2(b_2+c_2)+a_3(b_3+c_3)\\&=a_1b_1+a_2b_2+a_3b_3+a_1c_1+a_2c_2+a_3c_3\\&=\boldsymbol{a}\cdot\boldsymbol{b}+\boldsymbol{a}\cdot\boldsymbol{c}.\end{aligned}$$

(3)은 (1), (2)의 증명과 같은 방법으로 증명할 수 있다.

(4) 벡터의 내적과 길이의 정의로부터 다음을 확인할 수 있다.

$$\begin{aligned}\boldsymbol{a}\cdot\boldsymbol{a}&=a_1a_1+a_2a_2+a_3b_3\\&=a_1^2+a_2^2+a_3^2\\&=|\boldsymbol{a}|^2\geq 0.\end{aligned}$$

또한 $\boldsymbol{a}\cdot\boldsymbol{a}=0$이면 $a_1^2+a_2^2+a_3^2=0$이므로 $a_1=a_2=a_3=0$임을 알 수 있고 $\boldsymbol{a}=0$임을 알게 된다. 역으로 $\boldsymbol{a}=0$이면

$$a_1=a_2=a_3=0$$

이라는 사실로부터 $\boldsymbol{a}\cdot\boldsymbol{a}=0$임이 증명된다. ■

그림과 같이 물체 M에 일정한 힘 F를 작용하여 거리 d만큼 이동하였다고 하자. 이런 변위 과정에서 힘 F가 한 일을 W라 하면 W는 $\boldsymbol{d}$ 방향의 힘의 크기와 거리의 곱이므로 일 W를 다음과 같이 나타낼 수 있음이 물리학에서 알려져 있다.

$$W=\|F\|\|\boldsymbol{d}\|\cos\theta=F\cdot\boldsymbol{d}$$

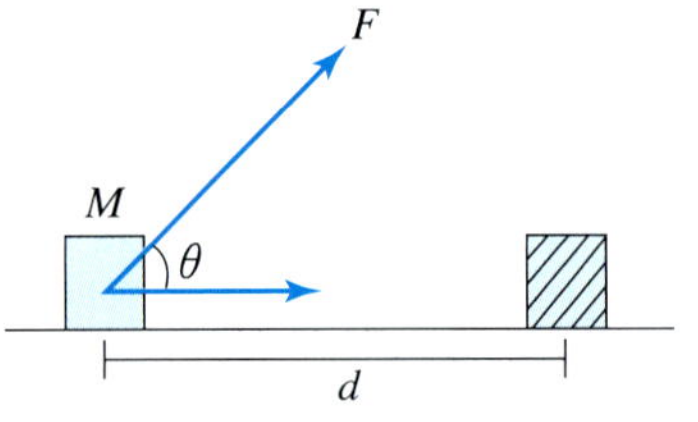

다음은 두 벡터의 크기와 두 벡터의 사잇각 θ가 주어졌을 때 내적을 구하는 방법을 제시해준다.

정리 2.2.2

0이 아닌 두 벡터 $\boldsymbol{v}$와 $\boldsymbol{w}$에 대하여

$$\boldsymbol{v}\cdot\boldsymbol{w}=|\boldsymbol{v}||\boldsymbol{w}|\cos\theta$$

이다. 여기서 $\theta(0\leq\theta\leq\pi)$의 사잇각이다.

[증명] 그림의 삼각형에서 $\boldsymbol{v}=\overrightarrow{AB}$, $\boldsymbol{w}=\overrightarrow{AC}$라 하면 θ는 벡터 $\boldsymbol{v}$와 $\boldsymbol{w}$가 이루는 각이 된다.

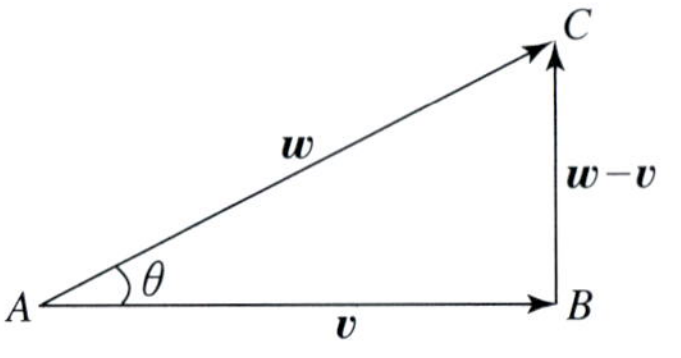

또한 $\boldsymbol{v}-\boldsymbol{w}=\overrightarrow{BC}$이므로 삼각형의 변의 길이는 $|\boldsymbol{v}|$, $|\boldsymbol{w}|$, $|\boldsymbol{w}-\boldsymbol{v}|$이다. 여기서 삼각형에 cosine 제2법칙을 적용하면

$$|\boldsymbol{w}-\boldsymbol{v}|^2=|\boldsymbol{v}|^2+|\boldsymbol{w}|^2-2\,|\boldsymbol{v}||\boldsymbol{w}|\cos\theta$$

이며 내적과 길이의 관계를 이용하면 다음을 얻는다.

$$(\boldsymbol{w}-\boldsymbol{v})\cdot(\boldsymbol{w}-\boldsymbol{v})=\boldsymbol{w}\cdot\boldsymbol{v}+\boldsymbol{v}\cdot\boldsymbol{v}-2|\boldsymbol{w}||\boldsymbol{v}|\cos\theta.$$

한편 내적의 성질에 의해

$$\begin{aligned}(\boldsymbol{w}-\boldsymbol{v})\cdot(\boldsymbol{w}-\boldsymbol{v})&=\boldsymbol{w}\cdot(\boldsymbol{w}-\boldsymbol{v})-\boldsymbol{v}\cdot(\boldsymbol{w}-\boldsymbol{v})\\&=\boldsymbol{w}\cdot\boldsymbol{v}-2\boldsymbol{w}\cdot\boldsymbol{v}+\boldsymbol{v}\cdot\boldsymbol{v}\end{aligned}$$

이므로

$$-2\,|\boldsymbol{v}||\boldsymbol{w}|\cos\theta = -2\boldsymbol{v}\cdot\boldsymbol{w}.$$

따라서

$$\boldsymbol{w}\cdot\boldsymbol{v} = |\boldsymbol{w}||\boldsymbol{v}|\cos\theta$$

를 얻는다. ■

정리 2.2.3 내적과 벡터의 직교성

0이 아닌 두 벡터 $\boldsymbol{v}$와 $\boldsymbol{w}$가 직교할 필요충분조건은 $\boldsymbol{v}\cdot\boldsymbol{w}=\boldsymbol{0}$이다.

예제 2.2.2 $\boldsymbol{a}=2\boldsymbol{i}-\boldsymbol{j}+\boldsymbol{k}$와 $\boldsymbol{b}=-\boldsymbol{i}+\boldsymbol{j}$ 사잇각을 구하라.

[풀이] 내적의 정의와 정리 2.2.2에 의해

$$\boldsymbol{a}\cdot\boldsymbol{b}=2(-1)+(-1)\cdot 1+1\cdot 0=-3,$$
$$|\boldsymbol{a}|=\sqrt{2^2+(-1)^2+1^2}=\sqrt{6},$$
$$|\boldsymbol{b}|=\sqrt{(-1)^2+1^2+0^2}=\sqrt{2},$$
$$\cos\theta=\frac{-3}{\sqrt{6}\cdot\sqrt{2}}=-\frac{\sqrt{3}}{2}$$

이므로

$$\theta=\cos^{-1}\left(-\frac{\sqrt{3}}{2}\right)=\frac{5}{6}\pi.$$

■

예제 2.2.3 $\boldsymbol{a}=2\boldsymbol{i}-\boldsymbol{j}+5\boldsymbol{k}$, $\boldsymbol{b}=3\boldsymbol{i}+\boldsymbol{j}-\boldsymbol{k}$일 때 $\boldsymbol{a}\perp\boldsymbol{b}$임을 보여라.

[풀이] 두 벡터의 내적이 0임을 보이면 된다. 내적을 계산하면

$$\boldsymbol{a}\cdot\boldsymbol{b}=2\cdot 3+(-1)\cdot 1+5\cdot(-1)=6-1-5=0$$

이므로 $\boldsymbol{a}\perp\boldsymbol{b}$이다. ■

예제 2.2.4 $\boldsymbol{a} = 2\alpha\boldsymbol{i} + \boldsymbol{j} - \boldsymbol{k}$와 $\boldsymbol{b} = \boldsymbol{i} - \alpha\boldsymbol{j} + \boldsymbol{k}$가 수직일 때 상수 α를 구하라.

[풀이] 정리 2.2.3에 의해 $\boldsymbol{a} \cdot \boldsymbol{b} = 0$임을 이용한다.

$$\boldsymbol{a} \cdot \boldsymbol{b} = 2\alpha - \alpha - 1 = 0$$

이므로 $\alpha = 1$이다. ■

많은 응용문제에 벡터 $\boldsymbol{v}$를 주어진 벡터 $\boldsymbol{a}$에 평행한 벡터와 $\boldsymbol{a}$에 수직인 벡터의 합으로 분해하는 상황을 만나게 된다. $\boldsymbol{a}$와 $\boldsymbol{v}$의 시점을 일치시키고 시점을 O라 하면 다음과 같은 방법으로 분해할 수 있다.

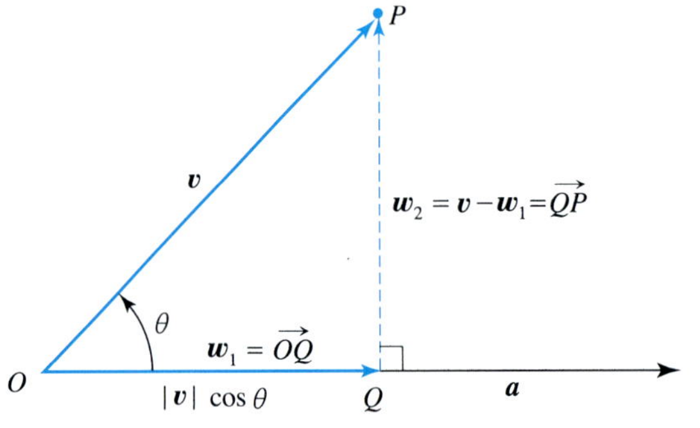

그림 2.2.1 정사영

정의 2.2.2 정사영, 직교사영

$\boldsymbol{v}$의 종점 P에서 벡터 $\boldsymbol{a}$를 포함한 직선에 수선을 만들 때 만나는 점을 Q라 하고 벡터 $\boldsymbol{w}_1 = \overrightarrow{OQ}$, $\boldsymbol{w}_2 = \boldsymbol{v} - \boldsymbol{w}_1$이라 두면 $\boldsymbol{w}_1$은 $\boldsymbol{a}$와 평행하고 $\boldsymbol{w}_2$는 $\boldsymbol{a}$와 수직임을 알 수 있다. 벡터 $\boldsymbol{w}_1$을 $\boldsymbol{v}$에서 $\boldsymbol{a}$로의 정사영(projection) 또는 직교사영(orthogonal projection)이라 하고 $\mathrm{Proj}_{\boldsymbol{a}}\boldsymbol{v}$로 나타낸다.

정리 2.2.4 벡터의 정사영과 벡터의 분해

0 아닌 벡터 $\boldsymbol{a}$에 대하여

(1) $\boldsymbol{v}$에서 $\boldsymbol{a}$로의 정사영은 다음과 같이 주어진다.

$$\mathrm{Proj}_{\boldsymbol{a}}\boldsymbol{v}=\frac{\boldsymbol{v}\cdot\boldsymbol{a}}{|\boldsymbol{a}|^2}\boldsymbol{a}$$

(2) $\boldsymbol{v}$는 $\boldsymbol{a}$에 평행한 벡터 $\boldsymbol{w}_1=\mathrm{Proj}_{\boldsymbol{a}}\boldsymbol{v}$와 수직인 벡터 $\boldsymbol{w}_2=\boldsymbol{v}-\mathrm{Proj}_{\boldsymbol{a}}\boldsymbol{v}$의 합으로 유일하게 분해된다.

[증명] $\boldsymbol{w}_1$은 $\boldsymbol{a}$와 평행하므로 $\boldsymbol{w}_1=k\boldsymbol{a}$ (k는 상수)라 쓸 수 있다. 한편 $\boldsymbol{a}$가 $\boldsymbol{w}_2=\boldsymbol{v}-\boldsymbol{w}_1$과 수직이므로 내적이 0이어야 한다. 즉,

$$\begin{aligned}\boldsymbol{a}\cdot\boldsymbol{w}_2&=\boldsymbol{a}\cdot(\boldsymbol{v}-\boldsymbol{w}_1)\\&=\boldsymbol{a}\cdot(\boldsymbol{v}-k\boldsymbol{a})\\&=\boldsymbol{v}\cdot\boldsymbol{a}-k\boldsymbol{a}\cdot\boldsymbol{a}\\&=0\end{aligned}$$

이므로 $k=\boldsymbol{v}\cdot\boldsymbol{a}/|\boldsymbol{a}|^2$임을 알 수 있다. 따라서 (1)이 증명된다. ■

예제 2.2.5 $\boldsymbol{b}=6\boldsymbol{i}+3\boldsymbol{j}+2\boldsymbol{k}$, $\boldsymbol{a}=\boldsymbol{i}-2\boldsymbol{j}-2\boldsymbol{k}$일 때 $\mathrm{Proj}_{\boldsymbol{a}}\boldsymbol{b}$를 구하라.

[풀이] 정리 2.2.4를 이용하면 정사영은 다음과 같이 주어진다.

$$\begin{aligned}\mathrm{Proj}_{\boldsymbol{a}}\boldsymbol{b}&=\frac{\boldsymbol{a}\cdot\boldsymbol{b}}{\boldsymbol{a}\cdot\boldsymbol{a}}\boldsymbol{a}\\&=\frac{6-6-4}{1+4+4}(\boldsymbol{i}-2\boldsymbol{j}-2\boldsymbol{k})\\&=-\frac{4}{9}(\boldsymbol{i}-2\boldsymbol{j}-2\boldsymbol{k})\\&=-\frac{4}{9}\boldsymbol{i}+\frac{8}{9}\boldsymbol{j}+\frac{8}{9}\boldsymbol{k}.\end{aligned}$$

■

예제 2.2.6 $\boldsymbol{b}=2\boldsymbol{i}+\boldsymbol{j}-3\boldsymbol{k}$를 $\boldsymbol{a}=3\boldsymbol{i}-\boldsymbol{j}$와 평행한 벡터와 수직인 벡터와의 합으로서 나타내어라.

[풀이] $\boldsymbol{a}\cdot\boldsymbol{b}=6-1=5$이고 $\boldsymbol{a}\cdot\boldsymbol{a}=9+1=10$이므로 정리 2.2.4를 사용하면 다음과 같이 분해된다.

$$\begin{aligned}\boldsymbol{b}&=\frac{\boldsymbol{a}\cdot\boldsymbol{b}}{\boldsymbol{a}\cdot\boldsymbol{a}}\boldsymbol{a}+\left(\boldsymbol{b}-\frac{\boldsymbol{a}\cdot\boldsymbol{b}}{\boldsymbol{a}\cdot\boldsymbol{a}}\boldsymbol{a}\right)\\&=\left(\frac{3}{2}\boldsymbol{i}-\frac{1}{2}\boldsymbol{j}\right)+\left(\frac{1}{2}\boldsymbol{i}+\frac{3}{2}\boldsymbol{j}-3\boldsymbol{k}\right).\end{aligned}$$

■

연습문제 2.2

1. 다음에서 내적 $\boldsymbol{a}\cdot\boldsymbol{b}$와 $\boldsymbol{a}$와 $\boldsymbol{b}$의 사잇각 θ, 혹은 $\cos\theta$의 값을 구하라.

(1) $\boldsymbol{a}=2\boldsymbol{i}-3\boldsymbol{j}+\boldsymbol{k},\quad \boldsymbol{b}=\boldsymbol{i}-\boldsymbol{j}+\boldsymbol{k}$　　(2) $\boldsymbol{a}=\boldsymbol{i}-\boldsymbol{j},\quad \boldsymbol{b}=\boldsymbol{j}+\boldsymbol{k}$

(3) $\boldsymbol{a}=\boldsymbol{i}-3\boldsymbol{j}+4\boldsymbol{k},\quad \boldsymbol{b}=4\boldsymbol{i}-\boldsymbol{j}+3\boldsymbol{k}$　　(4) $\boldsymbol{a}=\boldsymbol{i}+\boldsymbol{j}-\boldsymbol{k},\quad \boldsymbol{b}=\boldsymbol{i}+\boldsymbol{j}+\boldsymbol{k}$

2. $\boldsymbol{a}$와 $\boldsymbol{b}$가 직교하도록 α의 값을 정하라.

(1) $\boldsymbol{a}=2\boldsymbol{i}-3\boldsymbol{j}+\boldsymbol{k},\quad \boldsymbol{b}=\boldsymbol{i}-\alpha\boldsymbol{j}+\alpha\boldsymbol{k}$

(2) $\boldsymbol{a}=\alpha\boldsymbol{i}+\boldsymbol{j}+\boldsymbol{k},\quad \boldsymbol{b}=\boldsymbol{i}+\alpha\boldsymbol{j}+4\boldsymbol{k}$

3. 다음에서 $\mathrm{Proj}_{\boldsymbol{a}}\boldsymbol{b}$를 계산하라.

(1) $\boldsymbol{a}=2\boldsymbol{i}-3\boldsymbol{j}+\boldsymbol{k},\quad \boldsymbol{b}=\boldsymbol{i}-\boldsymbol{j}+\boldsymbol{k}$

(2) $\boldsymbol{a}=-3\boldsymbol{i}+2\boldsymbol{j}-\boldsymbol{k},\quad \boldsymbol{b}=2\boldsymbol{i}+\boldsymbol{j}-\boldsymbol{k}$

(3) $\boldsymbol{a}=3\boldsymbol{i}+\boldsymbol{j}-\boldsymbol{k},\quad \boldsymbol{b}=\boldsymbol{i}+2\boldsymbol{j}+5\boldsymbol{k}$

4. 벡터 $6\boldsymbol{i}-3\boldsymbol{j}-6\boldsymbol{k}$를 다음 벡터들에 평행한 벡터 $\boldsymbol{w}_1$과 수직인 벡터 $\boldsymbol{w}_2$의 합으로 나타내어라.

(1) $\boldsymbol{i}+\boldsymbol{j}+\boldsymbol{k}$　　(2) $2\boldsymbol{i}-\boldsymbol{j}-2\boldsymbol{k}$

5. $\boldsymbol{a}=\boldsymbol{i}+\boldsymbol{j}+2\boldsymbol{k},\ \boldsymbol{b}=2\boldsymbol{i}-\boldsymbol{j}+\boldsymbol{k},\ \boldsymbol{c}=2\boldsymbol{i}-\boldsymbol{j}+4\boldsymbol{k}$일 때 $\boldsymbol{c}+s\boldsymbol{a}+t\boldsymbol{b}$가 $\boldsymbol{a}$와 $\boldsymbol{b}$에 수직이 되도록 s와 t를 결정하라.

6. $\boldsymbol{a}=\alpha\boldsymbol{i}+\boldsymbol{j}+\boldsymbol{k}$와 $\boldsymbol{b}=\boldsymbol{i}+\alpha\boldsymbol{j}+\boldsymbol{k}$의 사잇각이 $\frac{\pi}{3}$일 때 α의 값을 구하라.

7. $|\boldsymbol{a}|=2,\ |\boldsymbol{b}|=2$이고 $\boldsymbol{a}$와 $\boldsymbol{b}$의 사잇각이 $\frac{\pi}{6}$일 때 $\boldsymbol{a}\cdot\boldsymbol{b},\ |\boldsymbol{a}+\boldsymbol{b}|,\ |\boldsymbol{a}-\boldsymbol{b}|$를 계산하라.

8. $|\boldsymbol{a}+\boldsymbol{b}|^2-|\boldsymbol{a}-\boldsymbol{b}|^2=4\boldsymbol{a}\cdot\boldsymbol{b}$임을 증명하라.

9. $|\boldsymbol{a}|^2=\boldsymbol{a}\cdot\boldsymbol{a}$를 이용하여 $|\alpha\boldsymbol{a}|=|\alpha||\boldsymbol{a}|$임을 보여라. (단, α는 상수)

10. 임의의 두 벡터 $\boldsymbol{u},\boldsymbol{v}$에 대하여

$$\boldsymbol{u}\cdot\boldsymbol{v}=\frac{1}{4}|\boldsymbol{u}+\boldsymbol{v}|^2-\frac{1}{4}|\boldsymbol{u}-\boldsymbol{v}|^2$$

임을 증명하라.

2.3 ••• 외 적

벡터의 외적은 물리학, 기계공학, 전자기학 등의 분야에서 각속도, 힘의 능률(moment), 각 운동량(angular momentum)을 표현하는 데 사용된다. 이 절에서는 3차원 벡터의 외적을 정의하고 그 성질을 살펴본다.

정의 2.3.1 외적의 정의

$\boldsymbol{a} = a_1\boldsymbol{i} + a_2\boldsymbol{j} + a_3\boldsymbol{k}$이고 $\boldsymbol{b} = b_1\boldsymbol{i} + b_2\boldsymbol{j} + b_3\boldsymbol{k}$라 하면 $\boldsymbol{a}$와 $\boldsymbol{b}$의 외적(cross product)은 다음과 같이 정의된다.

$$\begin{aligned}\boldsymbol{a} \times \boldsymbol{b} &= (a_2 b_3 - a_3 b_2)\boldsymbol{i} + (b_1 a_3 - b_3 a_1)\boldsymbol{j} + (a_1 b_2 - a_2 b_1)\boldsymbol{k} \\ &= \begin{vmatrix} \boldsymbol{i} & \boldsymbol{j} & \boldsymbol{k} \\ a_1 & a_2 & a_3 \\ b_1 & b_2 & b_3 \end{vmatrix} \qquad \text{(1행에 관한 여인수 전개)}\end{aligned}$$

두 벡터 사이의 내적은 그 결과가 실수지만 두 벡터를 외적한 결과가 벡터이므로 외적을 벡터적(vector product)이라 부르기도 한다.

예제 2.3.1 $\boldsymbol{a} = 2\boldsymbol{i} - \boldsymbol{j} + \boldsymbol{k}$이고 $\boldsymbol{b} = 4\boldsymbol{i} + 2\boldsymbol{j} - \boldsymbol{k}$일 때 다음을 연산하라.

(1) $\boldsymbol{a} \times \boldsymbol{b}$ (2) $\boldsymbol{b} \times \boldsymbol{a}$

(3) $\boldsymbol{a} \times \boldsymbol{a}$ (4) $\boldsymbol{b} \times \boldsymbol{b}$

[풀이] 외적의 정의에 의해 다음과 같이 계산한다.

(1) $\boldsymbol{a} \times \boldsymbol{b} = ((-1)\cdot(-1) - 2\cdot 1)\boldsymbol{i} - (2\cdot(-1) - 4\cdot 1)\boldsymbol{j} + (2\cdot 2 - 4\cdot(-1))\boldsymbol{k}$
$= -\boldsymbol{i} + 6\boldsymbol{j} + 8\boldsymbol{k}.$

(2) $\boldsymbol{b} \times \boldsymbol{a} = (2\cdot 1 - (-1)\cdot(-1))\boldsymbol{i} - (4\cdot(-1) - 2\cdot(-1))\boldsymbol{j} + (4\cdot(-1) - 2\cdot 2)\boldsymbol{k}$
$= \boldsymbol{i} - 6\boldsymbol{j} - 8\boldsymbol{k}.$

(3) $\boldsymbol{a} \times \boldsymbol{a} = ((-1)\cdot 1 - (-1)\cdot 1)\boldsymbol{i} - (2\cdot 1 - 2(-1))\boldsymbol{j} + (2(-1) - 2\cdot(-1))\boldsymbol{k}$
$= 0.$

(4) $\boldsymbol{b} \times \boldsymbol{b} = 0$의 증명은 생략한다. ■

벡터의 외적은 대수적, 기하학적 성질들을 가지고 있는데, 그 대수적인 특징을 먼저 살펴보자.

정리 2.3.1 외적의 대수적 성질

$\boldsymbol{a}$, $\boldsymbol{b}$, $\boldsymbol{c}$가 3차원 벡터이고 α가 실수일 때 다음이 성립한다.

(1) $\boldsymbol{a} \times \boldsymbol{a} = 0$

(2) $(\alpha\boldsymbol{a}) \times (\boldsymbol{b}) = \boldsymbol{a} \times (\alpha\boldsymbol{b}) = \alpha(\boldsymbol{a} \times \boldsymbol{b})$

(3) $\boldsymbol{a} \times \boldsymbol{b} = -\boldsymbol{b} \times \boldsymbol{a}$

(4) $\boldsymbol{a} \times (\boldsymbol{b} + \boldsymbol{c}) = \boldsymbol{a} \times \boldsymbol{b} + \boldsymbol{a} \times \boldsymbol{c}$

(5) $|\boldsymbol{a} \times \boldsymbol{b}|^2 = |\boldsymbol{a}|^2|\boldsymbol{b}|^2 - (\boldsymbol{a} \cdot \boldsymbol{b})^2$

[증명] (1), (2), (3), (4)는 연습문제에서 다루고 (5)를 증명한다.

(5) 정의에 의해

$$\begin{aligned} |\boldsymbol{a} \times \boldsymbol{b}|^2 &= (a_2b_3 - a_3b_2)^2 + (a_3b_1 - a_1b_3)^2 + (a_1b_1 - a_2b_1)^2 \\ &= (a_1^2 + a_2^2 + a_3^2)(b_1^2 + b_2^2 + b_3^2) - (a_1b_1 + a_2b_2 + a_3b_3) \\ &= |\boldsymbol{a}|^2|\boldsymbol{b}|^2 - (\boldsymbol{a} \cdot \boldsymbol{b})^2 \end{aligned}$$

이다. ■

외적벡터 $\boldsymbol{a} \times \boldsymbol{b}$의 방향을 알아보자. 벡터 $\boldsymbol{a}$와 $\boldsymbol{b}$를 품는 평면에 수직인 방향이며 오른손 법칙에 의해 결정된다(그림 2.3.1).

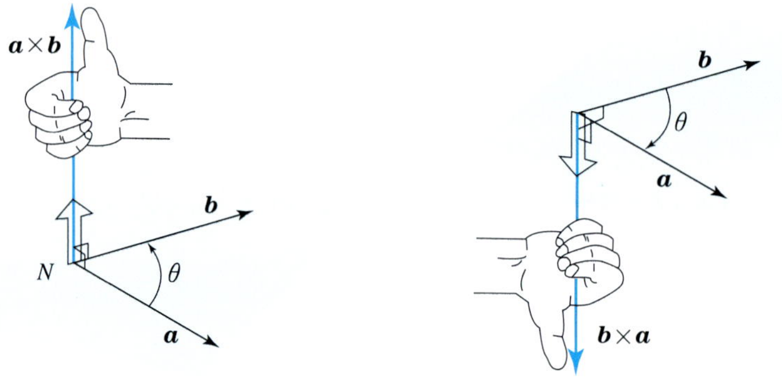

그림 2.3.1

한편 그림 2.3.2와 같이 두 벡터 **a**와 **b**의 외적 $\boldsymbol{a}\times\boldsymbol{b}$는 $\boldsymbol{u}$의 방향이지만 $\boldsymbol{b}\times\boldsymbol{a}$는 v의 방향이 되므로 외적은 교환법칙이 성립하지 않는다. 즉, $\boldsymbol{a}\times\boldsymbol{b}\neq\boldsymbol{b}\times\boldsymbol{a}$이다.

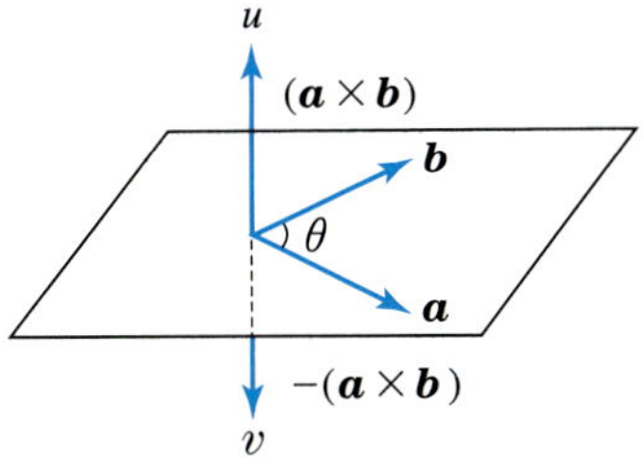

그림 2.3.2

예제 2.3.2 $\boldsymbol{a}=(-1, 3, 2)$, $\boldsymbol{b}=(2, 0, 3)$에 대하여 외적 $\boldsymbol{a}\times\boldsymbol{b}$의 방향이 같은 단위벡터를 구하라.

[풀이]

$$\boldsymbol{a}\times\boldsymbol{b}=\begin{vmatrix}\mathbf{i} & \mathbf{j} & \mathbf{k}\\ -1 & 3 & 2\\ 2 & 0 & 3\end{vmatrix}=\begin{vmatrix}3 & 2\\ 0 & 3\end{vmatrix}\mathbf{i}-\begin{vmatrix}-1 & 2\\ 2 & 3\end{vmatrix}\mathbf{j}+\begin{vmatrix}-1 & 3\\ 2 & 0\end{vmatrix}\mathbf{k}=9\mathbf{i}+7\mathbf{j}-6\mathbf{k}$$

에서 $\boldsymbol{a}\times\boldsymbol{b}=(9, 7, -6)$이고 $\|\boldsymbol{a}\times\boldsymbol{b}\|=\sqrt{166}$이므로 $\boldsymbol{a}\times\boldsymbol{b}$와 방향이 같은 단위벡터는

$$\frac{\boldsymbol{a}\times\boldsymbol{b}}{|\boldsymbol{a}\times\boldsymbol{b}|}=\frac{1}{\sqrt{166}}(9, 7, -6)$$

이다. ■

다음은 벡터의 외적의 기하학적인 의미를 살펴보자.

정리 2.3.2 외적의 기하학적인 의미

$\boldsymbol{a}$, $\boldsymbol{b}$가 3차원 벡터일 때

(1) $\boldsymbol{a}\times\boldsymbol{b}$는 $\boldsymbol{a}$, $\boldsymbol{b}$ 모두와 수직이다.

(2) $|\boldsymbol{a}\times\boldsymbol{b}|=|\boldsymbol{a}||\boldsymbol{b}|\sin\theta$, 단 θ는 $\boldsymbol{a}$와 $\boldsymbol{b}$ 사이의 각이다.

(3) $|\boldsymbol{a}\times\boldsymbol{b}|$는 $\boldsymbol{a}$와 $\boldsymbol{b}$가 이루는 평행사변형의 넓이이다.

(4) $|\boldsymbol{a}\times\boldsymbol{b}|=0$이기 위한 필요충분조건은 $\boldsymbol{a}$와 $\boldsymbol{b}$가 평행이다.

[증명] (1) $\boldsymbol{a} = a_1\boldsymbol{i} + a_2\boldsymbol{j} + a_3\boldsymbol{k}$, $\boldsymbol{b} = b_1\boldsymbol{i} + b_2\boldsymbol{j} + b_3\boldsymbol{k}$이면

$$\boldsymbol{a} \times \boldsymbol{b} = (a_2 b_3 - a_3 b_2)\boldsymbol{i} + (a_3 b_1 - a_1 b_3)\boldsymbol{j} + (a_1 b_2 - a_2 b_1)\boldsymbol{k}$$

이므로

$$\begin{aligned}\boldsymbol{a} \cdot (\boldsymbol{a} \times \boldsymbol{b}) &= a_1 a_2 b_3 - a_1 a_3 b_2 + a_2 a_3 b_1 - a_2 a_1 b_3 + a_3 a_1 b_2 - a_3 a_2 b_1 \\ &= 0\end{aligned}$$

이고, 같은 방법으로

$$\boldsymbol{b} \cdot (\boldsymbol{a} \times \boldsymbol{b}) = 0$$

임을 알 수 있다. 따라서 (1)이 증명된다.

(2) 정리 2.3.1(5)에 의하여

$$\begin{aligned}|\boldsymbol{a} \times \boldsymbol{b}|^2 &= |\boldsymbol{a}|^2|\boldsymbol{b}|^2 - (\boldsymbol{a} \cdot \boldsymbol{b})^2 \\ &= |\boldsymbol{a}|^2|\boldsymbol{b}|^2 - |\boldsymbol{a}|^2|\boldsymbol{b}|^2\cos^2\theta \\ &= |\boldsymbol{a}|^2|\boldsymbol{b}|^2\sin^2\theta\end{aligned}$$

인데 $|\boldsymbol{a} \times \boldsymbol{b}| \geq 0$, $0 \leq \theta \leq \pi$이므로 다음을 알 수 있다.

$$|\boldsymbol{a} \times \boldsymbol{b}| = |\boldsymbol{a}||\boldsymbol{b}|\sin\theta$$

한편 (3), (4)는 (2)를 이용하면 쉽게 증명할 수 있다. ■

예제 2.3.3 $\boldsymbol{a} = 2\boldsymbol{i} - \boldsymbol{j} + \boldsymbol{k}$, $\boldsymbol{b} = 4\boldsymbol{i} + 2\boldsymbol{j} - \boldsymbol{k}$ 모두에 수직인 벡터를 구하라.

[풀이] $\boldsymbol{a}$, $\boldsymbol{b}$의 외적이

$$\boldsymbol{a} \times \boldsymbol{b} = \begin{vmatrix} i & j & k \\ 2 & -1 & 1 \\ 4 & 2 & -1 \end{vmatrix}$$

이므로, 임의의 실수 α에 대하여 $\alpha(-\boldsymbol{i} + 6\boldsymbol{j} + 8\boldsymbol{k})$는 $\boldsymbol{a}$와 $\boldsymbol{b}$에 수직한 벡터이다.

■

예제 2.3.4 두 벡터 $\boldsymbol{a} = (2, 2, -1)$, $b = (1, 0, -1)$로 이루어진 평행사변형의 넓이 S를 구하라.

[풀이] $|\boldsymbol{a}| = 3$, $|b| = \sqrt{2}$, $\boldsymbol{a} \cdot \boldsymbol{b} = 3$이다. 이때 내적을 이용하여 두 벡터의 사잇각 θ를 구하면

$$\cos\theta = \frac{\boldsymbol{a} \cdot \boldsymbol{b}}{|\boldsymbol{a}||\boldsymbol{b}|} = \frac{3}{3\sqrt{2}} = \frac{1}{\sqrt{2}}$$

에서 $\theta = \frac{\pi}{4}$이므로 평행사변형의 넓이 S는 다음과 같다.

$$S = |\boldsymbol{a}||\boldsymbol{b}|\sin\theta = 3\sqrt{2}\sin\frac{\pi}{4} = 3$$

■

예제 2.3.5 $P_1(0, 0, 0)$, $P_2(-1, 2, 4)$, $P_3(2, -1, 4)$, $P_4(1, 1, 8)$을 꼭지점으로 갖는 평행사변형의 면적을 구하라.

[풀이] $\overrightarrow{P_1P_2} = -\boldsymbol{i} + 2\boldsymbol{j} + 4\boldsymbol{k}$, $\overrightarrow{P_2P_3} = 3\boldsymbol{i} - 3\boldsymbol{j}$이므로 정리 2.3.2(3)에 의하여 평행사변형의 넓이는 $|\overrightarrow{P_1P_2} \times \overrightarrow{P_2P_3}|$와 같고

$$\begin{aligned}\overrightarrow{P_1P_2} \times \overrightarrow{P_2P_3} &= \begin{vmatrix} \boldsymbol{i} & \boldsymbol{j} & \boldsymbol{k} \\ -1 & 2 & 4 \\ 3 & -3 & 0 \end{vmatrix} \\ &= 12\boldsymbol{i} + 12\boldsymbol{j} + 3\boldsymbol{k}\end{aligned}$$

이다. 따라서 면적은

$$\sqrt{12^2 + 12^2 + 3^2} = \sqrt{297} \approx 17.23$$

이다. ■

다음은 내적과 외적을 포함하는 삼중적에 대하여 알아보자.

정의 2.3.2 삼중적의 정의

벡터 $\boldsymbol{u}$, $\boldsymbol{v}$, $\boldsymbol{w}$에 대하여

$$\boldsymbol{u} \cdot (\boldsymbol{v} \times \boldsymbol{w})$$

를 $\boldsymbol{u}$, $\boldsymbol{v}$, $\boldsymbol{w}$의 스칼라 삼중적(scalar triple product)이라 한다.

$\boldsymbol{u} = (u_1, u_2, u_3)$, $\boldsymbol{v} = (v_1, v_2, v_3)$, $\boldsymbol{w} = (w_1, w_2, w_3)$라 두고 정의를 따라서 스칼라 삼중적의 값을 실제로 계산해보면

$$\begin{aligned}\boldsymbol{u} \times (\boldsymbol{v} \times \boldsymbol{w}) &= \boldsymbol{u} \cdot \left(\begin{vmatrix} v_2 & v_3 \\ w_2 & w_3 \end{vmatrix} \boldsymbol{i} - \begin{vmatrix} v_1 & v_3 \\ w_1 & w_3 \end{vmatrix} \boldsymbol{j} + \begin{vmatrix} v_1 & v_2 \\ w_1 & w_2 \end{vmatrix} \boldsymbol{k} \right) \\ &= \begin{vmatrix} v_2 & v_3 \\ w_2 & w_3 \end{vmatrix} u_1 - \begin{vmatrix} v_1 & v_3 \\ w_1 & w_3 \end{vmatrix} u_2 + \begin{vmatrix} v_1 & v_2 \\ w_1 & w_2 \end{vmatrix} u_3\end{aligned}$$

$$= \begin{vmatrix} u_1 & u_2 & u_3 \\ v_1 & v_2 & v_3 \\ w_1 & w_2 & w_3 \end{vmatrix}$$

이므로 세 벡터의 삼중적은 각 벡터의 성분을 행으로 갖는 행렬의 행렬식과 같음을 알 수 있다.

예제 2.3.6 벡터 $\boldsymbol{u} = 3\boldsymbol{i} - 2\boldsymbol{j} - 5\boldsymbol{k}$, $\boldsymbol{v} = \boldsymbol{i} + 4\boldsymbol{j} - 4\boldsymbol{k}$, $\boldsymbol{w} = 3\boldsymbol{j} + 2\boldsymbol{k}$ 의 스칼라 삼중적 $\boldsymbol{u} \cdot (\boldsymbol{v} \times \boldsymbol{w})$를 계산하라.

[풀이] 정의를 따라 계산하면 다음과 같다.

$$\begin{aligned} \boldsymbol{u} \cdot (\boldsymbol{v} \times \boldsymbol{w}) &= \begin{vmatrix} 3 & -2 & -5 \\ 1 & 4 & -4 \\ 0 & 3 & 2 \end{vmatrix} \\ &= 3\begin{vmatrix} 4 & -4 \\ 3 & 2 \end{vmatrix} - (-2)\begin{vmatrix} 1 & -4 \\ 0 & 2 \end{vmatrix} + (-5)\begin{vmatrix} 1 & 4 \\ 0 & 3 \end{vmatrix} \\ &= 60 + 4 - 15 = 49. \end{aligned}$$

■

정리 2.3.3 삼중적의 성질

세 벡터 $\boldsymbol{u}, \boldsymbol{v}, \boldsymbol{w}$가 이웃하는 세 변인 평행육면체의 부피는

$$|\boldsymbol{u} \cdot (\boldsymbol{v} \times \boldsymbol{w})|$$

이다.

[증명] 평행육면체의 높이 h는 $\boldsymbol{v} \times \boldsymbol{w}$ 위로의 $\boldsymbol{u}$의 사영 $\mathrm{Proj}_{\boldsymbol{v} \times \boldsymbol{w}} \boldsymbol{u}$의 크기이므로

$$h = |\mathrm{Proj}_{\boldsymbol{v} \times \boldsymbol{w}} \boldsymbol{u}| = \frac{|\boldsymbol{u} \cdot (\boldsymbol{v} \times \boldsymbol{w})|}{|\boldsymbol{v} \times \boldsymbol{w}|}$$

이다. 또한 밑변에 있는 평행사변형의 넓이는 $|\boldsymbol{v} \times \boldsymbol{w}|$이므로 평행육면체의 부피 V는

$$V = \frac{|\boldsymbol{u} \cdot (\boldsymbol{v} \times \boldsymbol{w})|}{|\boldsymbol{v} \times \boldsymbol{w}|} = |\boldsymbol{u} \cdot (\boldsymbol{v} \times \boldsymbol{w})|$$

이다.

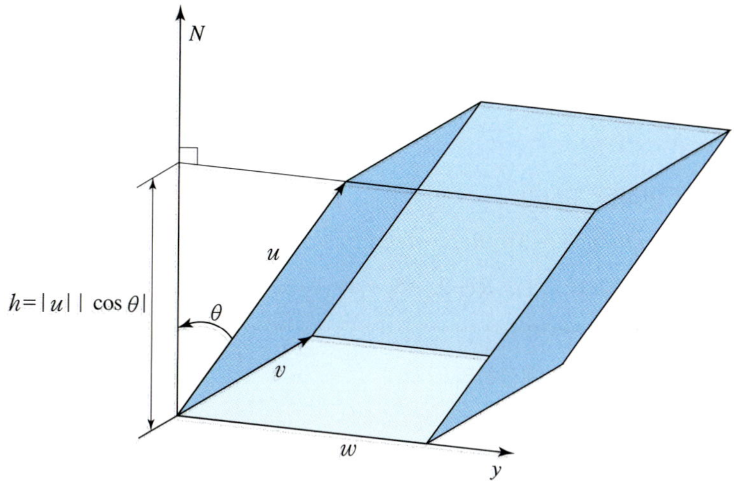

그림 2.3.3 삼중적의 기하학적 의미

예제 2.3.7 벡터 $\boldsymbol{a} = \boldsymbol{i} - \boldsymbol{j} + \boldsymbol{k}$, $\boldsymbol{b} = \boldsymbol{j} - \boldsymbol{k}$, $\boldsymbol{c} = -2\boldsymbol{i} + 3\boldsymbol{j} - 2\boldsymbol{k}$를 변으로 하는 평행육면체의 부피를 구하라.

[풀이] 구하는 부피를 V라 하면

$$V = |\boldsymbol{a} \cdot (\boldsymbol{b} \times \boldsymbol{c})|$$

이고 부피는 다음과 같다.

$$|\boldsymbol{a} \cdot (\boldsymbol{b} \times \boldsymbol{c})| = \begin{vmatrix} 1 & -1 & 1 \\ 0 & 1 & -1 \\ -2 & 3 & -2 \end{vmatrix} = 1.$$

연습문제 2.3

1. $\boldsymbol{a} = \boldsymbol{i} - 2\boldsymbol{j} + \boldsymbol{k}$, $\boldsymbol{b} = 2\boldsymbol{i} + \boldsymbol{j} - \boldsymbol{k}$, $\boldsymbol{c} = 3\boldsymbol{i} - 2\boldsymbol{j} + 2\boldsymbol{k}$에서 다음을 계산하라.

(1) $\boldsymbol{a} \times \boldsymbol{b}$

(2) $\boldsymbol{a} \cdot (\boldsymbol{b} \times \boldsymbol{c})$

(3) $\boldsymbol{a}$와 $\boldsymbol{b}$를 이웃으로 하는 평행사변형의 넓이

2. 다음 두 벡터에 수직인 단위벡터를 구하라.

(1) $\boldsymbol{a} = \boldsymbol{i} - 2\boldsymbol{j} + 2\boldsymbol{k}$, $\boldsymbol{b} = -\boldsymbol{i} - 3\boldsymbol{j} + \boldsymbol{k}$

(2) $\boldsymbol{a} = \boldsymbol{i} + \boldsymbol{j}$, $\boldsymbol{b} = \boldsymbol{j} + \boldsymbol{k}$

3. 삼각형 PQR의 면적을 구하라.

(1) $P(1, -2, 4)$, $Q(-1, 3, -3)$, $R(2, -1, 2)$

(2) $P(-1, -1, -1)$, $Q(1, 1, 1)$, $R(-2, -3, -4)$

4. 다음 벡터적과 스칼라적을 계산하라.

(1) $\boldsymbol{k} \cdot (\boldsymbol{j} \times \boldsymbol{k})$

(2) $\boldsymbol{i} \cdot (\boldsymbol{j} \times \boldsymbol{k})$

(3) $(\boldsymbol{i} \times \boldsymbol{j}) \cdot (\boldsymbol{i} \times \boldsymbol{j})$

(4) $(\boldsymbol{i} \times \boldsymbol{k}) \times (\boldsymbol{j} \times \boldsymbol{i})$

5. 위치벡터 $\boldsymbol{a}, \boldsymbol{b}, \boldsymbol{c}$의 끝점으로 구성된 삼각형 넓이는

$$\frac{1}{2}|(\boldsymbol{b} - \boldsymbol{a}) \times (\boldsymbol{c} - \boldsymbol{a})|$$

임을 보여라.

6. 정리 2.3.1에서 (1), (2)를 증명하라.

7. 정리 2.3.1에서 (3), (4)를 증명하라.

2.4 ••• 직선과 평면의 방정식

좌표공간에서 직선의 방정식을 벡터를 이용하여 나타낼 수 있다. 한 고정점 A를 지나고 주어진 벡터 $\boldsymbol{u}$에 평행인 직선 ℓ이 있다. 이 ℓ 위에 임의의 한 점을 P라 하면 $\overrightarrow{AP} \parallel \boldsymbol{u}$이므로 임의의 실수 t에 대하여

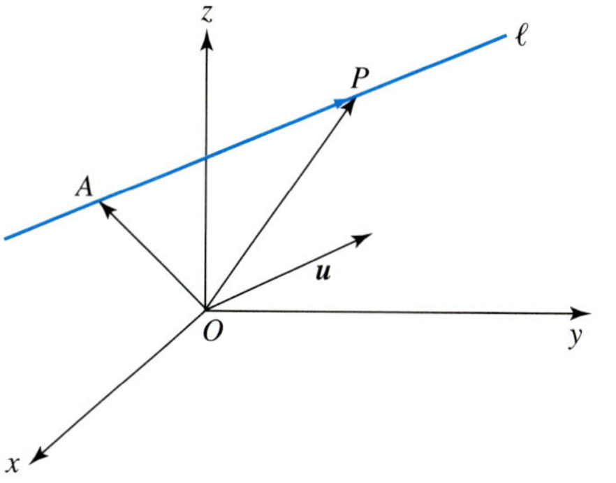

$$\overrightarrow{AP} = t\boldsymbol{u}$$

이다. 또 $\overrightarrow{AP} = \overrightarrow{OP} - \overrightarrow{OA}$이므로 직선 ℓ은

$$\overrightarrow{OP} = \overrightarrow{OA} + t\boldsymbol{u} \qquad \cdots ①$$

로 나타내어진다.

역으로 임의의 실수 t에 대하여 ①에서 점 P는 직선 ℓ 위에 있다. 그러므로 ①은 직선을 나타낸다.

이 ①을 직선 ℓ의 벡터방정식(vector equation of the line ℓ)이라 하고 벡터 $\boldsymbol{u}$를 방향벡터(direction vector)라 한다.

위에서 $A(x_1, y_1, z_1)$, $\boldsymbol{u} = (a, b, c)$, 임의의 점 P의 위치벡터를 $\overrightarrow{OP} = (x, y, z)$이라 하고 ①에 대입하면

$$\begin{aligned} x\boldsymbol{i} + y\boldsymbol{j} + z\boldsymbol{k} &= x_1\boldsymbol{i} + y_1\boldsymbol{j} + z_1\boldsymbol{k} + t(a\boldsymbol{i} + b\boldsymbol{j} + c\boldsymbol{k}) \\ &= (x_1 + ta)\boldsymbol{i} + (y_1 + tb)\boldsymbol{j} + (z_1 + tc)\boldsymbol{k} \end{aligned}$$

이다. 따라서

$$\begin{cases} x = x_1 + ta \\ y = y_1 + tb \\ z = z_1 + tc \end{cases} \qquad \cdots ②$$

이 ②를 직선 ℓ의 매개방정식(parameteric equation)이라 한다. ②에서 $abc \neq 0$일 때, 매개변수 t를 소거하면, 점 $A(x_1, y_1, z_1)$을 지나고 방향벡터가 $u = (a, b, c)$인 직선의 방정식은

이다. ②를 모양을 바꾸어 쓰면

$$ax + by + cz - (ax_1 + by_1 + xz_1) = 0$$

여기서 $-(ax_1 + by_1 + cz_1) = d$로 하면, 일반적으로 법선벡터가 $\boldsymbol{n} = (a, b, c)$인 평면의 방정식은 다음과 같다.

$$ax + by + cz + d = 0 \qquad \cdots ③$$

예제 2.4.4 점 $P_0(1, 2, -1)$을 지나고 $\boldsymbol{N} = 2\boldsymbol{i} + 3\boldsymbol{j} - 4\boldsymbol{k}$에 수직인 평면의 방정식을 구하라.

[풀이] 평면상의 임의의 점 $P(x, y, z)$를 잡으면 $\overrightarrow{P_0P} \perp \boldsymbol{N}$이므로 $\overrightarrow{P_0P} \cdot \boldsymbol{N} = 0$이다. 그런데

$$\overrightarrow{P_0P} = (x-1)\boldsymbol{i} + (y-2)\boldsymbol{j} + (z+1)\boldsymbol{k}$$
$$\overrightarrow{P_0P} \cdot N = 2(x-1) + 3(y-2) - 4(z+1) = 0$$

이므로 평면의 방정식은 다음과 같다.

$$2x + 3y - 4z = 12$$

■

예제 2.4.5 세 개의 점 $P_1(1, -1, 2)$, $P_2(3, 0, 0)$, $P_3(4, 2, 1)$을 포함하는 평면의 방정식을 구하라.

[풀이] $\overrightarrow{P_1P_2} = 2\boldsymbol{i} + \boldsymbol{j} - 2\boldsymbol{k}$, $\overrightarrow{P_1P_3} = 3\boldsymbol{i} + 3\boldsymbol{j} - \boldsymbol{k}$는 구하고자 하는 평면에 있는 벡터이고 $\overrightarrow{P_1P_2} \times \overrightarrow{P_1P_3}$는 $\overrightarrow{P_1P_2}$와 $\overrightarrow{P_1P_3}$ 모두에 수직하므로

$$\boldsymbol{N} = \overrightarrow{P_1P_2} \times \overrightarrow{P_1P_3}$$

라고 하면 $\boldsymbol{N}$은 구하는 평면에 수직인 벡터이다. 따라서 평면상의 임의의 점 $P(x, y, z)$를 잡으면 $\overrightarrow{P_1P} \perp \boldsymbol{N}$이므로

$$\overrightarrow{P_0P} \cdot \boldsymbol{N} = 0$$

이다. 그런데

$$\begin{aligned} \boldsymbol{N} &= \overrightarrow{P_1P_2} \times \overrightarrow{P_1P_3} \\ &= \begin{vmatrix} \boldsymbol{i} & \boldsymbol{j} & \boldsymbol{k} \\ 2 & 1 & -2 \\ 3 & 3 & -1 \end{vmatrix} \\ &= 5\boldsymbol{i} - 4\boldsymbol{j} + 3\boldsymbol{k} \end{aligned}$$

이고

$$\overrightarrow{P_1P} = (x-1)\boldsymbol{i} + (y+1)\boldsymbol{j} + (z-2)\boldsymbol{k}$$
$$\overrightarrow{P_1P} \cdot N = 5(x-1) - 4(y+1) + 3(z-2) = 0$$

이므로 구하는 평면의 방정식은 다음과 같다.

$$5x - 4y + 3z = 15.$$

■

예제 2.4.6 다음 두 평면의 교선의 방정식을 구하라.

$$\begin{cases} x + y - z - 3 = 0 & \cdots ① \\ 2x - y - 8z + 9 = 0 & \cdots ② \end{cases}$$

[풀이] ① + ② : $3x - 9z + 6 = 0$이므로 $z = \dfrac{x+2}{3}$

① × 2 − ② : $3y + 6z - 15 = 0$이므로 $z = \dfrac{y-5}{-2}$

따라서 구하는 교선의 방정식은 $\dfrac{x+2}{3} = \dfrac{y-5}{-2} = z.$ ■

두 평면이 이루는 각은 각각의 평면에 수직인 법선벡터가 이루는 각과 같으므로 법선벡터들을 사용하여 평면 사이의 각을 계산할 수 있다. $\boldsymbol{N}_1$이 한 평면에 수직하고 $\boldsymbol{N}_2$가 또 다른 평면에 수직하는 벡터이면 두 평면 사이의 각 θ는 $\boldsymbol{N}_1$과 $\boldsymbol{N}_2$의 사잇각

$$\theta = \cos^{-1}\frac{\boldsymbol{N}_1 \cdot \boldsymbol{N}_2}{|\boldsymbol{N}_1||\boldsymbol{N}_2|}$$

과 같다.

예제 2.4.7 두 평면 $\Pi_1 : 2x - y + z = 5$, $\Pi_2 : -x + y = 6$ 사이의 각을 구하라.

[풀이] $\boldsymbol{N}_1$을 Π_1에 수직인 벡터라 하고 $\boldsymbol{N}_2$를 Π_2에 수직인 벡터라 하면

$$\boldsymbol{N}_1 = 2\boldsymbol{i} - \boldsymbol{j} + \boldsymbol{k}, \quad \boldsymbol{N}_2 = -\boldsymbol{i} + \boldsymbol{j}$$

로 택할 수 있고 $\boldsymbol{N}_1$과 $\boldsymbol{N}_2$의 사잇각 θ는 다음과 같다.

$$\theta = \cos^{-1}\frac{\boldsymbol{N}_1 \cdot \boldsymbol{N}_2}{|\boldsymbol{N}_1||\boldsymbol{N}_2|} = \cos^{-1}\frac{2(-1) + (-1)\cdot 1}{\sqrt{4+1+1}\sqrt{1+1+0}}$$
$$= \cos^{-1}\frac{-3}{\sqrt{6}\sqrt{2}} = \frac{5}{6}\pi.$$

■

정사영을 이용하여 공간상의 한 점 $P_0(x_0, y_0, z_0)$에서 주어진 평면에 이르는 거리를 구할 수 있다.

정리 2.4.1 점과 평면과의 거리

점 $P_0(x_0, y_0, z_0)$에서 평면 $ax + by + cz = d$에 이르는 거리는

$$\frac{|ax_0 + by_0 + cz_0 - d|}{\sqrt{a^2 + b^2 + c^2}}$$

이다.

[증명] 3차원 공간에 임의의 점을 $P_0(x_0, y_0, z_0)$라 하고, 주어진 평면 $ax + by + cz = d$ 상에 있는 임의의 점을 $P_1(x_1, y_1, z_1)$이라 하면 법선 벡터는 $\boldsymbol{N} = a\boldsymbol{i} + b\boldsymbol{j} + c\boldsymbol{k}$이고 P_0와 평면 사이의 거리는 $\left|\mathrm{Proj}_N \overrightarrow{P_1P_0}\right|$이다. 따라서 P_0와 평면 $ax + by + cz = d$ 사이의 거리를 δ라 하면

$$\begin{aligned}
\delta &= \left|\mathrm{Proj}_N \overrightarrow{P_1P_0}\right| \\
&= \left|\frac{\boldsymbol{N} \cdot \overrightarrow{RR}}{\boldsymbol{N} \cdot \boldsymbol{N}} \boldsymbol{N}\right| \\
&= \frac{\left|\overrightarrow{P_1P_0} \cdot \boldsymbol{N}\right|}{|\boldsymbol{N}|} \\
&= \frac{|a(x_0 - x_1) + b(y_0 - y_1) + c(z_0 - z_1)|}{\sqrt{a^2 + b^2 + c^2}} \\
&= \frac{|ax_0 + by_0 + cz_0 - d|}{\sqrt{a^2 + b^2 + c^2}}
\end{aligned}$$

가 된다. 위 식의 마지막 등호에서는 (x_1, y_1, z_1)이 평면상의 점이므로 $ax_1 + by_1 + cz_1 = d$임을 사용하였다.

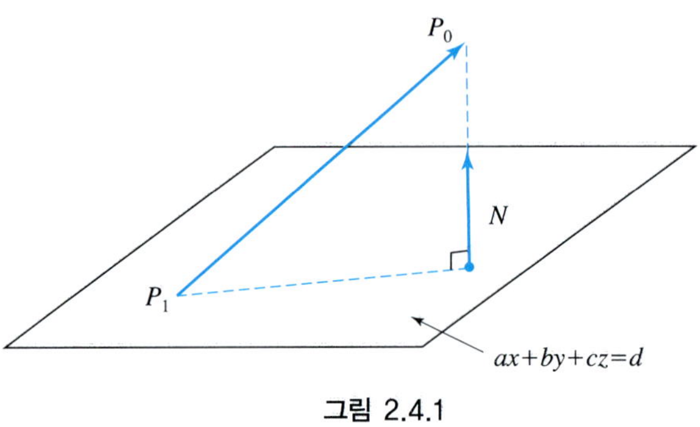

그림 2.4.1

■

예제 2.4.8 점 $(2,\ 3,\ -1)$과 평면 $x+4y+z=-5$ 사이의 거리를 구하라.

[풀이] $a=1,\ b=4,\ c=1,\ d=-5,\ x_0=2,\ y_0=3,\ z_0=-1$이므로 구하는 거리는

$$\frac{|1\cdot 2+4\cdot 3+1\cdot(-1)-(-5)|}{\sqrt{1^2+4^2+1^2}}=\frac{18}{3\sqrt{2}}$$

이다. ■

연습문제 2.4

1. 다음의 점 A를 지나고 방향벡터가 $\boldsymbol{D}$인 직선의 방정식을 구하라.

(1) $A(1,\ 2,\ 3)$, $\boldsymbol{D}=(4,\ -1,\ 2)$

(2) $A(3,\ -2,\ 1)$, $\boldsymbol{D}=(0,\ -3,\ 2)$

(3) $A(5,\ 4,\ -3)$, $\boldsymbol{D}=(-3,\ 0,\ 1)$

(4) $A(-3,\ 2,\ -2)$, $\boldsymbol{D}=(-2,\ -1,\ 0)$

2. 다음 두 점을 지나는 직선의 방정식을 구하라.

(1) $(2,\ -1,\ 3)$, $(3,\ -2,\ 5)$

(2) $(-2,\ 3,\ 0)$, $(1,\ -1,\ 2)$

(3) $(1,\ 3,\ -2)$, $(1,\ 4,\ -6)$

(4) $(0,\ 0,\ 1)$, $(2,\ 3,\ 1)$

3. 다음 점을 지나며 법선벡터가 $\boldsymbol{n}$인 평면의 방정식을 구하라.

(1) $(-1,\ 3,\ 1)$, $\boldsymbol{n}=(0,\ -2,\ -3)$

(2) $(2,\ -4,\ 3)$, $\boldsymbol{n}=(-1,\ 1,\ 5)$

(3) $(4,\ 1,\ -5)$, $\boldsymbol{n}=(2,\ 0,\ 4)$

(4) $(1,\ -2,\ -3)$, $\boldsymbol{n}=(2,\ 0,\ 0)$

4. 세 점을 지나는 평면의 방정식을 구하라.

(1) $A(1,\ 0,\ 0)$, $B(0,\ 1,\ 0)$, $C(0,\ 0,\ 1)$

(2) $A(4,\ -1,\ 3)$, $B(2,\ -2,\ 4)$, $C(-1,\ -3,\ 2)$

디리클레(Peter Gustau Lejeune Dirichlet, 1805~1859)는 독일의 수학자로 베를린 대학에서의 연구 활동을 시작으로, 가우스의 뒤를 이어 괴팅겐 대학의 교수로 재직하면서 가우스의 정수론을 발전시켰다. 등차수열의 첫째 항과 공차가 소수이며 항과 항 사이에 무수히 많은 소수가 있는 것을 발견한 디리클레의 정리(Dirichlet's Theorem)가 유명하다. 오늘날 우리가 사용하고 있는 함수의 기호를 창안한 것으로도 유명한데, 라이프니츠(Gottfried Wiehelm Leibniz, 1646~1716)가 사용했던 단순한 식만을 사용해 오다가 함수를 대응관계로 정의한 디리클레의 주장 이후, 계산에만 의존해 오던 틀을 벗을 수 있었다고 한다.

3.1 ••• 함 수

함수는 수학적 사고를 표현하는 핵심도구이다. 이 절에서는 함수의 정의, 성질, 종류에 대하여 공부한다.

정의 3.1.1 함수, 함수값(상), 역상, 독립변수, 종속변수, 정의역, 치역, 공역

공집합이 아닌 두 집합 X, Y에 대하여 집합 X의 각 원소에 집합 Y의 원소가 오직 하나씩만 대응할 때, 이 대응을 X에서 Y로의 함수라고 한다. 이 함수를 f라고 할 때, 기호

$$f : X \to Y \quad \text{또는} \quad X \xrightarrow{f} Y$$

로 나타낸다.

또 함수 f에 의해 X의 원소 x에 Y의 원소 y가 대응하는 것을

$$f : x \mapsto y,\ x \mapsto y,\ y = f(x)$$

등으로 나타내고, y를 f에 의한 x의 함수값(또는 상), y에 대하여 x를 역상(또는 원상)이라 한다. 여기에서 x를 독립변수, y를 종속변수라고도 한다.

함수 $f : X \to Y$가 있을 때 X를 f의 정의역, Y를 f의 공역이라 하고, $x(x \in X)$의 상 전체의 집합 $\{f(x) | x \in X\}$를 f의 치역이라 하며 $f(X)$로 나타낸다.

예제 3.1.1 오른쪽 그림의 대응관계는 함수인가? 함수이면 함수값, 정의역, 공역, 치역을 구하라.

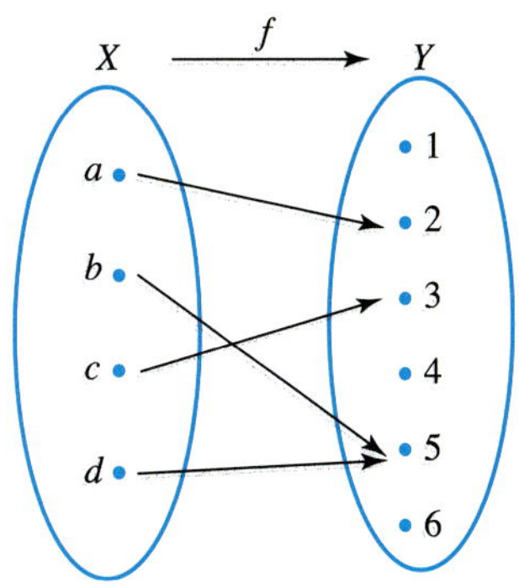

[풀이] X의 각 원소에 Y의 원소 하나씩만 대응하고 있으므로 이 대응은 함수이다.

$$f(a) = 2, \quad f(b) = 5, \quad f(c) = 3, \quad f(d) = 5$$

이다. f의 정의역은 $X = \{a, b, c, d\}$, 치역은 $\{2, 3, 5\}$, 공역은 $\{1, 2, 3, 4, 5\}$이다. ■

한 함수 $y=f(x)$의 정의역과 공역은 함수값 $f(x)$가 정의될 수 있는 실수의 집합에서 생각하기로 한다. 정의역을 집합 $\{x|a \le x \le b\}$를 표시해야 할 경우는

$$y=f(x) \quad (a \le x \le b)$$

로 나타낸다.

예제 3.1.2 다음 함수의 정의역, 공역, 치역을 구하라.

(1) $y=x-1$ (2) $y=x^2$

(3) $y=x+2\,(-3 \le x \le 3)$ (4) $y=x^2+1\,(-2 \le x \le 2)$

[풀이] (1) 정의역, 치역, 공역 모두 실수 전체 집합 R이다.

(2) 정의역, 공역은 실수 전체 집합 R이고 치역은 음이 아닌 실수의 집합 $\{y|y \ge 0\}$이다.

(3) 정의역은 $\{x|-3 \le x \le 3\}$이며 $x=-3$일 때 $y=-3+2=-1$이며 $x=3$일 때 $y=3+2=5$이므로 치역은 $\{y|-1 \le y \le 5\}$이다.

(4) 정의역은 $\{x|-2 \le x \le 2\}$이며 $x=-2$일 때 $y=(-2)^2+1=5$, $x=2$일 때 $y=2^2+1=5$, $x=0$일 때 y의 최솟값은 1이므로 치역은 $\{y|1 \le y \le 5\}$이다. ■

정의 3.1.2 함수의 그래프

함수 $f: X \to Y$에서 정의역 X의 원소 x와 이에 대응하는 Y의 원소 $f(x)$의 순서쌍 전체의 집합 $\{(x, f(x))|x \in X\}$를 함수 f의 그래프라고 한다.

예제 3.1.3 다음 함수의 그래프를 설명하라.

(1) $y=2x-1$

(2) $y=-x^2+2$

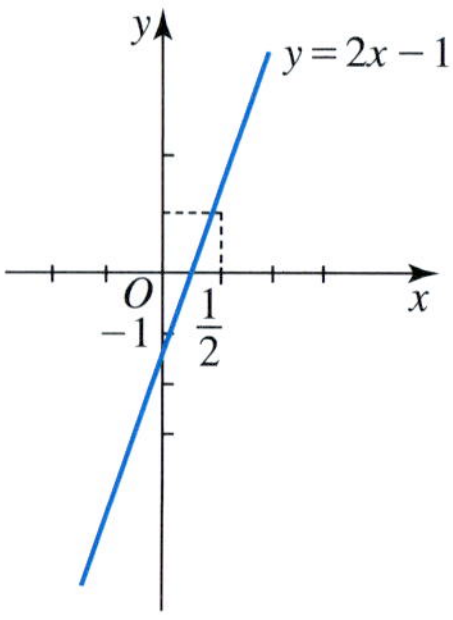

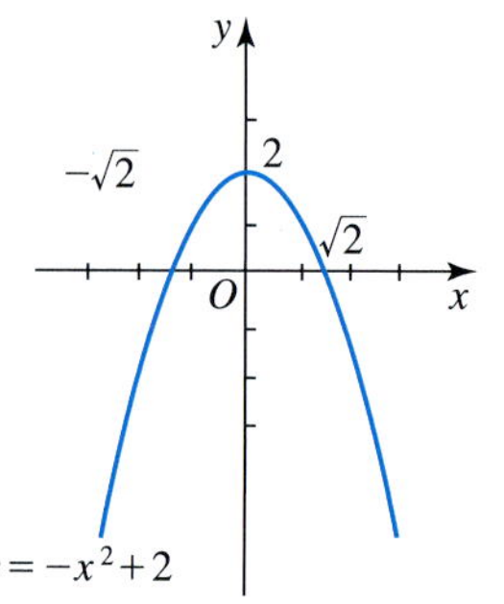

[풀이] (1) 일차함수 $y=2x-1$의 그래프는 직선이고 기울기가 2, y절편은 -1이다.

(2) 이차함수 $y=-x^2+2$의 그래프는 포물선이고 꼭지점의 좌표는 (0, 2), x절편이 $-\sqrt{2}$, $\sqrt{2}$이며 y축이 대칭축이다. ■

정의 3.1.3 전사함수, 단사함수, 일대일 대응함수

함수 $f: X \to Y$에서

(1) 치역과 공역이 같으면, 즉 $\{f(x) \mid x \in X\} = Y$이면 f를 X에서 Y로의 전사함수라 한다.

(2) 정의역 X의 임의의 두 원소 x_1, x_2에 대하여

$$x_1 \neq x_2 \text{이면 } f(x_1) \neq f(x_2)$$

일 때 함수 f를 X에서 Y로의 단사함수라 한다.

(3) (1)과 (2)를 동시에 만족할 때 f를 X에서 Y로의 전단사 혹은 일대일 대응함수라 한다.

[참고] (2)번에서의 조건은 대우명제 "$f(x_1)=f(x_2)$이면 $x_1=x_2$이다"로 바꿀 수 있다.

예제 3.1.4 함수 $f(x)=2x-1$는 일대일 대응이다.

[풀이] 먼저 치역과 공역 모두 실수 전체의 집합이므로 치역과 공역이 같다. 그리고 임의의 두 실수 x_1, x_2에 대하여

$$x_1 \neq x_2 \text{이면 } 2x_1 - 1 \neq 2x_2 - 1,$$

즉

$$x_1 \neq x_2 \text{이면 } f(x_1) \neq f(x_2)$$

이다. 따라서, 이 함수는 일대일 대응이다. ■

예제 3.1.5 다음 함수는 단수, 전사, 전단사함수 중 어느 것인가?

(1) $f: [-1, 1] \to [-2, 3]$, $f(x)=2x$

(2) $f: [-1, 1] \to [-1, 0]$, $f(x)=-x^2$

(3) $f: [-2, 2] \to [-4, 4]$, $f(x)=x^2-4$

(4) $f: [0, 2] \to [0, 4]$, $f(x)=x^2$

[풀이]

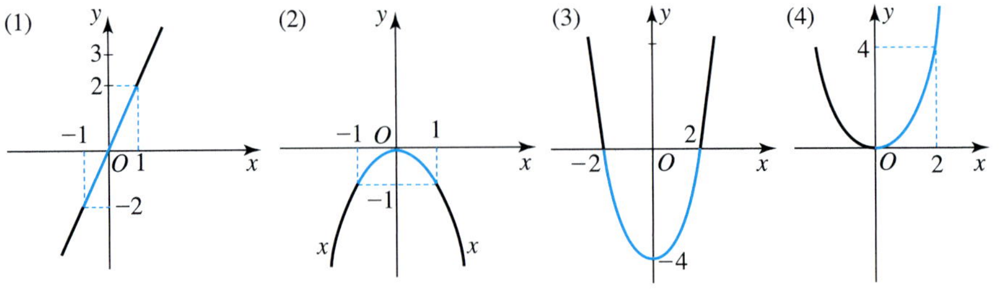

(1) 정의역은 $[-1, 1]$, 공역은 $[-2, 3]$, 치역은 $[-2, 2]$이고 $[-2, 2] \subset [-2, 3]$이다. 따라서 이 함수 f는 단사이지만 전사함수는 아니다.

(2) 정의역은 $[-1, 1]$, 공역은 치역과 $[-1, 0]$로 같다. 따라서 이 f는 전사이지만 단사함수는 아니다.

(3) 정의역은 $[-2, 2]$, 공역은 $[-4, 4]$, 치역은 $[-4, 0]$이다. $[-4, 0] \subset [-4, 4]$이며 $x_1, x_2 \in [-2, 2]$에 대하여 $x_1 \neq x_2$일 때 $f(x_1) = f(x_2)$일 수도 있다. 따라서 이 함수 f는 전사도 단사도 아니다.

(4) 정의역은 $[0, 2]$, 공역은 치역과 $[0, 4]$로 같다. $x_1, x_2 \in [0, 2]$에 대하여 $x_1 \neq x_2$이면 $x_1^2 \neq x_2^2$이다. 따라서 이 경우의 함수 f는 전단사함수이다. ■

정의 3.1.4 항등함수

함수 $f: X \to X$에서 정의역 X의 임의의 원소 x에 대하여

$$f(x) = x$$

일 때, 이 함수 f를 X에서의 항등함수라고 한다.

정의 3.1.5 상수함수

함수 $f: X \to Y$에서 정의역 X의 모든 원소에 공역 Y의 단 하나의 원소가 대응할 때, 곧 X의 모든 원소에서의 함수값이 일정할 때, 이 함수 f를 상수함수라고 한다.

정의 3.1.6 합성함수

함수 $f : X \to Y$와 함수 $g : Y \to Z$에 대하여 X의 각 원소 x에 Z의 원소 $g(f(x))$를 대응시키는 새로운 함수를 f와 g의 합성함수라 하고 기호로

$$g \circ f : X \to Z$$

로 나타낸다. 즉, $(g \circ f)(x) = g(f(x))$이다.

예제 3.1.6 두 함수 $f(x) = 3x - 1$, $g(x) = x^2 + 2$에 대하여 다음을 구하라.

(1) $(f \circ f)(1)$ (2) $(g \circ f)(1)$

[풀이] (1) $(f \circ f)(1) = f(f(1)) = f(3-1) = f(2) = 3 \times 2 - 1 = 5$

(2) $(g \circ f)(1) = g(f(1)) = g(3-1) = g(2) = 2^2 + 2 = 6$ ■

예제 3.1.7 두 함수 $f(x) = 5x + 2$, $g(x) = 2x + 1$에 대하여 합성함수 $g \circ f$와 $f \circ g$를 각각 구하라.

[풀이] 함수 f의 공역과 g의 정의역이 모두 실수 전체의 집합이므로, 합성함수 $g \circ f$와 $f \circ g$가 모두 존재한다.

$$\begin{aligned}(g \circ f)(x) &= g(f(x)) = g(5x+2) \\ &= 2(5x+2) + 1 \\ &= 10x + 5 \\ (f \circ g)(x) &= f(g(x)) = f(2x+1) \\ &= 5(2x+1) + 2 \\ &= 10x + 7\end{aligned}$$

■

$f : X \to Y$, $y = f(x)$가 일대일 대응일 때, Y의 임의의 원소 y에 대하여 $f(x) = y$인 X의 원소 x가 오직 하나 존재한다. 이 사실로부터 다음을 정의하라.

정의 3.1.7 역함수

함수 $f : X \to Y$가 일대일 대응일 때 Y의 각 원소 y에 $f(x) = y$인 X의 원소 x를 대응시키는 새로운 함수를 f의 역함수라 하고, 기호로

$$f^{-1} : Y \to X$$

로 나타낸다. 따라서

$$y = f(x) \Leftrightarrow x = f^{-1}(y)$$

이때 $f^{-1}(f(x)) = x$, $f(f^{-1}(y)) = y$이다.

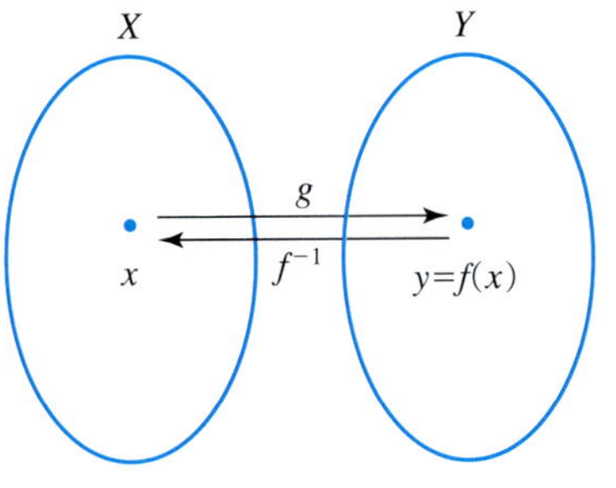

그림 3.1.1

일반적으로 함수는 정의역의 원소를 x, 치역의 원소를 y로 나타내므로 $x = f^{-1}(y)$에서 x와 y를 서로 바꾸면 $y = f^{-1}(x)$가 $y = f(x)$의 역함수가 된다.

역함수를 구하는 법

(1) x와 y를 서로 바꾸어 놓는다.

(2) $x = f(y)$를 y에 대하여 풀어 $y = g(x)$의 꼴로 나타낸다.

(3) 주어진 함수의 치역을 역함수의 정의역으로 한다.

[참고] f와 f^{-1}의 그래프는 x와 y를 바꾸어서 풀었으므로 $y = x$에 대하여 선대칭이 된다.

예제 3.1.8 함수 $f(x) = 3x - 2\,(-1 \le x \le 2)$의 역함수를 구하라.

[풀이] 주어진 함수를 $y = 3x - 2$라 하고, 주어진 정의역 $\{x \mid -1 \le x \le 2\}$에 대한 치역을 구하면

$$\{y \mid -5 \le y \le 4\}$$

이다. 이제 $y = 3x - 2$를 x에 대하여 풀면

$$x = \frac{1}{3}(y + 2).$$

여기서 x와 y를 서로 바꾸어 쓰면 구하는 역함수는

$$y = \frac{1}{3}(x + 2) \quad (-5 \le x \le 4).$$

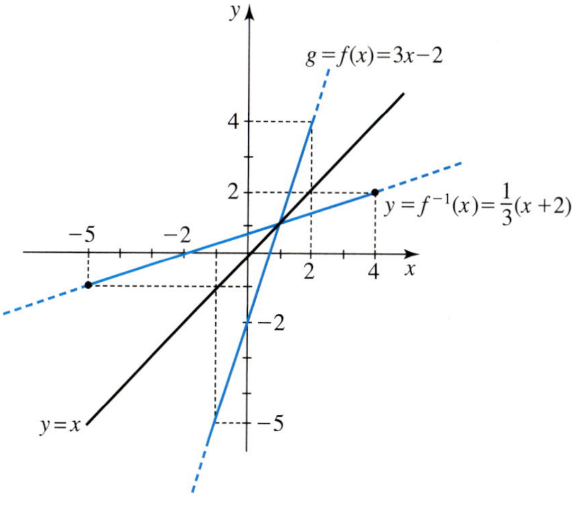

■

예제 3.1.9 정의역이 $\{x \mid x \ge 0\}$이고 공역이 $\{y \mid y \ge -3\}$인 함수 $y = x^2 - 3$의 역함수를 구하고, 그 그래프를 그려라.

[풀이] $y = x^2 - 3$에서 x와 y를 바꾸어 놓으면 $x = y^2 - 3\,(y \ge 0)$이고 이것을 y에 대하여 풀면 역함수 $y = \sqrt{x + 3}\ (x \ge -3)$을 얻는다.

3.2 ••• 유리함수와 무리함수

정의 3.2.1 다항함수

음이 아닌 정수 n, 실수 $a_0, a_1, a_1, a_2, \cdots\cdots, a_n$에 대하여

$$f(x) = a_n x^n + a_{n-1} x^{n-1} + \cdots + a_1 x + a_6$$

인 함수를 다항함수(polynomial function)이라 한다.

예제 3.2.1 $y = ax + b\,(a \neq 0)$는 일차 다항함수이며 $y = ax^2 + bx + c\,(a \neq 0)$은 이차 다항함수이다. ■

일차함수 $y = ax + b\,(a \neq 0)$는 기울기가 a, y절편이 b인 직선이고, $a > 0$이면 x가 증가함에 따라 y의 값은 증가하는 함수이고, $a < 0$이면 x가 증가함에 따라 y의 값은 감소하는 함수이다.

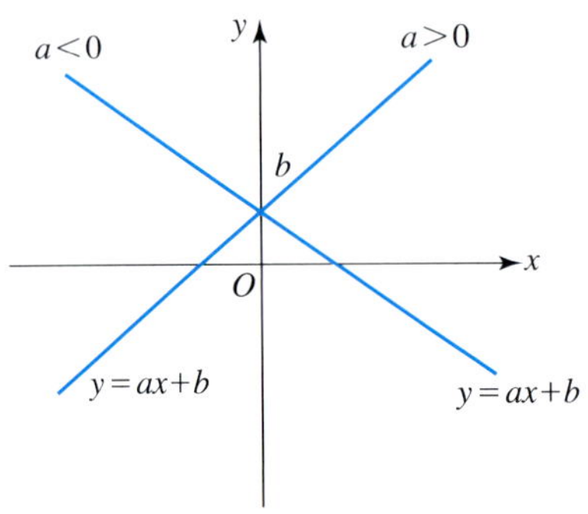

이차함수는 $y = ax^2 + bx + c\,(a \neq 0)$이며 완전제곱으로 변형하면

$$y = a\left(x + \frac{b}{2a}\right)^2 - \frac{b^2 - 4ac}{4a}$$

로 고칠 수 있으며, 그래프는 $y = ax^2$의 그래프를 x축 방향으로 $-\frac{b}{2a}$, y축 방향으로 $-\frac{b^2 - 4ac}{4a}$만큼 평행이동한 것이다.

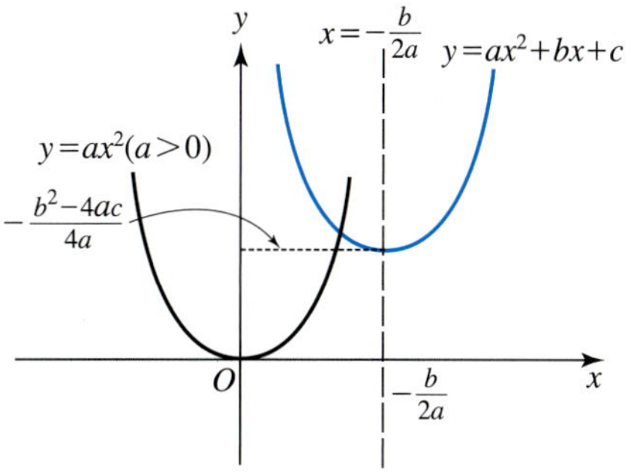

또 이 그래프는 $a>0$이면 아래로 볼록, $a<0$이면 위로 볼록하며 $a>0$이면 최솟값, $a<0$이면 최댓값을 갖는다.

예제 3.2.2 다음 주어진 구간에서 정의된 함수의 최댓값과 최솟값을 구하라.

(1) $f(x)=-x^2+2x\ (0\le x\le 3)$

(2) $f(x)=x^2+2x+2\ (0\le x\le 1)$

[풀이] (1) $f(x)=-x^2+2x=-(x-1)^2+1$에서 그래프의 꼭지점의 x좌표 1은 $0\le x\le 3$ 안에 있으므로 $f(0)$, $f(1)$, $f(3)$을 비교한다.

$$f(0)=0,\ f(1)=1,\ f(3)=-3$$

이므로 최댓값은 1, 최솟값은 -3이다.

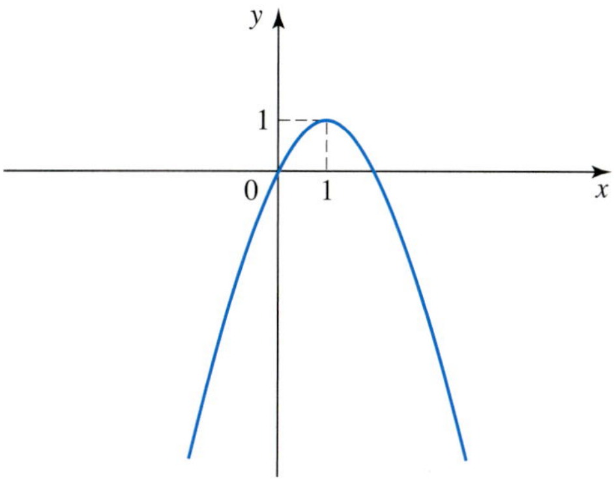

(2) $f(x)=x^2+2x+2=(x+1)^2+1$에서 그래프의 꼭지점의 x좌표 -1은 $0\le x\le 1$ 밖에 있으므로 $f(0)$, $f(1)$을 비교한다. $f(0)=2$, $f(1)=5$이므로 최댓값은 5, 최솟값은 2이다.

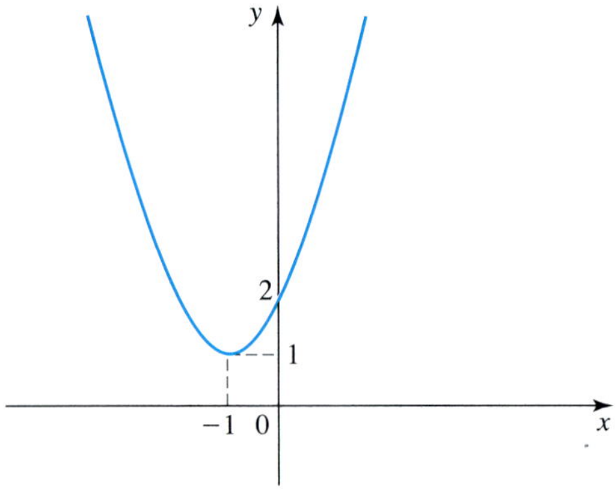

■

예제 3.2.3 이차함수 $y = x^2 - 2kx + 4$의 그래프가 x축과 서로 다른 두 점에서 만나도록 k의 값과 범위를 정하라.

[풀이] 이차함수의 그래프가 x축과 서로 다른 두 점에서 만나기 위한 필요충분조건은

$$D = b^2 - 4ac > 0$$

이므로

$$\begin{aligned} D &= (-2k)^2 - 4 \cdot 1 \cdot 4 \\ &= 4k^2 - 16 \\ &= 4(k^2 - 4) > 0. \end{aligned}$$

따라서

$$4(k+2)(k-2) > 0,$$

$$k < -2 \quad \text{또는} \quad k > 2.$$

■

정의 3.2.2 유리함수

다항식 $g(x)$와 $h(x)$가 있어서 $f(x) = \dfrac{g(x)}{h(x)}$일 때 $y = f(x)$를 유리함수라 한다. 특히 $f(x)$를 기약분수식으로 고쳤을 때 분모와 상수가 아니면 이 함수를 분수함수라 한다.

분수함수에서 정의역이 명시되어 있지 않으면 분모를 0으로 하는 x의 값을 제외한 실수 전체의 집합을 정의역으로 한다.

예를 들어 $y=\dfrac{2x-1}{x+1}$의 정의역은 $\{x \mid x \neq -1$인 실수$\}$이다.

함수 $y=\dfrac{k}{x}(k \neq 0)$의 그래프에 대하여 알아보자.

먼저, 간단한 분수함수 $y=\dfrac{1}{x}$의 그래프에 대하여 알아보자. $x \neq 0$인 실수의 범위에서 x의 여러 가지 값에 대한 $\dfrac{1}{x}$의 값을 구하여 좌표평면 위에 나타내고 부드러운 곡선으로 연결하면 아래의 그림과 같은 곡선을 얻는다.

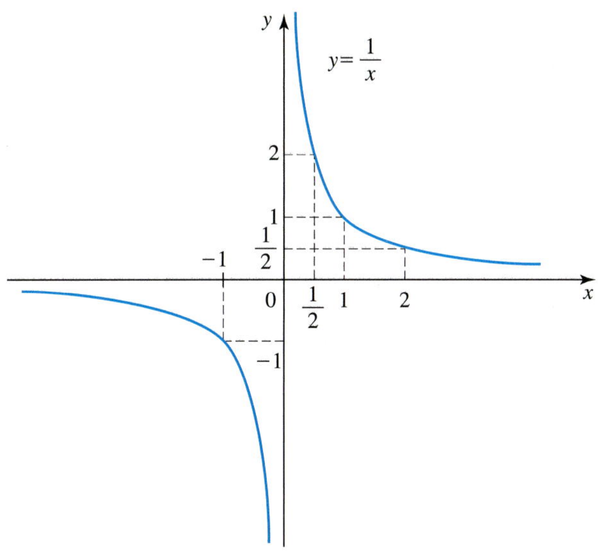

그림 3.2.1

이 그래프로부터 함수 $y=\dfrac{1}{x}$의 치역은 0이 아닌 실수 전체의 집합이고, 그래프는 원점에 대하여 대칭인 곡선임을 알 수 있다.

일반적으로, 분수함수

$$y=\frac{k}{x}(k \neq 0)$$

의 그래프는 k의 값에 따라 그리면 그림 3.2.2와 그림 3.2.3과 같은 모양의 쌍곡선이 된다. $y=\dfrac{k}{x}(k \neq 0)$의 그래프 위의 점은 x의 절대값이 커질수록 x축에 가까워지고, x의 절대값이 작아질수록 y축에 가까워진다.

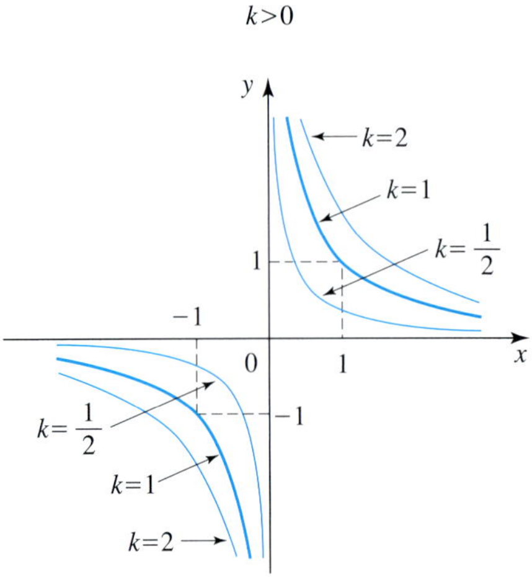

그림 3.2.2

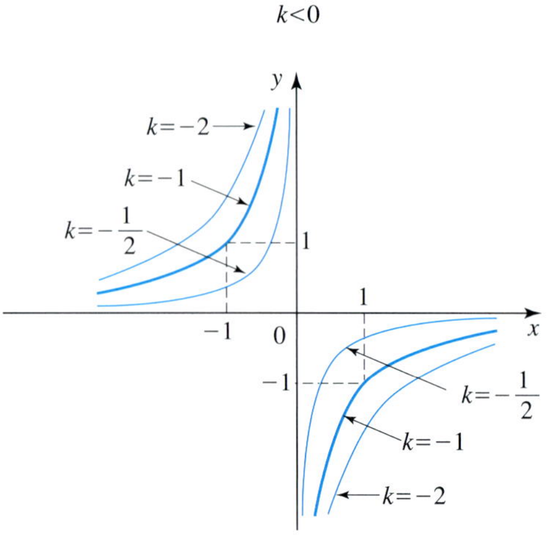

그림 3.2.3

이와 같이, 곡선 위의 점이 한없이 가까워지는 직선을 그 곡선의 점근선이라고 한다. 분수함수 $y=\frac{k}{x}(k \neq 0)$의 그래프에서 x축, y축은 곡선의 점근선이다.

$y=\frac{k}{x}(k \neq 0)$의 그래프

(1) 정의역과 치역은 모두 0을 제외한 실수 전체의 집합이다.

(2) $k>0$ 이면, 그래프는 제1, 3사분면에 있고

$k<0$ 이면, 그래프는 제2, 4사분면에 있다.

(3) 원점에 대하여 대칭이다.

(4) 점근선은 x축, y축이다.

예제 3.2.4 다음 함수의 그래프를 그려라.

(1) $y=\frac{3}{x}$ (2) $y=-\frac{3}{x}$

(3) $y=\frac{1}{3x}$ (4) $y=-\frac{1}{3x}$

[풀이]

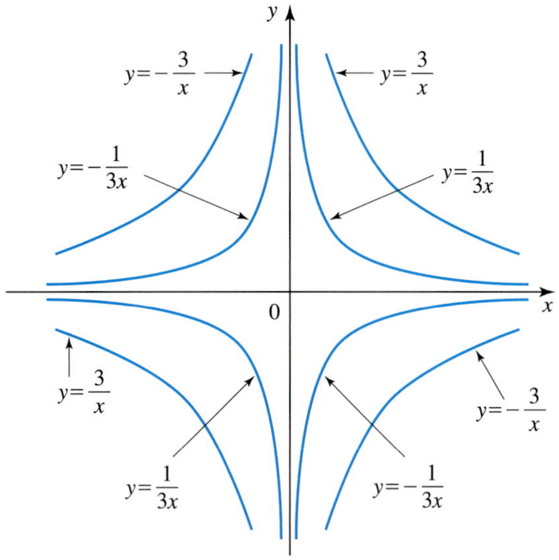

그림 3.2.4

■

함수 $y=\frac{k}{x-p}+q\,(k\neq 0)$의 그래프에 대하여 알아보자.

분수함수

$$y=\frac{k}{x-p}+q\,(k\neq 0)$$

의 그래프는 함수 $y=\frac{k}{x}$의 그래프를 x축으로 p만큼, y축으로 q만큼 평행이동한 것이다. 이 때, 이 쌍곡선의 점근선은 직선 $x=p,\ y=q$이다.

예제 3.2.5 함수 $y=\frac{1}{x-1}+2$의 그래프를 그려라.

[풀이] 함수 $y=\frac{1}{x-1}+2$의 그래프는 함수 $y=\frac{1}{x}$의 그래프를 x축으로 1만큼, y축으로 2만큼 평행이동한 것이다. 따라서 구하는 그래프는 아래의 그림과 같고, 점근선은 두 직선 $x=1,\ \ y=2$이다.

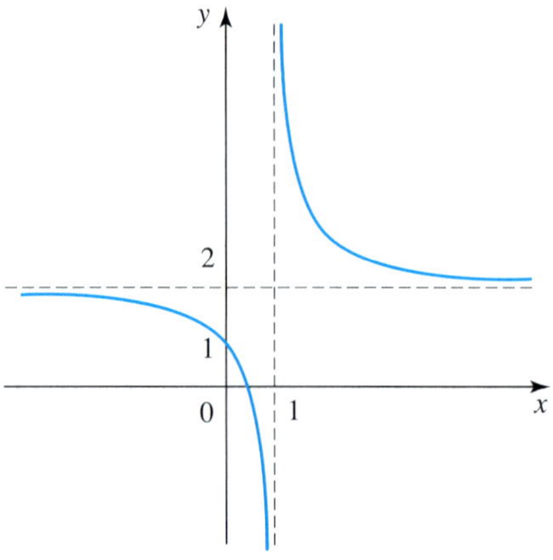

그림 3.2.5

일반적으로, 분수함수

$$y=\frac{ax+b}{cx+d}\ (ad-bc\neq 0,\ c\neq 0)$$

의 그래프는 분수함수 $y=\dfrac{k}{x-p}+q\,(k\neq 0)$의 꼴로 변형하여 그릴 수 있다.

예제 3.2.6 함수 $y=\dfrac{2x+1}{x+1}$의 그래프를 그려라.

[풀이] $y=\dfrac{2(x+1)-1}{x+1}=-\dfrac{1}{x+1}+2.$

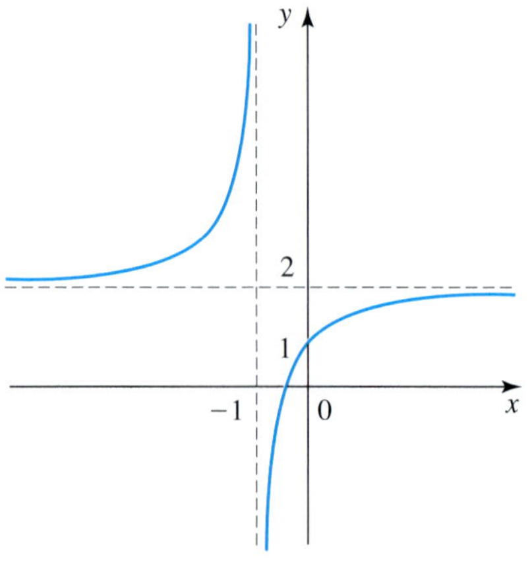

그림 3.2.6

따라서, 구하는 함수의 그래프는 $y=-\frac{1}{x}$의 그래프를 x축으로 -1만큼, y축으로 2만큼 평행이동한 것이다. 그러므로 구하는 그래프는 그림 3.2.6과 같고, 이 그래프의 점근선은 두 직선 $x=-1$, $y=2$이다. ■

정의 3.2.3 무리함수

함수 $y=f(x)$에서 $f(x)$가 x에 대한 무리식일 때, $y=f(x)$를 무리함수라 한다. 무리함수에서 근호안은 0 또는 양이어야 한다.

무리함수의 예는 $y=\sqrt{x+1}$, $y=\sqrt{2x-3}$, $y=\sqrt{1-x^2}$이다. 무리함수의 정의역이 명시되지 않았을 때에는 근호안이 음이 아닌 모든 실수 전체의 집합을 정의역으로 한다.

함수 $y=\sqrt{ax}\ (a\neq 0)$의 그래프에 대하여 알아보자.

먼저, 간단한 무리함수 $y=\sqrt{x}$의 그래프에 대하여 알아보자. 무리함수 $y=\sqrt{x}$의 그래프는 그 역함수의 그래프를 이용하여 쉽게 그릴 수 있다. 함수 $y=\sqrt{x}$는 정의역 $\{x|x\geq 0\}$에서 치역 $\{y|y\geq 0\}$으로의 일대일 대응이다. 따라서 이 함수의 역함수가 존재한다.

$y=\sqrt{x}\ (x\geq 0)$에서 x를 y로 나타내면 $x=y^2\ (y\geq 0)$이다. 이 식에서 x와 y를 바꾸어 놓으면, 역함수 $y=x^2\ (x\geq 0)$을 얻는다. 그러므로 함수 $y=\sqrt{x}$의 그래프는 아래의 그림과 같이 그 역함수 $y=x^2\ (x\geq 0)$의 그래프와 직선 $y=x$에 대하여 대칭인 곡선이다.

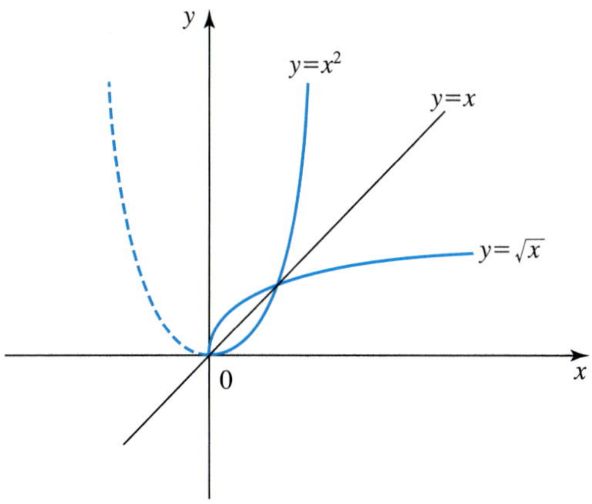

그림 3.2.7

또 $y=-\sqrt{x}$의 그래프는 $y=\sqrt{x}$의 그래프와 x축에 대하여 대칭이다.

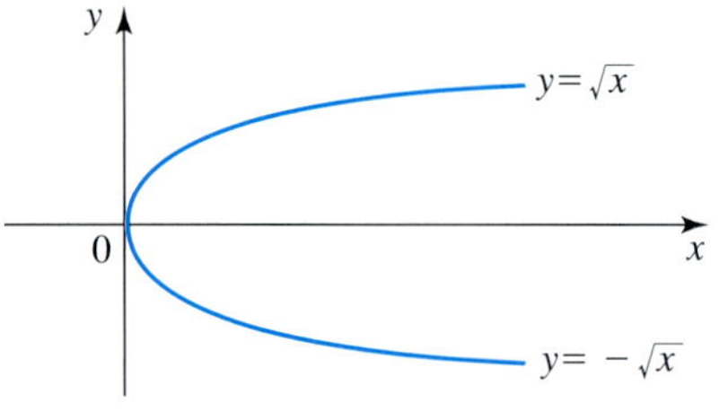

그림 3.2.8

일반적으로, 함수 $y=\sqrt{ax}$ $(a \neq 0)$의 그래프는 a의 부호에 따라 다음과 같은 곡선이 된다.

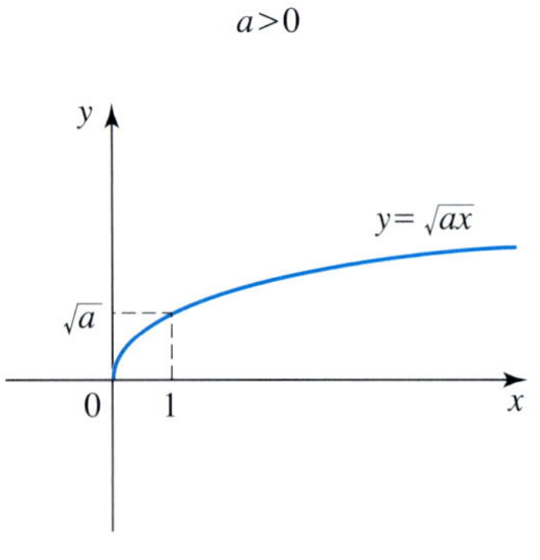

그림 3.2.9

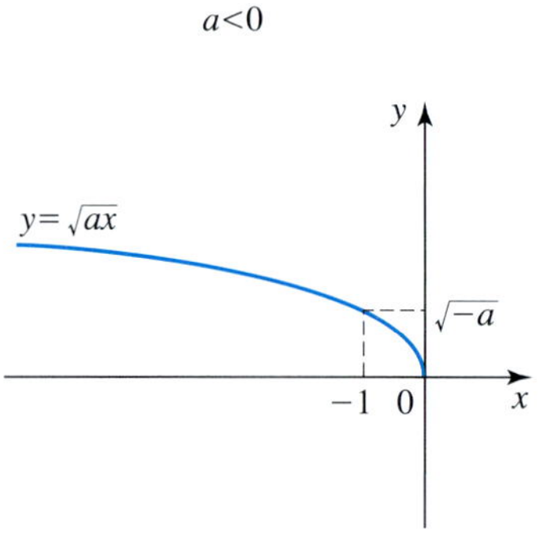

그림 3.2.10

함수 $y=-\sqrt{ax}$ $(a \neq 0)$의 그래프는 함수 $y=\sqrt{ax}$의 그래프와 x축에 대하여 대칭인 곡선이 된다. $a=-1$인 경우를 보면 아래와 같다.

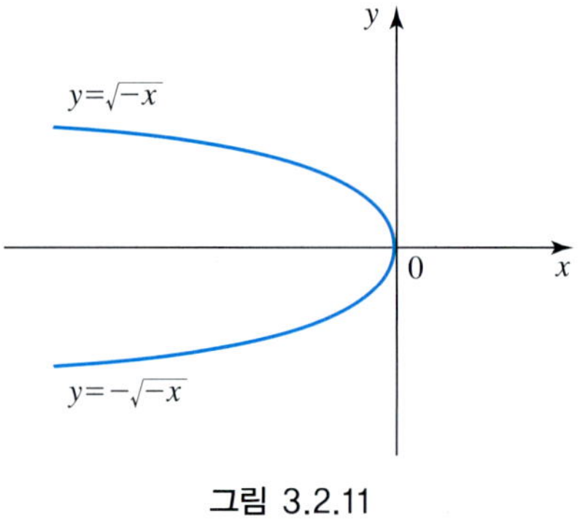

그림 3.2.11

예제 3.2.7 다음 함수의 그래프를 그려라.

(1) $y=\sqrt{2x}$ (2) $y=-\sqrt{2x}$

(3) $y=\sqrt{-2x}$ (4) $y=-\sqrt{-2x}$

[풀이]

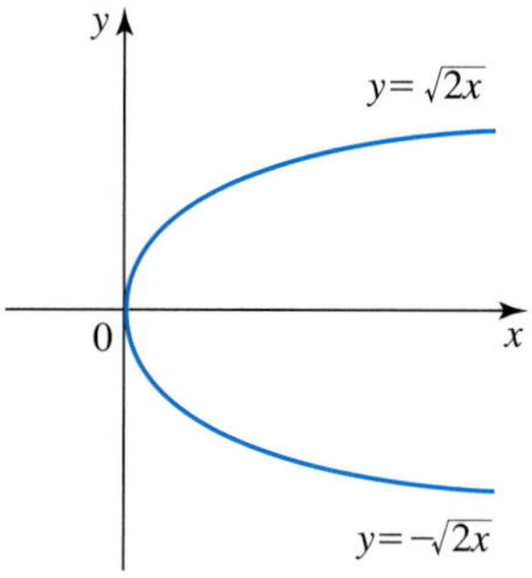

그림 3.2.12

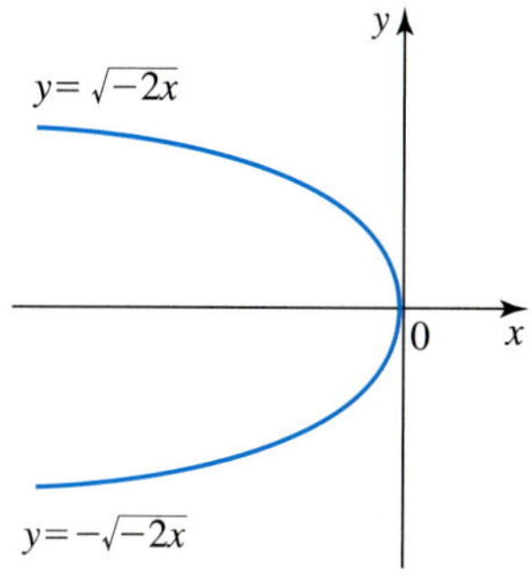

그림 3.2.13

함수 $y=\sqrt{ax+b}+c\,(a\neq 0)$ 의 그래프에 대하여 알아보자.

무리함수 $y=\sqrt{ax+b}+c\,(a\neq 0)$는

$$y=\sqrt{a\left(x+\frac{b}{a}\right)}+c$$

의 꼴로 변형되므로 무리함수 $y=\sqrt{ax+b}+c$의 그래프는 함수 $y=\sqrt{ax}$의 그래프를

$$x\text{축으로 }-\frac{b}{a}\text{만큼,}\quad y\text{축으로 }c\text{만큼}$$

평행이동한 것이다.

이를테면, $a>0,\ b<0,\ c>0$일 때, 무리함수 $y=\sqrt{ax+b}+c$의 그래프는 아래의 그림과 같은 모양이 된다. 이 때 정의역은 $\left\{x \,\middle|\, x\geq -\frac{b}{a}\right\}$, 치역은 $\{y\,|\,y\geq c\}$가 된다.

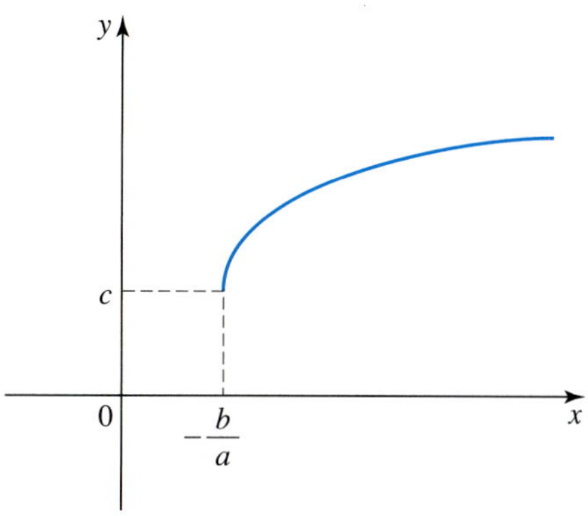

그림 3.2.14

예제 3.2.8 함수 $y=\sqrt{2x-6}+1$의 그래프를 그려라.

[풀이]

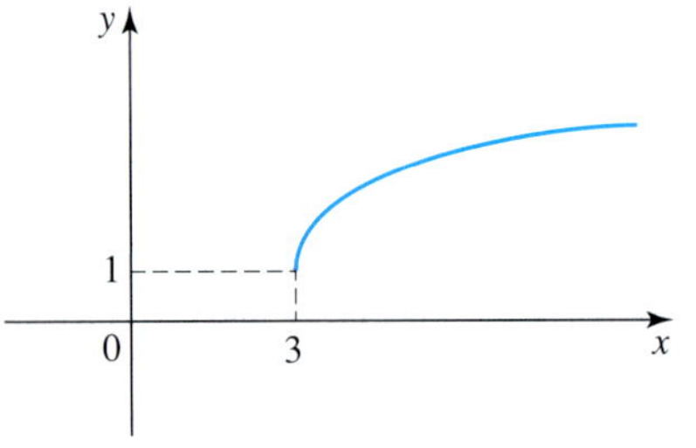

그림 3.2.15

$$y=\sqrt{2x-6}+1=\sqrt{2(x-3)}+1$$

따라서 주어진 함수의 그래프는 함수 $y=\sqrt{2x}$ 의 그래프를 x축으로 3만큼 y축으로 1만큼 평행이동한 것이다. ■

일반적으로 x에 관한 다항식 $P_0(x), P_1(x), \cdots, P_n(x)$로 이뤄진 방정식

$$P_0(x)y^n+P_1(x)y^{n-1}+\cdots+P_{n-1}(x)y+P_n(x)=0$$

으로 정해지는 함수 $y=f(x)$를 대수함수(algebraic function)이라 한다. 예로서 다항함수, 유리함수, 무리함수가 있다.

이에 반하여 대수함수가 아닌 함수를 초월함수(transcendental function)이라 부른다. 삼각함수, 지수함수, 로그함수가 여기에 속한다.

연습문제 3.2

1. 다음 함수의 최댓값과 최솟값을 구하라.

(1) $y=x^2-6x+4 \quad (0\le x\le 4)$

(2) $y=-x^2+10x+1 \quad (4\le x\le 7)$

(3) $y=x^2+2x-3$

(4) $y=x^2-x+1$

2. 다음 이차함수의 그래프와 x축과의 교점의 개수를 조사하라.

(1) $y = 3x^2 - 2x + 2$　　(2) $y = 2x^2 - x - 2$

(3) $y = -x^2 + 3x + 1$　　(4) $y = -x^2 + 6x - 9$

3. 모든 실수 x에 대하여 이차부등식 $x^2 - 2kx + 4 \geq 0$이 성립하도록 상수 k의 값의 범위를 정하라.

4. 다음 분수함수의 정의역을 말하라.

(1) $y = \dfrac{1}{x-1}$　　(2) $y = \dfrac{x}{2x+3}$

(3) $y = \dfrac{2x-1}{x-3}$

5. 다음 분수 방정식의 그래프를 그리고 점근선의 방정식을 구하라.

(1) $y = \dfrac{2x+1}{x+2}$　　(2) $y = -\dfrac{2(x-2)}{x-3}$

(3) $y = -\dfrac{x-3}{x-2}$

6. 다음 무리함수의 정의역과 치역을 말하라.

(1) $y = -\sqrt{3x}$　　(2) $y = \sqrt{x+3}$

(3) $y = \sqrt{3x-2} - 1$

7. 다음 함수의 그래프를 그려라.

(1) $y = \sqrt{-2x+3} - 4$　　(2) $y = -\sqrt{2x-4} + 3$

8. 다음 함수의 역함수를 구하고 각각 정의역과 치역을 구하라.

(1) $y = \dfrac{x+1}{1-x}$　　(2) $y = \dfrac{x-1}{x+1}$

3.3 ••• 지수함수와 로그함수

실수 a와 자연수 n에 대하여 a를 n번 거듭하여 곱한 것을 a의 n제곱이라 하고, a^n으로 나타낸다. 이 때,

$$a,\quad a^2,\quad a^3,\quad \cdots,\quad a^n,\quad \cdots$$

은 모두 a의 거듭제곱이다. 여기서 a를 밑(base), n을 지수(exponent 또는 power)라 부른다.

정의 3.3.1 0 또는 음의 정수지수

$a \neq 0$이고 n이 자연수일 때

$$a^0 = 1,\quad a^{-n} = \frac{1}{a^n}$$

로 정의한다.

정의 3.3.2 n 제곱근

실수 a와 자연수 n에 대하여 n 제곱하여 실수 a가 되는 수, 즉 방정식 $x^n = a$를 만족시키는 x를 a의 n제곱근(n^{th} root)이라고 한다.
이때 a의 제곱근, 세제곱근, …이라고 부르며 $\sqrt{a}$, $\sqrt[3]{a}$, …으로 쓴다.

예제 3.3.1 다음 거듭제곱근 중에서 실수인 것을 구하라.

(1) 5의 제곱근 (2) -8의 세제곱근

[풀이] (1) 5의 제곱근은 방정식 $x^2 = 5$의 근이고, 5의 제곱근 중에서 실수인 것은 $x^2 = 5$ 의 실근이다.

$$x^2 - 5 = \left(x + \sqrt{5}\right)\left(x - \sqrt{5}\right) = 0$$

에서 실수인 x는 $\sqrt{5}$, $-\sqrt{5}$이다.

(2) -8의 세제곱근은 방정식 $x^3 = -8$의 근이고, -8의 세제곱근 중에서 실수인

것은 방정식 $x^3 = -8$의 실근이다.

$$x^3 + 8 = (x + 2)(x^2 - 2x + 4) = 0$$

에서 실수인 x는 -2뿐이다. ■

실수 a와 n의 제곱근 중에서 실수인 것은 함수 $y = x^n$의 그래프와 직선 $x = a$와의 교점의 x좌표이다.

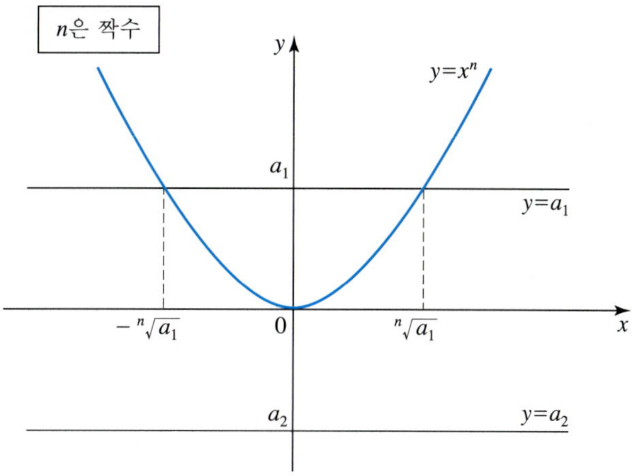

그림 3.3.1

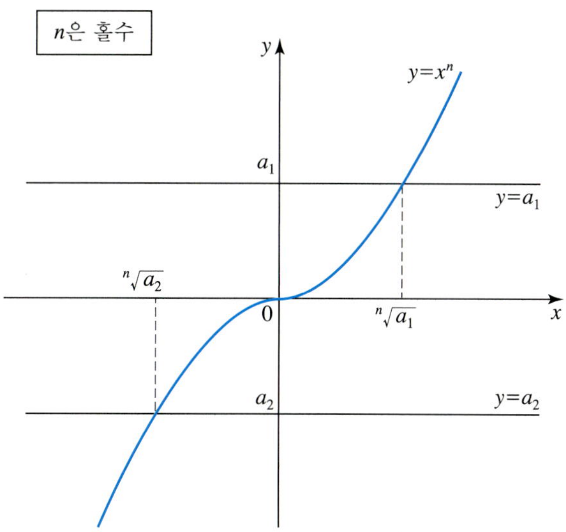

그림 3.3.2

이제 거듭제곱근을 이용하여 지수의 범위를 유리수까지 확장할 수 있다.

정의 3.3.3 유리수 지수

$a>0$일 때, m, n이 정수이며 $n \geq 2$일 때

$$a^{\frac{m}{n}} = \sqrt[n]{a^m}, \quad a^{\frac{1}{n}} = \sqrt[n]{a}$$

또 지수가 무리수일 때는 극한개념을 이용하여 거듭제곱의 의미를 확장할 수 있으며 일반적으로 다음과 같이 지수의 법칙이 성립한다.

정리 3.3.1 지수법칙(자연수, 정수, 유리수, 무리수)

$a>0,\ b>0$이고 x, y가 실수일 때

(1) $a^x a^y = a^{x+y}$

(2) $(a^x)^y = a^{xy}$

(3) $(ab)^x = a^x b^x$

(4) $a^x \div a^y = a^{x-y}$

예제 3.3.2 다음 식을 간단히 하라.

(1) $\sqrt[7]{a^3} \times a^{\frac{4}{7}} \div \sqrt[5]{a^2}$

(2) $\sqrt[4]{9} \times \sqrt[3]{\sqrt[6]{729}} \div \sqrt[2]{\sqrt[3]{3^{-1}}}$

[풀이] (1) 준식 $= a^{\frac{3}{7}} \times a^{\frac{4}{7}} \div a^{\frac{2}{5}} = a^{\frac{3}{7}+\frac{4}{7}-\frac{2}{5}} = a^{\frac{3}{5}}$

(2) 준식 $= \sqrt[4]{3^2} \times ((3^6)^{\frac{1}{6}})^{\frac{1}{3}} \div ((3^{-1})^{\frac{1}{3}})^{\frac{1}{2}} = 3^{\frac{1}{2}+\frac{1}{3}-\left(-\frac{1}{6}\right)} = 3$ ■

정의 3.3.4 로그의 정의

$a>0,\ a \neq 1$이고 $b>0$일 때 $a^x = b$가 되는 x는 반드시 하나 존재한다. 이때 x를 a를 밑으로 하는 b의 로그라 하고, $x = \log_a b$로 나타낸다. 즉

$$a^x = b \Leftrightarrow x = \log_a b$$

여기서 b를 $\log_a b$의 진수라 한다.

$x=\log_c b$의 정의로부터 다음과 같은 로그의 성질을 얻을 수 있다.

정리 3.3.2 로그의 성질

$a>0$, $a\neq 1$, $x>0$, $y>0$이고, k가 임의의 실수일 때

(1) $\log_a 1=0$, $\log_a a=1$

(2) $\log_a xy=\log_a x+\log_a y$

(3) $\log_a \dfrac{x}{y}=\log_a x-\log_a y$

(4) $\log_a x^k=k\log_a x$

예제 3.3.3 다음을 간단히 하라.

(1) $2\log_2\sqrt{2}+3\log_2\sqrt[3]{2}$

(2) $\log_5 45-4\log_5\sqrt{3}$

[풀이] (1) $2\log_2\sqrt{2}+3\log_2\sqrt[3]{2}=2\log_2 2^{\frac{1}{2}}+3\log_2 2^{\frac{1}{3}}$

$$=2\cdot\frac{1}{2}\cdot\log_2 2+3\cdot\frac{1}{3}\cdot\log_2 2=2.$$

(2) $\log_5 45-4\log_5\sqrt{3}=\log_5 45-\log_5 3^2$

$$=\log_5\frac{45}{9}$$

$$=\log_5 5$$

$$=1.$$

■

그리고 $a>0$, $a\neq 1$, $c>0$, $c\neq 1$, $b>0$일 때

$$\log_a b=\frac{\log_c b}{\log_c a}$$

이 성립한다. 이를 밑의 변환공식(change of base)라 부른다.

예제 3.3.4 다음을 간단히 하라.

(1) $\log_3 4\cdot\log_2 3$

(2) $\left(\log_2 5+\log_4\dfrac{1}{5}\right)(\log_{25}0.5+\log_5 2)$

[풀이] (1) $\log_3 4\cdot\log_2 3=\log_3 2^2\cdot\dfrac{\log_3 3}{\log_3 2}$

$$=2\log_3 2\cdot\frac{1}{\log_3 2}=2.$$

$$(2)\ \left(\log_2 5 + \log_4 \frac{1}{5}\right)(\log_{25} 0.5 + \log_5 2)$$
$$= \left(\log_2 5 + \frac{\log_2 5^{-1}}{\log_2 2^2}\right)\left(\frac{\log_5 2^{-1}}{\log_5 5^2} + \log_5 2\right)$$
$$= \left(\log_2 5 - \frac{1}{2}\log_2 5\right)\left(-\frac{1}{2}\log_5 2 + \log_5 2\right)$$
$$= \frac{1}{2}\log_2 5 \cdot \frac{1}{2}\log_5 2$$
$$= \frac{1}{4}\cdot \log_2 5 \cdot \log_5 2 = \frac{1}{4}\log_2 5 \cdot \frac{1}{\log_2 5} = \frac{1}{4}.$$

■

다음은 지수함수와 로그함수에 대하여 다룬다.

정의 3.3.5 지수함수

임의의 실수 x에 대하여 $a^x (a>0,\ a\neq 1)$의 값은 단 하나뿐이므로 $y=a^x$은 x의 함수이다. 이와 같이 실수 전체의 집합을 정의역으로 하는 함수

$$y=a^x\,(a>0,\ a\neq 1)$$

을 a를 밑으로 하는 지수함수(exponential function)라고 한다.

$a>0,\ a\neq 1$일 때 지수함수 $y=a^x$의 그래프는 a의 값에 따라 다음과 같다.

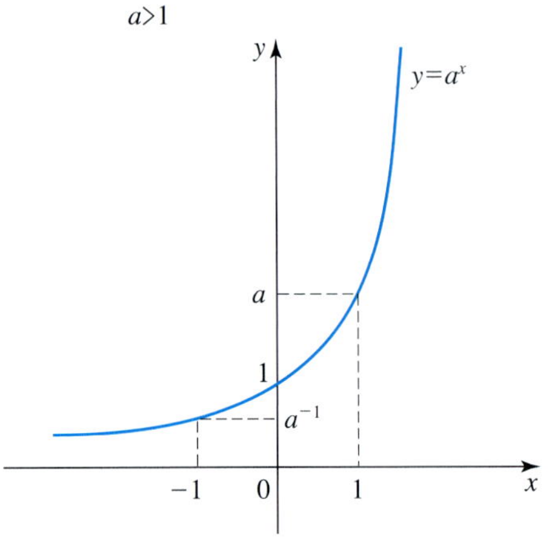

그림 3.3.3

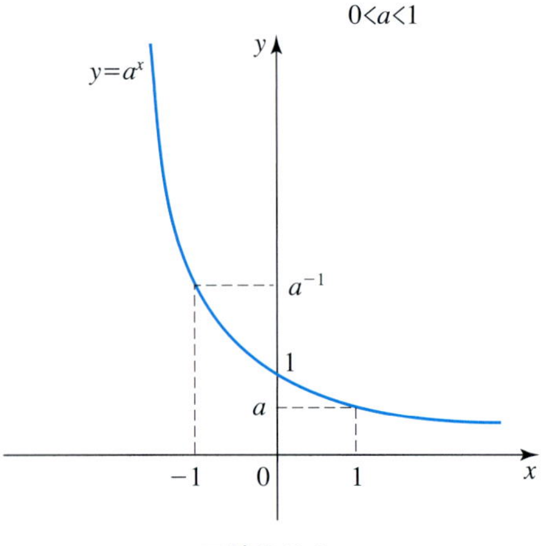

그림 3.3.4

다음에는 지수함수 $y=a^x(a>0,\ a\neq1)$에 대한 성질을 생각해 보기로 하자.

정리 3.3.3 지수함수 $y=a^x(a>0,\ a\neq1)$의 성질

(1) 정의역은 실수 전체의 집합이고 치역은 양의 실수 전체의 집합이다.

(2) $a>1$일 때 x의 값이 증가하면 y의 값도 증가한다.
$0<a<1$일 때 x의 값이 증가하면 y의 값은 감소한다.

(3) 그래프는 점 $(0,1)$을 지난다.

(4) 그래프의 점근선은 x축이다.

이제, 그래프의 평행이동과 대칭이동을 이용하여 여러 가지 지수함수의 그래프를 그려 보자.

예제 3.3.5 함수 $y=2^x$의 그래프를 이용하여 함수 $y=2^{x-1}$의 그래프와 함수 $y=-2^x$의 그래프를 그려라.

[풀이] 함수 $y=2^{x-1}$의 그래프는 함수 $y=2^x$의 그래프를 x축으로 1만큼 평행이동한 것이다.
또 함수 $y=-2^x$의 그래프는 함수 $y=2^x$의 그래프와 x축에 대하여 대칭이다.

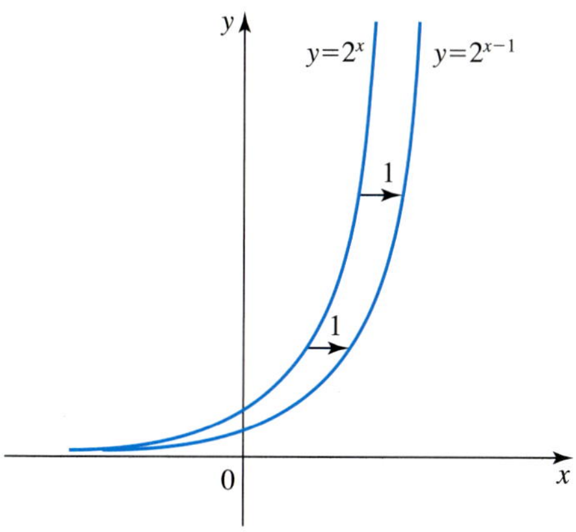

그림 3.3.5

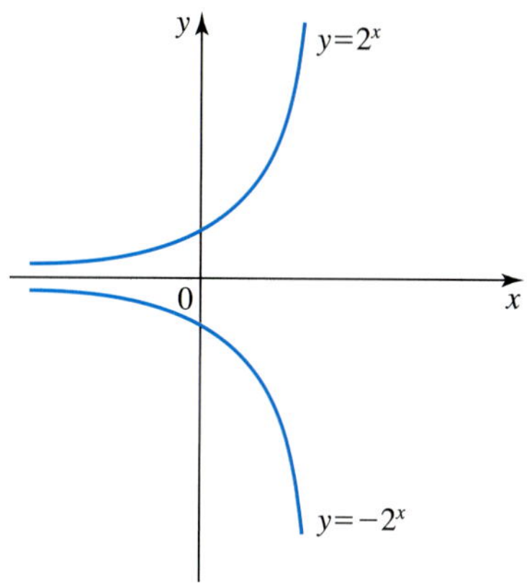

그림 3.3.5

■

정의 3.3.6 로그함수

지수함수 $y=a^x$는 실수 전체의 집합에서 양의 실수 전체의 집합으로의 일대일 대응이므로 지수함수 $y=a^x$의 역함수가 존재한다. 이를테면, 로그의 정의에 의하여

$$y=a^x \text{는} \quad x=\log_a y$$

로 나타낼 수 있고, 여기서 x와 y를 바꾸면 $y=a^x$의 역함수 $y=\log_a x$를 얻는다. 지수함수 $y=a^x(a>0,\ a\neq 1)$의 역함수

$$y=\log_a x(a>0,\ a\neq 1)$$

를 a를 밑으로 하는 로그함수(logarithmic function)라고 한다.

로그함수

$$y=\log_a x(a>0,\ a\neq 1)$$

는 지수함수

$$y=a^x(a>0,\ a\neq 1)$$

의 역함수이므로, 로그함수 $y=\log_a x$의 정의역은 양의 실수 전체의 집합이고 치역은 실수 전체의 집합이다.

로그함수와 지수함수의 관계

(1) $y=\log_a x \quad \Leftrightarrow \quad x=a^y(a>0,\ a\neq 1)$.

(2) 로그함수 $y=\log_a x$는 지수함수 $y=a^x$의 역함수이다.

(3) $a^{\log_a x}=x,\ \log_a a^x=x$이다.

로그함수 $y=\log_a x$의 그래프와 지수함수 $y=a^x$의 그래프는 직선 $y=x$에 대하여 대칭임을 이용하여 로그함수 $y=\log_a x$의 그래프를 그리면 다음 그림과 같다.

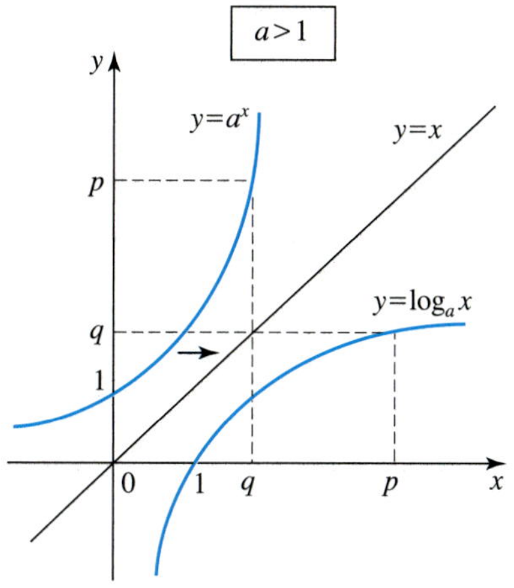

그림 3.3.7

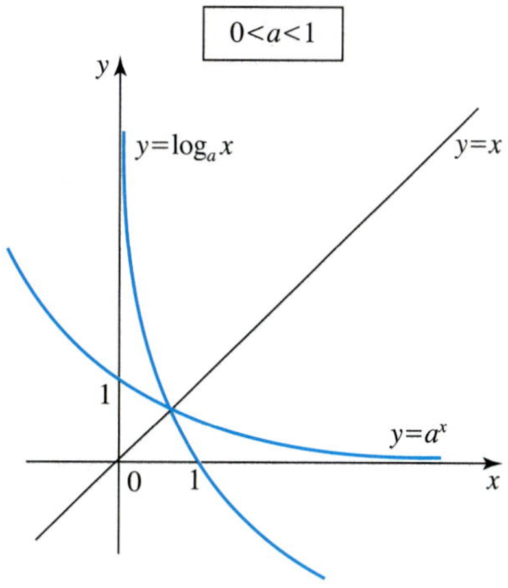

그림 3.3.8

로그함수 $y=\log_a x\,(a>0,\ a\neq 1)$는 다음과 같은 성질을 갖는다.

정리 3.3.4 **로그함수 $y=\log_a x\,(a>0,\ a\neq 1)$의 성질**

(1) 정의역은 양의 실수 전체의 집합이고 치역은 실수 전체의 집합이다.

(2) $a>1$일 때 x의 값이 증가하면 y의 값도 증가한다.

$0<a<1$일 때 x의 값이 증가하면 y의 값은 감소한다.

(3) 그래프는 점 $(1, 0)$ 및 점 $(a, 1)$을 지난다.

(4) 그래프의 점근선은 y축이다.

이제, 그래프의 평행이동과 대칭이동을 이용하여 여러 가지 로그함수의 그래프를 그려 보자.

예제 3.3.7 함수 $y=\log_2 x$의 그래프를 이용하여 함수 $y=\log_2(x-1)$과 $y=-\log_2 x$의 그래프를 그려라.

[풀이] 함수 $y=\log_2(x-1)$의 그래프는 함수 $y=\log_2 x$의 그래프를 x축으로 1만큼 평행이동한 것이다. 또 함수 $y=-\log_2 x$의 그래프는 함수 $y=\log_2 x$의 그래프를 x축에 대하여 대칭이동한 것이다.

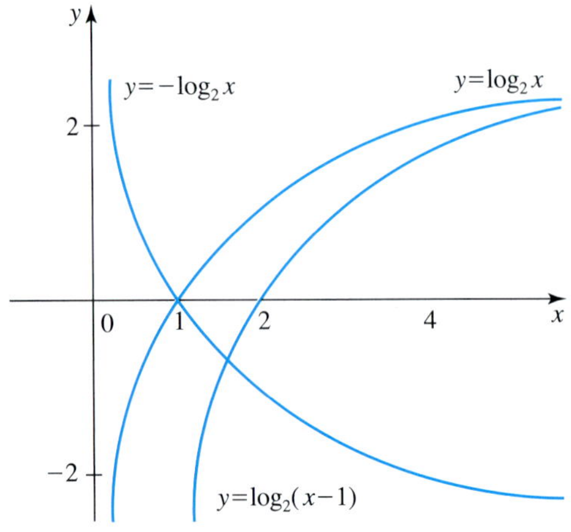

그림 3.3.9

연습문제 3.3

1. 다음을 간단히 하라.

(1) $\sqrt[4]{2}\cdot\sqrt[4]{8}$

(2) $\sqrt[3]{59}$

(3) $\left(\sqrt[3]{2}\times\sqrt[5]{2}\right)^{15}\sqrt[3]{\sqrt{5^3}}\cdot\sqrt{5}$

(4) $\left(\sqrt[3]{2}\right)^{6}\cdot\sqrt[5]{32^2}$

(5) $\sqrt[3]{\sqrt{5^3}}\cdot\sqrt{5}$

(6) $\sqrt[3]{\sqrt{27}}\times\sqrt{\dfrac{3}{9}}\times\sqrt[4]{144}$

2. 다음을 간단히 하라.

(1) $2\log_2\sqrt{8}+3\log_2 4$

(2) $\log_2 18-4\log_2\sqrt{6}$

(3) $\log_2 5\cdot\log_5 3\cdot\log_2 4$

(4) $\left(\log_3 5+\log_9\dfrac{1}{5}\right)\left(\log_5\dfrac{1}{3}+\log_{25}27\right)$

3. 함수 $y=3^x$의 그래프를 이용하여 다음 지수함수의 그래프를 그려라.

(1) $y=3^x-1$

(2) $y=3^x+2$

(3) $y=3^{x-1}$

(4) $y=-3^{x+1}$

4. 함수 $y=\log_3 x$의 그래프를 이용하여 다음 로그함수의 그래프를 그려라.

(1) $y=\log_3(x+2)$

(2) $y=\log_3 x+1$

(3) $y=\log_3(-x)$

(4) $y=-\log_3 x$

3.4 ••• 삼각함수

정의 3.4.1 일반각

아래의 그림과 같이 두 반직선 $\overrightarrow{OX}$, $\overrightarrow{OP}$로 이루어진 각을 $\angle XOP$라고 한다. 이 각은 $\overrightarrow{OX}$가 O를 중심으로 회전하여 $\overrightarrow{OP}$의 자리까지 온 것으로 볼 수 있다. 이 때, $\overrightarrow{OX}$를 시초선, $\overrightarrow{OP}$를 동경이라고 한다. 동경 $\overrightarrow{OP}$의 회전은 시계 바늘이 도는 방향인 음의 방향과 그 반대 방향인 양의 방향이 있다. 각의 크기는 회전 방향에 따라 양, 음의 부호를 붙여서 나타낸다.

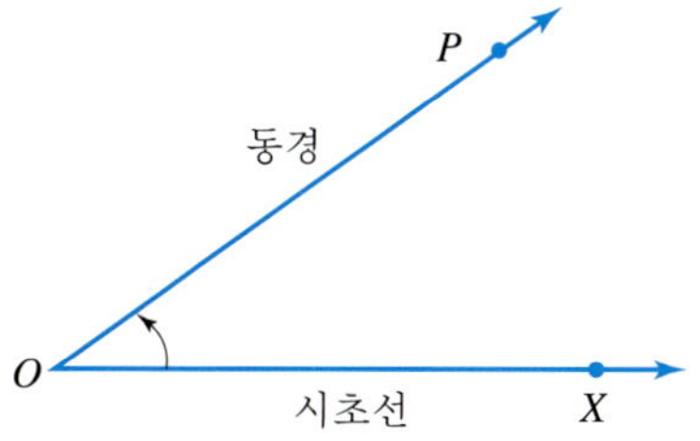

그림 3.4.1

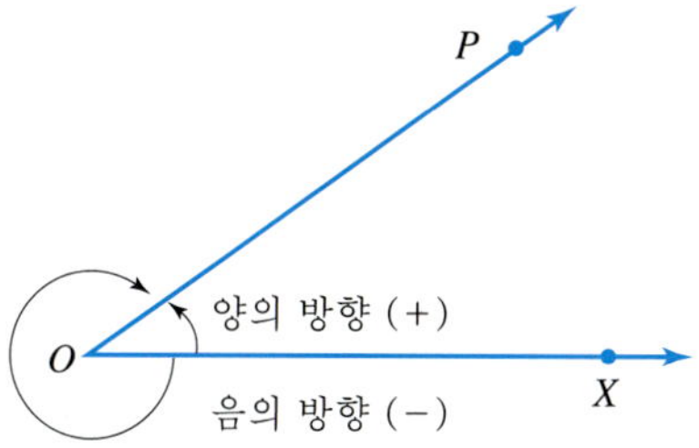

그림 3.4.2

정의 3.4.2 일반각

시초선 $\overrightarrow{OX}$는 고정되어 있으므로 $\angle XOP$의 크기가 주어지면 동경 $\overrightarrow{OP}$의 위치는 하나로 결정된다. 그러나 동경 $\overrightarrow{OX}$의 위치가 주어져도 $\angle XOP$의 크기는 하나로 결정되지 않는다. 예를 들어 서로 다른 각 $30°$, $390°$, $750°$가 나타내는 동경은 모두 일치한다. 일반적으로, $\angle XOP$의 크기의 하나를 $\alpha°$라고 할 때, 동경 $\overrightarrow{OP}$로 정해지는 각의 크기는 다음과 같이 나타낼 수 있다.

$$360° \times n + \alpha° \quad (\text{단}, n\text{은 정수}).$$

이것을 동경 $\overrightarrow{OP}$가 나타내는 일반각이라고 한다.

정의 3.4.3 호도법

반지름의 길이가 r, 중심이 O인 원점에서 길이가 r인 호에 대한 중심각 $\angle AOB$의 크기를 $\alpha°$라고 하면, 중심각의 크기와 호의 길이는 정비례하므로 다음이 성립한다.

$$\frac{\alpha°}{360°}=\frac{r}{2\pi r}, \quad \alpha°=\frac{180°}{\pi}$$

따라서, 이 중심각의 크기 $\alpha°$는 원의 반지름의 길이에 관계없이 항상 일정하다. 이 일정한 각의 크기를 1라디안(radian)이라 하고, 이것을 단위로 하여 각의 크기를 나타내는 방법을 호도법이라고 한다. 즉 1라디안 $=\frac{180°}{\pi}$, $1°=\frac{\pi}{180}$ 라디안이다.

예로서 $30°$는 $\frac{\pi}{6}$라디안이며 $\frac{3}{4}\pi$라디안은 $135°$이다.

정의 3.4.4 삼각함수

원점 O를 중심, 반지름의 길이를 r, 동경 OP가 나타내는 일반각을 θ라디안, 동점 P의 좌표를 (x, y)라 할 때

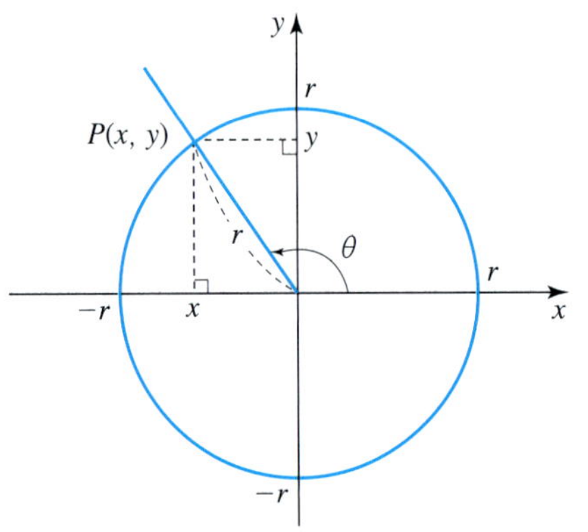

그림 3.4.3

이때 r의 값에 관계없이 θ의 값에 따라 $\frac{x}{r}, \frac{y}{r}, \frac{y}{x}, (x\neq 0)$의 값은 하나씩 정하여진다.

즉 $$\theta \to \frac{y}{r}, \quad \theta \to \frac{x}{r}, \quad \theta \to \frac{y}{x}(x\neq 0)$$

와 같은 대응은 θ에 관한 함수가 된다. 이 함수를 차례로 θ의 사인함수, 코사인함

수, 탄젠트함수라 한다.

또
$$\theta \to \frac{r}{y}(y \neq 0), \quad \theta \to \frac{r}{x}(x \neq 0), \quad \theta \to \frac{x}{y}(y \neq 0)$$

인 대응도 함수이며 차례로 θ의 코시컨트함수, 시컨트함수, 코탄젠트함수라 한다. 이들을 차례로 기호를 사용하여

$$\sin\theta = \frac{y}{r}, \quad \cos\theta = \frac{x}{r}, \quad \tan\theta = \frac{y}{x}(x \neq 0)$$
$$\operatorname{cosec}\theta = \frac{r}{y}(y \neq 0), \quad \sec\theta = \frac{r}{x}(x \neq 0), \quad \cot\theta = \frac{x}{y}(y \neq 0)$$

로 쓰며 이렇게 정의한 여섯가지 함수를 통틀어 삼각함수(trigonomentric functions)라 한다.

예제 3.4.1 원점 O와 점 $P(-3, 4)$를 잇는 선분 $\overline{OP}$를 동경으로 하는 각의 크기를 θ라고 할 때, $\sin\theta$, $\cos\theta$, $\tan\theta$의 값을 각각 구하라.

[풀이] $\overline{OP} = 5$인 동경이 나타내는 각의 크기가 θ이므로 삼각함수의 정의에 의하여

$$\sin\theta = \frac{4}{5}, \quad \cos\theta = -\frac{3}{5}, \quad \tan\theta = -\frac{4}{3}$$

이다.

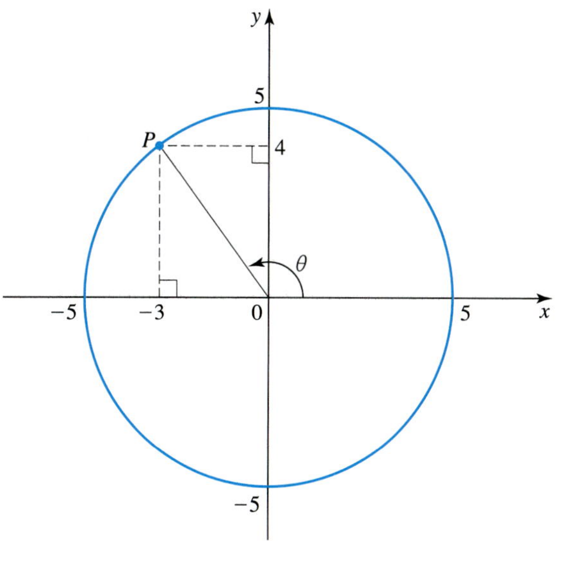

■

일반적으로 여섯 가지의 삼각함수로부터 여러 가지 관계를 이끌어낼 수 있다.

정리 3.4.1 삼각함수 사이의 관계

(1) $\tan\theta = \dfrac{\sin\theta}{\cos\theta}$　　(2) $\sin^2\theta + \cos^2\theta = 1$

(3) $\tan^2\theta + 1 = \sec^2\theta$　　(4) $1 + \cot^2\theta = \csc^2\theta$

[증명] 중심이 원점이고 반지름의 길이가 1인 원에서 동경의 좌표를 $P(x,\ y)$라 하고 동경 OP의 각을 θ라 하면

$$\sin\theta = \frac{y}{1} = y, \quad \cos\theta = \frac{x}{1} = x$$
$$\tan\theta = \frac{y}{x} = \frac{\sin\theta}{\cos\theta}, \quad \cot\theta = \frac{\cos\theta}{\sin\theta}$$

또 $x^2 + y^2 = 1$이므로 $\cos^2\theta + \sin^2\theta = 1$임을 알 수 있다. ■

예제 3.4.2 $\cos\theta = -\frac{4}{5}\left(\frac{\pi}{2} < \theta < \pi\right)$일 때, $\sin\theta$의 값을 구하라.

[풀이] $\sin^2\theta + \cos^2\theta = 1$에서

$$\sin^2\theta = 1 - \cos^2\theta = 1 - \frac{16}{25} = \frac{9}{25}.$$

그런데, $\frac{\pi}{2} < \theta < \pi$ 이므로 $\sin\theta > 0$에서 $\sin\theta = \frac{3}{5}$이다. ■

각 θ를 나타내는 동경이 단위원과 만나는 점을 $P(x,\ y)$라 하면, $\sin\theta = \frac{y}{1} = y$이므로, $\sin\theta$의 값의 변화는 점 P의 y좌표의 값의 변화와 같다.

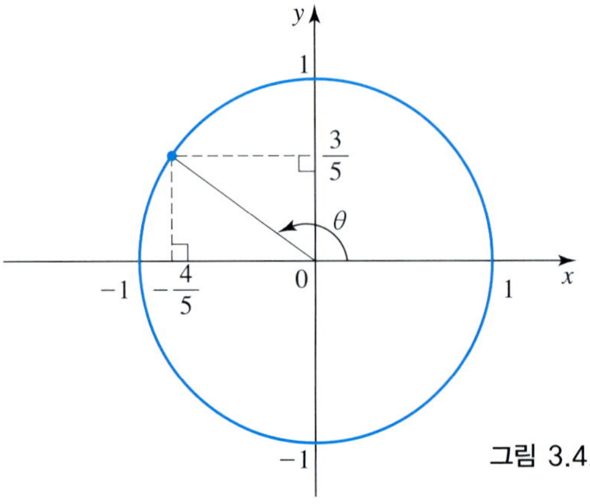

그림 3.4.4

이 사실을 이용하여 함수 $y = \sin\theta$의 그래프를 다음과 같이 그릴 수 있다. 이 곡선은 싸인곡선이라고 한다.

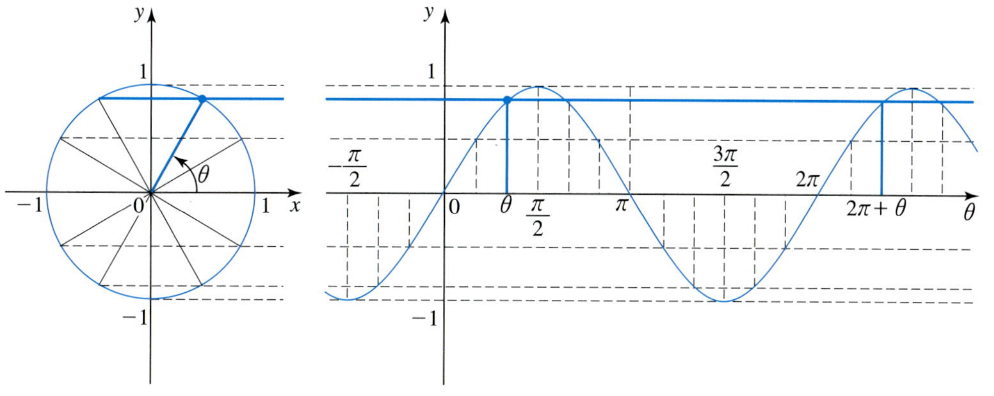

그림 3.4.5

위의 그래프에서 $y = \sin\theta$는 2π 간격으로 함수값의 변화가 반복됨을 알 수 있다. 즉,

$$\sin(\theta + 2n\pi) = \sin\theta \ (n\text{은 정수})$$

이다. 따라서, $y = \sin x$는 2π를 주기로 하는 주기함수이다.

정리 3.4.2 함수 $y = \sin x$의 그래프

(1) 정의역과 치역 : 정의역은 실수 전체의 집합이고, 치역은 $\{y \mid -1 \le y \le 1\}$이다.

(2) 주기성 : 주기가 2π인 주기함수이다.

(3) 대칭성 : $y = \sin x$의 그래프는 원점에 대하여 대칭이다.

즉,
$$\sin(-x) = -\sin x$$

예제 3.4.3 다음 함수의 치역과 주기를 구하고 그래프를 그려라.

(1) $y = 2\sin x$ (2) $y = \sin 2x$

[풀이] (1) 치역은 $-1 \le \sin x \le 1$이므로 $\{y \mid -2 \le y \le 2\}$이다.

주기는 $2\sin x = 2\sin(x + 2\pi)$이므로 주기는 2π이다. 따라서, $y = 2\sin x$의 그래프는 $y = \sin x$의 그래프를 x축을 중심으로 상하로 2배 확대한 것이다.

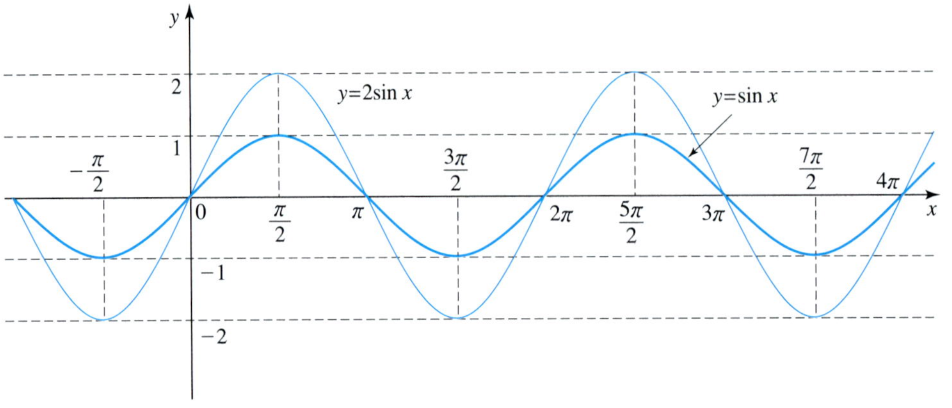

그림 3.4.6

(2) 치역은 $-1 \le \sin 2x \le 1$이므로 $\{y \mid -1 \le y \le 1\}$이다.
주기는 $\sin 2x = \sin(2x + 2\pi) = \sin 2(x + \pi)$이므로 주기는 π이다. 따라서, $y = \sin 2x$의 그래프는 $y = \sin x$의 그래프를 y축을 중심으로 좌우로 $\frac{1}{2}$배 축소한 것이다.

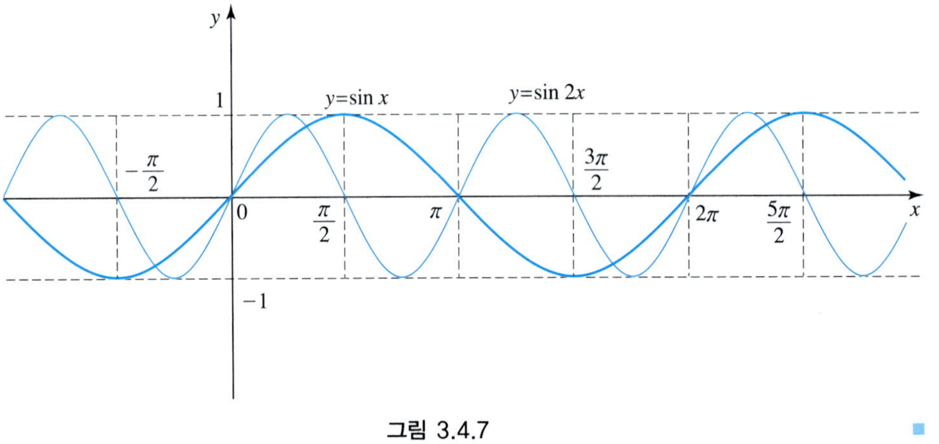

그림 3.4.7 ■

각 θ를 나타내는 동경이 단위원과 만나는 점을 $P(x, y)$라 하면 $\cos\theta = x$이므로 $\cos\theta$의 값의 변화는 점 P의 x좌표의 값의 변화와 같다.

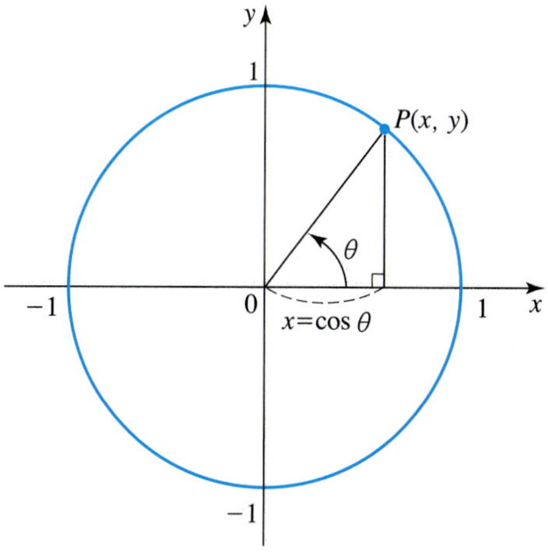

그림 3.4.8

이 사실을 이용하여 함수 $y = \cos\theta$의 그래프를 다음과 같이 그릴 수 있다. 이 곡선을 코사인 곡선이라고 한다.

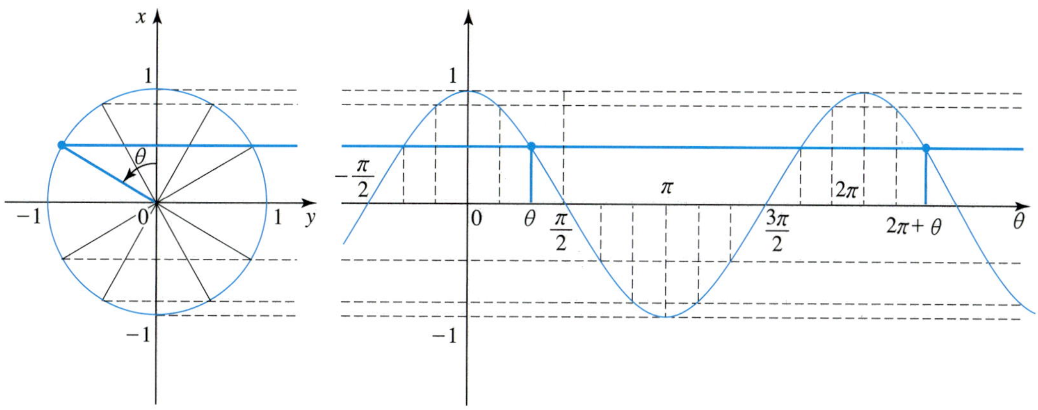

그림 3.4.9

위의 그래프에서 함수 $y = \cos\theta$는 2π 간격으로 함수값의 변화가 반복됨을 알 수 있다. 즉,

$$\cos(\theta + 2n\pi) = \cos\theta \quad (n\text{은 정수})$$

이므로 $y = \cos\theta$는 2π를 주기로 하는 주기함수이다.

또한, $y = \cos x$ 의 그래프는 $y = \sin x$의 그래프를 x축의 방향으로 $-\frac{\pi}{2}$만큼 평행이동

한 것과 같다. 즉,

$$\sin\left(x-\left(-\frac{\pi}{2}\right)\right)=\cos x$$

이다.

정리 3.4.3 함수 $y=\cos x$의 그래프

(1) 정의역과 치역 : 정의역은 실수 전체의 집합이고, 치역은 $\{y \mid -1 \le y \le 1\}$이다.

(2) 주기성 : 주기가 2π인 주기함수이다.

(3) 대칭성 : $y=\cos x$의 그래프는 y축에 대하여 대칭이다.

즉, $$\cos(-x)=\cos x$$

예제 3.4.4 다음 함수의 치역과 주기를 구하고 그래프를 그려라.

(1) $y=2\cos x$　　　　(2) $y=\cos 2x$

[풀이] (1) 치역은 $-1 \le \cos x \le 1$이므로 $\{y \mid -2 \le y \le 2\}$이다.
주기는 $2\cos x = 2\cos(x+2\pi)$이므로 주기는 2π이다. 따라서, $y=2\cos x$의 그래프는 $y=\cos x$의 그래프를 x축을 중심으로 상하로 2배 확대한 것이다.

(2) 치역은 $-1 \le \cos 2x \le 1$이므로 $\{y \mid -1 \le y \le 1\}$이다.
주기는 $\cos 2x = \cos(2x+2\pi) = \cos 2(x+\pi)$이므로 주기는 π이다. 따라서, $y=\cos 2x$의 그래프는 $y=\cos x$의 그래프를 y축을 중심으로 좌우로 $\frac{1}{2}$배 축소한 것이다.

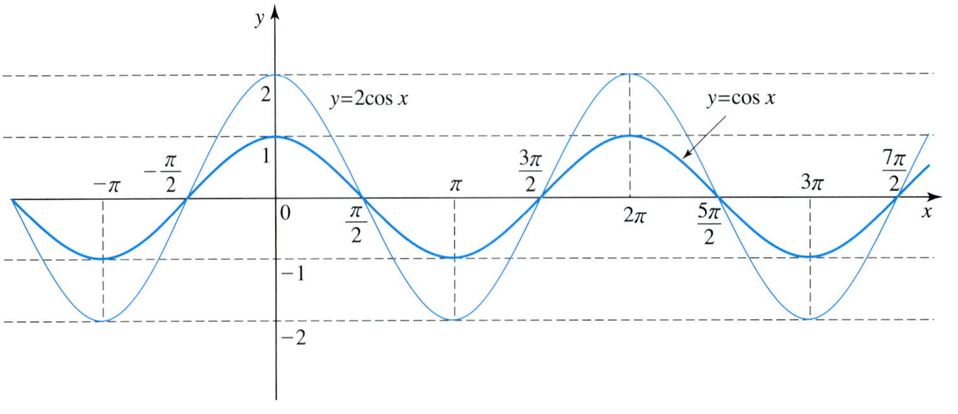

그림 3.4.10

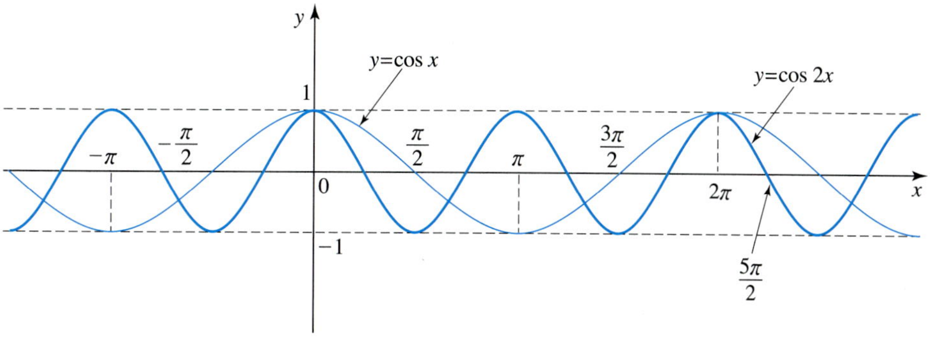

그림 3.4.11

각 θ를 나타내는 동경이 단위원과 만나는 점을 $P(x, y)$라 하고 점 (1, 0)에서 원에 접선을 그어 동경 $\overrightarrow{OP}$가 접선과 만나는 점을 $T(1, t)$라고 하자. 그러면

$$\tan\theta = \frac{y}{x} = \frac{t}{1} = t$$

이므로 $\tan\theta$의 값의 변화는 θ에 대응하는 t의 값의 변화와 같다.

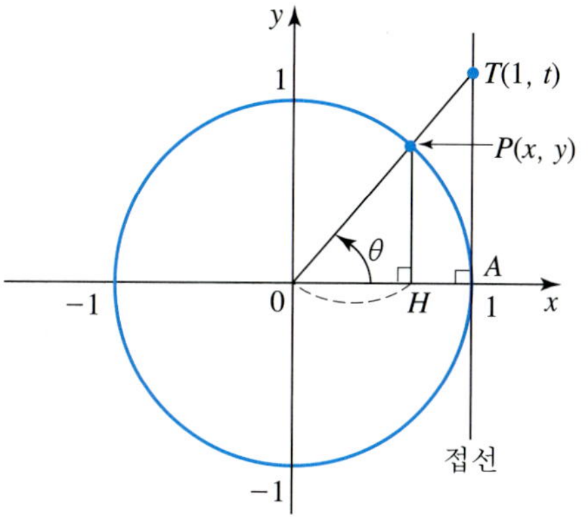

그림 3.4.12

이 사실을 이용하면 함수 $y=\tan\theta$의 그래프를 다음과 같이 그릴 수 있다. 이 곡선을 탄젠트 곡선이라고 한다.

다음 그래프에서 θ가 $n\pi + \frac{\pi}{2}$(n은 정수)일 때, 동경 위의 점의 x좌표가 0이므로 이 때의 $\tan\theta$는 정의되지 않는다. 따라서, 직선

$$n\pi + \frac{\pi}{2} \quad (n\text{은 정수})$$

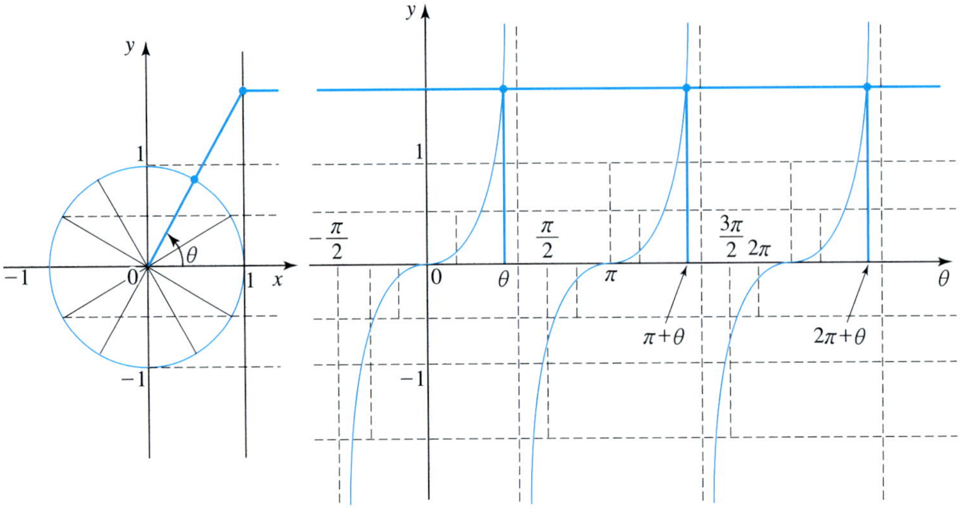

그림 3.4.13

이 점근선이다. 한편, 함수 $y = \tan\theta$는 π 간격으로 함수값의 변화가 반복됨을 알 수 있다.

$$\tan(\theta + n\pi) = \tan\theta \quad (n\text{은 정수})$$

이므로, $y = \tan\theta$는 π를 주기로 하는 주기함수이다.

정리 3.4.4 함수 $y = \tan x$의 그래프

(1) 정의역과 치역 : 정의역은 $x \neq n\pi + \frac{\pi}{2}$ (n은 정수)인 실수 전체의 집합이고, 치역은 실수 전체의 집합이다.

(2) 주기성 : 주기가 π인 주기함수이다.

(3) 대칭성 : 원점에 대하여 대칭이다.

즉,
$$\tan(-x) = -\tan x$$

(4) 점근선 : 점근선은 직선 $x = n\pi + \frac{\pi}{2}$ (n은 정수)이다.

예제 3.4.5 다음 함수의 주기를 구하고 그래프를 그려라.

(1) $y = 2\tan x$ (2) $y = \tan 2x$

[풀이] (1) 주기는 $2\tan x = 2\tan(x + \pi)$이므로 주기는 π이다.

점근선은 직선 $x = n\pi + \frac{\pi}{2}$ (n은 정수)이다. 따라서, $y = 2\tan x$ 의 그래프는 그림 3.4.14와 같다.

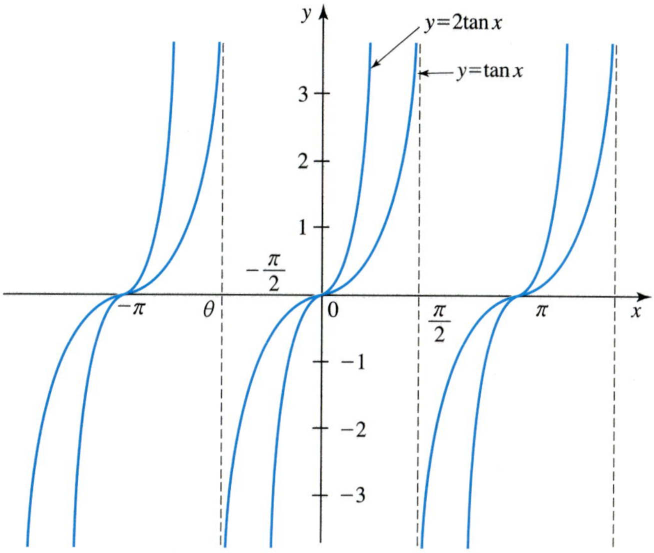

그림 3.4.14

(2) 주기는 $\tan 2x = \tan(2x + \pi) = \tan 2\left(x + \frac{\pi}{2}\right)$이므로 주기는 $\frac{\pi}{2}$이다. 점근선은 직선 $x = \frac{n}{2}\pi + \frac{\pi}{4}$ (n은 정수)이다. 따라서, $y = \tan 2x$ 의 그래프는 그림 3.4.15와 같다.

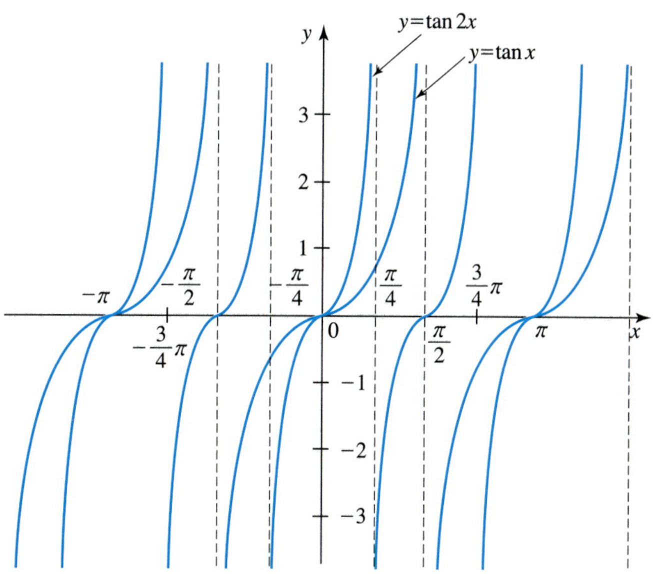

그림 3.4.15

연습문제 3.4

1. 다음의 빈 칸에 알맞게 써 넣어라.

육십분법	$15°$	$90°$	$135°$	(4)	(5)	(6)	(7)	(8)	(9)
호도법	(1)	(2)	(3)	$\frac{7}{6}\pi$	$\frac{5}{3}\pi$	$\frac{7}{4}\pi$	$-\frac{1}{4}\pi$	$-\frac{2}{3}\pi$	$-\frac{7}{6}\pi$

2. 원점 O와 점 $P(-4, -3)$을 잇는 선분 OP를 동경으로 하는 각의 크기를 θ라고 할 때, $\sin\theta$, $\cos\theta$, $\tan\theta$의 값을 각각 구하라.

3. 다음 각 θ에 대한 동경의 위치를 찾고, 이를 이용하여 $\sin\theta$, $\cos\theta$, $\tan\theta$의 값을 각각 구하라.

(1) $45°$　　(2) $150°$　　(3) $\frac{\pi}{3}$　　(4) $-\frac{\pi}{3}$

4. $\sin\theta = \frac{12}{13}\left(\frac{\pi}{2} < \theta < \pi\right)$일 때, $\cos\theta$, $\tan\theta$의 값을 각각 구하라.

5. 다음 삼각함수의 값을 구하라.

(1) $\sin\frac{13}{6}\pi$　　(2) $\cos\frac{13}{6}\pi$

(3) $\tan\left(-\frac{7}{4}\pi\right)$　　(4) $\sin\left(-\frac{\pi}{6}\right)$

(5) $\cos\left(-\frac{9}{4}\pi\right)$　　(6) $\tan\left(-\frac{\pi}{3}\right)$

(7) $\sin\frac{5\pi}{6}$　　(8) $\cos\left(-\frac{14}{3}\pi\right)$

6. 다음 함수의 치역과 주기를 구하고 그래프를 그려라.

(1) $y = \sin\frac{x}{2}$　　(2) $y = 2\sin\left(x + \frac{\pi}{3}\right)$

(3) $y = \frac{1}{2}\cos 3x$　　(4) $y = 3\cos\left(x - \frac{\pi}{4}\right)$

(5) $y = \frac{1}{2}\tan\frac{x}{2}$　　(6) $y = \tan\left(2x - \frac{\pi}{4}\right)$

3.5 ••• 역삼각함수

역사인함수

삼각함수 $y=\sin x$는 치역 $[-1, 1]$의 값 y에 대하여 많은 x가 대응되는 함수이므로 일대일함수가 아니다(그림 3.5.1(a)). 따라서 $y=\sin x$의 역함수는 존재하지 않는다. 그러나 정의역을 $\left[-\frac{\pi}{2}, \frac{\pi}{2}\right]$로 제한하면 $y=\sin x$는 일대일함수이고(그림 3.5.1(b)) 그 역함수는 존재한다.

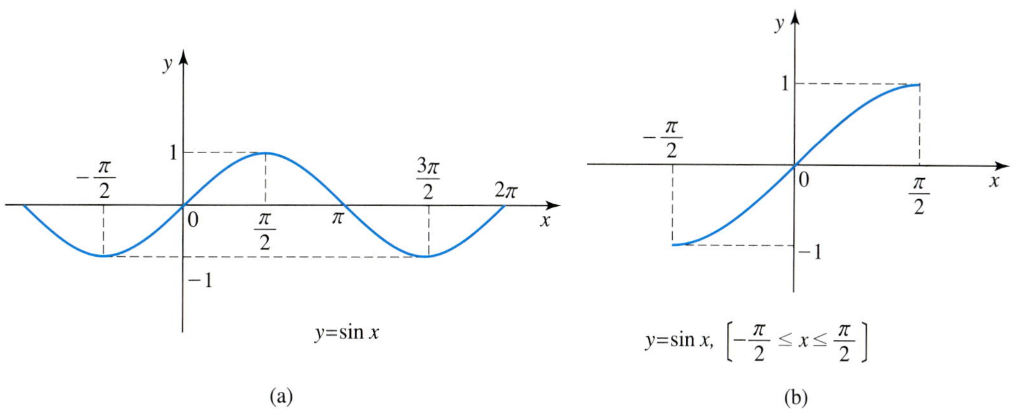

그림 3.5.1

$y=f(x)=\sin x$, $-\frac{\pi}{2} \le x \le \frac{\pi}{2}$의 역함수를 $y=\sin^{-1}x$ 또는 $y=\arcsin x$로 표시한다. 이 때 $y=\sin^{-1}x$의 정의역은 $[-1, 1]$이며 치역은 $\left[-\frac{\pi}{2}, \frac{\pi}{2}\right]$가 된다. 또한 $y=\sin^{-1}x$의 그래프는 $y=\sin x$의 그래프와 $y=x$에 관하여 대칭이다(그림 3.5.2).

정의 3.5.1 역사인함수

$$y=\sin^{-1}x,\ -1 \le x \le 1 \quad \Leftrightarrow \quad \sin y = x, \quad -\frac{\pi}{2} \le y \le \frac{\pi}{2}$$

정의 3.5.3 역탄젠트함수

$$y=\tan^{-1}x,\quad -\frac{\pi}{2}<x<\frac{\pi}{2} \Leftrightarrow \quad \tan y = x$$

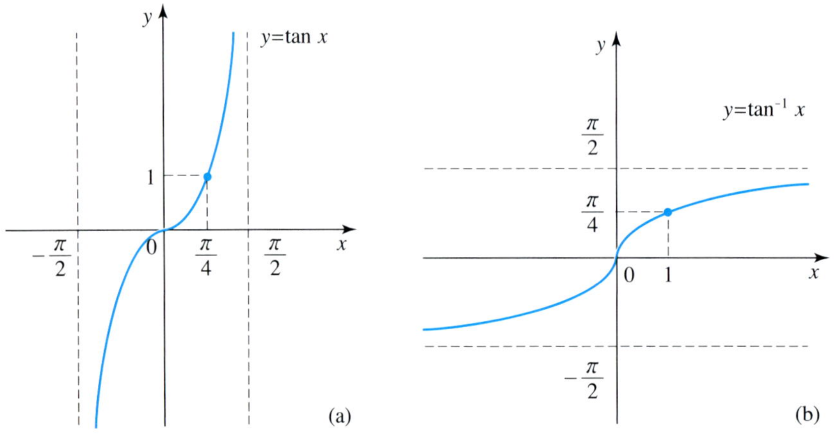

그림 3.5.4

$y=\tan^{-1}x$의 정의역은 모든 실수이고, 치역은 $\left(-\frac{\pi}{2}, \frac{\pi}{2}\right)$이며 그 그래프는 $y=\tan x$의 그래프와 $y=x$에 관하여 대칭이 된다(그림 3.5.4(a)). $y=\tan^{-1}x$의 그래프는 원점에 관하여 대칭이고 그림 3.5.4(b)에서와 같이 직선 $y=\frac{\pi}{2}$와 $y=-\frac{\pi}{2}$은 점근선이 된다. 즉, $\lim_{x\to\infty}\tan^{-1}x=\frac{\pi}{2}$, $\lim_{x\to-\infty}\tan^{-1}x=-\frac{\pi}{2}$임을 알 수가 있다.

예제 3.5.3 (1) $\tan^{-1}(-1)$ (2) $\sec\left(\tan^{-1}\left(\frac{\sqrt{3}}{3}\right)\right)$을 계산하라.

[풀이] (1) $\tan\left(-\frac{\pi}{4}\right)=-1$이므로 $\tan^{-1}(-1)=-\frac{\pi}{4}$이다.

(2) $\tan^{-1}\left(\frac{\sqrt{3}}{3}\right)=\frac{\pi}{6}$, $\sec\left(\frac{\pi}{6}\right)=\frac{1}{\cos\frac{\pi}{6}}=\frac{2}{\sqrt{3}}$. ■

기타 역삼각함수

기타의 삼각함수 $y=\sec x$, $y=\csc x$, $y=\cot x$도 정의역을 적절하게 제한함으로써 일대일함수가 되게 하여 그들의 역함수

$$y=\sec^{-1}x,\ y=\csc^{-1}x,\ y=\cot^{-1}x$$

를 다음과 같이 정의할 수 있다.

정의 3.5.4 기타 역삼각함수

$$y = \sec x,\ x \in \left[0, \frac{\pi}{2}\right) \cup \left(\frac{\pi}{2}, \pi\right] \Leftrightarrow x = \sec^{-1} y = \cos^{-1}\left(\frac{1}{y}\right),\ |y| \geq 1$$

$$y = \csc x,\ x \in \left[-\frac{\pi}{2}, 0\right) \cup \left(0, \frac{\pi}{2}\right] \Leftrightarrow x = \csc^{-1} y = \sin^{-1}\left(\frac{1}{y}\right),\ |y| \geq 1$$

$$y = \cot x,\ x \in (0, \pi) \Leftrightarrow x = \cot^{-1} y = \frac{\pi}{2} - \tan^{-1} y,\ y \in \mathbb{R}$$

위의 역삼각함수들의 그래프는 다음과 같다.

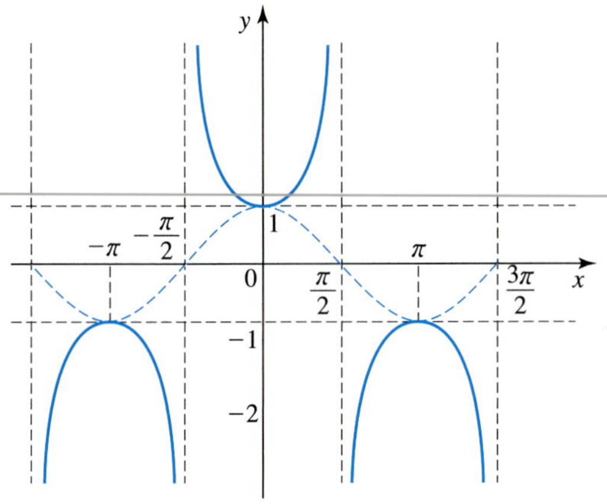

y=sec x

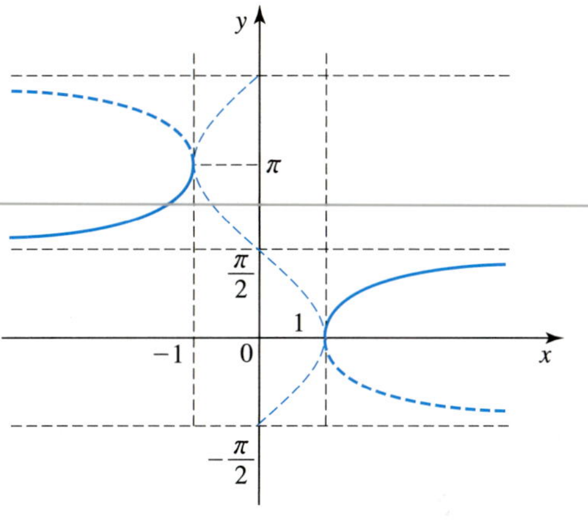

(a) y=sec^{-1} x

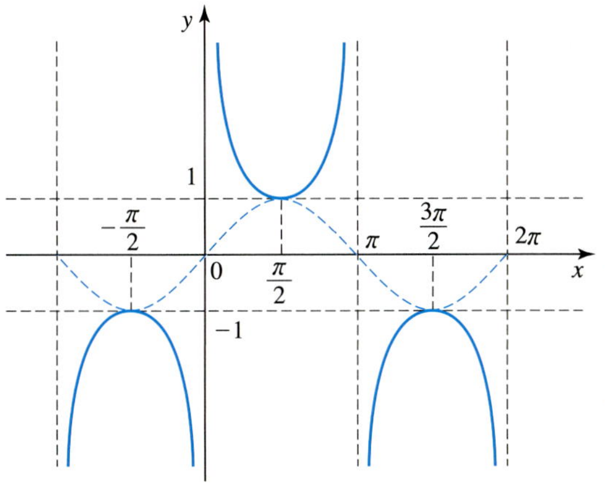

y=csc x

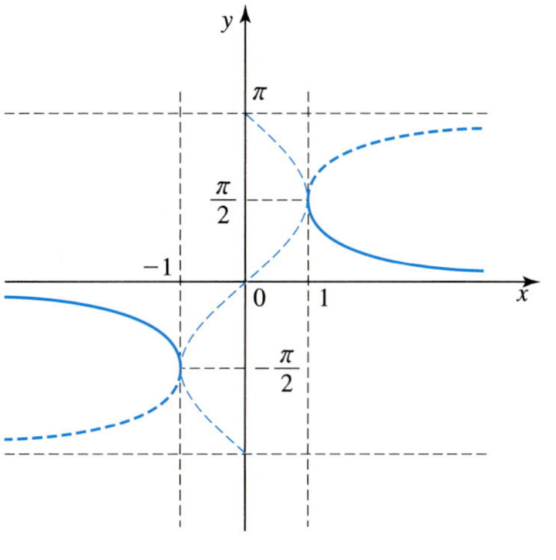

(b) y=csc^{-1} x

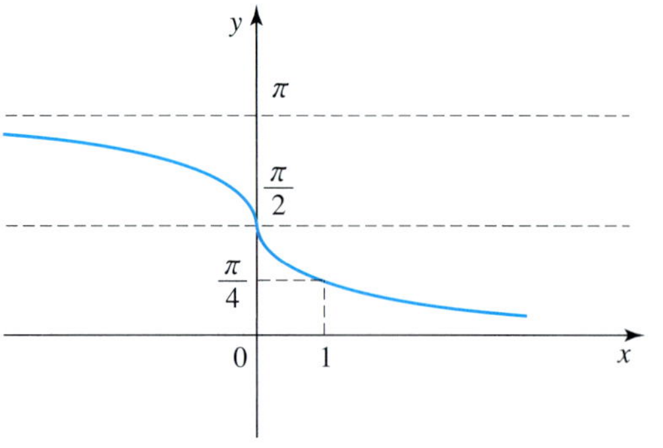

(c) $y=\cot^{-1} x$

그림 3.5.5 역삼각함수의 그래프

또 역삼각함수의 정의를 그림 3.5.6에서와 같이 직각삼각형에서 변의 길이와 각의 크기와의 관계로 이해하면 계산하는 데 많은 도움이 된다.

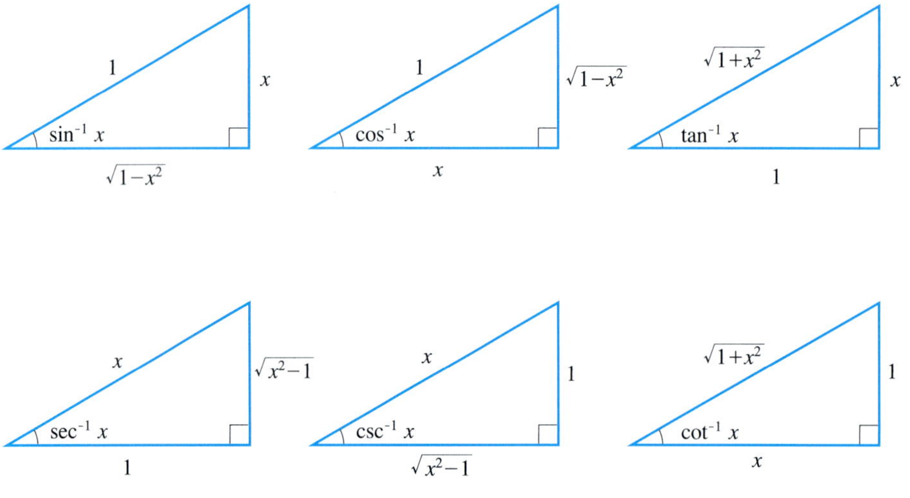

그림 3.5.6 직각삼각형과 역삼각함수값의 관계

연습문제 3.5

1. 다음 함수값을 구하라.

(1) $\cos^{-1}\left(\frac{1}{2}\right)$

(2) $\sin^{-1}\left(\frac{\sqrt{3}}{2}\right)$

(3) $\tan^{-1}(1)$

(4) $\tan^{-1}(-\sqrt{3})$

(5) $\csc^{-1}\sqrt{2}$

(6) $\sec\left(\tan^{-1}2\right)$

2. 다음 함수값을 계산하라.

(1) $\sin\left(\sin^{-1}0.3\right)$

(2) $\cos\left(\sin^{-1}\frac{\sqrt{3}}{2}\right)$

(3) $\sin\left(2\cos^{-1}\frac{3}{4}\right)$

(4) $\sin\left(2\cos^{-1}\frac{2}{3}\right)$

(5) $\csc\left(\tan^{-1}2\right)$

(6) $\cos\left[\sin^{-1}\frac{3}{4}+\cos^{-1}\frac{3}{4}\right]$

3. (1) $\alpha=\sin^{-1}\left(-\frac{1}{2}\right)$일 때, $\cos\alpha$, $\tan\alpha$, $\sec\alpha$, $\csc\alpha$를 구하라.

(2) $\alpha=\cos^{-1}\left(\frac{1}{2}\right)$일 때, $\sin\alpha$, $\tan\alpha$, $\sec\alpha$, $\csc\alpha$를 구하라.

4. $x\in[-1,\,1]$일 때 $\cos(\sin^{-1}x)=\sqrt{1-x^2}$임을 보여라.

5. $\sin^{-1}x=\cos^{-1}x$를 만족하는 x값을 정하라.

Chapter 4

극한과 연속성

코시(Augustin Louis Cauchy, 1789~1857)는 프랑스의 수학자로 해석학 분야를 더욱 정확하고 엄밀하게 연구하였다. 그는 자신의 저서 《해석학 입문(Cours d'analyse, 1821)》에서 오늘날 우리가 사용하고 있는 극한의 기호, 연속, 수렴, 미분가능성 등에 대한 중요한 개념을 정의하고 체계화하였다. 나이가 어렸을 때부터 수학에 대한 관심과 열정이 대단하여 항상 책에 묻혀 지내면서 허약함으로 주변을 걱정시키기도 하였다. 그가 연구한 무한수열의 수렴조건은 수학에 큰 발자취를 남겼으며 미분적분학, 복소함수론, 대수학, 해석학, 기하학 등의 수학 분야에 그치지 않고 수리물리학, 역학, 광학, 천문학 등의 과학 분야에도 큰 영향을 미쳤다.

4.1 ••• 함수의 극한

여기에서는 미분의 기초가 되는 함수의 극한에 대해 알아보자.

정의 4.1.1

함수 $f(x)$에서 x가 a와 다른 값을 가지면서 a에 한없이 가까워질 때, 함수값 $f(x)$가 일정한 값 L에 한없이 가까워지면 함수 $f(x)$는 L에 수렴한다고 하고, 이것을 기호로

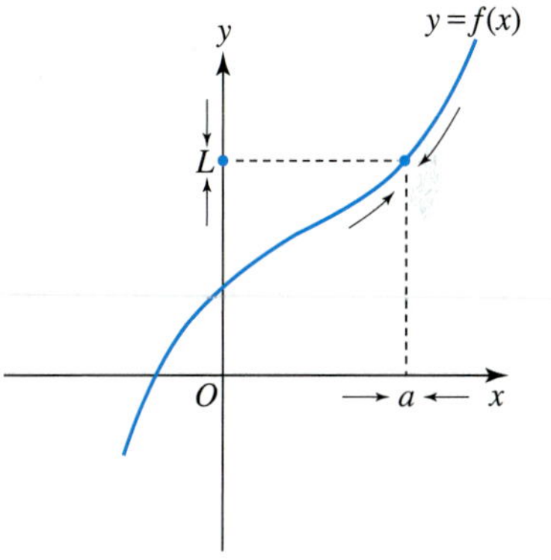

$$\lim_{x \to a} f(x) = L \quad \text{또는} \quad x \to a\text{일 때 } f(x) \to L$$

과 같이 나타낸다. 이 때, L을 $x \to a$일 때의 함수 $f(x)$의 극한값 또는 극한이라고 한다.

(1) x가 a의 왼쪽에서 a에 가까이 갈 때의 극한값을 좌극한이라 하고, $\lim_{x \to a^-} f(x)$로 나타낸다.

(2) x가 a의 오른쪽에서 a에 가까이 갈 때의 극한값을 우극한이라 하고, $\lim_{x \to a^+} f(x)$로 나타낸다.

(3) $\lim_{x \to a} f(x)$가 존재하려면 좌극한과 우극한이 같아야 한다. 즉,

$$\lim_{x \to a^-} f(x) = \lim_{x \to a^+} f(x) = L$$

일 때 $\lim_{x \to a} f(x) = L$이라 한다.

(4) $x \to a$일 때 $f(x)$가 수렴하지 않을 때, "$x \to a$일 때 $f(x)$는 발산한다."고 한다. $\lim_{x \to a} f(x) = \pm\infty$, $f(x)$가 진동하는 경우 등이 그런 경우이다.

(5) x가 a에 한없이 가까워질 때 함수 $f(x)$가 a에서 반드시 정의될 필요는 없다. 또한 $f(a) = L$일 필요도 없다.

예제 4.1.1 (1) $\lim_{x \to 2} \frac{x^2-4}{x-2} = \lim_{x \to 2}(x+2) = 4$

(2) $\lim_{x \to 6} \sqrt{x-2} = 2$

(3) $\lim_{h \to 0} \frac{(h+3)^2-9}{h} = \lim_{h \to 0} \frac{h(h+6)}{h} = \lim_{h \to 0}(h+6) = 6$

(4) $\lim_{x \to 0} \frac{\sqrt{4+x}-2}{x} = \lim_{x \to 0} \frac{(\sqrt{4+x}-2)(\sqrt{4+x}+2)}{x(\sqrt{4+x}+2)} = \lim_{x \to 0} \frac{x}{x(\sqrt{4+x}+2)}$

$= \lim_{x \to 0} \frac{1}{\sqrt{4+x}+2} = \frac{1}{4}$ ■

정리 4.1.1 함수의 극한의 성질

두 함수 $f(x)$, $g(x)$에 대하여 $\lim_{x \to a} f(x) = L$, $\lim_{x \to a} g(x) = M$(L, M : 상수)이면 다음이 성립한다.

(1) $\lim_{x \to a}(f(x) \pm g(x)) = \lim_{x \to a} f(x) \pm \lim_{x \to a} g(x) = L \pm M$

(2) $\lim_{x \to a} kf(x) = k\lim_{x \to a} f(x) = kL$ (k : 상수)

(3) $\lim_{x \to a}(f(x) \cdot g(x)) = \lim_{x \to a} f(x) \cdot \lim_{x \to a} g(x) = L \cdot M$

(4) $\lim_{x \to a} \frac{f(x)}{g(x)} = \frac{\lim_{x \to a} f(x)}{\lim_{x \to a} g(x)} = \frac{L}{M}$ $(M \neq 0)$

(5) $\lim_{x \to a}(f(x))^p = \left\{\lim_{x \to a} f(x)\right\}^p = L^p$

(6) $\lim_{x \to a} \log_a f(x) = \log_a\left(\lim_{x \to a} f(x)\right)$

(7) 샌드위치 정리(Sandwich Theorem)

$f(x) \le g(x) \le h(x)$이고 $\lim_{x \to a} f(x) = \lim_{x \to a} h(x) = L$이면 $\lim_{x \to a} g(x) = L$이다.

위의 성질은 $x \to \pm\infty$일 때도 성립한다.

예제 4.1.2 (1) $\lim_{x \to 1}(2x^2+3x-5) = 2\lim_{x \to 1} x^2 + 3\lim_{x \to 1} x - 5 = 2 \cdot 1^2 + 3 \cdot 1 - 5 = 0.$

(2) $\lim_{x \to -3} \frac{-x-2}{x^3-3} = \frac{\lim_{x \to -3}(-x-2)}{\lim_{x \to -3}(x^3-3)} = -\frac{1}{30}.$

(3) $\lim_{x \to \infty}\left(\sqrt{x^2-2x+3}-x\right) = \lim_{x \to \infty} \frac{\left(\sqrt{x^2-2x+3}-x\right)\left(\sqrt{x^2-2x+3}+x\right)}{\left(\sqrt{x^2-2x+3}+x\right)}$

$= \lim_{x \to \infty} \frac{-2x+3}{\sqrt{x^2-2x+3}+x}$ (분모의 최고차인 x로 분모, 분자를 나눈다.)

$$= \lim_{x \to \infty} \frac{-2 + \frac{3}{x}}{\sqrt{1 - \frac{2}{x} + \frac{3}{x^2}} + 1} \quad \left(\lim_{x \to \infty} \frac{1}{x} = 0 \right)$$

$$= -1.$$

(4) $\lim_{x \to 2^-} \frac{|x-2|}{x^2 - 2x} = \lim_{x \to 2^-} \frac{-(x-2)}{x(x-2)}$ ($\because$ $x \to 2^-$일 때, $|x-2| = -(x-2)$). ■

[참고] 함수의 극한의 $\varepsilon - \delta$ 논법

"$x \to a$일 때 $f(x) \to A$"

라는 것은

"$|x-a|$를 양의 수로 충분히 작게 하면 $|f(x) - A|$를 아주 작게 할 수 있다."

라는 의미이다. 따라서 임의의 양수 ε에 대하여 적당한 양수 δ가 존재하여 $0 < |x-a| < \delta$인 모든 x에 대하여 $|f(x) - A| < \varepsilon$이 성립하면

$$\lim_{x \to a} f(x) = A$$

으로 나타낸다. 이와 같이 ε과 δ를 써서 극한을 논하는 방법을 $\varepsilon - \delta$논법이라 한다.

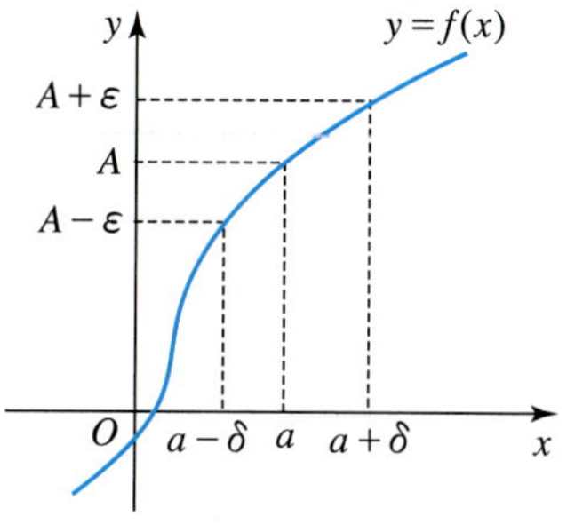

그림 4.1.1

$\varepsilon - \delta$ 논법의 정의에서

$$0 < |x-a| < \delta \quad \Leftrightarrow \quad -\delta < x - a < \delta$$

는

$$a - \delta < x < a + \delta \ (x \neq a)$$

이고, 또한

$$|f(x) - A| < \varepsilon \quad \Leftrightarrow \quad -\varepsilon < f(x) - A < \varepsilon$$

에서

$$A - \varepsilon < f(x) < A + \varepsilon$$

이므로

$$\lim_{x \to a} f(x) = A$$

이다. 이것은 어떠한 $\varepsilon > 0$을 미리 정해주더라도 $a - \delta < x < a + \delta$인 모든 x에 대하여 $A - \varepsilon < f(x) < A + \varepsilon$을 만족하는 $\delta > 0$을 항상 찾을 수 있다는 것을 의미한다.

예제 4.1.3 $\varepsilon - \delta$ 논법을 이용하여 $\lim_{x \to 2}(3x+1) = 7$임을 보여라.

[풀이] 임의의 양수 ε에 대하여

$$0 < |x-2| < \delta \quad \Leftrightarrow \quad |(3x+1)-7| < \varepsilon$$

를 만족하는 δ를 찾으면 된다. 이때

$$|(3x+1)-7| = |3x-6| = 3|x-2| < \varepsilon$$

에서 $|x-2| < \frac{\varepsilon}{3}$이므로 $\delta = \frac{\varepsilon}{3}$으로 정하면 된다. 즉 $0 < |x-2| < \delta = \frac{\varepsilon}{3}$인 모든 x에 대하여

$$|(3x+1)-7| = 3|x-2| < \cdot \frac{\varepsilon}{3} = \varepsilon$$

이므로 $\lim_{x \to 2}(3x+1) = 7$이다. ■

연습문제 4.1

1. 다음 극한을 구하라.

(1) $\lim_{x \to -1} 3x^2(2x-1)$

(2) $\lim_{x \to 2} 5(2x-1)(x+1)$

(3) $\lim_{x \to 6} 8(x-5)(x-7)$

(4) $\lim_{x \to 1}(x^3 + 3x^2 - 2x - 17)$

2. 다음 극한을 구하라.

(1) $\lim_{x \to -3} \dfrac{y^2 + 4y + 3}{y^2 - 3}$

(2) $\lim_{y \to 3} \dfrac{1}{y^4 - 9y^2 + y}$

(3) $\lim_{x \to -1} \dfrac{x^3 - 5x + 7}{-x^3 + x^2 - x + 1}$

(4) $\lim_{t \to 2} \dfrac{3t^3 - 10t - 3}{t^4 - 14}$

3. 다음 극한을 구하라.

(1) $\lim_{x \to -5} \dfrac{x^2 + 3x - 10}{x + 5}$

(2) $\lim_{x \to 1} \dfrac{x-1}{x^2 - 1}$

(3) $\lim_{x \to -3} \dfrac{x+3}{x^2+4x+3}$ (4) $\lim_{x \to 2} \dfrac{2x-4}{x^3-2x^2}$

4. $f(x) = \begin{cases} 3-x, & x < 2 \\ \frac{1}{2}x+1, & x > 2 \end{cases}$ 라 할 때,

(1) $\lim_{x \to 2^+} f(x)$와 $\lim_{x \to 2^-} f(x)$를 구하라.

(2) $\lim_{x \to 2} f(x)$는 존재하는가? 극한이 존재하면 그 값을 구하고, 그렇지 않으면 그 이유를 써라.

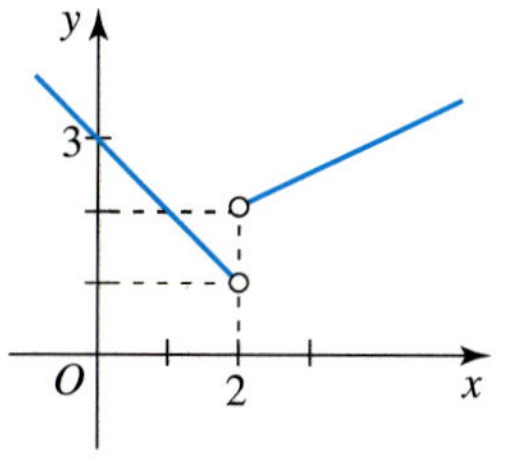

5. $f(x) = \begin{cases} 3-x, & x < 2 \\ 2, & x = 2 \\ \frac{1}{2}x, & x > 2 \end{cases}$ 일 때

(1) $\lim_{x \to 2^+} f(x)$와 $\lim_{x \to 2^-} f(x)$를 구하라.

(2) $\lim_{x \to 2} f(x)$가 존재하는가? 극한이 존재하면 그 값을 구하고, 그렇지 않으면 그 이유를 써라.

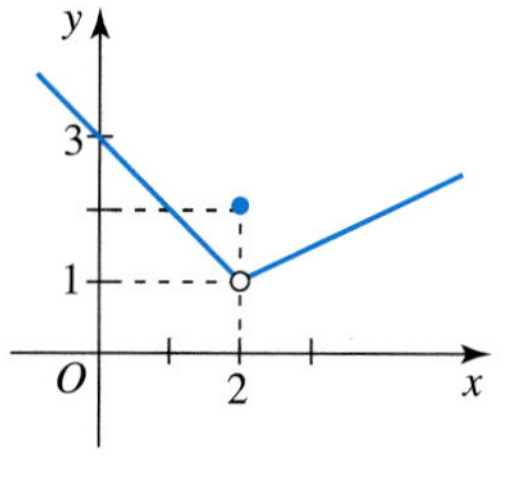

4.2 지수함수와 로그함수의 극한

지수함수의 그래프를 이용하여 지수함수 $y=a^x\,(a>0,\ a\neq 1)$의 극한값을 알아보자.

(1) $a>1$일 때, 다음 그래프로부터

$$\lim_{x\to\infty} a^x=\infty,\qquad \lim_{x\to-\infty} a^x=0.$$

(2) $0<a<1$일 때, $\lim_{x\to\infty} a^x=0,\ \lim_{x\to-\infty} a^x=\infty$이다.

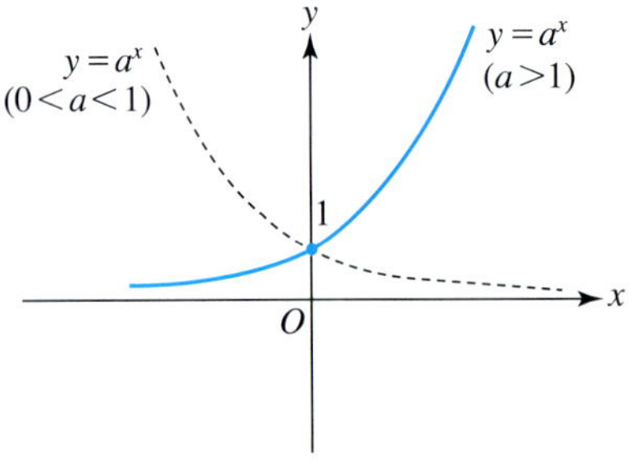

예제 4.2.1 (1) $\lim_{x\to\infty}(2^x-3^x)=\lim_{x\to\infty}3^x\left\{\left(\frac{2}{3}\right)^x-1\right\}=-\infty$

$$\left(\text{여기에서 } \lim_{x\to\infty}3^x=\infty,\ \lim_{x\to\infty}\left(\frac{2}{3}\right)^x=0\right)$$

(2) $\lim_{x\to\infty}\frac{2^x}{1-2^x}=\lim_{x\to\infty}\frac{1}{\frac{1}{2^x}-1}=-1$ (2^x으로 분모, 분자를 나눈다) ■

이번에는 로그함수의 그래프를 이용하여 로그함수 $y=\log_a x\,(a>0,\ a\neq 1)$의 극한값을 알아보면 다음과 같다.

(1) $a>1$일 때, 오른쪽 그래프로부터

$$\lim_{x\to 0^+}\log_a x=-\infty,\qquad \lim_{x\to\infty}\log_a x=\infty.$$

(2) $0<a<1$일 때, $\lim_{x\to 0^+}\log_a x=\infty,\ \lim_{x\to\infty}\log_a x=0$ 이다.

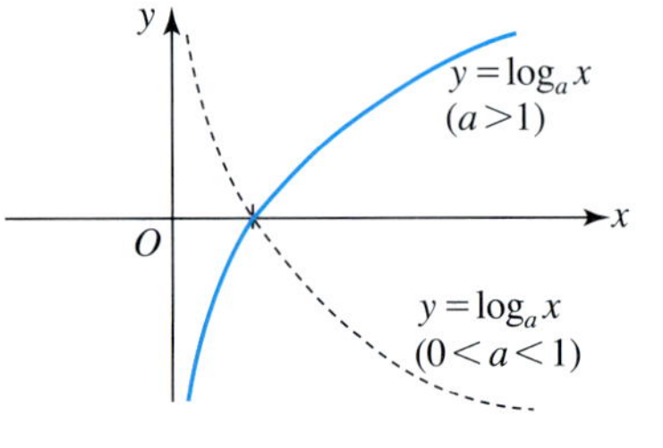

예제 4.2.2 (1) $\lim_{x\to\infty}\{\log_a(3x+1)-\log_a x\}=\lim_{x\to\infty}\log_a\dfrac{3x+1}{x}$ (로그의 성질을 이용하여 식을 변형한다)

$$=\lim_{x\to\infty}\log_a\left(3+\frac{1}{x}\right)$$

$$=\log_a\left\{\lim_{x\to\infty}\left(3+\frac{1}{x}\right)\right\}=\log_a 3$$

(2) $\lim_{x\to\infty}\log_3\dfrac{1+x}{3x}=\log_3\left\{\lim_{x\to\infty}\dfrac{1+x}{3x}\right\}$

$$=\log_3\left\{\lim_{x\to\infty}\frac{\frac{1}{x}+1}{3}\right\}$$

$$=\log_3\left(\frac{1}{3}\right)=-1$$ ■

무리수 e와 자연로그에 대하여 알아보자.

정리 4.2.1 무리수 e

$$\lim_{x\to 0}(1+x)^{\frac{1}{x}}=e \qquad \text{또는} \qquad \lim_{x\to\infty}\left(1+\frac{1}{x}\right)^x=e$$

함수 $f(x)=(1+x)^{\frac{1}{x}}$에 대하여 $x\to 0$일 때 극한 $f(x)$의 극한값을 알아보자.

먼저 x가 0에 가까운 값, 이를테면

$$\pm 0.1,\ \pm 0.01,\ \pm 0.001,\ \pm 0.0001,\ \cdots$$

을 $(1+x)^{\frac{1}{x}}$에 대입한 값을 계산하면 오른쪽 표와 같다.

x	$(1+x)^{\frac{1}{x}}$
0.1	2.59374⋯
0.01	2.70481⋯
0.001	2.71692⋯
0.0001	2.71814⋯
0.00001	2.71826⋯
⋮	⋮
−0.00001	2.71829⋯
−0.0001	2.71841⋯
−0.001	2.71964⋯
−0.01	2.73199⋯
−0.1	2.86787⋯

이 표에서 예상할 수 있는 바와 같이, $x\to 0$일 때 $(1+x)^{\frac{1}{x}}$은 어떤 일정한 값에 수렴한다.

이 극한값을

$$e$$

로 나타낸다.

이 극한값 e는 무리수이고, 그 값은

$$e=2.718281828459045\ \cdots$$

임이 알려져 있다. 즉,

$$\lim_{x\to 0}(1+x)^{\frac{1}{x}}=e$$

이다.

예제 4.2.3 (1) $\lim_{x\to 0}(1+x)^{\frac{2}{x}}=\lim_{x\to 0}\left\{(1+x)^{\frac{1}{x}}\right\}^2=e^2$

(2) $\lim_{x\to 0}(1-x)^{\frac{1}{x}}=\lim_{t\to 0}\left\{(1+t)^{-\frac{1}{t}}\right\}$ $(-x=t$로 놓는다)

$$=\lim_{t\to 0}\left\{(1+t)^{\frac{1}{t}}\right\}^{(-1)}=e^{-1}=\frac{1}{e}$$

(3) $\lim_{x\to\infty}\left(1+\frac{1}{2x}\right)^x=\lim_{t\to\infty}\left(1+\frac{1}{t}\right)^{\frac{t}{2}}$ $(2x=t$로 놓는다)

$$=\lim_{t\to\infty}\left\{\left(1+\frac{1}{t}\right)^t\right\}^{\frac{1}{2}}=e^{\frac{1}{2}}=\sqrt{e}$$ ■

[참고] 무리수 e와 복리 계산

복리 계산과 e가 서로 어떻게 연결될까? 연 10%의 이율로 100만 원을 저금했을 때, 1년 후 원리합계는 100(1+0.1)만 원이 된다.

만일 6개월마다 복리로 이자가 계산된다면, 6개월 후에는 $100\left(1+\frac{0.1}{2}\right)$만 원이 되고, 1년 후에는 $100\left(1+\frac{0.1}{2}\right)\left(1+\frac{0.1}{2}\right)=100\left(1+\frac{0.1}{2}\right)^2$만 원이 된다.

이와 같은 방식으로 $\frac{1}{n}$년마다 복리로 이자가 지급된다면, 1년 후의 원리합계는 $100\left(1+\frac{0.1}{n}\right)^n$만 원이 된다. 순간마다 복리로 이자가 계산된다면, 1년 후의 원리합계는 얼마가 될까? 이것은

$$\lim_{n\to\infty}100\left(1+\frac{0.1}{n}\right)^n=\lim_{n\to\infty}100\left\{\left(1+\frac{0.1}{n}\right)^{\frac{n}{0.1}}\right\}^{0.1}\ (\text{만 원})$$

이 된다. 그러므로 x년 후의 원리합계는 $100e^{0.1x}$만 원이 된다.

로그의 밑이 무리수 e일 때, $\log_e x$를 자연로그라고 하며 자연로그 $\log_e x$를 간단히 $\ln x$로 나타낸다.

예제 4.2.4 (1) $\lim_{x\to 0}\frac{\ln(1+x)}{x}=\lim_{x\to 0}\frac{1}{x}\ln(1+x)=\lim_{x\to 0}\ln(1+x)^{\frac{1}{x}}$

$$=\ln\left\{\lim_{x\to 0}(1+x)^{\frac{1}{x}}\right\}=\ln e=1.$$

(2) $\lim_{x\to 0}\frac{e^x-1}{x}$; $e^x-1=t$로 놓으면 $e^x=1+t$이므로 $x=\ln(1+t)$이고 또 $x\to 0$일 때 $t\to 0$이다. 그러므로

$$\lim_{x\to 0}\frac{e^x-1}{x}=\lim_{t\to 0}\frac{t}{\ln(1+t)}=\lim_{t\to 0}\frac{1}{\frac{\ln(1+t)}{t}}.$$

그런데 (1)에서 $\lim_{t\to 0}\frac{\ln(1+t)}{t}=1$이므로 $\lim_{x\to 0}\frac{e^x-1}{x}=1.$ ■

연습문제 4.2

1. 다음 극한값을 구하라.

(1) $\lim_{x\to\infty}\frac{1+2^x}{1-3^x}$

(2) $\lim_{x\to 0}(1-x)^{\frac{1}{x}}$

(3) $\lim_{x\to\infty}\left(1+\frac{3}{x}\right)^x$

(4) $\lim_{x\to 0}\frac{3^x+3^{-x}}{3^x-3^{-x}}$

2. 다음 극한값을 구하라.

(1) $\lim_{x\to\infty}(3^x+2^x)^{\frac{1}{x}}$

(2) $\lim_{x\to\infty}4^x$

(3) $\lim_{x\to\infty}\frac{3^x-2^x}{3^x+2^x}$

(4) $\lim_{x\to\infty}3^{-x}$

3. 다음 극한값을 구하라.

(1) $\lim_{x\to 0}\frac{\ln(a+x)-\ln a}{x}$

(2) $\lim_{x\to\infty}\{\log(3x+2)-\log x\}$

(3) $\lim_{x\to\infty}\log_2\left(x-\sqrt{x^2-1}\right)$

(4) $\lim_{x\to 0}\frac{\log_a(1+x)}{x}$

4. 다음 극한값을 구하라.

(1) $\lim_{x\to\infty}\log_5(10x-3)$

(2) $\lim_{x\to\infty}\log_{\frac{1}{3}}(x^2+1)$

(3) $\lim_{x\to 2^+}\log_5(x-2)$

(4) $\lim_{x\to 0}\frac{\ln(1+2x)}{x}$

5. 다음 극한값을 구하라.

(1) $\lim_{x \to 0} (1 + 2x)^{\frac{3}{x}}$

(2) $\lim_{x \to \infty} \left(1 + \frac{1}{x}\right)^{3x}$

(3) $\lim_{x \to 0} \frac{e^{2x} - 1}{3x}$

(4) $\lim_{x \to 0} \frac{a^x - 1}{\log_a (1 + x)}$

(5) $\lim_{x \to 0} \frac{a^x - 1}{x}$

(6) $\lim_{x \to 0} \frac{\ln (1 + 3x)}{x}$

(7) $\lim_{x \to 0} \frac{e^{3x} - 1}{x}$

(8) $\lim_{x \to \infty} \left(1 - \frac{1}{3x}\right)^{6x}$

4.3 ••• 함수의 연속성

직관적으로 함수가 한 점 x_0에서 연속이라 함은 그 점에서 함수의 그래프가 끊어지지 않고 연결되는 것을 말한다. 다음 그림은 점 x_0에서 어떤 함수가 연속인지를 직관적으로 보여준다.

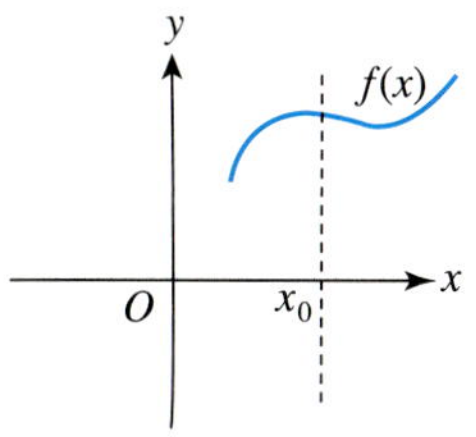

(a) x_0 에서 연속

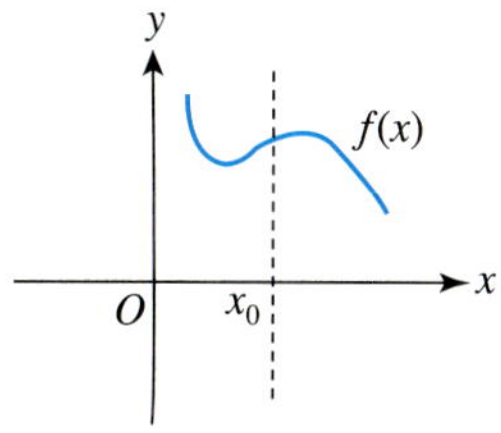

(b) x_0 에서 연속

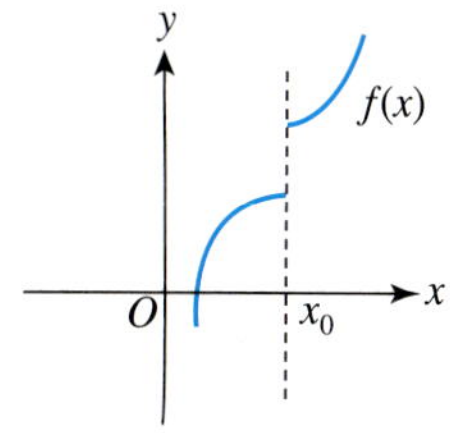

(c) x_0 에서 불연속

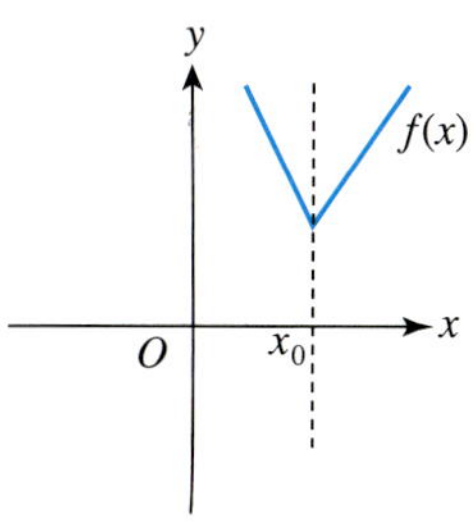

(d) x_0 에서 연속

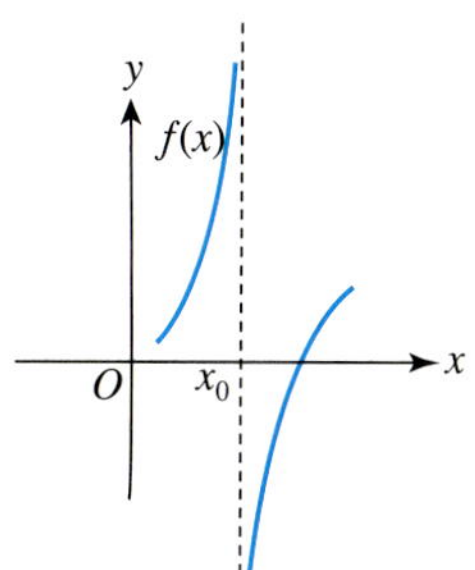

(e) x_0 에서 불연속

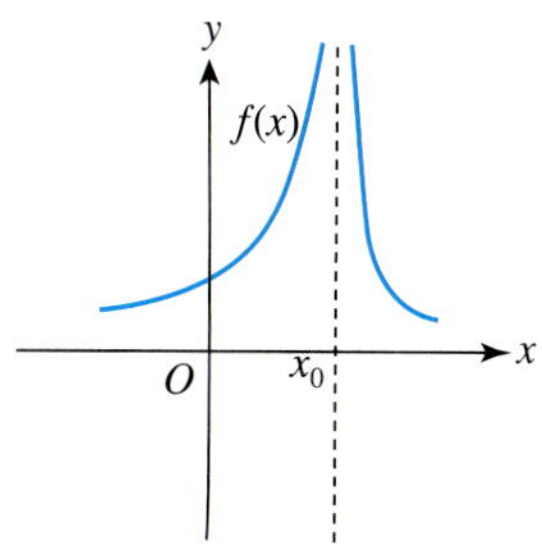

(f) x_0 에서 불연속

정의 4.3.1

함수 $f(x)$가 x_0을 포함한 개구간의 모든 x에 대하여 정의된다고 하자. 그러면 함수 $f(x)$는 다음 3조건을 만족할 때 x_0에서 연속이라고 한다.

(1) $f(x_0)$가 존재하고,

(2) $\lim_{x \to x_0} f(x)$가 존재하고,

(3) $\lim_{x \to x_0} f(x) = f(x_0)$

[주의] 위의 조건 (3)은 만일 함수 $f(x)$가 점 x_0에서 연속이면 $\lim_{x \to x_0} f(x)$는 바로 계산에 의해 구할 수 있다.

4.4 ••• 연속함수의 성질

함수의 극한의 성질을 이용하여 다음과 같은 연속함수의 성질을 얻을 수 있다.

정리 4.4.1

두 함수 $f(x)$와 $g(x)$가 $x=a$에서 연속이면 다음 함수도 $x=a$에서 연속이다.

(1) $f(x) \pm g(x)$

(2) $kf(x)$ (k : 상수)

(3) $\dfrac{f(x)}{g(x)}$ (단, $g(a) \neq 0$)

(4) $f(x)g(x)$

(5) $g(f(x))$ (g가 $f(a)$에서 연속이면 $g(f(x))$는 $x=a$에서 연속)

(6) $\{f(x)\}^{\frac{\beta}{\alpha}}$ (α, β : 정수, $\alpha \neq 0$)

[참고] 함수가 어떤 구간의 모든 점에서 연속일 때 그 함수를 그 구간에서 연속이라 한다.

① 다항함수, 지수함수, 삼각함수는 모든 실수에서 연속이다.

② 유리함수는 분모가 0이 아닌 모든 실수에서 연속이다.

③ 무리함수는 근호 안을 음수가 되게 하지 않는 모든 실수에서 연속이다.

④ 로그함수는 진수조건을 만족하는 모든 실수에서 연속이다.

예제 4.4.1 $y=\cos\left(\dfrac{x^3+2x^2+8x+6}{x^2-4x+3}\right)$에서 $f(x)=\cos x$, $g(x)=\dfrac{x^3+2x^2+8x+6}{x^2-4x+3}$라 하면 $f(x)$는 모든 실수에서 연속이고, $g(x)$는 $x \neq 1, 3$에서 연속이므로 합성함수 $y=f(g(x))$는 $x=1, 3$을 제외한 모든 실수에서 연속이다. ■

구간 $[a, b]$에서 연속인 함수 $f(x)$에 대하여 이 구간에서 가장 큰 값을 최댓값, 가장 작은 값을 최솟값이라 한다. 다음의 정리는 함수가 최댓값과 최솟값을 동시에 갖기 위한 조건을 설명한 것이다.

정리 4.4.2 최대 · 최솟값 정리

함수 $y = f(x)$가 폐구간 $[a, b]$에서 연속이면, $f(x)$는 이 구간에서 반드시 최댓값, 최솟값을 갖는다.

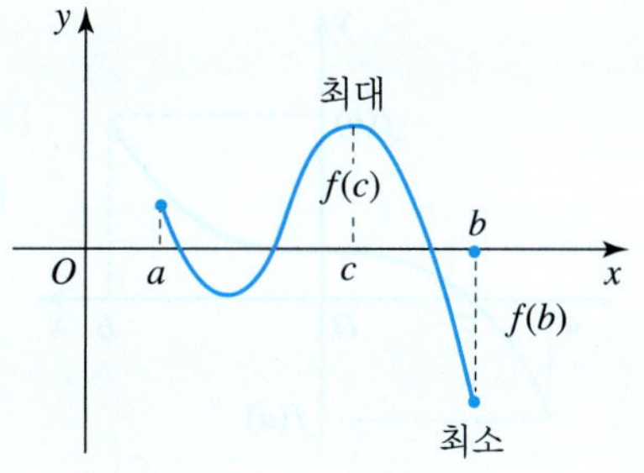

그림 4.4.1

예제 4.4.2 $y = \frac{1}{x-1}$의 최댓값, 최솟값을 구하라(단, $-1 \le x \le 0$).

[풀이] 함수 $y = \frac{1}{x-1}$은 폐구간 $[-1, 0]$에서 연속이므로 최댓값 $f(-1) = -\frac{1}{2}$, 최솟값 $f(0) = -1$을 갖는다. ■

정리 4.4.3 중간값의 정리

함수 f가 폐구간 $[a, b]$에서 연속이고 $f(a) \neq f(b)$이면 $f(a) < k < f(b)$인 k에 대하여 $f(c) = k$인 c가 구간 (a, b)에 적어도 하나 존재한다(그림 4.4.2).

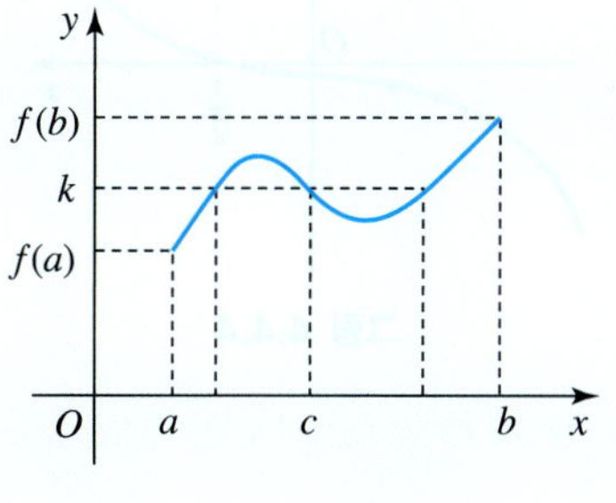

그림 4.4.2

라이프니츠(Gottfried Wilhelm Leibniz, 1646~1716)는 독일의 수학자이자 물리학자로 자신의 저서 《극댓값과 극솟값을 결정하기 위한 새로운 방법(Nova methodus pro maximiset minimis, 1684)》에서 미분법에 대한 독창적인 제안을 발표하였다. 아버지를 일찍 여의고 어머니에게서 윤리적, 종교적 가치관을 형성하는 데 큰 영향을 받았으며 어린 나이에도 수학뿐만 아니라 철학, 역사, 문학 등에 대해서도 학습 열의가 대단했다고 전해진다. 14살이 되던 1661년에 라이프치히 대학에 입학하였으며 재학 중에는 철학에 몰두하였다. 철학에 관한 졸업 논문 〈개인의 본질에 대하여(De Principio Individui)〉에서 철학의 단자론(單子論)을 처음으로 논하였으며 이는 오늘날 라이프니츠의 이론으로도 알려져 있다.

5.1 ••• 도함수와 미분법

정의 5.1.1

(1) 미분가능 : 함수 $y = f(x)$에 대하여 극한값

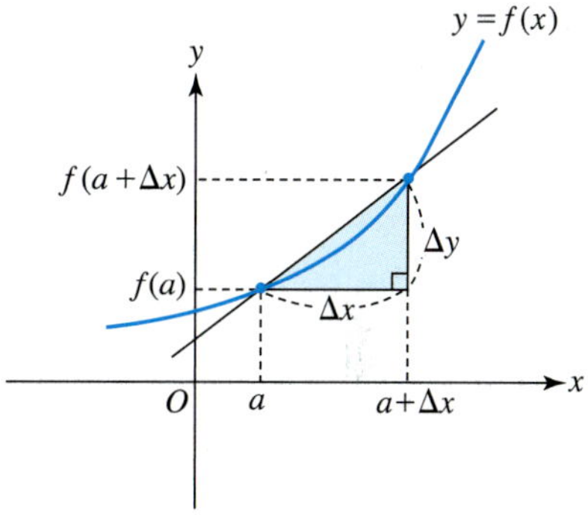

$$\lim_{\Delta x \to 0} \frac{f(a+\Delta x) - f(x)}{\Delta x}$$
$$\left(\text{또는 } \lim_{x \to a} \frac{f(x) - f(a)}{x - a}\right)$$

가 존재할 때, 함수 $y = f(x)$는 $x = a$에서 미분가능하다고 한다.

(2) 미분계수 : 이 때, 이 극한값을 $x = a$에서의 함수 $y = f(x)$의 미분계수라 하고 $f'(a)$로 나타낸다($f'(a)$는 기하학적으로 곡선 $y = f(x)$ 위의 점 $P(a, f(a))$에서의 접선의 기울기와 같다).

(3) 구간 (a, b) 안의 모든 점 x에서 미분가능하면, 이 함수는 구간 (a, b)에서 미분가능하다고 한다.

(4) 도함수 : 미분가능한 함수 $y = f(x)$의 미분가능구간 (a, b)에 속하는 임의의 원소 x에 대하여 $f'(x)$를 대응시키면 새로운 함수

$$f'(x) = \lim_{\Delta x \to 0} \frac{f(x+\Delta x) - f(x)}{\Delta x}$$

가 정해진다. 이 때, 이 함수 $f'(x)$를 함수 $f(x)$의 도함수(derivative)라고 하며, y', $f'(x)$, $\frac{dy}{dx}$, $\frac{d}{dx}f(x)$와 같이 나타낸다. 또, 함수 $y = f(x)$의 도함수 $f'(x)$를 구하는 것을 함수 $f(x)$를 x에 대하여 미분한다고 한다.

(5) 좌도함수 및 우도함수 : 함수 $y = f(x)$의 $x = a$에서의 좌도함수(left hand derivative) $f'_-(a)$와 우도함수(right hand derivative) $f'_+(a)$는 다음과 같이 정의된다.

$$f'_-(a) = \lim_{x \to a^-} \frac{f(x) - f(a)}{x - a}$$
$$f'_+(a) = \lim_{x \to a^+} \frac{f(x) - f(a)}{x - a}$$

정리 5.1.1

(1) $\{(kf)(x)\}' = k \cdot f'(x)$ (k는 상수)

(2) $\{(f \pm g)(x)\}' = f'(x) \pm g'(x)$

(3) $f(x) = k\,(k$: 상수)이면 $f'(x) = 0$이다.

(4) $f(x) = x^n$이면 $f'(x) = nx^{n-1}$이다.

(5) $f(x)$와 $g(x)$가 미분가능한 함수이면 $\{f(x)g(x)\}' = f'(x)g(x) + f(x)g'(x)$이다.

(6) $f(x)$와 $g(x)$가 미분가능한 함수이고 $g(x) \neq 0$일 때

$$\left\{\frac{f(x)}{g(x)}\right\}' = \frac{f'(x)g(x) - f(x)g'(x)}{\{g(x)\}^2}$$

이다.

[증명] (1), (2), (3)은 생략

(4) $$\begin{aligned}\Delta y &= \frac{f(x+\Delta x)}{g(x+\Delta x)} - \frac{f(x)}{g(x)} \\ &= \frac{f(x+\Delta x)g(x) - f(x)g(x+\Delta x)}{g(x+\Delta x)g(x)} \\ &= \frac{f(x+\Delta x)g(x) - f(x)g(x) - f(x)g(x+\Delta x) + f(x)g(x)}{g(x+\Delta x)g(x)} \\ &= \frac{\{f(x+\Delta x) - f(x)\}g(x) - f(x)\{g(x+\Delta x) - g(x)\}}{g(x+\Delta x)g(x)}\end{aligned}$$

이므로

$$\begin{aligned}y' &= \lim_{\Delta x \to 0} \frac{\Delta y}{\Delta x} \\ &= \lim_{\Delta x \to 0} \frac{\dfrac{f(x+\Delta x) - f(x)}{\Delta x} \cdot g(x) - f(x) \cdot \dfrac{g(x+\Delta x) - g(x)}{\Delta x}}{g(x)g(x+\Delta x)} \\ &= \lim_{\Delta x \to 0} \frac{\dfrac{f(x+\Delta x) - f(x)}{\Delta x} \cdot g(x) - f(x) \cdot \lim\limits_{\Delta x \to 0} \dfrac{g(x+\Delta x) - g(x)}{\Delta x}}{g(x)\lim\limits_{\Delta x \to 0} g(x+\Delta x)} \\ &= \frac{f'(x)g(x) - f(x)g'(x)}{\{g(x)\}^2}.\end{aligned}$$

■

예제 5.1.1 (1) $f(x) = x^2$일 때 도함수의 정의에 따라 $f'(x)$를 구하라.

(2) 곡선 $f(x) = 2x^3 + 1$ 위의 점 $(1, 3)$에서 접선의 방정식을 구하라.

(3) $y=(3x^2-1)(x^3-5)$일 때 정리 5.1.1의 (5)번 성질을 써서 y'를 구하라.

(4) $y=\dfrac{3x-1}{x^2+1}$ 일 때 y'를 구하라.

[풀이] (1) $f'(x)=\lim\limits_{\Delta x\to 0}\dfrac{f(x+\Delta x)-f(x)}{\Delta x}=\lim\limits_{\Delta x\to 0}\dfrac{(x+\Delta x)^2-x^2}{\Delta x}$

$=\lim\limits_{\Delta x\to 0}\dfrac{2x\Delta x+(\Delta x)^2}{\Delta x}=\lim\limits_{\Delta x\to 0}(2x+\Delta x)=2x.$

(2) 곡선 $y=f(x)$ 위의 점 $p(a,\ f(a))$에서의 접선의 방정식은 $y-f(a)=f'(a)(x-a)$이다. $f'(x)=2\cdot 3x^2=6x^2$이고 $f'(1)=6$이다. 점 (1, 3)에서의 접선의 기울기는 6이므로 그 점에서의 접선의 방정식은 $y-3=6(x-1)$, 즉 $y=6x-3$이다.

(3) $y'=(3x^2-1)'(x^3-5)+(3x^2-1)(x^3-5)'=6x(x^3-5)+(3x^2+1)\cdot 3x^2$

$=15x^4-3x^2-30x.$

(4) $y'=\dfrac{(3x-1)'(x^2+1)-(3x-1)(x^2+1)'}{(x^2+1)^2}$

$=\dfrac{3(x^2+1)-(3x-1)\cdot 2x}{(x^2+1)^2}=\dfrac{-3x^2+2x+3}{(x^2+1)^2}.$ ■

정리 5.1.2

함수 $y=f(x)$가 $x=a$에서 미분가능하면 $x=a$에서 연속이다.

[증명] $f(x)$는 $x=a$에서 미분가능하므로

$$f'(a)=\lim_{x\to a}\frac{f(x)-f(a)}{x-a}$$

가 존재하고, 이때

$$\begin{aligned}\lim_{x\to a}f(x)-f(a)&=\lim_{x\to a}f(x)-\lim_{x\to a}f(a)\\&=\lim_{x\to a}(f(x)-f(a))\\&=\lim_{x\to a}\frac{f(x)-f(a)}{x-a}(x-a)\\&=\lim_{x\to a}\frac{f(x)-f(a)}{x-a}\cdot\lim_{x\to a}(x-a)\\&=f'(a)\cdot 0=0\end{aligned}$$

이므로 $\lim\limits_{x\to a}f(x)=f(a)$이다. 따라서 f는 $x=a$에서 연속이다. ■

[참고] 정리 5.1.2의 역은 성립하지 않는다. 예를 들어, 다음과 같은 함수를 생각하자.

$$f(x) = |x|(x-1)$$

은 $x=0$에서 연속이지만 미분가능하지는 않다. 왜냐하면

$$\lim_{x\to 0} f(x) = \lim_{x\to 0} |x|(x-1) = 0 = f(0)$$

이므로 $x=0$에서 연속이다. 한편,

$$f'(0) = \lim_{h\to 0} \frac{f(0+h)-f(0)}{h} = \lim_{h\to 0} \frac{|h|(h-1)}{h}$$

에서 좌도함수는

$$\lim_{h\to 0^-} \frac{|h|(h-1)}{h} = \lim_{h\to 0^-} \frac{(-h)(h-1)}{h} = 1$$

이고, 우도함수는

$$\lim_{h\to 0^+} \frac{|h|(h-1)}{h} = \lim_{h\to 0^+} \frac{h(h-1)}{h} = -1$$

이다. 따라서 좌도함수 $\neq$ 우도함수이므로 $x=0$에서는 미분가능하지 않다. ■

정리 5.1.3 합성함수와 음함수의 미분

(1) 합성함수의 미분법(연쇄법칙, chain rule) : 두 함수 $y=f(u)$, $u=g(x)$가 미분가능할 때,

$$y' = \frac{dy}{dx} = \frac{dy}{du}\cdot\frac{du}{dx} \qquad \text{또는} \qquad \{f(g(x))\}' = f'(g(x))\cdot g'(x)$$

이다.

(2) 음함수의 미분법 : 음함수 $F(x, y)=0$에서 $\dfrac{dy}{dx}$를 구할 때는 y가 x의 함수임을 생각하여 양변을 x에 관하여 미분한 다음 $\dfrac{dy}{dx}$를 구한다.

예제 5.1.2 다음 함수를 미분하라.

(1) $y = (2x+3)^4$

(2) $y = \dfrac{1}{(2x^2-3)^2}$

(3) $x^2 + 4y^2 - 1 = 0$

(4) $xy = 1$

[풀이] $u=2x+3$으로 놓으면 $y=u^4$이므로

$$\frac{dy}{du}=4u^3,\ \frac{du}{dx}=2.$$

그러므로 $$\frac{dy}{dx}=\frac{dy}{du}\cdot\frac{du}{dx}=4u^3\cdot 2=8(2x+3)^3.$$

(2) $u=2x^2-3$으로 놓으면 $y=\frac{1}{u^2}=u^{-2}$이므로

$$\frac{dy}{du}=-2u^{-3},\ \frac{du}{dx}=4x.$$

그러므로 $$\frac{dy}{dx}=\frac{dy}{du}\cdot\frac{du}{dx}=-2u^{-3}\cdot 4x=\frac{-8x}{(2x^2-3)^3}.$$

(3) y를 x의 함수로 보고 각 항을 x에 대하여 미분하면

$$\frac{d}{dx}(x^2)+\frac{d}{dx}(4y^2)-\frac{d}{dx}(1)=0.$$

그러므로 $$2x+8y\cdot\frac{dy}{dx}=0 \quad \frac{dy}{dx}=-\frac{1}{4}\frac{x}{y}\ (y\neq 0).$$

(4) y를 x의 함수로 보고 각 항을 x에 대하여 미분하면

$$\frac{d}{dx}(xy)=\frac{d}{dx}(1).$$

여기에서

$$\frac{d}{dx}(xy)=\left(\frac{d}{dx}x\right)\cdot y+x\cdot\left(\frac{d}{dx}y\right)=1\cdot y+x\cdot\frac{dy}{dx}$$

이다. 그러므로

$$1\cdot y+x\cdot\frac{dy}{dx}=0.$$

그러므로 $$\frac{dy}{dx}=-\frac{y}{x}\ (x\neq 0).$$ ■

정리 5.1.4

(1) 역함수의 미분법 : 함수 $y=f(x)$가 미분가능할 때, 그 역함수 $y=f^{-1}(x)$에 대하여

$$(f^{-1}(x))'=\frac{1}{f'(y)} \quad \text{또는} \quad \frac{dy}{dx}=\frac{1}{\frac{dx}{dy}}.$$

(2) 매개변수 함수의 미분법 : $x = f(t)$, $y = g(t)$가 t에 대하여 미분가능하고 $f'(t) \neq 0$ 이면,

$$\frac{dy}{dx} = \frac{\frac{dy}{dt}}{\frac{dx}{dt}} = \frac{g'(t)}{f'(t)}$$

이다.

예제 5.1.3 (1) 함수 $f(x) = x^3 + 2x$에 대하여 $\left(f^{-1}\right)'(3)$을 계산하라.

(2) $x = 2t - 3$, $y = t^2$일 때, $\frac{dy}{dx}$를 구하라.

[풀이] (1) $\left(f^{-1}\right)'(x) = \frac{1}{f'(y)}$ $(f'(y) \neq 0)$이다. $f'(x) = 3x^2 + 2$이므로 $f'(y) = 3y^2 + 2$.

그러므로 $\left(f^{-1}\right)'(x) = \frac{1}{3y^2 + 2}$이다. $f(1) = 3$이므로 $f^{-1}(3) = 1$.

$$\left(f^{-1}\right)'(3) = \frac{1}{f'(1)} = \frac{1}{5}.$$

(2) $\frac{dx}{dt} = 2$, $\frac{dy}{dt} = 2t$이므로 $\frac{dy}{dx} = \frac{\frac{dy}{dt}}{\frac{dx}{dt}} = \frac{2t}{2} = t = \frac{x+3}{2}$이다. ■

함수 $y = f(x)$의 도함수 $f'(x)$가 미분가능하면 그 도함수

$$\{f'(x)\}' = \lim_{\Delta x \to 0} \frac{f'(x + \Delta x) - f'(x)}{\Delta x}$$

를 함수 $y = f(x)$의 이계도함수라 하고, 기호로

$$y'', \quad f''(x), \quad \frac{d^2 y}{dx^2}, \quad \frac{d^2}{dx^2}(f)$$

와 같이 나타낸다.

일반적으로 $y = f(x)$가 n번 미분가능할 때, $y = f(x)$의 $(n-1)$계도함수의 x에 관한 미분 $\frac{d}{dx} f^{(n-1)}(x)$를 $y = f(x)$의 n계도함수라 하며, 다음과 같이 나타낸다.

$$y^{(n)}, \quad f^{(n)}(x), \quad \frac{d^n y}{dx^n}, \quad \frac{d^n f(x)}{dx^n}, \quad \frac{d^n}{dx^n} f(x)$$

이계 이상의 도함수를 고계도함수(higher derivative)라 한다.

예제 5.1.4 (1) $y=(x^2+2x-1)^2$ 의 이계도함수를 구하라.
(2) $y=\sqrt{x}$의 n계도함수를 구하라.

[풀이] (1) $y'=2(x^2+2x-1)(2x+2)=4(x^2+2x-1)(x+1)$

$$\begin{aligned} y'' &= 4\{(x^2+2x-1)'+(x^2+2x-1)(x+1)'\} \\ &= 4\{(2x+2)(x+1)+(x^2+2x-1)\cdot 1\} \\ &= 4(3x^2+6x+1)=12x^2+24x+4. \end{aligned}$$

(2) $y'=\left(x^{\frac{1}{2}}\right)'=\frac{1}{2}x^{-\frac{1}{2}},\ y''=\frac{1}{2}\cdot\left(-\frac{1}{2}\right)x^{-\frac{3}{2}}=-\frac{1}{2^2}x^{-\frac{3}{2}}$

$$y^{(3)}=-\frac{1}{2^2}\cdot\left(-\frac{3}{2}\right)x^{-\frac{5}{2}}=\frac{1\cdot 3}{2^3}x^{-\frac{5}{2}}$$

$$y^{(4)}=\frac{1\cdot 3}{2^3}\cdot\left(-\frac{5}{2}\right)x^{-\frac{7}{2}}=\frac{1\cdot 3\cdot 5}{2^4}x^{-\frac{7}{2}}$$

$$\vdots$$

$$y^{(n)}=(-1)^{n-1}\cdot\frac{1\cdot 3\cdot 5\cdot\cdots\cdot(2n-3)}{2^n}x^{-\frac{2n-1}{2}}\ (n\geq 2).$$

■

연습문제 5.1

1. 도함수의 정의에 따라 $f'(1)$을 구하라.

(1) $f(x)=x^2-2x$

(2) $f(x)=\frac{x}{x-5}$

(3) $f(x)=\frac{1}{x^2+x}$

(4) $f(x)=|2x-1|$

(5) $f(x)=\sqrt{2x+1}$

2. 다음 함수의 도함수를 구하라.

(1) $f(x)=(x+1)^4-(x+1)^3+1$

(2) $f(x)=\frac{1-\sqrt{x}}{1+\sqrt{x}}$

3. 다음 함수의 도함수를 구하라.

(1) $y=\pi^3$

(2) $y=3x^8-2x+1$

(3) $f(x)=-3x^{-8}$

(4) $f(x)=x^{-3}+\frac{1}{x^7}$

(5) $f(x)=(3x^2+6)\left(2x-\frac{1}{4}\right)$

(6) $h(t)=\frac{3t}{2t+1}$

4. 연쇄법칙을 이용하여 다음 함수를 미분하라.

(1) $f(x)=(1+x^2)^4$ (2) $f(x)=(\sqrt{x}+2)^3$

(3) $y=\dfrac{1}{(x^2+1)^5}$ (4) $y=\sqrt{x^2+2x+3}$

5. 음함수 미분법을 이용하여 $\dfrac{dy}{dx}$를 구하라.

(1) $xy^{\frac{3}{2}}+4=2x+y$ (2) $x^2y-y^3=6$

6. (1) 합성함수의 미분법을 이용하여 $y=\sqrt[4]{x+4}$의 $\dfrac{dy}{dx}$를 구하라.

(2) $f(x)=x^3-1$일 때, $\left(f^{-1}\right)'(7)$을 계산하라.

7. 다음 식에서 $\dfrac{dy}{dx}$를 구하라.

(1) $x=2t-1,\ y=t^3-1$ (2) $x=t-\frac{1}{t},\ y=t+\frac{1}{t}$

5.2 ••• 평균값의 정리

곡선의 접선

함수 $y=f(x)$의 $x=a$에서의 미분계수 $f'(a)$는 곡선 $y=f(x)$ 위의 점 $P(a,\ f(a))$에서의 접선의 기울기를 나타낸다.

따라서 곡선 $y=f(x)$ 위의 점 $P(a,\ f(a))$에서의 접선의 방정식은 다음과 같다.

$$y-f(a)=f'(a)(x-a).$$

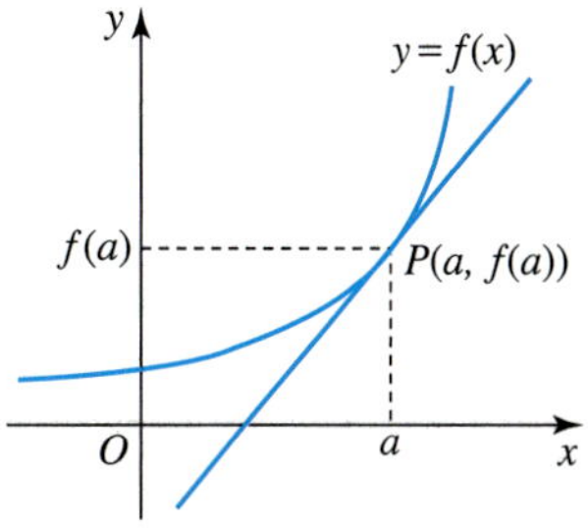

예제 5.2.1 원 $x^2+y^2=r^2$ 위의 점 $P(x_1,\ y_1)$에서의 접선의 방정식은 $x_1x+y_1y=r^2$임을 증명하라.

[증명] 음함수의 미분법을 이용하여 $\dfrac{dy}{dx}$를 구한다.

$x^2+y^2=r^2$의 양변을 x에 대하여 미분하면,

$$2x+2y\frac{dy}{dx}=0,$$

$$\frac{dy}{dx}=-\frac{x}{y}\ (y\neq 0). \qquad \cdots ①$$

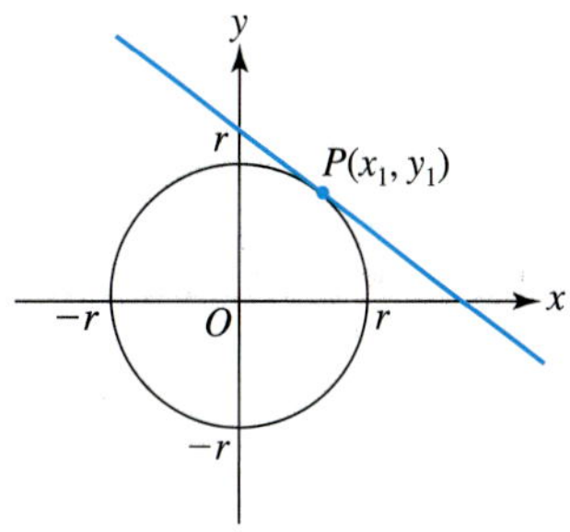

(i) $y_1\neq 0$일 때,

점 $P(x_1,\ y_1)$에서의 접선의 기울기는 ①에서 $-\dfrac{x_1}{y_1}$이므로, 점 $P(x_1,\ y_1)$에서의 접선의 방정식은

$$y-y_1=-\frac{x_1}{y_1}(x-x_1), \quad x_1x+y_1y=x_1^2+y_1^2$$

그런데 $x_1^2+y_1^2=r^2$이므로 구하는 접선의 방정식은

$$x_1^2+y_1^2=r^2. \qquad \cdots ②$$

(ii) $y_1=0$일 때,

점 $P(x_1,\ 0)$이 원 위의 점이므로 $x_1=r$ 또는 $x_1=-r$이다. 그러므로 두 점 $(r,\ 0)$, $(-r,\ 0)$에서의 접선의 방정식은 $x=r$, $x=-r$이다. 그런데 이것은 ②

에 $x_1 = r,\ y_1 = 0$ 또는 $x_1 = -r,\ y_1 = 0$을 대입한 것과 같다.

따라서 (i), (ii)에 의하여 원 $x^2 + y^2 = r^2$ 위의 점 $P(x_1,\ y_1)$ 에서의 접선의 방정식은 $x_1 x + y_1 y = r^2$이다. ■

평균값의 정리

함수 $f(x)$가 폐구간 $[a, b]$에서 연속이면, $f(x)$는 이 구간에서 최댓값과 최솟값을 갖는다. 이 성질로부터 다음과 같은 정리가 성립한다. 이것을 롤(Rolle)의 정리라고 한다.

정리 5.2.1 롤의 정리

함수 $f(x)$가 폐구간 $[a,\ b]$에서 연속이고, 개구간 $(a,\ b)$에서 미분가능할 때 $f(a) = f(b)$이면

$$f'(c) = 0$$

인 c가 개구간 (a, b)에 적어도 하나 존재한다.

[증명] (i) 함수 $f(x)$가 상수함수일 때, 개구간 (a, b)에 속하는 모든 점 x에서 $f'(x) = 0$이다. 따라서

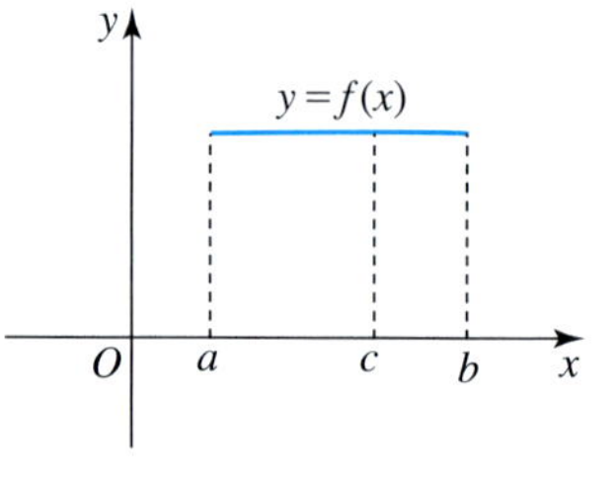

$$f'(c) = 0$$

인 점 c가 존재한다.

(ii) 함수 $f(x)$가 상수함수가 아닐 때, $f(a) = f(b)$이므로 함수 $f(x)$는 양 끝점 a, b가 아닌 점에서 최댓값과 최솟값 중 적어도 하나를 갖는다. 함수 $f(x)$가 $x = c(a < c < b)$에서 최댓값을 가질 때, $a < c + \Delta x < b$를 만족하는 임의의 Δx에 대하여

$$f(c + \Delta x) \le f(x),\ 곧\ f(c + \Delta x) - f(c) \le 0$$

이므로

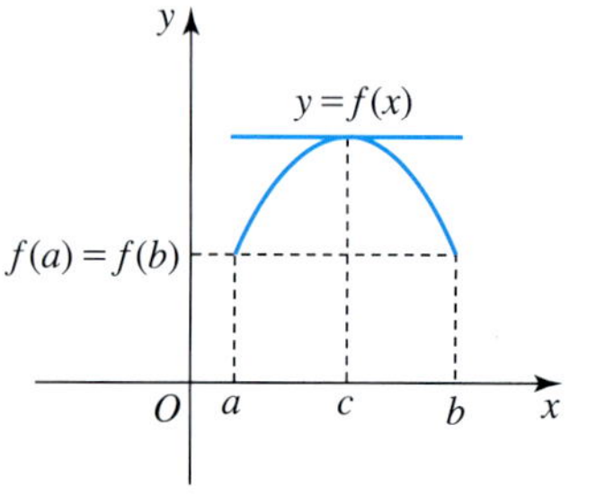

$$\lim_{\Delta x \to +0} \frac{f(x + \Delta x) - f(c)}{\Delta x} \le 0 \qquad \cdots ①$$

$$\lim_{\Delta x \to -0} \frac{f(c + \Delta x) - f(c)}{\Delta x} \le 0 \qquad \cdots ②$$

이다.

또, $f(x)$는 $x=c$에서 미분가능하므로 좌극한값과 우극한값이 같아야 한다.

곧, ①, ②에서

$$0 \leq \lim_{\Delta x \to -0} \frac{f(c+\Delta x)-f(c)}{\Delta x} = \lim_{\Delta x \to +0} \frac{f(c+\Delta x)-f(c)}{\Delta x} \leq 0$$

따라서

$$f'(c) = \lim_{\Delta x \to 0} \frac{f(c+\Delta x)-f(c)}{\Delta x} = 0$$

을 알 수 있다.

함수 $f(x)$가 $x=c(a<c<b)$에서 최솟값을 가질 때에도 같은 방법으로 $f'(c)=0$임을 보일 수 있다. ■

예제 5.2.2 구간 $[0, 2]$과 $f(x)=x^3-4x$에 대하여 롤의 정리를 만족하는 c의 값을 구하라.

[풀이] 함수 $f(x)=x^3-4x$는 (i) 구간 $[0, 2]$에서 연속이고 (ii) 구간 $(0, 2)$에서 미분가능하며 (iii) $f(0)=f(2)$이다. 따라서 $f(x)$는 롤의 정리의 가정을 모두 만족하므로 $f'(c)=0$이 되는 c가 구간 $(0, 2)$ 내에 존재한다. c를 구하기 위해 함수 $f(x)$를 미분하면 $f'(x)=3x^2-4$이다. 따라서 $f'(c)=3c^2-4$이므로 $f'(c)=3c^2-4=0$을 만족하는 $c \in (0, 2)$는 $c=\frac{2}{\sqrt{3}}$이다. ■

롤의 정리가 성립하려면 함수 $f(x)$가 개구간 (a, b)에서 미분가능하다는 조건이 필요하다. 이를테면, 함수 $f(x)=|x|$는 폐구간 $[-1, 1]$에서 연속이고, $f(-1)=f(1)$이지만 $f'(c)=0$이 되는 c가 개구간 $(-1, 1)$에 존재하지 않는다.

이것은 함수 $f(x)=|x|$가 $x=0$에서 미분가능하지 않기 때문이다. 롤의 정리로부터 다음 평균값의 정리를 얻을 수 있다.

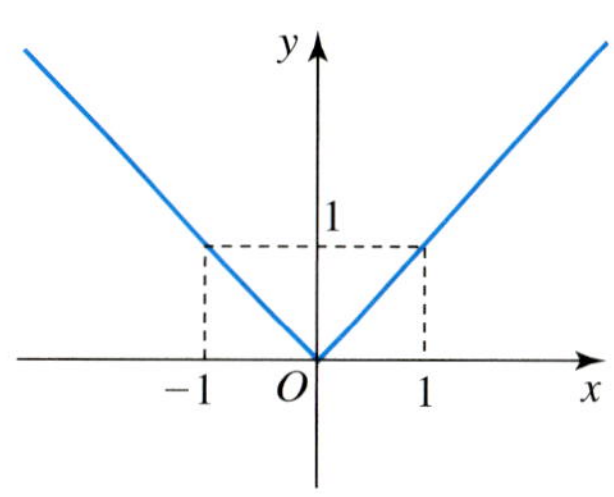

또, 함수 $f(x)$가 폐구간 $[a, b]$에서 연속이면 $f(x)$는 이 구간에서 반드시 최댓값과 최솟값을 갖는다. 이 때, 이 구간에서 함수 $f(x)$의 극댓값, 극솟값, $f(a)$, $f(b)$ 중 가장 큰 값이 최댓값이 되고, 가장 작은 값이 최솟값이 된다.

즉, 함수 $f(x)$는 폐구간 $[a, b]$의 양 끝점이나 임계점(극점)에서 최댓값, 최솟값을 갖는다.

예제 5.3.8 주어진 구간에서 다음 함수의 최댓값과 최솟값을 구하라.

(1) $f(x)=\dfrac{x}{x^2+1}$; $[-2, 2]$ (2) $f(x)=x^{\frac{2}{3}}$; $[-2, 3]$

(3) $f(x)=\sqrt{x+2}$; $[-1, 4]$

[풀이] (1) $f'(x)=\dfrac{-(x+1)(x-1)}{(x^2+1)^2}$에서 $f'(x)=0$인 값, 즉 임계값은 $x=-1, 1$이다. 이때

$$f(-1)=-\frac{1}{2},\quad f(1)=\frac{1}{2},\quad f(-2)=-\frac{2}{5},\quad f(2)=\frac{2}{5}$$

이므로 $[-2, 2]$에서 f의 최댓값은 $\frac{1}{2}$이고, 최솟값은 $-\frac{1}{2}$이다.

(2) $f'(x)=\dfrac{2}{3}x^{-\frac{1}{3}}$에서 임계값은 $x=0$이다. 이때

$$f(0)=0,\quad f(-2)=\sqrt[3]{4},\quad f(3)=\sqrt[3]{9}$$

이므로 $[-2, 3]$에서 f의 최댓값은 $\sqrt[3]{9}$이고 최솟값은 0 이다.

(3) $f'(x)=\dfrac{1}{2\sqrt{x+2}}$에서 임계값은 $x=-2$이다. 그러나 $x=-2$는 주어진 구간에 포함되지 않으므로 양 끝점 $[-1, 4]$에서 최댓값, 최솟값을 구하면 된다. 따라서

$$\text{최댓값 } f(4)=\sqrt{6},\quad \text{최솟값 } f(-1)=1.$$

■

예제 5.3.9 원기둥의 겉넓이를 $2\pi a^2$으로 일정하게 유지하면서 부피를 최대로 하려고 한다. 원기둥의 밑면의 반지름의 길이와 높이와의 비를 얼마로 정하면 되겠는가?

[풀이] 밑면의 반지름의 길이를 r, 높이를 h라고 하면,

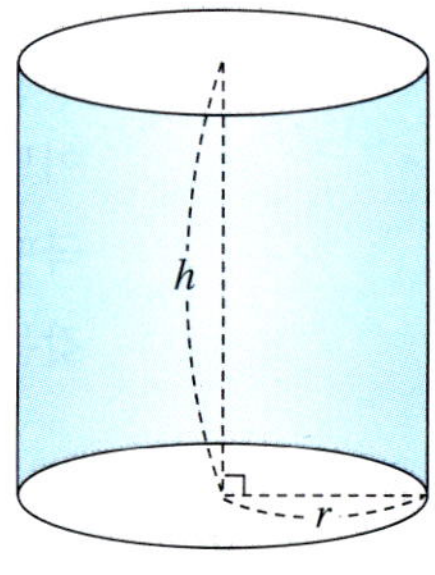

$$2\pi r^2+2\pi rh=2\pi a^2,$$
$$r^2+rh=a^2. \qquad \cdots ①$$

부피를 V라고 하면,

$$V=\pi r^2 h. \qquad \cdots ②$$

①에서 $h=\frac{1}{r}(a^2-r^2).$ … ③

③을 ②에 대입하면,

$$V=\pi r(a^2-r^2)=\pi(a^2r-r^3),\quad \frac{dV}{dr}=\pi(a^2-3r^2).$$

한편, $r>0$, $h>0$이므로 ③에서 $0<r<a$이다.

따라서 $r=\frac{a}{\sqrt{3}}$일 때 V는 최대이다. 이 때, ③에서 $h=\frac{2}{\sqrt{3}}a$이므로

$$r:h=\frac{a}{\sqrt{3}}:\frac{2a}{\sqrt{3}}=1:2.$$

■

연습문제 5.3

1. 함수 $f(x)=2x^3+3x^2-12x-3$이 증가하는 구간과 감소하는 구간을 구하라.

2. 함수 $f(x)=x+\frac{1}{x}$이 증가하는 구간과 감소하는 구간을 구하라.

3. $f(x)=x^3+3x^2+2$가 구간 $\left[-\frac{1}{3},\ 3\right]$에서 정의되었을 때, $f(x)$의 임계점을 모두 구하고 최댓값과 최솟값을 구하라.

4. 다음 함수에 대하여 극댓값과 극솟값을 구하라.

(1) $f(x)=2-2x-x^2$

(2) $f(x)=x^4-4x^3-8x^2+1$

(3) $f(x)=x(6-2x)^2$

(4) $|x^2-1|$

5. 곡선 $y=\frac{3}{5}x^5-x^4+2x^3-6x^2+12x+1$에 접하는 직선 중에서 기울기가 최소인 직선의 방정식을 구하라.

6. 함수 $f(x)=x^n(x-1)$이 $x=0$에서 극댓값을 갖고, 구간 $\left(\frac{2}{3},\ \frac{5}{6}\right)$에서 극솟값을 가질 때 n의 값을 구하라.

7. 함수 $f(x)=x+a+\frac{b}{x}$에 대하여 다음 조건을 구하라.

(1) 극댓값을 갖기 위한 조건

(2) 극댓값이 0이 되기 위한 조건

8. 함수 $f(x)=x^3$은 $x=0$에서 극값을 갖는지를 조사하라.

9. 다음 함수의 극값을 구하라.

(1) $y=x^2-4x+3$

(2) $y=2x^3-3x^2$

(3) $y=4+3x-x^3$

(4) $y=2x^4-4x^2+1$

5.4 ••• 곡선의 변화 · 속도와 변화량

곡선의 오목 · 볼록

어떤 구간에서 곡선 $y=f(x)$ 위의 임의의 서로 다른 두 점 P, Q에 대하여 두 점 P, Q 사이에 있는 곡선의 부분이

(i) 선분 PQ의 아래쪽에 있을 때, 곡선 $y=f(x)$는 이 구간에서 아래로 볼록(또는 위로 오목)하다고 하며

(ii) 선분 PQ의 위쪽에 있을 때, 곡선 $y=f(x)$는 이 구간에서 위로 볼록(또는 아래로 오목)하다고 한다.

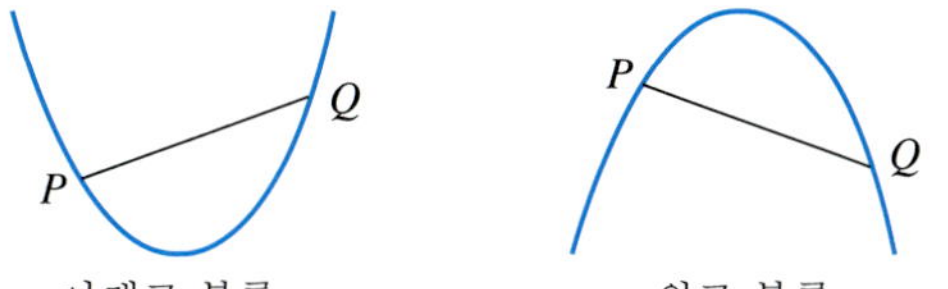

아래로 볼록 위로 볼록

이계도함수 $f''(x)$를 이용하여 $y=f(x)$의 오목, 볼록을 알아보자.

어떤 구간에서 $f''(x)>0$이면 $f'(x)$는 증가 상태에 있으므로 곡선 $y=f(x)$의 접선의 기울기는 이 구간에서 증가한다. 따라서 곡선 $y=f(x)$는 다음 그림 5.4.1과 같이 이 구간에서 아래로 볼록하게 된다.

또, 어떤 구간에서 $f''(x)<0$이면 $f'(x)$는 감소 상태에 있으므로 곡선 $y=f(x)$의 접선의 기울기는 이 구간에서 감소한다. 따라서 곡선 $y=f(x)$는 다음 그림 5.4.2와 같이 이 구간에서 위로 볼록하게 된다.

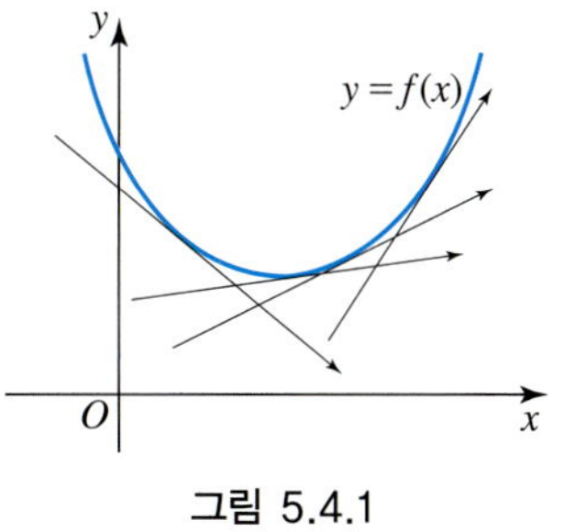

그림 5.4.1

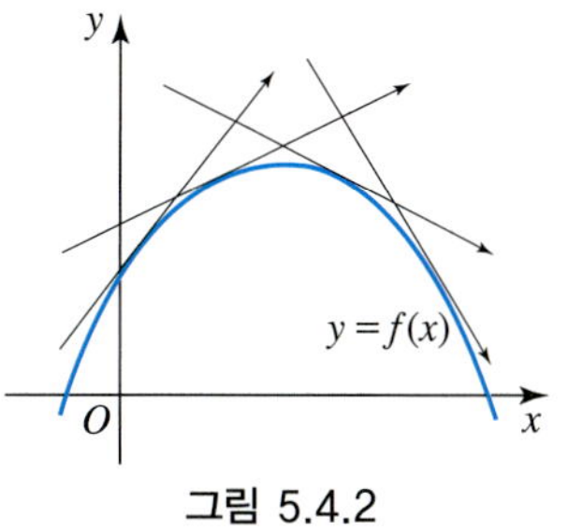

그림 5.4.2

정리 5.4.1 곡선의 오목, 볼록

함수 $f(x)$가 어떤 구간에서 항상

(1) $f''(x) > 0$이면 곡선 $f(x)$는 이 구간에서 아래로 볼록하다.

(2) $f''(x) < 0$이면 곡선 $f(x)$는 이 구간에서 위로 볼록하다.

곡선 $f(x)$ 위의 한 점 $x = a$의 좌우에서 곡선의 오목, 볼록 상태가 바뀔 때, 이 점을 그 곡선의 변곡점이라고 한다. 곧, 이계도함수 $f''(x)$의 부호가 바뀌는 점이 그 곡선의 변곡점이다. 만약 $f''(a)$가 존재한다면 이 때, $f''(a) = 0$이 된다.

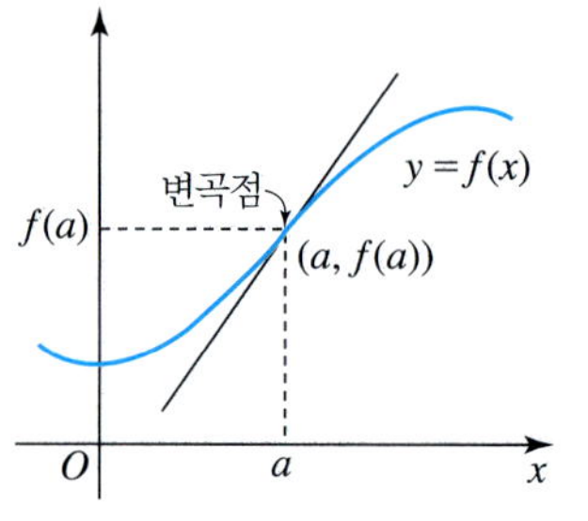

정의 5.4.1 변곡점

곡선 $f(x)$에서 $f''(a) = 0$이고 $x = a$의 좌우에서 $f''(x)$의 부호가 바뀌면, 점 $(a, f(a))$는 곡선 $f(x)$의 변곡점이다.

예제 5.4.1 곡선 $f(x) = x^4 - 4x^3 + 7$의 변곡점을 구하라.

[풀이] $f'(x) = 4x^3 - 12x^2 = 4x^2(x - 3)$,
$f''(x) = 12x^2 - 24x = 12x(x - 2)$.
$f'(x) = 0$에서 $x = 0,\ x = 3$.
$f''(x) = 0$에서 $x = 0,\ x = 2$.
따라서 $f'(x)$, $f''(x)$의 부호를 조사하여 표로 나타내면 다음과 같다.

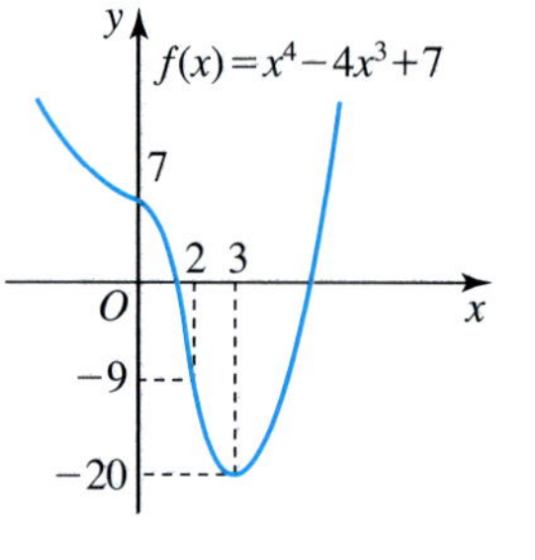

x	…	0	…	2	…	3	…
$f'(x)$	−	0	−	−	−	0	+
$f''(x)$	+	0	−	0	+	+	+
$f(x)$	↘	7 (변곡점)	↘	−9 (변곡점)	↘	−20 (극솟값)	↗

그러므로 변곡점은 $(0,\ 7)$, $(2,\ -9)$이다. ■

$f(x)$가 두 번 미분가능하면 $x=c$의 한쪽에서는 $f''(x)$는 양의 값을 갖고 다른 한쪽에서는 음의 값을 갖는다. 만약 $f''(x)$이 연속함수라면 변곡점 $(c, f(c))$에서 $f''(c)=0$이다. 그러나 $f''(c)=0$이라도 $(c, f(c))$는 변곡점이 아닐 수도 있다.

예를 들어, $f(x)=x^4$일 때 $f''(c)=12x^2$은 연속함수이고 $f''(0)=0$이다. 그러나 $(0, 0)$은 $f(x)=x^4$의 변곡점이 아니다. 왜냐하면 $f''(x)$는 $x=0$의 양쪽에서 모두 양의 값을 가지므로 부호가 바뀌지 않는다.

예제 5.4.2 $f(x)=x^4-2x^3$의 아래로 볼록인 구간, 위로 볼록인 구간을 구하고 또 변곡점도 구하라.

[풀이] 일계 및 이계도함수는 다음과 같고

$$f'(x)=4x^3-6x^2,$$
$$f''(x)=12x^2-12x=12x(x-1).$$

$x<0$ 혹은 $1>x$이면 $f''(x)>0$, $0<x<1$이면 $f''(x)<0$이다. 따라서 함수 $f(x)$는 $(-\infty, 0)$과 $(1, \infty)$에서는 아래로 볼록하고 $(0, 1)$에서는 위로 볼록하다. 또 $x=0$과 $x=1$의 좌우에서 $f''(x)$의 부호가 바뀌므로 변곡점은 $(0, 0)$과 $(1, -1)$이다. 또 예제 5.3.6에서 본 것과 같이 극소점은 $\left(\frac{3}{2}, -\frac{27}{16}\right)$이다.

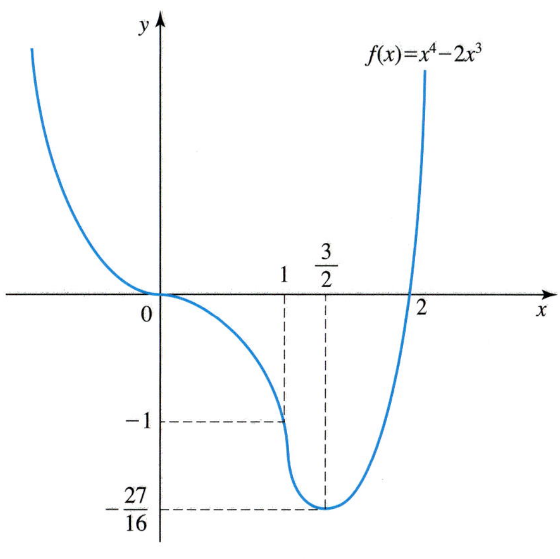

그림 5.4.3

■

속도와 변화량

이제 직선 위의 운동에 대하여 알아보자.

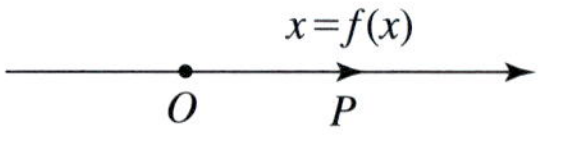

수직선 위를 움직이는 점 P가 있을 때, 시각 t에서의 점 P의 위치를 좌표 x로 나타내면 x는 t의 함수이다.

이 함수를 $x=f(t)$라고 할 때, 시각 t에 대한 점 P의 위치 x의 순간변화율

$$v(t)=\frac{dx}{dt}=\lim_{\Delta t\to 0}\frac{f(t+\Delta t)-f(t)}{\Delta t}=f'(t)$$

를 시각 t에서의 P의 속도라고 하며, $|v(t)|$를 속력 또는 속도의 크기라고 한다.

또, 시각 t에 대한 점 P의 속도 $|v(t)|$의 순간변화율

$$a(t)=\frac{dv}{dt}=\lim_{\Delta t\to 0}\frac{f'(t+\Delta t)-f'(t)}{\Delta t}=f''(t)$$

를 시각 t에서의 P의 가속도라고 하며, $|a(t)|$를 가속도의 크기라고 한다.

예제 5.4.3 수직선 위를 움직이는 점 P의 시각 t에서의 위치 x가

$$x=t(2+\sin t)$$

로 나타내어질 때, 시각 $t=\frac{\pi}{3}$에서의 속도와 가속도를 구하라.

[풀이] $x=t(2+\sin t)$에서

$$v(t)=\frac{dx}{dt}=2+\sin t+t\cos t,$$
$$a(t)=\frac{dv}{dt}=\cos t+\cos t-t\sin t=2\cos t-t\sin t.$$

따라서 $t=\frac{\pi}{3}$일 때의 속도 v와 가속도 a는

$$v\left(\frac{\pi}{3}\right)=2+\frac{\sqrt{3}}{2}+\frac{\pi}{6},\quad a\left(\frac{\pi}{3}\right)=1-\frac{\sqrt{3}}{6}\pi.$$ ■

다음에는 여러 변화율에 관한 예제를 다루어보기로 한다.

예제 5.4.4 구 모양의 비누방울에 $10\text{cm}^3/\text{sec}$로 공기를 불어 넣었을 때 비누방울의 반지름의 증가율을 구하라.

[풀이] 시간 t에서 공기방울의 반지름을 $r(t)$, 그때의 부피를 $V(t)$라고 하면 $V(t)=\frac{4}{3}\pi r^3$

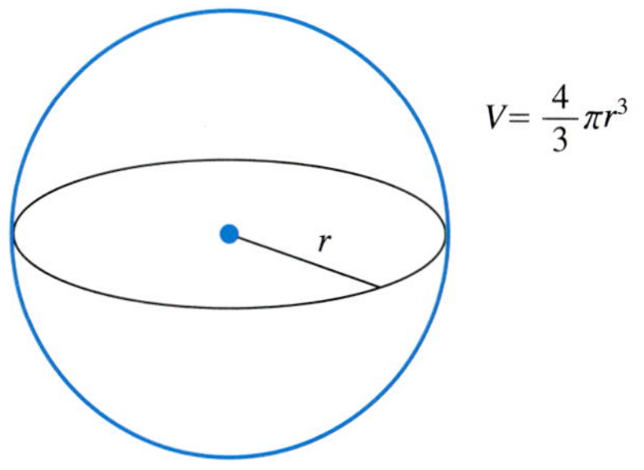

그림 5.4.4

이다. 이 식의 양변을 t에 관하여 미분하면

$$\frac{dV}{dt} = \frac{4}{3}\pi \frac{d(r^3)}{dr} \cdot \frac{dr}{dt} = 4\pi r^2 \frac{dr}{dt}$$

이므로

$$\frac{dr}{dt} = \frac{1}{4\pi r^2}\frac{dV}{dt}$$

이다. 따라서 $\frac{dV}{dt} = 10$일 때

$$\frac{dr}{dt} = \frac{10}{4\pi r^2}$$

이 된다. 따라서 r이 작으면 $\frac{dr}{dt}$은 크고 r이 크면 $\frac{dr}{dt}$은 작다.

$$r = 1\text{이면 } \frac{dr}{dt} = \frac{10}{4\pi} \simeq 0.8\text{cm/sec},$$

$$r = 10\text{ 이면 } \frac{dr}{dt} = \frac{10}{400\pi} \simeq 0.008\text{cm/sec}.$$ ■

예제 5.4.5 원통형 물탱크에 있는 물을 1초에 3cm^3의 비율로 빼낼 때, 물의 높이가 변화하는 속도는 얼마인가?

[풀이] 물의 높이를 h, 물탱크의 반지름을 r, 물탱크에 있는 물의 양을 V라고 하면

$$V = \pi r^2 h$$

로 표현된다. 시간이 지나면 V와 h만 변하므로 양변을 t에 관하여 미분하면

$$\frac{dV}{dt} = \pi r^2 \frac{dh}{dt}$$

이고

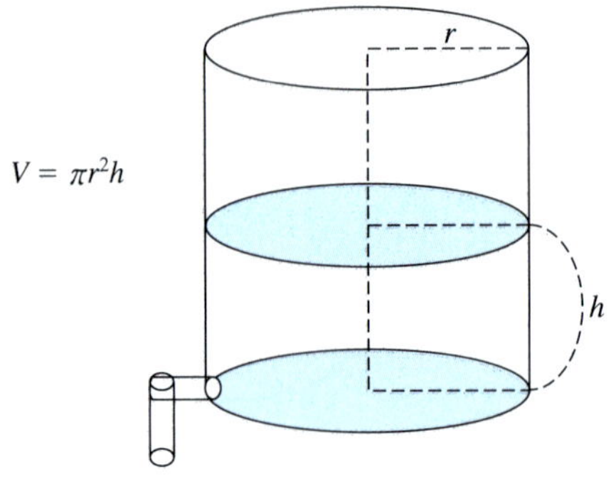

그림 5.4.5

$$\frac{dh}{dt} = \frac{1}{\pi r^2}\frac{dV}{dt}$$

이다.

그런데 $\frac{dV}{dt} = -3\text{cm}^3/\text{sec}$이므로 $\frac{dh}{dt} = -\frac{3}{\pi r^2}$ cm/sec이다. ■

예제 5.4.6 두 트럭 사이의 거리: 두 대의 트럭이 동시에 창고를 출발하여 트럭 A는 80 km/h로 동쪽으로 달리고 트럭 B는 60 km/h로 북쪽으로 달리고 있다. 6분후 두 트럭 사이의 거리의 변화율을 구하라.

[풀이] t시간 후 트럭 A의 위치를 $x(t)$, 트럭 B의 위치를 $y(t)$, 두 트럭 사이의 거리를 $s(t)$라고 하자. 그러면

$$x(t) = 80t\,(\text{km}),\ \ y(t) = 60t\,(\text{km})$$

이고

$$s^2 = x^2 + y^2$$

으로부터

$$s(t) = 100t\,(\text{km})$$

가 된다. 따라서 6분 후 트럭이 멀어지는 비율은 $s'(t) = 100$으로부터

$$s'(0.1) = 100 \text{ km/h}$$

이다. 즉, 두 대의 트럭은 시간에 관계없이 일정한 비율로 간격이 벌어짐을 알 수 있다.

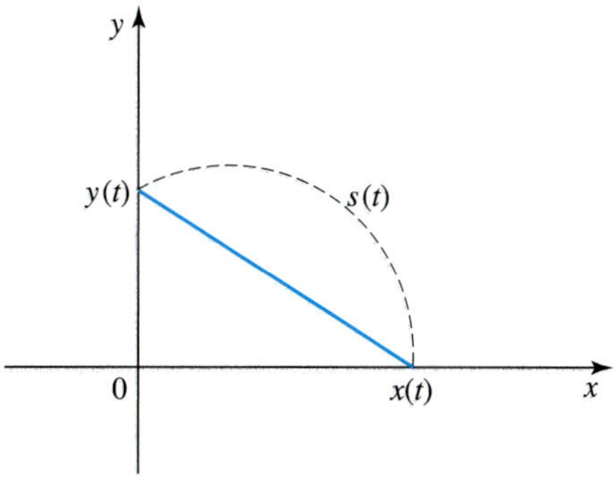

그림 5.4.6

연습문제 5.4

1. 다음 함수의 그래프를 그리고, 변곡점, 극점을 찾아 표시하라.

(1) $y = x^2 - 4x + 3$ (2) $y = 2x^3 - 3x^2$

(3) $y = 4 + 3x - x^3$ (4) $y = 2x^4 - 4x^2 + 1$

2. 곡선 $y = x^3 + bx^2 + cx + d(b, c, d$: 상수)이 $x = 1$에서 변곡점을 가지면 b값은 무엇인가?

3. 그림과 같은 부채꼴의 둘레의 길이가 100 cm이면 넓이를 최소로 하는 r과 s의 값을 구하라.

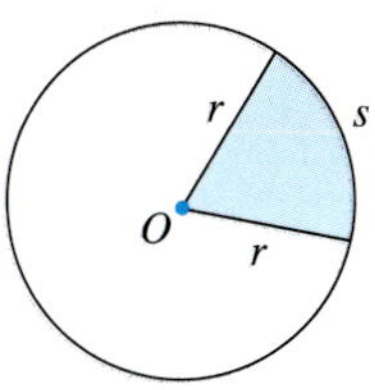

4. 수직방향으로 움직이는 물체의 높이가 시간 t(초)의 함수로서 다음과 같이 주어졌다.

$$s = -16t^2 + 96t + 112\,(\mathrm{m}).$$

(1) $t = 0$일 때의 속도를 구하라.

(2) 이 물체의 최대 높이를 구하라.

(3) $s = 0$일 때의 속도를 구하라.

5. 이계도함수를 이용하여 극값을 구하라.

(1) $f(x) = 2x^3 - 9x^2 + 12x$　　　　(2) $f(x) = |x^2 - 4|$

6. 원형의 금속판을 오븐에 넣고 열을 가하면 반지름이 0.01 cm/min의 속도로 증가한다. 금속판의 반지름이 50 cm일 때 금속판의 면적의 증가율을 구하라.

7. 구의 반지름이 2 cm/sec의 비율로 변하고 있다. 그 표면적이 $64\pi\ \text{cm}^2$이 될 때 구의 부피의 변화율을 구하라.

8. 합이 30이고 곱이 최대가 되는 두 양의 정수를 구하라.

9. 직각삼각형의 직각을 낀 두 변이 각각 x, y이고 빗변이 10일 때 $3x + 4y$의 최댓값을 구하라.

Chapter

6

초월함수의 미분과 Taylor 정리

데카르트(René Descartes, 1596~1650)는 프랑스의 수학자이자 철학자로 쁘아띠에 대학에서 법학을 공부했으나 수학, 철학, 물리학, 의학 등의 여러 학문에도 관심을 가졌다고 한다. 특히 확실한 것과 불확실한 것에 대한 철학적 사고에 집중하였고 '나는 생각한다 고로 존재한다'는 유명한 말을 남겼다. 당시에는 허황된 것으로 받아들여졌던 코페르니쿠스(Nicolaus Copernicus, 1473~1543)의 지동설을 지지했으며 케임브리지에서 뉴턴에게 코페르니쿠스 이론을 가르쳤다. 이때의 데카르트의 이론은 케플러(Johann Kepler, 1571~1630)에 의해 오류가 입증되기도 하였다. 데카르트의 가장 뛰어난 업적 중 하나는 직교좌표계를 창안한 것이다. 그의 이름의 카테시안(Cartesian)을 사용하였기 때문에 카테시안 좌표계라고도 불린다. 이뿐만 아니라 음수에 대해서도 구체적으로 설명하고 좌표계에 도입하였다.

6.1 ••• 삼각함수와 역삼각함수의 도함수

다항함수, 분수함수를 합하여 유리함수라 하고, 유리함수와 무리함수를 합쳐서 대수함수라 한다. 일반적으로 대수함수가 아닌 함수를 초월함수라 하는데 본 장에서는 로그함수, 지수함수, 삼각함수 등의 도함수에 대하여 공부한다.

삼각함수의 도함수를 구하기 위해서 다음 극한이 중요한 역할을 한다.

정리 6.1.1

(1) $\lim_{\theta \to 0} \frac{\sin\theta}{\theta} = 1$　　　(2) $\lim_{\theta \to 0} \frac{\cos\theta - 1}{\theta} = 0$

[증명] (1) $0 < \theta \leq \frac{\pi}{2}$ 인 경우에 그림 6.1.1로부터 다음을 얻는다.

$$\triangle AOB \text{의 넓이} \leq \text{부채꼴 } AOB \text{의 넓이} \leq \triangle AOC \text{의 넓이}.$$

위 부등식의 각 항은 각각 다음과 같다.

$$\triangle AOB \text{ 의 넓이} = \frac{1}{2} \cdot 1 \cdot \sin\theta = \frac{1}{2}\sin\theta,$$
$$\text{부채꼴 } AOB \text{의 넓이} = \frac{1}{2} \cdot (1)^2 \cdot \theta = \frac{1}{2}\theta,$$
$$\triangle AOC \text{ 의 넓이} = \frac{1}{2} \cdot (1) \cdot \tan\theta = \frac{1}{2}\tan\theta.$$

따라서 다음 부등식이 성립한다.

$$\frac{1}{2}\sin\theta \leq \frac{1}{2}\theta \leq \frac{1}{2}\tan\theta.$$

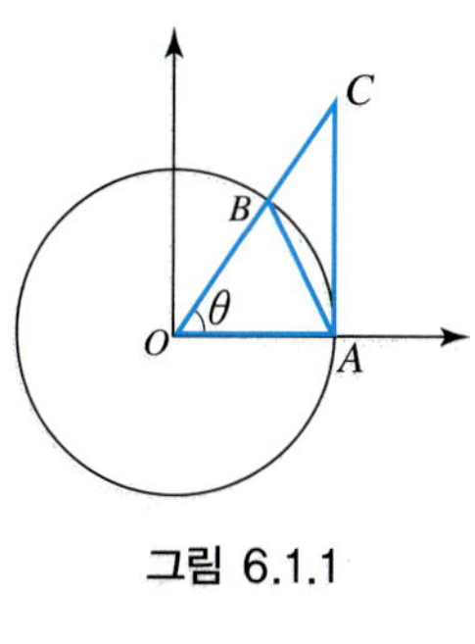

그림 6.1.1

위 식을 다시 쓰면 $\cos\theta \le \frac{\sin\theta}{\theta} \le 1$이므로, $\lim_{\theta\to 0^+} \frac{\sin\theta}{\theta} = 1$이 성립한다.
한편 $\theta < 0$일 때는 $\alpha = -\theta$로 놓고 $\sin(-\theta) = -\sin\theta$를 이용하여 다음을 얻는다.

$$\lim_{\theta\to 0^-} \frac{\sin\theta}{\theta} = \lim_{\alpha\to 0^+} \frac{\sin\alpha}{\alpha} = 1.$$

따라서 $\lim_{\theta\to 0} \frac{\sin\theta}{\theta} = 1$이다.

(2)
$$\begin{aligned}\lim_{\theta\to 0} \frac{\cos\theta - 1}{\theta} &= \lim_{\theta\to 0} \frac{(\cos\theta-1)(\cos\theta-1)}{\theta(\cos\theta+1)} \\ &= \lim_{\theta\to 0} \frac{\cos^2\theta - 1}{\theta(\cos\theta+1)} \\ &= -\lim_{\theta\to 0} \frac{\sin^2\theta}{\theta}\cdot\frac{1}{\cos\theta+1} \\ &= -\lim_{\theta\to 0} \frac{\sin\theta}{\theta}\cdot\sin\theta\cdot\frac{1}{\cos\theta+1} \\ &= (-1)\cdot 1\cdot 0\cdot\frac{1}{2} = 0.\end{aligned}$$ ■

위 정리와 삼각함수의 기본성질을 이용하여 다음을 얻는다.

정리 6.1.2 삼각함수의 도함수

(1) $(\sin x)' = \cos x$ (2) $(\cos x)' = -\sin x$

(3) $(\tan x)' = \sec^2 x$ (4) $(\cot x)' = -\csc^2 x$

(5) $(\sec x)' = \sec x \tan x$ (6) $(\csc x)' = -\csc x \cot x$

[증명] (1) $f(x) = \sin x$라 하면 도함수의 정의에 대하여

$$\begin{aligned}f'(x) &= \lim_{h\to 0} \frac{f(x+h) - f(x)}{h} = \lim_{h\to 0} \frac{\sin(x+h) - \sin x}{h} \\ &= \lim_{h\to 0} \frac{(\sin x \cos h + \cos x \sin h) - \sin x}{h} \\ &= \lim_{h\to 0} \left[\sin x\left(\frac{\cos h - 1}{h}\right) + \cos x\left(\frac{\sin h}{h}\right)\right] \\ &= \sin x\cdot\lim_{h\to 0}\frac{\cos h - 1}{h} + \cos x\cdot\lim_{h\to 0}\frac{\sin h}{h}.\end{aligned}$$

그런데 $$\lim_{h\to 0}\frac{\cos h - 1}{h} = 0, \quad \lim_{h\to 0}\frac{\sin h}{h} = 1$$

이므로(정리 6.1.1)

$$(\sin x)' = \cos x$$

이다. 또한 $\cos x$의 도함수도 다음과 같이 구할 수 있다.

(2)
$$\begin{aligned}(\cos x)' &= \lim_{h\to 0}\frac{\cos(x+h)-\cos x}{h}\\ &= \lim_{h\to 0}\frac{\cos x\cos h - \sin x \sin h - \cos x}{h}\\ &= \lim_{h\to 0}\left[\cos x\left(\frac{\cos h - 1}{h}\right) - \sin x\left(\frac{\sin h}{h}\right)\right]\\ &= \cos x \lim_{h\to 0}\left(\frac{\cos h - 1}{h}\right) - \sin x \lim_{h\to 0}\frac{\sin h}{h}\\ &= -\sin x.\end{aligned}$$

[참고] $\cos x = \sin\left(x+\frac{\pi}{2}\right)$인 사실을 이용하면 합성함수 미분법에 의하여

$$(\cos x)' = \left\{\sin\left(x+\frac{\pi}{2}\right)\right\}' = \cos\left(x+\frac{\pi}{2}\right) = -\sin x$$

임을 알 수 있다.

(3)
$$(\tan x)' = \left(\frac{\sin x}{\cos x}\right)' = \frac{(\sin x)'\cos x - \sin x(\cos x)'}{\cos^2 x} = \frac{1}{\cos^2 x} = \sec^2 x.$$

마찬가지 방법으로 (4), (5), (6)의 공식도 증명할 수 있다. ■

도함수를 구하는 편리성을 위하여 다음을 생각해보자. 주어진 함수 $f(x)$에 대하여 $\sin f(x)$의 도함수는 합성함수 미분법에 따라 $u = f(x)$라 하면

$$\frac{d}{dx}(\sin f(x)) = \frac{d}{du}\sin u \cdot \frac{du}{dx} = \cos f(x)\cdot f'(x)$$

임을 알 수 있다. 같은 방법으로 다른 삼각함수에 적용하여 도함수를 신속하게 구할 수 있다. 즉,

$$(\cos f(x))' = -\sin f(x)\cdot f'(x), \quad (\csc f(x))' = -\csc f(x)\cdot \cot f(x)\cdot f'(x).$$

예제 6.1.1 다음 함수들의 도함수를 구하라.

(1) $y = \sin 2x$　　(2) $y = \sin\sqrt{x}$

(3) $y = \cos^2 2x$　　(4) $y = 3\sin x - \cos 4x$

[풀이] (1) $(\sin 2x)' = \cos 2x\cdot(2x)' = 2\cos 2x$.

(2) $(\sin\sqrt{x})' = \cos\sqrt{x}\cdot(\sqrt{x})' = \frac{1}{2\sqrt{x}}\cos\sqrt{x}$.

(3) $(\cos^2 2x)' = 2\cos 2x \cdot (\cos 2x)'$

$$= 2\cos 2x \cdot (-\sin 2x) \cdot (2x)' = -4\cos 2x \sin 2x\,(= -2\sin 4x).$$

(4) $(3\sin x - \cos 4x)' = (3\sin x)' - (\cos 4x)'$

$$= 3\cos x - (-\sin 4x)\cdot(4x)'$$
$$= 3\cos x + 4\sin 4x.$$

예제 6.1.2 다음 함수들의 도함수를 구하라.

(1) $y = \tan x^2$

(2) $y = \cot 4x$

(3) $y = \sec\sqrt{2x+1}$

(4) $y = \csc(\sqrt{x} + x)$

[풀이] (1) $\left(\tan x^2\right)' = \sec^2 x^2 \cdot \left(x^2\right)' = 2x\sec^2 x^2.$

(2) $(\cot 4x)' = -\csc^2 4x \cdot (4x)' = -4\csc^2 4x.$

(3) $\left(\sec\sqrt{2x+1}\right)' = \sec\sqrt{2x+1}\tan\sqrt{2x+1}\cdot\left(\sqrt{2x+1}\right)'$

$$= \sec\sqrt{2x+1}\tan\sqrt{2x+1}\cdot\frac{1}{2\sqrt{2x+1}}(2x+1)'$$

$$= \frac{\sec\sqrt{2x+1}\tan\sqrt{2x+1}}{\sqrt{2x+1}}.$$

(4) $\left(\csc(\sqrt{x}+x)\right)' = -\csc(\sqrt{x}+x)\cot(\sqrt{x}+x)\cdot(\sqrt{x}+x)'$

$$= -\left(\frac{1}{2\sqrt{x}}+1\right)\csc(\sqrt{x}+x)\cot(\sqrt{x}+x).$$

역삼각함수의 도함수

삼각함수는 일대일 함수가 아니므로 정의역을 제한하여 역함수를 구한다. 삼각함수가 일대일이 되는 주된 영역(주치)에서 역함수의 미분법을 이용하여 역삼각함수에 대한 도함수를 구한다. 여기서 역함수의 미분을 상기하면 다음과 같다.

> $y = f(x)$의 역함수 $x = f^{-1}(y)$의 도함수 $\left(f^{-1}\right)'(y)$는
>
> $$(f^{-1})'(y) = \frac{1}{f'(x)}$$
>
> 이다.

이 사실을 이용하여 역삼각함수의 도함수를 구하면 다음과 같다.

정리 6.1.3 역삼각함수의 도함수

(1) $\left(\sin^{-1}x\right)'=\dfrac{1}{\sqrt{1-x^2}}$ $(|x|<1)$

(2) $\left(\cos^{-1}x\right)'=-\dfrac{1}{\sqrt{1-x^2}}$ $(|x|<1)$

(3) $\left(\tan^{-1}x\right)'=\dfrac{1}{1+x^2}$ $(-\infty<x<\infty)$

(4) $\left(\cot^{-1}x\right)'=-\dfrac{1}{1+x^2}$ $(-\infty<x<\infty)$

(5) $\left(\sec^{-1}x\right)'=\dfrac{1}{|x|\sqrt{x^2-1}}$ $(|x|>1)$

(6) $\left(\csc^{-1}x\right)'=-\dfrac{1}{|x|\sqrt{x^2-1}}$ $(|x|>1)$

[증명] (1) $y=\sin^{-1}x$ 라 두면, $x=\sin y$ 이고, x를 y의 함수로 보고 y에 관하여 미분하면 $\dfrac{dx}{dy}=\cos y$이므로

$$\frac{dy}{dx}=\frac{1}{\frac{dy}{dx}}=\frac{1}{\cos y}.$$

한편, $-\frac{\pi}{2}<y<\frac{\pi}{2}$ 이므로 $\cos y>0$이고 $\cos y=\sqrt{1-\sin^2 y}=\sqrt{1-x^2}$이다. 따라서

$$\frac{dy}{dx}=\frac{1}{\sqrt{1-x^2}}\ (|x|<1).$$

(2) $y=\cos^{-1}x$라 두면, $x=\cos y$ 이고, x를 y에 관하여 미분하면 $\dfrac{dx}{dy}=-\sin y$이므로

$$\frac{dy}{dx}=\frac{1}{\frac{dy}{dx}}=-\frac{1}{\sin y}$$

이다. 한편, $0<y<\pi$ 이므로 $\sin y>0$이고 $\sin y=\sqrt{1-\cos^2 y}=\sqrt{1-x^2}$이다. 따라서

$$\frac{dy}{dx}=-\frac{1}{\sqrt{1-x^2}}\ (|x|<1).$$

(3) $y=\tan^{-1}x$라 두면, $x=\tan y$ 이고, $\dfrac{dx}{dy}=\sec^2 y$ 이므로

$$\frac{dy}{dx}=\frac{1}{\sec^2 y}.$$

또한, $\sec^2 y=1+\tan^2 y=1+x^2$ 이므로

$$\frac{dy}{dx}=\frac{1}{1+x^2}.$$

같은 방법으로 (4), (5), (6)을 증명할 수 있으나 연습문제로 남긴다. ■

복잡한 형태의 역삼각함수의 도함수를 구하기 위해 다음을 생각해보자.

함수 $f(x)$에 대하여 $\sin^{-1}f(x)$의 도함수를 구하는 경우 $u=f(x)$라 하고 합성함수 미분법을 이용하면

$$\begin{aligned}\frac{d}{dx}(\sin^{-1}f(x))&=\frac{d}{du}\sin^{-1}u\frac{du}{dx}\\&=\frac{1}{\sqrt{1-u^2}}f'(x)=\frac{f'(x)}{\sqrt{1-(f(x))^2}}\end{aligned}$$

이다. 같은 방법으로 다른 역삼각함수를 적용하여 도함수를 신속하게 구할 수 있다. 즉,

$$(\cos^{-1}f(x))'=-\frac{f'(x)}{\sqrt{1-(f(x))^2}},\ (\tan^{-1}f(x))'=\frac{f'(x)}{1+(f(x))^2},\ \cdots,\ (\cot^{-1}f(x))'=-\frac{f'(x)}{1+(f(x))^2}$$

예제 6.1.3 다음에 주어진 함수들의 도함수를 구하라.

(1) $y=\sin^{-1}(x^2)$ (2) $y=\cos^{-1}(\sin x)$

(3) $y=\tan^{-1}(\sqrt{x})$ (4) $y=\sec^{-1}(-3x)$

[풀이] (1) $\frac{d}{dx}(\sin^{-1}(x^2))=\frac{1}{\sqrt{1-(x^2)^2}}(x^2)'=\frac{2x}{\sqrt{1-x^4}}.$

(2) $\frac{d}{dx}\left(\cos^{-1}(\sin x)\right)=-\frac{1}{\sqrt{1-(\sin x)^2}}(\sin x)'=\frac{\cos x}{\sqrt{\cos^2 x}}=-1.$

(3) $\frac{d}{dx}(\tan^{-1}(\sqrt{x}))=\frac{1}{1+(\sqrt{x})^2}(\sqrt{x})'=\frac{1}{2\sqrt{x}\,(1+x^2)}.$

(4)
$$\begin{aligned}\frac{d}{dx}(\sec^{-1}(-3x))&=\frac{1}{|-3x|\sqrt{(-3x)^2-1}}(-3x)'\\&=\frac{-3}{|3x|\sqrt{9x^2-1}}=\frac{-1}{|x|\sqrt{9x^2-1}}.\end{aligned}$$
■

연습문제 6.1

1. 다음 문제에서 $f'(x)$를 구하라.

(1) $f(x) = 2\cos x - 3\sin x$

(2) $f(x) = \sin x \cos x$

(3) $f(x) = x^2 \cos x$

(4) $f(x) = \sec x \tan x$

(5) $f(x) = \dfrac{\sin x}{x}$

(6) $f(x) = \dfrac{1}{2}\sec x + 7\tan x$

(7) $f(x) = \dfrac{\cot x}{1 + \csc x}$

(8) $f(x) = \dfrac{\csc x}{\tan x}$

(9) $f(x) = \sin x + \cos^2 x$

(10) $f(x) = \dfrac{1}{\cot x}$

2. 다음에서 $\dfrac{dy}{dx}$를 구하라.

(1) $y = \sin(x^2 + x)$

(2) $y = \cos(3 - 2x)$

(3) $y = \tan(\sin x)$

(4) $y = \tan^2\sqrt{2x}$

(5) $y = \cos^2(3x - 5)$

(6) $y = \sin^3(x^2 + 1)$

3. 다음에서 $\dfrac{dy}{dx}$를 구하라.

(1) $y = \cos^{-1}(x^2)$

(2) $y = \sin^{-1}(1 - x)$

(3) $y = \sin^{-1}(\sqrt{x})$

(4) $y = \cos^{-1}\sqrt{x}$

(5) $y = \tan^{-1}(3x)$

(6) $y = \tan^{-1}(x^2)$

4. 다음 함수의 도함수를 구하라.

(1) $f(x) = \sec^{-1}(2x + 1)$

(2) $f(x) = \cot^{-1}\sqrt{x}$

(3) $f(x) = \csc^{-1}\dfrac{1}{x}$

(4) $f(x) = x\sec^{-1}\sqrt{x}$

5. 함수 $y = \sin x$의 다음 점에서의 접선의 방정식을 구하라.

(1) $x = 0$

(2) $x = \pi$

(3) $x = \dfrac{\pi}{4}$

6. 함수 $y = \tan x$의 다음 점에서의 접선의 방정식을 구하라.

(1) $x = 0$

(2) $x = \dfrac{\pi}{4}$

(3) $x = -\dfrac{\pi}{4}$

6.2 ••• 로그함수와 지수함수의 도함수

잘 알려진 극한

$$\lim_{n \to \infty}\left(1 + \frac{x}{n}\right)^n = e^x \qquad \cdots (1)$$

에서, $\frac{1}{n} = h$로 치환하면 이와 동치인 극한

$$\lim_{h \to 0}(1 + hx)^{\frac{1}{h}} = e^x \qquad \cdots (2)$$

을 얻게 된다. 이 결과를 이용하여 다음 사실을 알게 된다.

정리 6.2.1 로그함수의 도함수

(1) $\frac{d}{dx}(\log_a x) = \frac{1}{x}\log_a e$ (2) $\frac{d}{dx}(\ln x) = \frac{1}{x}$

[증명] $f(x) = \log_a x$라 하면

$$\begin{aligned} f'(x) &= \lim_{h \to 0}\frac{f(x+h) - f(x)}{h} \\ &= \lim_{h \to 0}\frac{1}{h}\log_a\left(\frac{x+h}{x}\right) \\ &= \lim_{h \to 0}\log_a\left(1 + \frac{h}{x}\right)^{\frac{1}{h}}. \end{aligned}$$

위의 수식 (2)와 로그함수의 성질에 의하여

$$f'(x) = \log_a e^{\frac{1}{x}} = \frac{1}{x}\log_a e$$

이고, $f(x) = \ln x$일 때

$$f'(x) = \frac{1}{x}\ln e = \frac{1}{x}.$$ ■

주어진 함수 $f(x)$에 대하여 $y = \log_a f(x)$라 하자. 합성미분법을 이용하여 $u = f(x)$라 놓으면 $y = \log_a u$이고 양변을 x에 관하여 미분하면

$$\begin{aligned}\frac{dy}{dx} &= \frac{dy}{du}\cdot\frac{du}{dx}\\ &= \frac{1}{u}\log_a u \cdot f'(x) = \frac{f'(x)}{f(x)}\log_a e\end{aligned}$$

가 된다. 같은 이유로 $(\ln f(x))' = \dfrac{f'(x)}{f(x)}$가 된다.

예제 6.2.1 다음에서 $\dfrac{dy}{dx}$를 구하라.

(1) $y = \log_5 x$ (2) $y = \ln 5x$

(3) $y = \log(3x^2+5)$ (단, $\log x = \log_{10} x$) (4) $y = \ln \sin x$

[풀이] (1) $\dfrac{dy}{dx} = \dfrac{1}{x}\log_5 e$.

(2) $\dfrac{dy}{dx} = \dfrac{(5x)'}{5x} = \dfrac{5}{5x} = \dfrac{1}{x}$.

(3) $\dfrac{dy}{dx} = \dfrac{(3x^2+5)'}{3x^2+5}\log e = \dfrac{6x}{3x^2+5}\log e$.

(4) $\dfrac{dy}{dx} = \dfrac{(\sin x)'}{\sin x} = \dfrac{\cos x}{\sin x}\ (=\cot x)$. ■

예제 6.2.2 함수 $y = \ln\left(x^2\sqrt{\dfrac{x+1}{x+2}}\right)$의 도함수 $\dfrac{dy}{dx}$를 구하라.

[풀이] 로그의 성질을 이용하여 우변을 변형하면

$$y = 2\ln x + \frac{1}{2}(\ln(x+1) - \ln(x+2))$$

이고, 양변을 x에 관해 미분하면

$$\frac{dy}{dx} = \frac{2}{x} + \frac{1}{2}\left(\frac{1}{x+1} - \frac{1}{x+2}\right).$$ ■

위 예제에서 알 수 있듯이, 분수꼴로 주어진 함수의 도함수를 구할 때는 양변에 로그를 취하여 계산하면 간편하게 도함수를 구할 수 있다.

예제 6.2.3 다음 함수의 도함수를 구하라.

(1) $y = x^{\frac{1}{2}}\sqrt{x^2+1}$ (2) $y = \dfrac{(x+1)^2(x+3)}{(x+2)^3}$

[풀이] (1) 양변에 로그를 취하여 정리하면

$$\ln y = \frac{1}{2}\ln x + \frac{1}{2}\ln(x^2+1)$$

이고, 양변을 x에 관하여 미분하면

$$\frac{y'}{y} = \frac{1}{2} \cdot \frac{1}{x} + \frac{1}{2}\frac{(x^2+1)'}{x^2+1}$$

$$y' = y\left(\frac{1}{2x} + \frac{x}{x^2+1}\right) = x^{\frac{1}{2}}\sqrt{x^2+1}\left(\frac{1}{2x} + \frac{x}{x^2+1}\right).$$

(2) $\ln y = 2\ln(x+1) + \ln(x+3) - 3\ln(x+2)$

$$\frac{y'}{y} = \frac{2}{x+1} + \frac{1}{x+3} - \frac{3}{x+2}$$

$$y' = \left(\frac{2}{x+1} + \frac{1}{x+3} - \frac{3}{x+2}\right)\frac{(x+1)^2(x+3)}{(x+2)^3}.$$ ■

지수함수의 도함수

지수함수의 도함수는 도함수의 정의를 이용하기보다는 양변에 로그를 취하여 쉽게 얻을 수 있다.

정리 6.2.2 지수함수의 도함수

(1) $\frac{d}{dx}(a^x) = a^x \ln a$ (2) $\frac{d}{dx}(e^x) = e^x$

[증명] (1) $y = a^x$라 하고 양변에 로그를 취하면

$$\ln y = x \ln a$$

이고 양변을 x에 관하여 미분하면

$$\frac{y'}{y} = \ln a$$

$$y' = y \ln a = a^x \ln a.$$

(2) $a = e$일 때이므로 $y' = e^x \ln e = e^x$. ■

주어진 함수 $f(x)$에 대하여 $y = a^{f(x)}$라 하자. 이때 양변에 로그를 취하여 미분하면

$$\ln y = f(x) \ln a$$

$$\frac{y'}{y} = f'(x) \ln a$$

$$y' = f'(x) a^{f(x)} \ln a$$

가 됨을 알 수 있다. 같은 방법으로

$$(e^{f(x)})' = f'(x)\,e^{f(x)}$$

임을 알 수 있다.

예제 6.2.4 다음에서 $\dfrac{dy}{dx}$를 구하라.

(1) $y = 3^{\sin x}$ (2) $y = \pi^{x^3}$

(3) $y = e^{\sqrt{x}}$ (4) $y = e^{\sin 3x}$

[풀이] (1) $\dfrac{dy}{dx} = (\sin x)' 3^{\sin x} \ln 3 = \cos x \cdot 3^{\sin x} \cdot \ln 3.$

(2) $\dfrac{dy}{dx} = (x^3)' \,\pi^{x^3} \cdot \ln \pi = 3x^2 \cdot \pi^{x^3} \cdot \ln \pi.$

(3) $\dfrac{dy}{dx} = (\sqrt{x})' \cdot e^{\sqrt{x}} = \dfrac{1}{2\sqrt{x}}\, e^{\sqrt{x}}.$

(4) $\dfrac{dy}{dx} = (\sin 3x)' e^{\sin 3x} = \cos 3x \cdot (3x)' \cdot e^{\sin 3x} = 3\cos 3x \cdot e^{\sin 3x}.$ ■

예제 6.2.5 $y = x^x$일 때 도함수 $\dfrac{dy}{dx}$를 구하라.

[풀이] 이 함수가 밑(base)이 상수가 아니므로 지수함수가 아닌 점에 주의한다. 양변에 로그를 취하고 x에 관하여 미분하면

$$\ln y = x \ln x$$
$$\frac{y'}{y} = \ln x + x \cdot \frac{1}{x}$$
$$y' = y(\ln x + 1) = (1 + \ln x)x^x.$$

■

연습문제 6.2

1. 다음 각 함수의 도함수를 구하라.

(1) $y = \ln(x-1)^3$ (2) $y = \ln 5x$

(3) $y = \ln(2x+3)$ (4) $y = \log \dfrac{x}{1+x}$

(5) $y = \sqrt{\log x}$ (6) $y = \ln \dfrac{1+x^2}{1-x^2}$

(7) $y = \ln\sqrt{x^2+1}$ (8) $y = \ln\sqrt{\dfrac{(x-1)^7}{(x-3)^2}}$

(9) $y=\dfrac{1}{1+\ln x}$ (10) $y=\ln(\ln x)$

(11) $y=\ln\cos 3x$ (12) $y=\ln(\sec x+\tan x)$

(13) $y=\ln(\sin x)$ (14) $y=x\tan^{-1}x-\ln\sqrt{x^2+1}$

2. 다음 각 함수의 도함수를 로그를 취하여 구하라.

(1) $y=\dfrac{x\sqrt{2x+1}}{(3x+1)^{\frac{1}{3}}}$ (2) $y=\sqrt[5]{\dfrac{x^2+1}{x(x^3+1)}}$

(3) $y=\dfrac{x\sqrt{x^2+1}}{\sqrt[3]{3x+1}}$ (4) $y=x^3\sqrt{\dfrac{x+4}{x+1}}$

3. 주어진 x의 값에 대하여 $\dfrac{dy}{dx}$를 구하라(단, $\log x=\log_{10}x$).

(1) $y=\ln(x^2-8)$: $x=4$ (2) $y=\log(3x-2)$: $x=2$

(3) $y=\sin(\ln x)$: $x=1$ (4) $y=\tan^{-1}(\ln x)$: $x=\dfrac{1}{e}$

4. 다음 함수의 도함수를 구하라.

(1) $y=2^{3x}$ (2) $y=3^{\tan x}$

(3) $y=e^{x^2}$ (4) $y=e^{\ln 3x}$

5. 다음 함수의 도함수를 구하라.

(1) $y=x^{\frac{1}{x}}$ (2) $y=x^{\sqrt{x}}$

(3) $y=x^{\sin x}$ (4) $y=(\ln x)^x$

(5) $y=x^{\log_3 x}$ (6) $y=x^{\ln(x^2+1)}$

6. 다음 도함수의 이계도함수를 구하라.

(1) $y=x\ln x$ (2) $y=\log\dfrac{3}{x}$

(3) $y=e^{x^2}$ (4) $y=e^{\sin x}$

6.3 ••• 부정형과 L'Hôpital의 법칙

x가 a로 접근할 때 $f(x)$와 $g(x)$가 각각 0으로 접근하거나 무한히 커지거나, $-\infty$로 접근하면

$$\frac{f(x)}{g(x)}, \quad f(x)\cdot g(x), \quad f(x)-g(x), \quad f(x)^{g(x)}$$

는

$$\frac{0}{0}, \quad \frac{\infty}{\infty}, \quad 0\cdot\infty, \quad \infty-\infty, \quad 0^0, \quad 0^\infty, \quad \infty^0$$

의 형태가 된다. 또 x가 a로 접근할 때 $f(x)$는 1로 접근하고 $g(x)$가 무한히 커지면

$$(f(x))^{g(x)}\text{는} \quad 1^\infty$$

형태가 된다. 이와 같은 형태의 극한을 부정형(Indeterminate form)이라고 하는데 이런 경우에는 도함수를 이용하여 극한을 구할 수 있다.

$\frac{0}{0}$ 형태의 극한

x가 a로 접근할 때 $f(x)$와 $g(x)$가 각각 0으로 접근하면 $\frac{f(x)}{g(x)}$는 $\frac{0}{0}$형태의 부정형이라고 한다.

정리 6.3.1 로피탈(L'Hôpital)의 법칙(약한형)

함수 $f(x)$, $g(x)$가

(1) $f(a)=g(a)=0$이고,

(2) $f'(a)$와 $g'(a)$가 존재하고 $g'(a)\neq 0$이면

$$\lim_{x\to a}\frac{f(x)}{g(x)}=\frac{f'(a)}{g'(a)}$$

이 성립한다.

[증명] 도함수의 정의와 극한의 성질에 의하여

$$\frac{f'(a)}{g'(a)}=\frac{\lim\limits_{x\to a}\dfrac{f(x)-f(a)}{x-a}}{\lim\limits_{x\to a}\dfrac{g(x)-g(a)}{x-a}}=\lim_{x\to a}\frac{\dfrac{f(x)-f(a)}{x-a}}{\dfrac{g(x)-g(a)}{x-a}}$$

$$=\lim_{x\to a}\frac{f(x)-f(a)}{g(x)-g(a)}=\lim_{x\to a}\frac{f(x)-0}{g(x)-0}$$

$$=\lim_{x\to a}\frac{f(x)}{g(x)}.$$

따라서

$$\lim_{x\to a}\frac{f(x)}{g(x)}=\frac{f'(a)}{g'(a)}.$$ ■

예제 6.3.1 $\lim\limits_{x\to 1}\dfrac{x^3-1}{x^2-1}$를 구하라.

[풀이] $f(x)=x^3-1,\ g(x)=x^2-1$라 두면

$$f'(x)=3x^2,\quad g'(x)=2x,\quad f(1)=g(1)=0$$

이고

$$f'(1)=3,\quad g'(1)=2$$

이다. 따라서 로피탈(L'Hôpital)의 법칙에 의해

$$\lim_{x\to 1}\frac{x^3-1}{x^2-1}=\frac{f'(1)}{g'(1)}=\frac{3}{2}.$$ ■

예제 6.3.2 $\lim\limits_{x\to 0}\dfrac{x+2\sin x}{x-\sin 2x}$를 구하라.

[풀이] $f(x)=x+2\sin x,\ g(x)=x-\sin 2x$라고 하면

$$f'(x)=1+2\cos x,\quad g'(x)=1-2\cos 2x$$

이고

$$f(0)=g(0)=0,\quad f'(0)=3,\quad g'(0)=-1.$$

로피탈의 법칙을 이용하면

$$\lim_{x\to 0}\frac{x+2\sin x}{x-\sin 2x}=\frac{3}{-1}=-3$$

이다. ■

$\frac{0}{0}$형태의 극한문제에서 $f(a)=g(a)=0$이고 $f'(a)=g'(a)=0$이면 $\lim_{x\to a}\frac{f(x)}{g(x)}$를 구하는데 있어서 방금 살펴본 로피탈의 법칙을 사용할 수가 없다. 이런 경우 로피탈의 법칙의 강한 형으로 해결할 수가 있다.

정리 6.3.2 로피탈(L'Hôpital)의 법칙(강한형)

함수 $f(x)$, $g(x)$가

(1) $f(a)=g(a)=0$이고

(2) a를 포함하는 개구간 I에서 미분가능하며

(3) a를 제외한 개구간 I 내의 모든 점 x에 대하여 $g'(x)\neq 0$이면

$$\lim_{x\to a}\frac{f(x)}{g(x)}=\lim_{x\to a}\frac{f'(x)}{g'(x)}$$

이다.

이 정리의 의미는 극한문제 $\lim_{x\to a} f(x)=\lim_{x\to a} g(x)=0$에 있어서 $\frac{0}{0}$형태가 계속되는 한 연속적으로 로피탈의 법칙을 사용할 수 있음을 의미한다.

따라서 분자와 분모 중 어느 한 도함수의 극한값이 0이 아닐 때까지 연속적으로 로피탈의 법칙을 적용함으로써 원하는 극한값을 구한다.

예제 6.3.3 $\lim_{x\to 0}\frac{x-\sin x}{x^3}$를 구하라.

[풀이] $f(x)=x-\sin x$, $g(x)=x^3$이라 두면 $f(x)$와 $g(x)$는 미분가능하고 $f(0)=g(0)=0$이다. 또

$$f'(x)=1-\cos x,\quad g'(x)=3x^2$$

이므로

$$f'(0)=g'(0)=0$$

이다. 따라서 로피탈의 법칙을 반복하여 적용하면

$$\lim_{x\to 0}\frac{x-\sin x}{x^3}=\lim_{x\to 0}\frac{1-\cos x}{3x^2}=\lim_{x\to 0}\frac{\sin x}{6x}=\lim_{x\to 0}\frac{\cos x}{6}=\frac{1}{6}.$$

■

[참고] 로피탈의 법칙에서 $\lim_{x \to a}$는 $\lim_{x \to a^+}$, $\lim_{x \to a^-}$, $\lim_{x \to \infty}$, $\lim_{x \to -\infty}$로 바꾸어도 같은 결과를 얻을 수 있다. $\lim_{x \to \infty}$인 경우에는

$$f(a) = g(a) = 0$$

이라는 조건 대신에

$$\lim_{x \to \infty} f(x) = \lim_{x \to \infty} g(x) = 0$$

이 성립하면 된다.

$\frac{\infty}{\infty}$형태의 극한

x가 a로 접근할 때 $|f(x)|$와 $|g(x)|$가 각각 ∞로 접근하면 $\dfrac{f(x)}{g(x)}$는 $\dfrac{\infty}{\infty}$형태의 부정형이라고 한다.

정리 6.3.3 $\frac{\infty}{\infty}$ 형태의 로피탈의 법칙

$\lim_{x \to a}|f(x)| = \lim_{x \to a}|g(x)| = \infty$이면

$$\lim_{x \to a} \frac{f(x)}{g(x)} = \lim_{x \to a} \frac{f'(x)}{g'(x)}$$

이다.

예제 6.3.4 $\displaystyle\lim_{x \to \infty} \frac{x + 3x^2}{4x + 7x^3}$를 구하라.

[풀이] $\lim_{x \to \infty}|x + 3x^2| = \lim_{x \to \infty}|4x + 7x^3| = \infty$이다. 따라서 $\frac{\infty}{\infty}$ 형태의 로피탈의 법칙을 적용하면

$$\lim_{x \to \infty} \frac{x + 3x^2}{4x + 7x^3} = \lim_{x \to \infty} \frac{1 + 6x}{4 + 21x^2} = \lim_{x \to \infty} \frac{6}{42x} = 0.$$

■

[참고] 함수 $f(x)$와 $g(x)$가 고차 다항식이고 $\lim_{x \to a}|f(x)| = \lim_{x \to a}|g(x)| = \infty$인 경우에는 로피탈의 법칙을 이용하는 것보다는 최고차항으로 나누어 계산하는 것이 편리하다. 즉,

$$\lim_{x \to \infty} \frac{x + 3x^2}{4x + 7x^3} = \lim_{x \to \infty} \frac{\frac{1}{x^2} + \frac{3}{x}}{\frac{4}{x^2} + 7} = \frac{0}{7} = 0.$$

$\infty \cdot 0$형태와 $\infty - \infty$형태의 극한

$\infty \cdot 0$형태와 $\infty - \infty$형태는 대수적 연산을 하여 $\frac{0}{0}$형태 또는 $\frac{\infty}{\infty}$형태로 바꾸어서 로피탈의 법칙을 적용한다. $x \to a$일 때 $f(x) \to 0$이고 $g(x) \to \infty$이면 $f(x) \cdot g(x)$의 극한은 a에서 $0 \cdot \infty$형의 부정형을 갖는다고 한다. 이 경우에는

$$f(x)\,g(x) = \frac{f(x)}{\dfrac{1}{g(x)}}$$

로 쓰면 $\frac{0}{0}$형의 부정형이 되어 앞에서 나온 로피탈의 정리를 이용하여 $\lim_{x \to a} f(x)\,g(x)$를 구할 수 있다.

예제 6.3.5 $\lim_{x \to \frac{\pi}{2}} \left(x - \frac{\pi}{2}\right) \tan x$를 구하라.

[풀이] $\lim_{x \to \frac{\pi}{2}} (x - \frac{\pi}{2}) = 0$이고, $\lim_{x \to \frac{\pi}{2}} |\tan x| = \infty$이다. 따라서 $0 \cdot \infty$형태이지만

$$\left(x - \frac{\pi}{2}\right) \tan x = \frac{x - \dfrac{\pi}{2}}{\cot x}$$

로 다시 바꾸어 쓰면 이것은 $\frac{0}{0}$형태이다. 따라서

$$\begin{aligned}\lim_{x \to \frac{\pi}{2}} \left(x - \frac{\pi}{2}\right) \tan x &= \lim_{x \to \frac{\pi}{2}} \frac{x - \dfrac{\pi}{2}}{\cot x} = \lim_{x \to \frac{\pi}{2}} \frac{1}{-\csc^2 x} \\ &= \lim_{x \to \frac{\pi}{2}} (-\sin^2 x) \\ &= -1.\end{aligned}$$

■

$x \to a$일 때 $f(x) \to \infty$이고 $g(x) \to \infty$이면 $f(x) - g(x)$의 극한은 a에서 $\infty - \infty$형태의 부정형을 갖는다고 한다. 이 경우에는

$$f(x) - g(x) = f(x)\,g(x)\left(\frac{1}{g(x)} - \frac{1}{f(x)}\right)$$

로 쓰면 $\infty \cdot 0$형태이므로

$$f(x) - g(x) = \frac{\dfrac{1}{g(x)} - \dfrac{1}{f(x)}}{\dfrac{1}{f(x)\,g(x)}}$$

연습문제 6.3

1. 다음 극한을 구하라.

(1) $\lim_{x \to 2} \frac{x^3 - x^2 - 4}{x^2 - 4}$ (2) $\lim_{x \to 0} \frac{x}{\tan x}$

(3) $\lim_{x \to 0} \frac{x - \sin x}{x^2}$ (4) $\lim_{x \to 0} \frac{\sin^2 x}{x \cos x}$

(5) $\lim_{x \to 0} \frac{\sin x}{x}$ (6) $\lim_{x \to 0} \frac{e^x - x - 1}{x^2}$

(7) $\lim_{x \to 0} \frac{1 - \cos x}{x^2}$ (8) $\lim_{x \to 0^+} \frac{\ln x}{\cot x}$

(9) $\lim_{x \to \infty} \frac{\ln x}{x^2}$ (10) $\lim_{x \to \infty} \frac{x^2}{e^x}$

2. 다음 극한을 구하라.

(1) $\lim_{x \to 0} \left(\csc x - \frac{1}{x} \right)$ (2) $\lim_{x \to \frac{\pi}{2}} (\sec x - \tan x)$

(3) $\lim_{x \to 0^+} \left(\frac{1}{x} - \frac{1}{\sqrt{x}} \right)$ (4) $\lim_{x \to \infty} \left(x - \sqrt{x^2 + x + 1} \right)$

(5) $\lim_{x \to 1} \left(\frac{x}{x-1} - \frac{1}{\ln x} \right)$ (6) $\lim_{x \to 0} \left(\frac{1}{\sin x} - \frac{1}{x} \right)$

3. 다음 각각의 극한을 구하라.

(1) $\lim_{x \to 0^+} x \ln x$ (2) $\lim_{x \to 0^+} x e^{\frac{1}{x}}$

(3) $\lim_{x \to \infty} x^{\frac{1}{1-x}}$ (4) $\lim_{x \to \infty} x \left(e^{\frac{1}{x}} - 1 \right)$

(5) $\lim_{x \to 0} \frac{x e^x}{4 - 4e^x}$ (6) $\lim_{x \to \infty} x^{\frac{1}{x}}$

(7) $\lim_{x \to 0^+} (\sin x)^x$ (8) $\lim_{x \to 0^+} x \ln(\sin x)$

4. 다음 극한을 구하라.

(1) $\lim_{x \to 0^+} x^{\sin x}$ (2) $\lim_{x \to \infty} (x^2 - 1)^{\frac{1}{\ln x}}$

(3) $\lim_{x \to 0^+} (1 + x)^{\ln x}$ (4) $\lim_{x \to \frac{\pi}{2}^-} (\tan x)^{\cos x}$

(5) $\lim_{x \to 1} (\ln x)^{x-1}$ (6) $\lim_{x \to \infty} x^{\frac{1}{\ln x}}$

6.4 ••• 함수의 전개와 Taylor 정리

Taylor 다항식

함수 $f(x)$가 $x=a$ 근방에서 n번 미분가능할 때

$$P_n(x)=f(a)+f'(a)(x-a)+\frac{f''(a)}{2!}(x-a)^2+\cdots+\frac{f^{(n)}(a)}{n!}(n-a)^n$$

을 $x=a$에서 함수 $f(x)$의 n차 Taylor 다항식이라 하며, 특히 $a=0$일 때는 함수 $f(x)$의 n차 Maclaurin 다항식이라 부른다.

특히, $n=1$일 때 $P_1(x)=f(a)+\frac{f'(a)}{1!}(x-a)$이고 $y=f(a)+\frac{f'(a)}{1!}(x-a)$는 곡선 $y=f(x)$의 $x=a$에서 접선의 방정식을 나타내므로, $P_1(x)$는 $x=a$에서 곡선 $y=f(x)$에 접하는 1차 다항식을 의미한다. 마찬가지로 $n=2$인 경우

$$P_2(x)=f(a)+\frac{f'(a)}{1!}(x-a)+\frac{f''(a)}{2!}(x-a)^2$$

는 $x=a$에서 곡선 $y=f(x)$에 접하는 2차 다항식이다. 일반적으로 $P_n(x)$는 $x=a$에서 곡선 $y=f(x)$에 접하는 n차 다항식으로, $x=a$를 중심으로 하는 충분히 작은 구간에서 $f(x)$와 가장 가까운 n차 다항식을 의미한다. 따라서 $f(x)$가 n차 이하의 다항식일 때 $x=a$에서 $f(x)$의 n차 Taylor 다항식은 자신과 같음을 알 수 있다.

예제 6.4.1 $f(x)=e^x$의 $a=0$에서 Maclaurin 다항식 $P_n(x)$를 구하라.

[풀이] $f(x)=e^x$, $f'(x)=e^x$, $\cdots$, $f^{(n)}(x)=e^x$이므로 $f(0)=f'(0)=\cdots=f^{(n)}(0)=1$이다. 따라서 $P_n(x)=1+x+\frac{x^2}{2!}+\cdots+\frac{x^n}{n!}$이다. ■

다음 그래프(그림 6.4.1)는 $x=0$ 근처에서 $P_n(x)$가 e^x를 가장 잘 나타내는 다항식임을 보여준다.

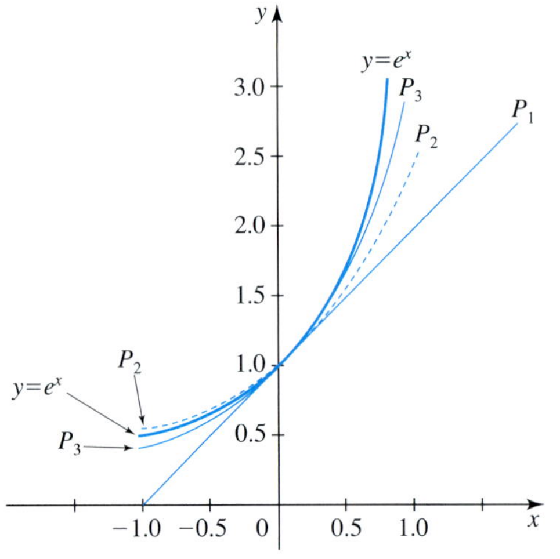

그림 6.4.1 $f(x)=e^x$의 그래프와 e^x의 Taylor 다항식 $P_1(x)$, $P_2(x)$, $P_3(x)$의 그래프

예제 6.4.2 다항식 $f(x)=x^3-6x^2+5x+2$에 대해 $x=1$에서의 테일러 다항식을 구하고 이를 이용하여 $f(0.98)$을 찾아라.

[풀이] $f(1)=2$, $f'(1)=-4$, $f''(1)=6$, $f^{(3)}(1)=6$이므로 $x=1$에서 f의 테일러 다항식은 다음과 같다.

$$\begin{aligned} f(x) &= f(1)+f'(1)(x-1)+\frac{f''(1)}{2!}(x-1)^2+\frac{f^{(3)}(1)}{3!}(x-1)^3 \\ &= 2-4(x-1)-3(x-1)^2+(x-1)^3. \end{aligned}$$

이를 이용하면 $f(0.98)$의 값은 다음과 같다.

$$f(0.98)=2-4(-0.02)-3(-0.02)^2+(-0.02)^3=2.078792.$$

■

[참고] 주어진 함수에 $x=0.98$을 대입하여 값을 계산하는 것과 비교하면 테일러 다항식을 이용한 계산이 훨씬 편리한 것을 알 수 있다.

예제 6.4.3 함수 $f(x)=\cos x$에 대해 $a=0$에서 1차부터 4차까지의 테일러 다항식을 찾아라. 또 $x=0.2$에서 $\cos x$와 $P_n(x)(n=1, 2, 3, 4)$의 값을 비교하라.

[풀이] 함수 $f(x)=\cos x$의 각 계의 도함수와 $a=0$에서의 값은 아래와 같다.

$$f(x)=\cos x, \quad f(0)=1,$$
$$f'(x)=-\sin x, \quad f'(0)=0,$$

$$f''(x) = -\cos x, \quad f''(0) = -1,$$
$$f^{(3)}(x) = \sin x, \quad f^{(3)}(0) = 0,$$
$$f^{(4)}(x) = \cos x, \quad f^{(4)}(0) = 1.$$

따라서 테일러 다항식 $P_n(x)(n=1,\ 2,\ 3,\ 4)$는 아래와 같다.

$$P_1(x) = f(0) + f'(0)(x-0) = 1,$$
$$P_2(x) = f(0) + f'(0)(x-0) + \frac{1}{2!}f''(0)(x-0)^2 = 1 - \frac{1}{2!}x^2,$$
$$P_3(x) = f(0) + f'(0)(x-0) + \frac{1}{2!}f''(0)(x-0)^2 + \frac{1}{3!}f'''(0)(x-0)^3 = 1 - \frac{1}{2!}x^2,$$
$$P_4(x) = 1 - \frac{1}{2!}x^2 + \frac{1}{4!}x^4.$$

한편 $x = 0.2$에서 각 테일러 다항식의 값을 계산하면 다음과 같다.

$$P_1(0,\ 2) = 1, \quad P_2(0.2) = P_3(0.2) = 0.98, \quad P_4(0.2) \fallingdotseq 0.98006657.$$

그런데 $\cos(0.2) \fallingdotseq 0.98006658$이다. 따라서 $x = 0.2$에서 4차 테일러 다항식을 이용한 근사값은 소수 일곱째 자리까지 정확하다. ■

테일러 급수와 테일러 정리

함수 $f(x)$가 $x = a$에서 모든 $n \in N$에 대하여 $f^{(n)}(a)$가 존재할 때

$$\sum_{k=0}^{\infty} \frac{f^k(a)}{k!}(x-a)^k = f(a) + f'(a)(x-a) + \frac{f''(a)}{2!}(x-a)^2 + \cdots + \frac{f^{(n)}(a)}{n!}(x-a)^n + \cdots$$

를 $x = a$에서 f의 Taylor 급수(Taylor series)라 하며, 특히 $a = 0$인 경우에 이 멱급수를 $f(x)$의 Maclaurin 급수(Maclaurin series)라 한다.

예제 6.4.4 $f(x) = e^x$와 $f(x) = \cos x$의 Maclaurin 급수를 구하라.

[풀이] $f(x) = e^x$의 Maclaurin 다항식은 예제 6.4.1에 의하여

$$1 + x + \frac{1}{2!}x^2 + \cdots + \frac{1}{n!}x^n$$

이므로 e^x의 Maclaurin 급수는

$$1 + x + \frac{1}{2!}x^2 + \frac{1}{3!}x^3 + \cdots + \frac{1}{n!}x^n + \cdots = \sum_{k=0}^{\infty} \frac{1}{k!}x^k.$$

이다. 같은 방법으로 $\cos x$의 Maclaurin 급수는

$$1-\frac{1}{2!}x^2+\frac{1}{4!}x^4-\frac{1}{6!}x^6+\cdots=\sum_{k=0}^{\infty}(-1)^k\frac{1}{(2k)!}x^{2k}$$

이다. ■

예제 6.4.5 $f(x)=\dfrac{1}{x}$의 $x=1$에서 Taylor 급수를 구하라.

[풀이]

$$f(x)=\frac{1}{x},$$
$$f'(x)=-\frac{1}{x^2},$$
$$f''(x)=\frac{1\cdot 2}{x^3},$$
$$\vdots$$
$$f^{(k)}(x)=(-1)^k\frac{k!}{x^{k+1}}$$

이므로

$$f(1)=1,\quad f'(1)=-1,\quad f''(1)=2!,\quad \cdots,\quad f^{(k)}(1)=(-1)^k k!$$

이다. 따라서 $f(x)=\dfrac{1}{x}$의 $x=1$에서 Taylor 급수는

$$\sum_{k=0}^{\infty}\frac{(-1)^k k!}{k!}(x-1)^k=1-(x-1)+(x-1)^2-(x-1)^2+\cdots$$

이다. ■

예제 6.4.6 $f(x)=\ln(x+1)$의 Maclaurin 급수를 구하라.

[풀이] 도함수를 계산하면

$$f'(x)=\frac{1}{x+1},\ f''(x)=\frac{-1}{(x+1)^2},\ f'''(x)=\frac{1\cdot 2}{(x+1)^3},\ \cdots,\ f^{(k)}(x)=(-1)^{k+1}\frac{(k-1)!}{(x+1)^k}$$

이므로

$$f(0)=0,\ f'(0)=1,\ f''(0)=-1,\ f'''(0)=2,\ \cdots\ f^{(k)}(0)=(-1)^{k+1}(k-1)!$$

이다. 따라서 $f(x)=\ln(x+1)$의 Maclaurin 급수는

$$\sum_{k=1}^{\infty}\frac{(-1)^{k+1}}{k}x^k=x-\frac{1}{2}x^2+\frac{1}{3}x^3-\frac{1}{4}x^4+\cdots$$

이다. ■

이제 함수와 테일러 급수와의 관계에 대해 알아본다. 먼저 함수 f와 n차 Taylor 다항식 P_n과의 차이에 대하여 알아보자.

정리 6.4.1 Taylor 정리

함수 f가 구간 $I=[a, b]$에서 $(n+1)$번 미분가능하고 점 c가 구간 I에 있는 점이라고 하자. 그러면 구간 I에 속하는 임의의 점 $x \neq c$에 대하여 아래 식을 만족시키는 ξ가 x와 c 사이에 존재한다.

$$f(x)=\sum_{k=0}^{n} \frac{f^{(k)}(c)}{k!}(x-c)^k+\frac{f^{(n+1)}(\xi)}{(n+1)!}(x-c)^{n+1}$$

위 식에서 우변의 마지막 항을 흔히 $R_n(x)$로 나타내고 $x=c$에서 함수 f의 n차 Taylor 다항식의 나머지항(remainder term)이라고 한다. 즉, 다음이 성립한다.

$$R_n(x)=f(x)-P_n(x)=\frac{f^{(n+1)}(\xi)}{(n+1)!}(x-c)^{n+1}.$$

$x=c$를 포함하는 어떤 구간의 모든 점에서 $R_n(x) \to 0\,(n \to \infty)$일 때 $x=c$에서 f의 Taylor 급수가 $f(x)$에 수렴한다고 하고,

$$f(x)=\sum_{n=0}^{\infty} \frac{f^{(k)}(c)}{k!}(x-c)^k$$

로 쓰며 $f(x)$가 f의 Taylor 급수와 일치할 때, f는 $x=c$에서 Taylor 급수전개 가능하다고 말한다. 또 $c=0$일 때, Maclaurin 급수전개 가능하다고 말한다.

다음은 나머지항 $R_n(x)$가 0으로 수렴하는지 결정하는데 유용한 결과이다.

임의의 실수 x에 대하여 $\lim_{n\to\infty} \frac{x^n}{n!}=0$이다.

예제 6.4.7 $f(x)=e^x$는 모든 x에 대하여 Maclaurin 급수전개 가능함을 보여라.

[풀이] Taylor 정리에 의하여,

$$e^x=1+x+\frac{1}{2!}x^2+\cdots+\frac{1}{n!}x^x+\frac{e^c}{(n+1)!}x^{n+1}$$

(c는 0과 x 사이의 수)이다. 그런데 모든 실수 x에 대하여

$$\lim_{n\to\infty}|R_n(x)| \le e^c \lim_{n\to\infty}\frac{|x|^{n+1}}{(n+1)!} = e^c \cdot 0 = 0$$

이므로 $\lim_{n\to\infty} R_n(x) = 0$이고 따라서

$$e^x = \sum_{n=0}^{\infty}\frac{1}{n!}x^n$$

이다. ■

예제 6.4.8 $\sin x = x - \frac{1}{3!}x^3 + \frac{1}{5!}x^5 - \frac{1}{7!}x^7 + \cdots$임을 보여라.

[풀이] $f(x) = \sin x$라고 하면 $n = 0, 1, 2, \cdots$에 대하여 다음을 얻는다.

$$f^{(2n)}(x) = (-1)^n \sin x, \quad f^{(2n)}(0) = 0,$$
$$f^{(2n+1)}(x) = (-1)^n \cos x, \quad f^{(2n+1)}(0) = (-1)^n.$$

따라서 함수 $f(x) = \sin x$의 Maclaurin 급수는 다음과 같다.

$$\sum_{k=0}^{\infty}\frac{f^{(k)}(0)}{k!}x^k = x - \frac{1}{3!}x^3 + \frac{1}{5!}x^5 - \frac{1}{7!}x^7 + \cdots.$$

$f(x) = \sin x$는 모든 x에 대하여

$$\left|f^{(n)}(x)\right| \le 1,$$
$$0 \le |R_n(x)| = \left|\frac{f^{(n+1)}(c)}{(n+1)!}x^{n+1}\right| \le \frac{|x|^{n+1}}{(n+1)!}$$

이다. 그런데

$$0 \le \lim_{n\to\infty}|R_n| \le \lim_{n\to\infty}\frac{|x|^{n+1}}{(n+1)!} = 0$$

이므로 $\lim_{n\to\infty} R_n = 0$이다. 따라서

$$\sin x = x - \frac{1}{3!}x^3 + \frac{1}{5!}x^5 - \frac{1}{7!}x^7 + \cdots$$

이다. ■

연습문제 6.4

1. 다음 함수의 주어진 점에서 2차 이하의 Talylor 다항식을 구하라.

(1) $f(x)=\frac{1}{x},\ a=2$ (2) $f(x)=\frac{1}{x+1},\ a=0$

(3) $f(x)=\sqrt{x},\ a=4$ (4) $f(x)=\sqrt{x+4},\ a=0$

(5) $f(x)=xe^{x},\ a=0$ (6) $f(x)=\sin x,\ a=\frac{\pi}{4}$

(7) $f(x)=\cos x,\ a=\frac{\pi}{4}$ (8) $f(x)=\ln x,\ a=1$

2. Taylor 다항식을 이용하여 다음에 답하라.

(1) $f(x)=-3x^3+x^2-5x+1$을 $x-1$에 관한 다항식으로 나타내고 $f(0.09)$의 값을 구하라.

(2) $f(x)=x^3+3x^2+2x+1$을 $x-1$에 관한 다항식으로 나타내고 $f(1.01)$의 값을 구하라.

3. 다음에 답하라.

(1) $\ln(1+x)=x-\frac{x^2}{2}+\frac{x^3}{3}-\cdots+(-1)^{n+1}\frac{x^n}{n}+\cdots(-1<x\le 1)$을 알 때 3차 Maclaurin 다항식을 이용하여 $\ln 2$의 근사값을 구하라.

(2) $e^x=1+x+\frac{x^2}{2!}+\cdots+\frac{x^n}{n!}+\cdots=\sum_{n=0}^{\infty}\frac{x_n}{n!},\ |x|<\infty$임을 알 때 3차 Maclaurin 다항식을 이용하여 $\sqrt{e}$의 근사값을 구하라.

4. 다음 함수를 Maclaurin 급수전개하라.

(1) $\frac{1}{1-x}$ (2) $\frac{1}{(1+x)^2}$

(3) e^{-x} (4) $e^{\frac{1}{2}x}$

(5) $\cos x^2$ (6) $x\sin x$

5. $\ln(1-x)$와 $\ln(1+x)$의 Maclaurin 급수를 이용하여 $\ln\frac{1+x}{1-x}$의 Maclaurin 급수를 구하라.

Chapter 7

적분

뉴턴(Sir Isaac Newton, 1642~1727)은 학자들과 대중들에게서도 인류 역사상 가장 영향력 있는 사람 가운데 한 명으로 꼽히는 영국의 물리학자, 수학자, 천문학자, 광학자, 자연철학자, 연금술사, 신학자이다. 뉴턴은 당시 행성의 문제 토론을 제의한 핼리(Edmund Halley, 1656~1742)를 통해 《자연철학의 수학적 원리(Philosophiae Naturalis Principia Mathematica, 1687)》를 출간하였다. 첫 번째 실용적 반사 망원경을 제작했으며, 프리즘이 흰 빛을 가시광선으로 분해시키는 스펙트럼을 관찰한 결과를 바탕으로 빛에 대한 이론도 발달시켰다. 또한 실험에 의거한 냉각 법칙을 발명하고 음속에 대해 연구하였고 뉴턴 유체의 개념도 고안하였다. 수학적으로는, 라이프니츠와 함께 미적분의 발달에 대한 성과를 가지고 있다. 일반화된 이항정리를 증명하고, 뉴턴의 방법이라 불리는 미분가능한 연속 함수를 푸는 방법을 발명하였으며, 거듭제곱 급수의 연구에 기여하였다.

7.1 ••• 부정적분

두 함수 $f(x)=2x$, $F(x)=x^2+3$에서 $F'(x)=f(x)$이다. 이와 같이 함수 $f(x)$에 대하여

$$F'(x)=f(x)$$

가 되는 함수 $F(x)$를 $f(x)$의 부정적분이라 한다.

예제 7.1.1 세 함수 x^2+1, x^2-1, $x^2-\sqrt{3}$은 모두 함수 $2x$의 부정적분임을 보여라.

[풀이] $(x^2+1)'=(x^2-1)'=(x^2-\sqrt{3})'=2x$ 이므로 세 함수 모두 함수 $2x$의 부정적분이다. ■

위 예제에서 본 바와 같이 $2x$의 부정적분은 여러 개 존재한다. 관계식 $F'(x)=f(x)$에서 함수 $F(x)$를 기호로 다음과 같이 표시한다.

$$F(x)=\int f(x)\,dx$$

위에서 본 바와 같이 주어진 함수의 부정적분은 여러 개 존재하는데 이들의 관계를 살펴보자. 두 함수 $F(x)$, $G(x)$가 $f(x)$의 부정적분이면

$$F'(x)=f(x), \quad G'(x)=f(x)$$

이므로

$$(F(x)-G(x))'=F'(x)-G'(x)=f(x)-f(x)=0$$

이다. 도함수가 0이 되는 함수는 상수함수이므로 이 상수를 C로 나타내면

$$G(x)=F(x)+C$$

가 된다. 즉, 하나의 부정적분 $f(x)$가 주어지면 다른 부정적분은 $f(x)$에 상수 C를 더해준 것이 된다. 따라서 다음과 같이 표시된다.

$$\int f(x)\,dx=F(x)+C$$

여기서 상수 C를 적분상수라 부르고, 부정적분을 구하는 것을 단순히 적분한다고 한다.

관계식 $\frac{d}{dx}F(x)=f(x)$는

$$\int f(x)\,dx = F(x)+C$$

와 동치이다. 즉,

$$\frac{d}{dx}F(x)=f(x) \quad \Leftrightarrow \quad \int f(x)\,dx = F(x)+C.$$

위의 사실을 이용하면 다음이 성립한다.

$$\frac{d}{dx}\int f(x)\,dx = f(x), \qquad \int \frac{d}{dx}F(x)\,dx = F(x)+C.$$

r가 실수일 때, $f(x)=x^r$의 부정적분을 구하여 보자. $r\neq -1$일 때,

$$\left(\frac{1}{r+1}x^{r+1}\right)' = x^r$$

이므로

$$\int x^r\,dx = \frac{1}{r+1}x^{r+1}+C$$

이다. 한편

$$(\ln|x|)' = \frac{1}{x}$$

이므로

$$\int \frac{1}{x}\,dx = \ln|x| + C$$

이다.

이상을 정리하면 다음과 같다.

> 함수 $y=x^r$의 부정적분은 다음과 같다.
>
> (1) $r\neq -1$일 때, $\int x^r\,dx = \frac{1}{r+1}x^{r+1}+C$
>
> (2) $r=-1$일 때, $\int x^{-1}\,dx = \int \frac{1}{x}\,dx = \ln|x|+C$

예제 7.1.2 다음 부정적분을 구하라.

(1) $\int x^3 dx$ (2) $\int t^{\frac{1}{2}} dt$

[풀이] (1) $\left(\frac{1}{4}x^4\right)' = x^3$이므로 $\int x^3 dx = \frac{1}{4}x^4 + C$.

(2) $\left(\frac{2}{3}t^{\frac{3}{2}}\right)' = t^{\frac{1}{2}}$이므로 $\int t^{\frac{1}{2}} dt = \frac{2}{3}t^{\frac{3}{2}} + C$. ■

예제 7.1.3 부정적분 $\int \cos x\, dx$를 구하라.

[풀이] $(\sin x)' = \cos x$이므로 $\int \cos x\, dx = \sin x + C$. ■

예제 7.1.4 부정적분 $\int e^{3x} dx$를 구하라.

[풀이] $\left(\frac{1}{3}e^{3x}\right)' = e^{3x}$이므로 $\int e^{3x} dx = \frac{1}{3}e^{3x} + C$. ■

다음으로 함수 $f(x)$가 주어질 때 부정적분 $F(x)$를 어떻게 구하는지 알아보자. 근본적으로 함수들의 미분 공식들로부터 기본적인 함수의 적분을 알아낼 수 있고 이들을 조합함으로써 보다 복잡한 함수의 부정적분을 구할 수 있게 된다.

실제 부정적분의 계산은 함수의 미분공식으로부터 비롯된다. 중요한 미분공식과 부정적분의 관계를 다음에 제시한다.

적분표

(1) $\frac{d}{dx}x^{r+1} = (r+1)x^r$	$\int x^r dx = \frac{1}{r+1}x^{r+1} + C$
(2) $\frac{d}{dx}\ln\lvert x\rvert = \frac{1}{x}$	$\int \frac{1}{x} dx = \ln\lvert x\rvert + C$
(3) $\frac{d}{dx}\sin(ax) = a\cos(ax)$	$\int \cos(ax)\, dx = \frac{1}{a}\sin(ax) + C$
(4) $\frac{d}{dx}\cos(ax) = -a\sin(ax)$	$\int \sin(ax)\, dx = -\frac{1}{a}\cos(ax) + C$
(5) $\frac{d}{dx}\tan(ax) = a\sec^2(ax)$	$\int \sec^2(ax)\, dx = \frac{1}{a}\tan(ax) + C$
(6) $\frac{d}{dx}e^{ax} = ae^{ax}$	$\int e^{ax} dx = \frac{1}{a}e^{ax} + C$

피적분 함수가 하나의 항으로 되어 있는 경우에는 위 적분 공식을 이용하여 쉽게 적분을 구할 수 있는데 여러 개의 항을 포함하거나 위 피적분 함수에 상수가 곱해진 경우에는 다음 부정적분의 성질을 이용하면 구하고자 하는 부정적분을 어렵지 않게 구할 수 있다.

정리 7.1.1 부정적분의 성질

함수 $f(x)$, $g(x)$의 부정적분이 존재하면 다음이 성립한다.

(1) $\int \{f(x) \pm g(x)\}\,dx = \int f(x)\,dx \pm \int g(x)\,dx$

(2) $\int kf(x)\,dx = k\int f(x)\,dx$ (k는 상수)

예제 7.1.5 부정적분 $\int 4\cos x\,dx$를 구하라.

[풀이] 정리 7.1.1의 (2)에 의해서 다음을 구할 수 있다.

$$\begin{aligned}\int 4\cos x\,dx &= 4\int \cos x\,dx \\ &= 4(\sin x + C_1) \\ &= 4\sin x + 4C_1 \\ &= 4\sin x + C \ \ (C = 4C_1).\end{aligned}$$

■

예제 7.1.6 부정적분 $\int (x + x^2)\,dx$를 구하라.

[풀이] 정리 7.1.1의 (1)에 의해서 다음을 구할 수 있다.

$$\begin{aligned}\int (x + x^2)\,dx &= \int x\,dx + \int x^2\,dx \\ &= \left(\frac{1}{2}x^2 + C_1\right) + \left(\frac{1}{3}x^3 + C_2\right) \\ &= \frac{1}{2}x^2 + \frac{1}{3}x^3 + C_1 + C_2 \\ &= \frac{1}{2}x^2 + \frac{1}{3}x^3 + C\,(C = C_1 + C_2).\end{aligned}$$

■

예제 7.1.7 부정적분 $\int (3x+1)^2\,dx$를 구하라.

[풀이] 피적분 함수를 전개하면

$$\int (3x+1)^2\,dx = \int (9x^2 + 6x + 1)\,dx$$

이므로 정리 7.1.1을 적용하면 다음을 구할 수 있다.

$$\begin{aligned}\int (3x+1)^2 dx &= 9\int x^2 dx + 6\int x\,dx + \int 1dx \\ &= 9\left(\frac{1}{3}x^3 + C_1\right) + 6\left(\frac{1}{2}x^2 + C_2\right) + (x + C_3) \\ &= 3x^3 + 3x^2 + x + (9C_1 + 6C_2 + C_3) \\ &= 3x^3 + 3x^2 + x + C \quad (C = 9C_1 + 6C_2 + C_3).\end{aligned}$$

■

[주의] 여러 개의 부정적분을 동시에 계산하는 경우 적분상수는 C 하나로 표현한다.

예제 7.1.8 부정적분 $\int \{3x + \sin(2x)\}\,dx$를 구하라.

[풀이] 정리 7.1.1과 적분표를 참조하면 다음을 구할 수 있다.

$$\begin{aligned}\int \{3x + \sin(2x)\}\,dx &= 3\int x\,dx + \int \sin(2x)\,dx \\ &= 3\cdot\frac{1}{2}x^2 - \frac{1}{2}\cos(2x) + C \\ &= \frac{3}{2}x^2 - \frac{1}{2}\cos(2x) + C.\end{aligned}$$

■

예제 7.1.9 부정적분 $\int (\cos t + \sin t)^2\,dt$를 구하라.

[풀이] 피적분 함수를 전개하면

$$\begin{aligned}(\cos t + \sin t)^2 &= \cos^2 t + 2\cos t\,\sin t + \sin^2 t \\ &= (\cos^2 t + \sin^2 t) + 2\cos t\,\sin t \\ &= 1 + \sin(2t)\end{aligned}$$

이므로

$$\begin{aligned}\int (\cos t + \sin t)^2\,dt &= \int \{1 + \sin(2t)\}\,dt \\ &= \int 1dt + \int \sin(2t)\,dt \\ &= t - \frac{1}{2}\cos(2t) + C\end{aligned}$$

이다. ■

예제 7.1.10 부정적분 $\int (e^{-3x} - 2)^2\,dx$를 구하라.

[풀이] 피적분 함수를 전개하고 적분공식을 이용하면 다음을 구할 수 있다.

$$\begin{aligned}\int (e^{-3x} - 2)^2\,dx &= \int (e^{-6x} - 4e^{-3x} + 4)\,dx \\ &= -\frac{1}{6}e^{-6x} + \frac{4}{3}e^{-3x} + 4x + C.\end{aligned}$$

■

예제 7.1.11 부정적분 $\int \left(\frac{1}{2x}+e^{2x}\right)dx$를 구하라.

[풀이] $(\ln|x|)'=\frac{1}{x}$이고 $(e^{2x})'=2e^{2x}$이므로

$$\left(\frac{1}{2}\ln|x|+\frac{1}{2}e^{2x}\right)'=\frac{1}{2x}+e^{2x}$$

이다. 따라서

$$\int \left(\frac{1}{2x}+e^{2x}\right)dx=\frac{1}{2}\ln|x|+\frac{1}{2}e^{2x}+C$$

이다. ■

피적분 함수가 $\cos^2(ax)$나 $\sin^2(ax)$를 포함하는 경우에는 다음 삼각함수 공식을 사용한다.

$$\cos^2(ax)=\frac{1+\cos(2ax)}{2},\quad \sin^2(ax)=\frac{1-\cos(2ax)}{2}$$

예제 7.1.12 다음 부정적분을 구하라.

(1) $\int \sin^2 x\,dx$　　(2) $\int \sin^2(2x)\,dx$

[풀이] (1)

$$\begin{aligned}\int \sin^2 x\,dx&=\int \frac{1-\cos(2x)}{2}dx\\&=\frac{1}{2}\int 1\,dx-\frac{1}{2}\int \cos(2x)dx\\&=\frac{1}{2}x-\frac{1}{2}\frac{\sin(2x)}{2}+C\\&=\frac{1}{2}x-\frac{1}{4}\sin(2x)+C.\end{aligned}$$

(2)

$$\begin{aligned}\int \sin^2(2x)\,dx&=\int \frac{1-\cos(4x)}{2}dx\\&=\frac{1}{2}\int 1\,dx-\frac{1}{2}\int \cos(4x)\,dx\\&=\frac{1}{2}x-\frac{1}{2}\frac{\sin(4x)}{4}+C\\&=\frac{1}{2}x-\frac{1}{8}\sin(4x)+C.\end{aligned}$$

■

예제 7.1.13 부정적분 $\int \cos^2 \frac{x}{2} dx$를 구하라.

[풀이]

$$\begin{aligned}\int \cos^2 \frac{x}{2} dx &= \int \frac{1+\cos x}{2} dx \\ &= \frac{1}{2}\int 1 dx + \frac{1}{2}\int \cos x \, dx \\ &= \frac{1}{2}x + \frac{1}{2}\sin x + C.\end{aligned}$$

■

예제 7.1.14 부정적분 $\int \{\cos(2x)-3\}^2 dx$를 구하라.

[풀이] 피적분 함수 $\{\cos(2x)-3\}^2$을 전개하면 다음과 같다.

$$\{\cos(2x)-3\}^2 = \cos^2(2x) - 6\cos(2x) + 9$$

위의 식을 부정적분하면 다음을 구할 수 있다.

$$\begin{aligned}\int \{\cos(2x)-3\}^2 dx &= \int \{\cos^2(2x) - 6\cos(2x) + 9\} dx \\ &= \int \left\{\frac{1+\cos(4x)}{2} - 6\cos(2x) + 9\right\} dx \\ &= \int \left\{\frac{19}{2} + \frac{1}{2}\cos(4x) - 6\cos(2x)\right\} dx \\ &= \frac{19}{2}x + \frac{1}{2}\cdot\frac{\sin(4x)}{4} - 6\cdot\frac{\sin(2x)}{2} + C \\ &= \frac{19}{2}x + \frac{1}{8}\sin(4x) - 3\sin(2x) + C.\end{aligned}$$

■

예제 7.1.15 함수 $F(x) = \int (x+\sin x)\, dx$라고 할 때 $F(0)=0$이 되는 함수 $F(x)$를 구하라.

[풀이] $\left(\frac{1}{2}x^2 - \cos x\right)' = x + \sin x$이므로

$$F(x) = \int (x+\sin x)\, dx = \frac{1}{2}x^2 - \cos x + C$$

가 된다. 한편

$$F(0) = -1 + C = 0$$

이므로 $C=1$이다. 따라서

$$F(x) = \frac{1}{2}x^2 - \cos x + 1$$

이다. ■

예제 7.1.16 두 함수 $f(x)$, $g(x)$가 $f(x)+g(x)=x$이고

$$\int f(x)\,dx + 2\int g(x)\,dx = x^3$$

을 만족할 때 두 함수 $f(x)$, $g(x)$를 구하라.

[풀이] 정리 7.1.1을 이용하면 두 함수 $f(x)$, $g(x)$는 다음 식을 만족한다.

$$\int (f(x)+2g(x))\,dx = x^3$$

위 식의 양변을 미분하면

$$f(x)+2g(x)=3x^2$$

이다. 주어진 조건 $f(x)+g(x)=x$를 이용하면 $g(x)=3x^2-x$이고 $f(x)=x-g(x)=-3x^2+2x$가 된다. ■

예제 7.1.17 다음 조건을 만족하는 함수 $F(x)$를 구하라.

$$F'(x)=\cos(3x)-2\sin x,\quad F\left(\frac{\pi}{2}\right)=0$$

[풀이]

$$\begin{aligned} F(x) &= \int \{\cos(3x)-2\sin x\}\,dx \\ &= \frac{1}{3}\sin(3x)+2\cos x + C \end{aligned}$$

이므로 조건 $F\left(\frac{\pi}{2}\right)=0$에 의해

$$\frac{1}{3}\sin\left(\frac{3}{2}\pi\right)+2\cos\frac{\pi}{2}+C=0$$

이다. $\sin\left(\frac{3}{2}\pi\right)=-1$, $\cos\frac{\pi}{2}=0$이고 $C=\frac{1}{3}$이므로

$$F(x)=\frac{1}{3}\sin(3x)+2\cos x+\frac{1}{3}$$

이다. ■

예제 7.1.18 평면 위의 점 (1, 2)를 지나는 곡선 $y=f(x)$가 있다. 곡선 위에 있는 임의의 점 (x, y)에서 그은 접선의 기울기가 x^2-2x+3일 때 이 곡선의 식 $f(x)$를 구하라.

[풀이] 곡선의 기울기는 $f'(x)$와 같으므로

$$f'(x)=x^2-2x+3$$

이 성립한다.

$$y = f(x) = \int (x^2 - 2x + 3)\,dx = \frac{1}{3}x^3 - x^2 + 3x + C$$

이고 (1, 2)를 지나므로 $x = 1$일 때 $y = 2$이어야 한다. 즉,

$$2 = \frac{1}{3}\cdot 1^3 - 1^2 + 3\cdot 1 + C$$

가 성립하므로 $C = -\frac{1}{3}$이다. 따라서 구하는 곡선의 식 $f(x)$는 다음과 같다.

$$f(x) = \frac{1}{3}x^3 - x^2 + 3x - \frac{1}{3}.$$

■

연습문제 7.1

1. 다음 부정적분을 구하라.

(1) $\int (2x - 3)\,dx$ (2) $\int \frac{x^3 + 1}{x + 1}\,dx$

(3) $\int (\sqrt{x} - 2x)^3\,dt$ (4) $\int \left(\frac{1}{\sqrt{x}} - \frac{3}{x^2}\right)dx$

(5) $\int \left(t^{\frac{3}{2}} - \frac{1}{\sqrt{t}}\right)dt$ (6) $\int \left(2y^2 - \frac{1}{y^3}\right)^2 dy$

2. 다음 부정적분을 구하라.

(1) $\int \{\cos(3x) - 2\}^2\,dx$ (2) $\int \left\{3\cos\left(\frac{x}{2}\right) - 4\sin(3x)\right\}dx$

(3) $\int \frac{\cos^2 x}{1 - \sin x}\,dx$ (4) $\int \frac{\cos^3 x + \sin^3 x}{\cos x + \sin x}\,dx$

(5) $\int \tan^2 x\,dx$ (6) $\int (\tan x + \sec x)^2\,dx$

3. 다음 부정적분을 구하라.

(1) $\int e^{x+2}\,dx$ (2) $\int (e^{-x} + 2e^x)\,dx$

(3) $\int \left(e^{-3x} - \frac{2}{x}\right)dx$ (4) $\int (e^x + e^{-x})^2\,dx$

(5) $\int (e^{2x} - 3)^2\,dx$ (6) $\int \left(e^{-x} - \frac{1}{2}e^{2x}\right)^2 dx$

4. 다음을 만족시키는 함수 $F(x)$를 구하라.

$$F'(x) = \frac{1}{2}e^{3x} - \cos(x), \quad F\left(\frac{\pi}{2}\right) = 0$$

5. 다음을 만족시키는 함수 $F(x)$를 구하라.

$$F'(x) = \frac{2}{x} - x + \frac{1}{2}, \quad F(e) = 3$$

6. 이차함수 $f(x)$의 부정적분 중의 하나인 $F(x)$에 대하여

$$xf(x) - F(x) = 2x^3, \quad f(0) = -3$$

이 성립할 때, 방정식 $f(x) = 0$의 근을 구하라.

7.2 ••• 치환적분법

5장에서 배운 합성함수의 미분법(chain rule, 연쇄법칙)을 생각해보자. 두 함수 $F(x)$, $g(x)$가 미분가능한 함수이면

$$\frac{d}{dx}F(g(x)) = F'(g(x))\,g'(x)$$

가 성립한다. 여기서 $F'(x) = f(x)$라 하면

$$\int f(g(x))\,g'(x)\,dx = F(g(x)) + C$$

이다. 실제 계산에서는 $u = g(x)$라 둘 때

$$\frac{du}{dx} = g'(x) \quad \Leftrightarrow \quad du = g'(x)\,dx$$

이므로

$$\int f(g(x))\,g'(x)\,dx = \int f(u)\,du$$

를 계산한 후 u 대신에 $g(x)$를 대입하면 된다. 이 과정에서 어떤 함수를 u로 치환할지 미리 짐작하는 것이 매우 중요하다.

예제 7.2.1 부정적분 $\int (2x^2+3)^{10}\,x\,dx$를 구하라.

[풀이] $(2x^2+3)' = 4x$ 이므로 $u = 2x^2+3$이라 치환하면 $du = 4x\,dx$이다. 따라서

$$\int (2x^2+3)^{10}\,xdx = \int u^{10}\frac{1}{4}du = \frac{1}{44}u^{11} + C = \frac{1}{44}\left(2x^2+3\right) + C.$$

■

예제 7.2.2 부정적분 $\int \sin^2 x \cos x\,dx$를 구하라.

[풀이] $(\sin x)' = \cos x$ 임을 이용하여 $u = \sin x$로 치환하면 $du = \cos x\,dx$이다.

$$\begin{aligned}\int \sin^2 x \cos x\,dx &= \int u^2\,du = \frac{1}{3}u^3 + C\\ &= \frac{1}{3}\sin^3 x + C.\end{aligned}$$

■

예제 7.2.3 부정적분 $\int (2e^x+3)^2 e^x\,dx$를 구하라.

[풀이] $u=2e^x+3$으로 치환하면 $du=2e^x\,dx$이다. 따라서

$$\begin{aligned}\int (2e^x+3)^2 e^x\,dx &= \int u^2 \frac{1}{2}du = \frac{1}{2}\int u^2\,du = \frac{1}{6}u^3 + C \\ &= \frac{1}{6}(2e^x+3)^3 + C.\end{aligned}$$

예제 7.2.4 부정적분 $\int \frac{x}{\sqrt{x^2+1}}\,dx$를 구하라.

[풀이] $u=x^2+1$로 치환하면 $du=2x\,dx$이므로 구하는 부정적분은 다음과 같다.

$$\begin{aligned}\int \frac{x}{\sqrt{x^2+1}}\,dx &= \frac{1}{2}\int \frac{2x}{\sqrt{x^2+1}}\,dx = \frac{1}{2}\int \frac{1}{\sqrt{u}}\,du \\ &= \sqrt{u} + C = \sqrt{x^2+1} + C.\end{aligned}$$

예제 7.2.5 부정적분 $\int \tan x\,dx$를 구하라.

[풀이] $\tan x = \frac{\sin x}{\cos x}$이므로 $u=\cos x$로 치환하면 $du=-\sin x\,dx$이고 구하는 부정적분은 다음과 같다.

$$\begin{aligned}\int \tan x\,dx &= \int \frac{\sin x}{\cos x}\,dx = -\int \frac{1}{u}du \\ &= -\ln|u| + C = -\ln|\cos x| + C \\ &= \ln|\sec x| + C.\end{aligned}$$

피적분 함수가 $\sqrt{a^2 \pm x^2}$, $\sqrt{x^2-a^2}$을 포함하는 경우에는 삼각함수를 이용하여 다음과 같이 치환한다. 이 경우 삼각함수를 이용하는 치환이므로 삼각치환이라고 한다.

$$\begin{aligned}&\sqrt{a^2-x^2} : x = a\sin\theta, \quad dx = a\cos\theta\,d\theta \\ &\sqrt{a^2+x^2} : x = a\tan\theta, \quad dx = a\sec^2\theta\,d\theta \\ &\sqrt{x^2-a^2} : x = a\sec\theta, \quad dx = a\sec\theta\tan\theta\,d\theta\end{aligned}$$

예제 7.2.6 부정적분 $\int \sqrt{1-x^2}\,dx$를 구하라.

[풀이] $x=\sin\theta\left(-\frac{\pi}{2}\le\theta\le\frac{\pi}{2}\right)$로 치환하면 $dx=\cos\theta\,d\theta$이므로

$$\begin{aligned}\int\sqrt{1-x^2}\,dx &= \int\sqrt{1-\sin^2\theta}\,\cos\theta\,d\theta=\int\cos^2\theta\,d\theta\\ &=\int\frac{1+\cos(2\theta)}{2}\,d\theta=\frac{1}{2}\theta+\frac{1}{4}\sin(2\theta)+C\\ &=\frac{1}{2}(\theta+\sin\theta\cos\theta)+C\end{aligned}$$

이다. $\sin\theta=x$이므로

$$\cos\theta=\sqrt{1-\sin^2\theta}=\sqrt{1-x^2}$$

이다. 따라서 다음을 얻을 수 있다.

$$\int\sqrt{1-x^2}\,dx=\frac{1}{2}\left(\sin^{-1}x+x\sqrt{1-x^2}\right)+C.$$ ■

예제 7.2.7 부정적분 $\int\frac{1}{(9+x^2)^{3/2}}\,dx$를 구하라.

[풀이] $x=3\tan\theta$라 치환하면 $dx=3\sec^2\theta\,d\theta$이므로

$$\begin{aligned}\int\frac{1}{(9+x^2)^{3/2}}\,dx &= \int\frac{1}{(9+9\tan^2\theta)^{3/2}}\cdot 3\sec^2\theta\,d\theta\\ &=\frac{1}{9}\int\frac{1}{\sec\theta}\,d\theta=\frac{1}{9}\int\cos\theta\,d\theta\\ &=\frac{1}{9}\sin\theta+C\end{aligned}$$

이다. $\tan\theta=\frac{x}{3}$이므로

$$\begin{aligned}\cos\theta &= \frac{1}{\sec\theta}=\frac{1}{\sqrt{1+\tan^2\theta}}=\frac{3}{\sqrt{9+x^2}}\\ \sin\theta &= \sqrt{1-\cos^2\theta}=\frac{x}{\sqrt{9+x^2}}\end{aligned}$$

이다. 따라서 다음을 얻을 수 있다.

$$\int\frac{1}{(9+x^2)^{3/2}}\,dx=\frac{1}{9}\frac{x}{\sqrt{9+x^2}}+C.$$ ■

예제 7.2.8 부정적분 $\int\frac{x}{\sqrt{4-x^2}}\,dx$를 구하라.

[풀이] $x=2\sin\theta$라 치환하면 $dx=2\cos\theta\,d\theta$이므로

$$\begin{aligned}\int \frac{x}{\sqrt{4-x^2}}\,dx &= \int \frac{2\sin\theta}{\sqrt{4(1-\sin^2\theta)}}\cdot 2\cos\theta d\theta \\ &= 2\int \sin\theta d\theta \\ &= -2\cos\theta + C\end{aligned}$$

이다. $\sin\theta = \frac{x}{2}$ 이고

$$\cos\theta = \sqrt{1-\sin^2\theta} = \frac{\sqrt{4-x^2}}{2}$$

이므로

$$\int \frac{x}{\sqrt{4-x^2}}\,dx = -\sqrt{4-x^2} + C.$$

■

다음은 치환적분법에서 유용한 미분공식들이다.

(1) $\frac{d}{dx}\cos(g(x)) = -\sin(g(x))\,g'(x)$

(2) $\frac{d}{dx}\sin(g(x)) = \cos(g(x))\,g'(x)$

(3) $\frac{d}{dx}\tan(g(x)) = \sec^2(g(x))\,g'(x)$

(4) $\frac{d}{dx}\sin^{-1}(g(x)) = \frac{g'(x)}{\sqrt{1-(g(x))^2}}$

(5) $\frac{d}{dx}\tan^{-1}(g(x)) = \frac{g'(x)}{1+(g(x))^2}$

(6) $\frac{d}{dx}(e^{g(x)}) = e^{g(x)}\,g'(x)$

(7) $\frac{d}{dx}\ln|f(x)| = \frac{f'(x)}{f(x)}$

(8) $\frac{d}{dx}(g(x))^r = rg(x)^{r-1}\,g'(x)$

연습문제 7.2

1. 다음 부정적분을 구하라.

(1) $\int (2x+5)^8 dx$

(2) $\int \sqrt{2x+3}\,dx$

(3) $\int x^2(1+x^3)^2\,dx$

(4) $\int \frac{x}{1+4x^2}\,dx$

(5) $\int x\sqrt{x^2-1}\,dx$

(6) $\int \frac{x}{\sqrt{x^2-3}}\,dx$

2. 다음 부정적분을 구하라.

(1) $\int \cos(4x+1)\,dx$

(2) $\int \cos^3 x \sin x\,dx$

(3) $\int x^2 \sin(x^3)\,dx$

(4) $\int \dfrac{\cos x}{1+\sin^2 x}\,dx$

(5) $\int \sec^2(6x+1)\,dx$

(6) $\int x\sec(x^2)\tan(x^2)\,dx$

3. 다음 부정적분을 구하라.

(1) $\int e^{2x-1}\,dx$

(2) $\int x^3 e^{-x^4}\,dx$

(3) $\int \dfrac{2e^{2x}}{e^{2x}+5}\,dx$

(4) $\int \dfrac{e^x}{(e^x+3)^9}\,dx$

(5) $\int e^x\sqrt{e^x+1}\,dx$

(6) $\int \dfrac{1}{x\ln x}\,dx$

4. 삼각치환을 이용하여 다음 부정적분을 구하라.

(1) $\int \sqrt{16-x^2}\,dx$

(2) $\int \sqrt{2x-x^2}\,dx$

(3) $\int \dfrac{x}{\sqrt{1-x^2}}\,dx$

(4) $\int x^2\sqrt{1-x^2}\,dx$

(5) $\int \dfrac{1}{x^2+9}\,dx$

(6) $\int \dfrac{\sqrt{x^2-1}}{x}\,dx$

5. 다음 조건을 만족시키는 함수 $f(x)$를 구하라.

$$f'(x)=\frac{1}{x\ln x},\qquad f(e)=0$$

6. 어느 제조회사가 새로운 기술로 제품을 생산한지 x일 후의 이익을 $f(x)$천만 원이라고 하면 $f'(x)$는

$$f'(x)=2xe^{x^2}$$

이라고 한다. 새로운 기술로 제품을 생산한지 10일 후의 이익이 2천만 원일 때, $f(x)$를 구하라.

7. 함수 $f(x)$가 연속함수일 때 다음을 증명하라.

$$\int_0^a f(x)\,dx=\int_0^a f(a-x)\,dx,\qquad a>0$$

7.3 ••• 부분적분법

미분가능한 두 함수 $f(x)$, $g(x)$에 대한 곱의 미분공식은

$$(f(x)g(x))' = f'(x)g(x) + f(x)g'(x)$$

이므로

$$f'(x)g(x) = (f(x)g(x))' - f(x)g'(x)$$

이다. 이 때 양변을 x에 관하여 적분하면 다음을 얻을 수 있다.

$$\int f'(x)g(x)\,dx = f(x)g(x) - \int f(x)g'(x)\,dx$$

이러한 적분방법을 부분적분법이라고 한다.

정리 7.3.1

두 함수 $f(x)$, $g(x)$에 대한 부분적분법은 다음과 같다.

(1) $\int f'(x)g(x)\,dx = f(x)g(x) - \int f(x)g'(x)\,dx$

(2) $\int f(x)g'(x)\,dx = f(x)g(x) - \int f'(x)g(x)\,dx$

예제 7.3.1 부정적분 $\int x\sin x\,dx$를 구하라.

[풀이] $f'(x) = \sin x$, $g(x) = x$라 하면

$$f(x) = -\cos x,\ g'(x) = 1$$

이므로 부분적분법을 적용하면 다음을 얻을 수 있다.

$$\begin{aligned}\int x\sin x\,dx &= -x\cos x - \int(-\cos x)\,dx \\ &= -x\cos x + \sin x + C.\end{aligned}$$

■

예제 7.3.2 부정적분 $\int x^2 e^x dx$를 구하라.

[풀이] $f'(x) = e^x$, $g(x) = x^2$이라 하고 부분적분법을 적용하면 다음과 같다.

$$\int x^2 e^x dx = x^2 e^x - \int 2xe^x dx = x^2 e^x - 2\int xe^x dx$$

위의 식에서 $\int xe^x dx$를 구하기 위해 $f'(x) = e^x$, $g(x) = x$라 하고 부분적분법을 다시 적용하면

$$\int xe^x dx = xe^x - \int 1 \cdot e^x dx = xe^x - e^x + C_1$$

이다. 따라서 구하는 부정적분은 다음과 같다.

$$\begin{aligned}\int x^2 e^x dx &= x^2 e^x - 2\int xe^x dx \\ &= x^2 e^x - 2xe^x + 2e^x + C.\end{aligned}$$

■

예제 7.3.3 부정적분 $\int \ln x dx$를 구하라.

[풀이] $\ln x = 1 \cdot \ln x$에서 $f'(x) = 1$, $g(x) = \ln x$라 하면

$$f(x) = x,\ g'(x) = \frac{1}{x}$$

이므로

$$\int \ln x dx = x\ln x - \int x \cdot \frac{1}{x} dx = x\ln x - x + C.$$

■

삼각함수나 지수함수에 다항함수가 곱해진 경우에는 삼각함수나 지수함수를 $f'(x)$, 다항함수를 $g(x)$로 간주하는 것이 좋고, 다항함수와 로그함수가 곱해진 경우에는 반대로 택해야 계산이 가능하다. 삼각함수와 지수함수가 곱해진 경우에는 둘 중 어느 함수나 $f'(x)$로 놓고 부분적분법을 두 번 적용해야 한다.

예제 7.3.4 부정적분 $\int e^x \cos x dx$를 구하라.

[풀이] $f'(x) = e^x$, $g(x) = \cos x$라 하면

$$f(x) = e^x, \quad g'(x) = -\sin x$$

이므로

$$\int e^x \cos x\,dx = e^x \cos x - \int e^x(-\sin x)\,dx$$
$$= e^x \cos x + \int e^x \sin x\,dx$$

이다. $\int e^x \sin x\,dx$를 구하기 위해 $f'(x) = e^x$, $g(x) = \sin x$라 하고 부분적분법을 다시 적용하면

$$\int e^x \sin x\,dx = e^x \sin x - \int e^x \cos x\,dx$$

이다. 따라서

$$\int e^x \cos x\,dx = e^x \cos x + e^x \sin x - \int e^x \cos x\,dx$$

이므로 구하는 부정적분은 다음과 같다.

$$\int e^x \cos x\,dx = \frac{e^x(\cos x + \sin x)}{2} + C.$$

■

연습문제 7.3

1. 다음 부정적분을 구하라.

(1) $\int xe^{-x}\,dx$

(2) $\int xe^{2x}\,dx$

(3) $\int x^2 e^{-3x}\,dx$

(4) $\int (2x+3)e^{-x}\,dx$

2. 다음 부정적분을 구하라.

(1) $\int x\cos x\,dx$

(2) $\int x\sin(3x)\,dx$

(3) $\int x^2 \sin x\,dx$

(4) $\int x^2\cos(2x)\,dx$

3. 다음 부정적분을 구하라.

(1) $\int x\ln x\,dx$

(2) $\int (3x^2 - x)\ln x\,dx$

(3) $\int (\ln x)^2\,dx$

(4) $\int x(\ln x)^2\,dx$

4. 다음 부정적분을 구하라.

(1) $\int e^{x} \sin x\, dx$ (2) $\int e^{3x} \cos x\, dx$

(3) $\int e^{-2x} \cos(2x)\, dx$ (4) $\int xe^{x^2} \cos(x^2)\, dx$

5. 점 $(0, -1)$을 지나는 곡선 $y = f(x)$ 위의 임의의 점 (x, y)에서의 접선의 기울기가 xe^{x}일 때, $f(1)$의 값을 구하라.

6. 연속함수 $f(x)$에 대하여 $f(1) = 0$이고

$$\int f(x)\, dx = xf(x) - x^2 e^{-x}$$

일 때, $f(2)$의 값을 구하라.

7.4 ••• 삼각함수의 적분

피적분 함수가 사인함수와 코사인함수들의 곱으로 이루어져 있을 경우에 부정적분을 구하는 방법을 알아보자. 예를 들어 다음 세 가지 형태의 부정적분을 고려하자.

(1) $\int \sin^n x\,dx$,

(2) $\int \cos^n x\,dx$,

(3) $\int \sin^n x \cdot \cos^m x\,dx$.

(1)과 (2) 형태의 부정적분은 다음의 정리로부터 계산될 수 있다.

정리 7.4.1 $\sin^n x$ 및 $\cos^n x$의 부정적분의 일반형

$n \geq 2$인 자연수라고 하면 다음이 성립한다.

(1) $\int \sin^n x\,dx = -\frac{1}{n}\sin^{n-1} x \cdot \cos x + \frac{n-1}{n}\int \sin^{n-2} x\,dx$

(2) $\int \cos^n x\,dx = \frac{1}{n}\cos^{n-1} x \cdot \sin x + \frac{n-1}{n}\int \cos^{n-2} x\,dx$

[증명] $I_n = \int \sin^n x\,dx$라 하면 부분적분법을 적용하여 다음과 같은 계산을 할 수 있다.

$$\begin{aligned}
I_n &= \int \sin^{n-1} x \cdot \sin x\,dx \\
&= \int \sin^{n-1} x \cdot (-\cos x)'dx \\
&= -\sin^{n-1} x \cdot \cos x + \int (n-1)\sin^{n-2} x \cos^2 x\,dx \\
&= -\sin^{n-1} x \cdot \cos x + (n-1)\int \sin^{n-2} x(1-\sin^2 x)dx \\
&= -\sin^{n-1} x \cdot \cos x + (n-1)\int \sin^{n-2} x\,dx - (n-1)\int \sin^n x\,dx \\
&= -\sin^{n-1} x \cdot \cos x + (n-1)I_{n-2} - (n-1)I_n
\end{aligned}$$

따라서 I_n에 관해서 풀면

$$I_n = -\frac{1}{n}\sin^{n-1}x \cdot \cos x + \frac{n-1}{n} I_{n-2}$$

가 된다. ■

정리 7.4.1을 이용하면 차수 n을 두 개씩 떨어뜨린 적분식으로 계속해서 바꾸어 나갈 수 있고 최종적으로 부정적분을 계산해야 할 적분식은 결국 다음의 부정적분들임을 알 수 있다.

$$\int 1dx = x + C,$$
$$\int \sin x\, dx = -\cos x + C,$$
$$\int \cos x\, dx = \sin x + C.$$

예제 7.4.1 부정적분 $\int \sin^3 x\, dx$를 구하라.

[풀이] 정리 7.4.1을 이용하면 $n=3$인 경우이므로

$$\begin{aligned}\int \sin^3 x\, dx &= -\frac{1}{3}\sin^2 x \cdot \cos x + \frac{2}{3}\int \sin x\, dx \\ &= -\frac{1}{3}\sin^2 x \cdot \cos x - \frac{2}{3}\cos x + C.\end{aligned}$$ ■

예제 7.4.2 부정적분 $\int \cos^3 x\, dx$를 구하라.

[풀이] 정리 7.4.1을 이용하지 않고 직접 계산하면 다음과 같다.

$$\begin{aligned}\int \cos^3 x\, dx &= \int \cos^2 x \cos x\, dx = \int (1-\sin^2 x)\cos x\, dx \\ &= \int (1-u^2)du \quad (u = \sin x) \\ &= u - \frac{1}{3}u^3 + C \\ &= \sin x - \frac{1}{3}\sin^3 x + C.\end{aligned}$$ ■

다음으로 적분형태가 다음과 같은 경우를 고려하자.

$$\int \sin^m x \cdot \cos^n x\, dx \quad (m, n \text{은 음이 아닌 정수})$$

위의 부정적분은 다음의 세 가지 경우로 나눌 수 있다.

I. m이 홀수,

Ⅱ. m이 짝수, n이 홀수,

Ⅲ. m, n이 짝수.

I. m이 홀수인 경우

m이 홀수이므로 $m = 2k+1$의 형태로 쓸 수 있다. 한편

$$\begin{aligned}\sin^m x &= \sin^{2k+1} x = \sin^{2k} x \sin x \\ &= (\sin^2 x)^k \sin x = (1-\cos^2 x)^k \sin x\end{aligned}$$

이다. $u = \cos x$로 치환하면 $du = (-\sin x)\,dx$이므로 치환적분법을 적용하면 다음을 얻을 수 있다.

$$\begin{aligned}\int \sin^m x \cos^n x\,dx &= \int (1-\cos^2 x)^k \sin x \cos^n x\,dx \\ &= \int (1-\cos^2 x)^k \cos^n x \sin x\,dx \\ &= -\int (1-\cos^2 x)^k \cos^n x(-\sin x)\,dx \\ &= -\int (1-u^2)^k u^n\,du.\end{aligned}$$

예제 7.4.3 부정적분 $\int \sin^3 x \cdot \cos^2 x\,dx$를 구하라.

[풀이]

$$\begin{aligned}\int \sin^3 x \cdot \cos^2 x\,dx &= \int \sin^2 x \sin x \cos^2 x\,dx \\ &= \int (1-\cos^2 x)\cos^2 x \sin x\,dx \\ &= -\int (1-u^2)u^2\,du \quad (u = \cos x) \\ &= -\int (u^2 - u^4)\,du \\ &= -\frac{1}{3}u^3 + \frac{1}{5}u^5 + C \\ &= -\frac{1}{3}\cos^3 x + \frac{1}{5}\cos^5 x + C.\end{aligned}$$

■

Ⅱ. n이 홀수인 경우

경우 I과 반대로 치환하면 된다. 즉 $u = \sin x$로 치환하면 $du = \cos x\,dx$이다.

예제 7.4.4 부정적분 $\int \sin^2 x \cos^3 x\,dx$를 구하라.

[풀이]

$$\begin{aligned}\int \sin^2 x \cos^3 x\,dx &= \int \sin^2 x \cos^2 x \cos x\,dx \\ &= \int \sin^2 x(1-\sin^2 x)\cos x\,dx \\ &= \int u^2(1-u^2)\,du = \int (u^2-u^4)\,du \\ &= \frac{1}{3}u^3 - \frac{1}{5}u^5 + C \\ &= \frac{1}{3}\sin^3 x - \frac{1}{5}\sin^5 x + C.\end{aligned}$$

■

Ⅲ. m, n이 짝수인 경우

$$\sin^2 x = \frac{1-\cos 2x}{2}, \quad \cos^2 x = \frac{1+\cos 2x}{2}$$

를 이용하여 계산한 후 경우 I 또는 경우 Ⅱ를 적용한다.

예제 7.4.5 부정적분 $\int \sin^2 x \cos^2 x\,dx$를 구하라.

[풀이]

$$\begin{aligned}\int \sin^2 x \cos^2 x\,dx &= \int \frac{1-\cos(2x)}{2}\,\frac{1+\cos(2x)}{2}\,dx \\ &= \frac{1}{4}\int (1-\cos^2(2x))\,dx \\ &= \frac{1}{4}\int \left\{1-\frac{1+\cos(4x)}{2}\right\}dx \\ &= \frac{1}{4}\left\{\frac{1}{2}x - \frac{1}{8}\sin(4x)\right\} + C.\end{aligned}$$

■

n이 양의 정수일 때, $\tan^n x$, $\cot^n x$, $\sec^n x$, $\csc^n x$ 형태의 적분은 항등식

$$\tan^2 x = \sec^2 x - 1, \quad \cot^2 x = \csc^2 x - 1$$

을 이용하여 적분한다.

예제 7.4.6 부정적분 $\int \tan^3 x\, dx$를 구하라.

[풀이]
$$\begin{aligned}\int \tan^3 x\, dx &= \int \tan x \tan^2 x\, dx = \int \tan x(\sec^2 x - 1)\, dx \\ &= \int \tan x \sec^2 x\, dx - \int \tan x\, dx \\ &= \frac{1}{2}\tan^2 x - \int \frac{\sin x}{\cos x}\, dx \\ &= \frac{1}{2}\tan^2 x + \ln|\cos x| + C.\end{aligned}$$
■

다음으로 $\sec x$와 $\csc x$의 부정적분을 구해보자.

$$\begin{aligned}\int \sec x\, dx &= \int \frac{\sec x(\sec x + \tan x)}{\sec x + \tan x}\, dx \\ &= \int \frac{\sec x \tan x + \sec^2 x}{\sec x + \tan x}\, dx \\ &= \ln|\sec x + \tan x| + C\end{aligned}$$

같은 방법으로 다음을 얻을 수 있다.

$$\int \csc x\, dx = -\ln|\csc x + \cot x| + C.$$

예제 7.4.7 부정적분 $\int \sec^3 x\, dx$를 구하라.

[풀이] $f'(x) = \sec^2 x$, $g(x) = \sec x$라 하고 부분적분법을 적용하면

$$\begin{aligned}\int \sec^3 x\, dx &= \int \sec^2 x \sec x\, dx \\ &= f(x)g(x) - \int f(x)g'(x)\, dx \\ &= \tan x \sec x - \int \tan x(\sec x \tan x)\, dx \\ &= \tan x \sec x - \int \sec x \tan^2 x\, dx \\ &= \tan x \sec x - \int \sec x(\sec^2 x - 1)\, dx \\ &= \tan x \sec x - \int \sec^3 x\, dx + \int \sec x\, dx \\ &= \tan x \sec x - \int \sec^3 x\, dx + \ln|\sec x + \tan x|\end{aligned}$$

이다. 따라서

$$2\int \sec^3 x\, dx = \sec x \tan x + \ln|\sec x + \tan x| + C$$

이다. 즉

$$\int \sec^3 x\, dx = \frac{1}{2}\sec x \tan x + \frac{1}{2}\ln|\sec x + \tan x| + C.$$

■

역삼각함수의 적분법

$$\int \frac{1}{\sqrt{1-x^2}}\, dx = \sin^{-1} x + C = -\cos^{-1} x + C$$

$$\int \frac{1}{1+x^2}\, dx = \tan^{-1} x + C$$

$$\int \frac{1}{x\sqrt{x^2-1}}\, dx = \sec^{-1}|x| + C$$

예제 7.4.8 부정적분 $\int \frac{1}{\sqrt{1-4x^2}}\, dx$를 구하라.

[풀이] $u = 2x$라 하면 $du = 2\,dx$이므로 다음을 얻을 수 있다.

$$\begin{aligned}\int \frac{1}{\sqrt{1-4x^2}}\, dx &= \frac{1}{2}\int \frac{1}{\sqrt{1-u^2}}\, du \\ &= \frac{1}{2}\sin^{-1} u + C \\ &= \frac{1}{2}\sin^{-1}(2x) + C.\end{aligned}$$

■

예제 7.4.9 부정적분 $\int \frac{x}{\sqrt{1-4x^4}}\, dx$를 구하라.

[풀이] $u = 2x^2$이라 하면 $du = 4x\,dx$이므로 다음을 얻을 수 있다.

$$\begin{aligned}\int \frac{x}{\sqrt{1-4x^4}}\, dx &= \int \frac{x}{\sqrt{1-(2x^2)^2}}\, dx \\ &= \frac{1}{4}\int \frac{1}{\sqrt{1-u^2}}\, du \\ &= \frac{1}{4}\sin^{-1} u + C \\ &= \frac{1}{4}\sin^{-1}(2x^2) + C.\end{aligned}$$

■

예제 7.4.10 부정적분 $\int \frac{1}{x^2+4}\,dx$를 구하라.

[풀이]

$$\int \frac{1}{x^2+4}\,dx = \int \frac{1}{2^2\left(\frac{x^2}{2^2}+1\right)}\,dx = \frac{1}{4}\int \frac{1}{\left(\frac{x}{2}\right)^2+1}\,dx$$

$u=\frac{x}{2}$라 하면 $du=\frac{1}{2}dx$이므로 다음을 얻을 수 있다.

$$\begin{aligned}\int \frac{1}{x^2+4}\,dx &= \frac{1}{2}\int \frac{1}{u^2+1}\,du \\ &= \frac{1}{2}\tan^{-1}u + C \\ &= \frac{1}{2}\tan^{-1}\left(\frac{x}{2}\right) + C.\end{aligned}$$

■

예제 7.4.11 부정적분 $\int \frac{1}{4x^2+4x+2}\,dx$를 구하라.

[풀이] 피적분 함수의 분모 $4x^2+4x+2=(2x+1)^2+1$이므로 다음을 얻을 수 있다.

$$\begin{aligned}\int \frac{1}{4x^2+4x+2}\,dx &= \int \frac{1}{(2x+1)^2+1}\,dx \\ &= \frac{1}{2}\int \frac{1}{u^2+1}\,du \quad (u=2x+1) \\ &= \frac{1}{2}\tan^{-1}u + C \\ &= \frac{1}{2}\tan^{-1}(2x+1) + C.\end{aligned}$$

■

연습문제 7.4

1. 다음의 부정적분을 구하라.

(1) $\int \sin^4 x\,dx$

(2) $\int \sin^3 x \cdot \cos^3 x\,dx$

(3) $\int \sin^2 x \cdot \cos^5 x\,dx$

(4) $\int \sin^2(2x)\cos^2(2x)\,dx$

(5) $\int \frac{\sin x\cos x}{1+\sin^2 x}\,dx$

(6) $\int \frac{\sin^4 x}{\cos^2 x}\,dx$

2. 다음의 부정적분을 구하라.

(1) $\int (\tan x+1)^2\,dx$

(2) $\int (\tan x+\cot x)^2\,dx$

(3) $\int \sec^4 x \, dx$

(4) $\int e^x \sec^4(e^x + 1) \, dx$

(5) $\int \tan^3(2x) \, dx$

(6) $\int \frac{\sin^3(\ln x) \cos(\ln x)}{x} \, dx$

3. 다음 부정적분을 구하라.

(1) $\int \frac{1}{1 + 4x^2} \, dx$

(2) $\int \frac{\sin x}{1 + \cos^2 x} \, dx$

(3) $\int \frac{e^x}{e^{2x} + 1} \, dx$

(4) $\int \frac{2(x-1)}{\sqrt{1-(x-1)^4}} \, dx$

(5) $\int \frac{\sin^{-1} x}{\sqrt{1-x^2}} \, dx$

(6) $\int \frac{\tan^{-1} x}{1 + x^2} \, dx$

7.5 ••• 유리함수의 적분

두 함수 $f(x)$, $g(x)$가 다항식일 때 $\dfrac{f(x)}{g(x)}$를 유리함수라 한다. $f(x)$의 차수가 $g(x)$의 차수보다 크거나 같으면

$$f(x) = g(x)q(x) + r(x)$$

인 다항식 $q(x)$와 $r(x)$가 존재한다. $q(x)$는 몫이라 하고 $r(x)$는 나머지라 부르는데 $r(x)$의 차수는 $g(x)$의 차수보다 작다. 이제 유리함수의 적분을 살펴보자.

$$\int \frac{f(x)}{g(x)}\,dx = \int q(x)\,dx + \int \frac{r(x)}{g(x)}\,dx$$

인데 $\int q(x)\,dx$는 쉽게 계산되므로 일반적인 유리함수의 적분은

$$\int \frac{r(x)}{g(x)}\,dx \quad (r\text{의 차수가 } g\text{의 차수보다 작다})$$

를 생각하면 된다. 분모의 다항식 $g(x)$가 1차식과 2차식의 곱으로 인수분해할 수 있다고 하면 유리함수를 대응하는 인수의 부분분수의 합으로 나타낼 수 있다.

(i) $(ax+b)^n$이 $g(x)$의 인수이면 대응하는 부분분수는 다음과 같다.

$$\frac{A_1}{ax+b} + \frac{A_2}{(ax+b)^2} + \cdots + \frac{A_n}{(ax+b)^n} \quad (A_1, \cdots, A_n\text{은 상수})$$

(ii) $(ax^2+bx+c)^n$이 $g(x)$의 인수이면 대응하는 부분분수는 다음과 같다.

$$\frac{A_1x+B_1}{ax^2+bx+c} + \frac{A_2x+B_2}{(ax^2+bx+c)^2} + \cdots + \frac{A_nx+B_n}{(ax^2+bx+c)^n}$$

이것을 유리함수의 **부분분수분해**(partial fraction decomposition)라 부른다. 유리함수를 적분하기 위해서는 부분분수분해하고 적분하면 된다.

예제 7.5.1 $\displaystyle\int \frac{1}{x^2+x-2}\,dx$를 구하라.

[풀이] 피적분 함수 $\dfrac{1}{x^2+x-2}$은 다음과 같이 쓸 수 있다.

$$\frac{1}{x^2+x-2}=\frac{1}{(x-1)(x+2)}.$$

이것을 부분분수분해하면

$$\frac{1}{(x-1)(x+2)}=\frac{A}{x-1}+\frac{B}{x+2}\ (A, B\text{는 상수})$$

이고, 양변에 $(x-1)(x+2)$를 곱하면

$$1=A(x+2)+B(x-1)$$

이 된다. 위의 식에 $x=-2$를 대입하면

$$1=-3B \quad \Leftrightarrow \quad B=-\frac{1}{3}$$

이고, $x=1$을 대입하면

$$1=3A \quad \Leftrightarrow \quad A=\frac{1}{3}$$

이다. 따라서 이 값들을 부분분수분해한 식에 대입하면

$$\begin{aligned}\frac{1}{(x-1)(x+2)}&=\frac{A}{x-1}+\frac{B}{x+2}=\frac{\frac{1}{3}}{x-1}+\frac{-\frac{1}{3}}{x+2}\\&=\frac{1}{3}\frac{1}{x-1}+\left(-\frac{1}{3}\right)\frac{1}{x+2}\end{aligned}$$

이고

$$\begin{aligned}\int\frac{1}{(x-1)(x+2)}dx&=\frac{1}{3}\int\frac{1}{x-1}dx+\left(-\frac{1}{3}\right)\int\frac{1}{x+2}dx\\&=\frac{1}{3}\ln|x-1|-\frac{1}{3}\ln|x+2|+C\\&=\frac{1}{3}\left|\frac{x-1}{x+2}\right|+C.\end{aligned}$$

■

예제 7.5.2 $\int\frac{1}{(x-1)(x-2)(x-3)}dx$를 구하라.

[풀이] 분모의 인수 $(x-1)$에 $\frac{A}{x-1}$, $(x-2)$에 $\frac{B}{x-2}$, $(x-3)$에 $\frac{C}{x-3}$가 대응하므로

$$\frac{1}{(x-1)(x-2)(x-3)}=\frac{A}{x-1}+\frac{B}{x-2}+\frac{C}{x-3}$$

인 상수 A, B, C가 존재한다. 이 상수를 구하기 위해 양변에

$$(x-1)(x-2)(x-3)$$

을 곱하면

$$1 = A(x-2)(x-3) + B(x-1)(x-3) + C(x-1)(x-2)$$

이다. 양변에 $x = 1,\ 2,\ 3$을 대입하거나 계수를 비교하면

$$A = \frac{1}{2}, \quad B = -1, \quad C = \frac{1}{2}$$

임을 알 수 있다. 따라서

$$\begin{aligned}\int \frac{1}{(x-1)(x-2)(x-3)}\,dx &= \int \left(\frac{1}{2}\frac{1}{x-1} - \frac{1}{x-2} + \frac{1}{2}\frac{1}{x-3}\right)dx \\ &= \frac{1}{2}\ln|x-1| - \ln|x-2| + \frac{1}{2}\ln|x-3| + C.\end{aligned}$$

■

예제 7.5.3 부정적분 $\int \frac{x+1}{(x-1)^2(x-2)}\,dx$를 구하라.

[풀이]

$$\frac{x+1}{(x-1)^2(x-2)} = \frac{A}{x-1} + \frac{B}{(x-1)^2} + \frac{C}{x-2}$$

라 놓고 양변에 $(x-1)^2(x-2)$를 곱하면

$$x+1 = A(x-1)(x-2) + B(x-2) + C(x-1)^2$$

이다. 위의 식에 $x = 1,\ 2$를 각각 대입하면 $-B = 2,\ C = 3$을 얻고 이를 이용하여 A를 구하면 $A = -3$을 얻는다. 따라서

$$\begin{aligned}\int \frac{x+1}{(x-1)^2(x-2)}\,dx &= -3\int \frac{1}{x-1}\,dx - 2\int \frac{1}{(x-1)^2}\,dx + 3\int \frac{1}{x-2}\,dx \\ &= -3\ln|x-1| + \frac{2}{x-1} + 3\ln|x-2| + C \\ &= 3\ln\frac{|x-2|}{|x-1|} + \frac{2}{x-1} + C.\end{aligned}$$

■

예제 7.5.4 $\int \frac{1}{(x+1)(x^2-x+1)}\,dx$를 구하라.

[풀이] 피적분 함수 $\frac{1}{(x+1)(x^2-x+1)}$를

$$\frac{1}{(x+1)(x^2-x+1)} = \frac{A}{x+1} + \frac{Bx+C}{x^2-x+1}$$

라 놓고 양변에 $(x+1)(x^2-x+1)$을 곱하면

$$1 = A(x^2-x+1) + (Bx+C)(x+1)$$

이다. 위의 식에 의해서 $A,\ B,\ C$를 구하면

$$A=\frac{1}{3},\quad B=-\frac{1}{3},\quad C=\frac{2}{3}$$

이므로

$$\int\frac{1}{(x+1)(x^2-x+1)}dx=\frac{1}{3}\int\frac{1}{x+1}dx-\frac{1}{3}\int\frac{x-2}{x^2-x+1}dx$$

이다.

$$\begin{aligned}\int\frac{x-2}{x^2-x+1}dx&=\int\frac{\frac{1}{2}(2x-1)-\frac{3}{2}}{x^2-x+1}dx\\&=\frac{1}{2}\int\frac{2x-1}{x^2-x+1}dx-\frac{3}{2}\int\frac{1}{x^2-x+1}dx\\&=\frac{1}{2}\ln|x^2-x+1|-\frac{3}{2}\int\frac{1}{\left(x-\frac{1}{2}\right)^2+\left(\frac{\sqrt{3}}{2}\right)^2}dx\\&=\frac{1}{2}\ln|x^2-x+1|-\frac{3}{2}\cdot\frac{4}{3}\int\frac{1}{\left\{\frac{2}{\sqrt{3}}\left(x-\frac{1}{2}\right)\right\}^2+1}dx\\&=\frac{1}{2}\ln|x^2-x+1|-\frac{3}{2}\cdot\frac{2}{\sqrt{3}}\tan^{-1}\left\{\frac{2}{\sqrt{3}}\left(x-\frac{1}{2}\right)\right\}+C\end{aligned}$$

이므로 다음을 얻을 수 있다.

$$\begin{aligned}\int\frac{1}{(x+1)(x^2-x+1)}dx&=\frac{1}{3}\int\frac{1}{x+1}dx-\frac{1}{3}\int\frac{x-2}{x^2-x+1}dx\\&=\frac{1}{3}\ln|x+1|-\frac{1}{6}\ln|x^2-x+1|+\frac{1}{\sqrt{3}}\tan^{-1}\left\{\frac{2}{\sqrt{3}}\left(x-\frac{1}{2}\right)\right\}+C.\end{aligned}$$

■

예제 7.5.5 $\int\frac{x^3+2x+1}{x^2-1}dx$를 구하라.

[풀이] 피적분 함수 $\frac{x^3+2x+1}{x^2-1}$의 분자의 차수가 분모의 차수보다 크기 때문에 다음과 같이 피적분 함수를 변형시켜야 한다.

$$\begin{aligned}\frac{x^3+2x+1}{x^2-1}&=\frac{x(x^2-1)+x+2x+1}{x^2-1}\\&=x+\frac{3x+1}{x^2-1}\\&=x+\frac{2}{x-1}+\frac{1}{x+1}.\end{aligned}$$

따라서

$$\begin{aligned}\int\frac{x^3+2x+1}{x^2-1}dx&=\int x\,dx+\int\left(\frac{2}{x-1}+\frac{1}{x+1}\right)dx\\&=\frac{1}{2}x^2+2\ln|x-1|+\ln|x+1|+C.\end{aligned}$$

■

연습문제 7.5

1. 다음 유리함수를 부분분수로 분해하라.

(1) $\dfrac{1}{x^2-9}$ (2) $\dfrac{1}{x^3+x}$

(3) $\dfrac{2x+3}{x^2(x-1)}$ (4) $\dfrac{x^3}{x^2-4}$

2. 다음 부정적분을 구하라.

(1) $\displaystyle\int \frac{1}{(x-2)(x-3)}\,dx$ (2) $\displaystyle\int \frac{5}{(x-2)(x+3)}\,dx$

(3) $\displaystyle\int \frac{1}{x^2-2x}\,dx$ (4) $\displaystyle\int \frac{1}{4-x^2}\,dx$

3. 다음 부정적분을 구하라.

(1) $\displaystyle\int \frac{1}{x(x-1)^2}\,dx$ (2) $\displaystyle\int \frac{1}{(x^2-1)^2}\,dx$

(3) $\displaystyle\int \frac{1}{x^4-1}\,dx$ (4) $\displaystyle\int \frac{1}{x^3+x}\,dx$

4. 다음 부정적분을 구하라.

(1) $\displaystyle\int \frac{3x}{x^2-8x+15}\,dx$ (2) $\displaystyle\int \frac{2x+3}{x^2(x-1)}\,dx$

(3) $\displaystyle\int \frac{x^2}{x^2-1}\,dx$ (4) $\displaystyle\int \frac{3x^3-x+1}{x^3-x^2}\,dx$

5. 함수 $f(x)$의 도함수가 $f'(x)=\dfrac{1}{x^2-1}$이고 곡선 $y=f(x)$가 원점을 지날 때, $f(3)$의 값을 구하라.

Chapter 8

정적분의 응용

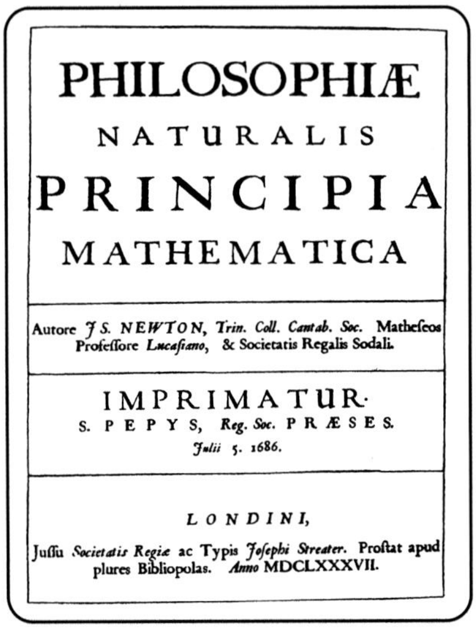

PHILOSOPHIÆ
NATURALIS
PRINCIPIA
MATHEMATICA

Autore *J S. NEWTON, Trin. Coll. Cantab. Soc.* Matheſeos Profeſſore *Lucaſiano*, & Societatis Regalis Sodali.

IMPRIMATUR·
S. PEPYS, *Reg. Soc.* PRÆSES.
Julii 5. 1686.

LONDINI,
Juſſu *Societatis Regiæ* ac Typis *Joſephi Streater*. Proſtat apud plures Bibliopolas. *Anno* MDCLXXXVII.

뉴턴의 저서 《자연철학의 수학적 원리(Philosophiae Naturalis Principia Mathematica, 1687)》는 보통 《프린키피아(Principia)》로 불리는데, 이 책을 통해 이론물리학의 기초가 쌓이고 뉴턴역학의 체계가 세워졌다. 3부로 된 이 라틴어 저서는 간단한 유율법의 설명으로부터 역학의 원리, 인력의 법칙과 그 응용, 유체(流體)의 문제, 태양행성의 운동에서 조석(潮汐)의 이론 등에 이르기까지 계통적으로 논술되어 있다. 또 방정식론 등의 대수학(代數學) 분야의 여러 업적은 《Arithmetica universalis sive de compositione et resolutione arithmetica liber》(1707)로 간행되었다.

8.1 ••• 정적분

도형의 넓이나 부피를 구할 때, 주어진 도형의 넓이 또는 부피를 알고 있는 몇 개의 작은 도형(예를 들면, 직사각형, 원판, 직육면체 등)으로 분할하여 그 합으로 근삿값을 구하고, 이 근삿값의 극한값으로 도형의 넓이나 부피를 구하는 방법을 구분구적법이라고 한다. 다음 예제에서 구분구적법을 공부해 보자.

예제 8.1.1 구간 $[0, 1]$에서 $y = x^2$의 그래프 및 x축으로 둘러싸인 도형의 넓이 S를 구하라.

[풀이] 구간 $[0, 1]$을 n등분한 점을 $x_0, x_1, \cdots, x_n$이라 하자. 실제로

$$x_0 = 0, \quad x_i = \frac{i}{n} \ (i = 1, 2, 3, \cdots, n)$$

이다. 나누어진 구간 $[x_{i-1}, x_i]$에 높이가 x_i^2인 작은 직사각형을 만들고 넓이의 합을 $U(n)$으로 나타내면 다음과 같다.

$$U(n) = \sum_{i=1}^{n} x_i^2 (x_i - x_{i-1}) = \sum_{i=1}^{n} \left(\frac{i}{n}\right)^2 \frac{1}{n} = \frac{1}{n^3} \sum_{i=1}^{n} i^2$$
$$= \frac{1}{n^3} \frac{n(n+1)(2n+1)}{6}.$$

같은 방법으로 구간 $[x_{i-1}, x_i]$에 높이가 x_{i-1}^2인 직사각형을 만들고 넓이의 합 $L(n)$을 구하면

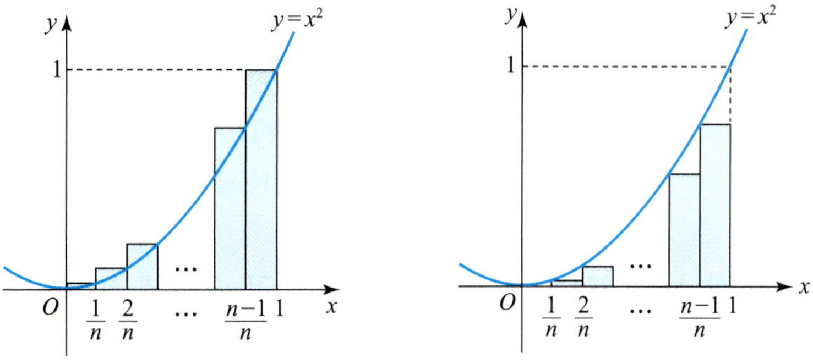

그림 8.1.1

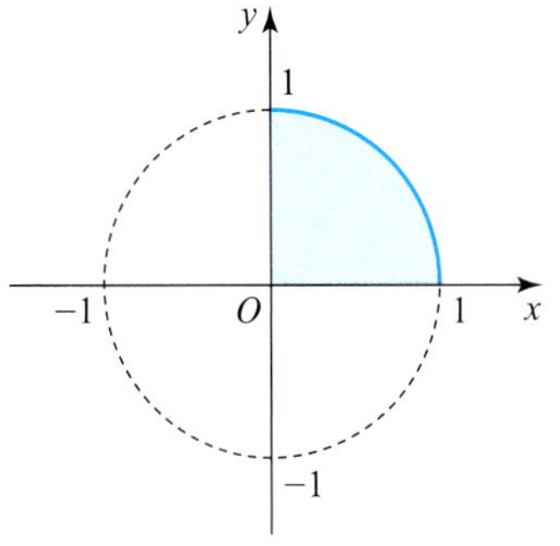

그림 8.1.2

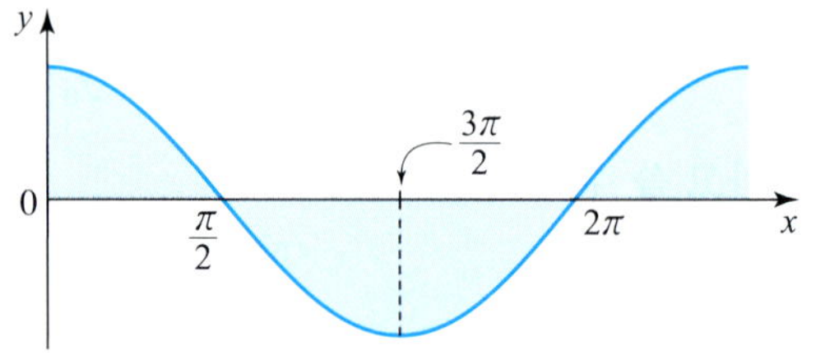

그림 8.1.3

예제 8.1.3 정적분 $\int_0^{2\pi} \cos x\, dx = 0$임을 보여라.

[풀이] 그림 8.1.3과 같이

$$(x\text{축 위 도형의 넓이}) = (x\text{축 아래 도형의 넓이})$$

이기 때문에

$$\int_0^{2\pi} \cos x\, dx = 0$$

이다. ■

여기에서 정적분의 기본 성질 몇 가지를 살펴보면 다음과 같다. 아래의 성질들은 정적분의 정의에 따르면 쉽게 이해할 수 있다. 부정적분과 정적분의 관계를 살펴본 후 아래의 성질들은 정리 8.1.4에서 증명한다.

정적분의 기본성질

(1) $\int_a^a f(x)\, dx = 0$

(2) $\int_a^c f(x)\, dx + \int_c^b f(x)\, dx = \int_a^b f(x)\, dx, \quad (a < c < b)$

(3) $\int_b^a f(x)\, dx = -\int_a^b f(x)\, dx$

예제 8.1.4 다음이 성립함을 보여라.

(1) $f(x)=f(-x)$이면 $\int_{-a}^{a} f(x)\,dx = 2\int_{0}^{a} f(x)\,dx$

(2) $f(x)=-f(-x)$이면 $\int_{-a}^{a} f(x)\,dx = 0$

[풀이] (1) $f(x)=f(-x)$이면 함수 $f(x)$가 y축에 대하여 대칭이므로

$$\int_{-a}^{0} f(x)\,dx = \int_{0}^{a} f(x)\,dx$$

이다. 따라서

$$\int_{-a}^{a} f(x)\,dx = \int_{-a}^{0} f(x)\,dx + \int_{0}^{a} f(x)\,dx = 2\int_{0}^{a} f(x)\,dx.$$

(2) $f(x)=-f(-x)$이면 함수 $f(x)$가 원점에 대하여 대칭이므로

$$\int_{-a}^{0} f(x)\,dx = -\int_{0}^{a} f(x)\,dx$$

이다. 따라서

$$\int_{-a}^{a} f(x)\,dx = \int_{-a}^{0} f(x)\,dx + \int_{0}^{a} f(x)\,dx = 0.$$

■

앞에서 살펴본 정적분의 정의를 생각하면 정적분이 어떤 도형의 넓이를 구하는 데 사용될 수 있음을 알 수 있다. 그러나 넓이란 정적분을 이용해 구할 수 있는 여러 양 중 하나에 불과하다. 입체의 부피, 질량, 전류의 양, 물체가 받는 힘 등 여러 분야에서 정적분이 적용된다.

정의에 입각하여 정적분을 구하는 것은 매우 어렵다. 또한 적분가능 함수라 할지라도 정적분의 계산이 불가능한 경우가 많다.

다음으로 정적분과 부정적분의 관계를 살펴보고 정적분의 몇 가지 성질을 살펴본다.

정리 8.1.2 미적분학의 기본정리 1 : 부정적분의 존재성

함수 $f(x)$가 $[a, b]$에서 연속일 때

$$F(x) = \int_{a}^{x} f(t)\,dt, \quad x \in [a, b]$$

라 하면 $F(x)$는 미분가능한 함수이고

$$\frac{d}{dx}F(x) = F'(x) = f(x)$$

이다.

[증명] 양수 h에 대해서

$$\begin{aligned}\frac{F(x+h)-F(x)}{h} &= \frac{1}{h}\left[\int_a^{x+h} f(t)\,dt - \int_a^x f(t)\,dt\right] \\ &= \frac{1}{h}\left[\left(\int_a^x f(t)\,dt + \int_x^{x+h} f(t)\,dt\right) - \int_a^x f(t)\,dt\right] \\ &= \frac{1}{h}\int_x^{x+h} f(t)\,dt\end{aligned}$$

이다. 구간 $[x, x+h]$에서 함수 $f(x)$의 최댓값을 M, 최솟값을 m이라 하면

$$\begin{aligned} m \le f(t) \le M \;&\Rightarrow\; \int_x^{x+h} m\,dt \le \int_x^{x+h} f(t)\,dt \le \int_x^{x+h} M\,dt \\ &\Rightarrow\; m \le \frac{1}{h}\int_x^{x+h} f(t)\,dt \le M\end{aligned}$$

이므로 중간값 정리에 의해

$$\frac{F(x+h)-F(x)}{h} = \frac{1}{h}\int_x^{x+h} f(t)\,dt = f(c)$$

인 $c \in (x, x+h)$가 존재하는데 $h \to 0$일 때 $c \to x$이고 $f(c) \to f(x)$이므로 정리가 증명된다. ■

예제 8.1.5 $F(x) = \int_0^x \frac{1}{1+t^3}\,dt$일 때 $F'(x)$를 구하라.

[풀이] 정리 8.1.2에 의해

$$F'(x) = \frac{d}{dx}\int_0^x \frac{1}{1+t^3}\,dt = \frac{1}{1+x^3}.$$ ■

정리 8.1.3 미적분학의 기본정리 2 : 부정적분을 이용한 정적분의 계산

$F(x)$가 $f(x)$의 부정적분 중 하나이면 다음이 성립한다.

$$\int_a^b f(x)\,dx = F(b) - F(a) = [F(x)]_a^b$$

[증명] 정리 8.1.2에 의해 함수 $f(x)$의 부정적분이 적어도 하나 존재함을 알고 있다. $G(x) = \int_a^x f(t)\,dt$라 정의하면

$$F(x) = G(x) + C$$

이고

$$\begin{aligned}F(b)-F(a)&=[G(b)+C]-[G(a)+C]\\&=G(b)-G(a)\\&=\int_a^b f(t)\,dt-\int_a^a f(t)\,dt\\&=\int_a^b f(t)\,dt\end{aligned}$$

이므로 정리가 증명된다. ■

정리 8.1.2는 모든 연속함수가 부정적분을 가짐을 의미하고, 정리 8.1.3은 피적분 함수의 부정적분을 구할 수 있으면 정적분이 매우 간단하게 구할 수 있음을 말해준다. 따라서 정적분의 계산은 부정적분의 계산에 달려 있다.

예제 8.1.6 다음 정적분을 구하라.

(1) $\int_0^{\frac{\pi}{2}} \cos x\,dx$ (2) $\int_1^2 x^2\,dx$

(3) $\int_{-1}^1 (4-x^2)\,dx$

[풀이] $(\sin x)'=\cos x$, $\left(\frac{1}{3}x^3\right)'=x^2$, $\left(4x-\frac{1}{3}x^3\right)'=4-x^2$ 이므로

(1), (2)에 대해서

$$\int_0^{\frac{\pi}{2}} \cos x\,dx=[\sin x]_0^{\pi/2}=\sin\frac{\pi}{2}-\sin 0=1,$$

$$\int_1^2 x^2\,dx=\left[\frac{1}{3}x^3\right]_1^2=\frac{1}{3}2^3-\frac{1}{3}1^3=\frac{7}{3}.$$

(3)에 대해서

$$\begin{aligned}\int_{-1}^1 (4-x^2)\,dx&=\left[4x-\frac{1}{3}x^3\right]_{-1}^1\\&=\left[4\cdot 1-\frac{1}{3}\cdot 1^3\right]-\left[4\cdot(-1)-\frac{1}{3}\cdot(-1)^3\right]=\frac{22}{3}.\end{aligned}$$

■

예제 8.1.7 $y=\int_1^{x^3} \cos t\,dt$일 때 $\frac{dy}{dx}$를 구하라.

[풀이] $F(x)=\sin x$ 이고 $f(x)=\cos x$라 하면 $F'(x)=f(x)$이다. 정리 8.1.3에 의해서

$$y=[F(t)]_0^{x^3}=F(x^3)-F(0)=\sin(x^3)$$

이다. 따라서 $\frac{dy}{dx}$는 다음과 같이 주어진다.

$$\frac{dy}{dx}=3x^2\cos(x^3).$$

■

위의 예제를 일반화하면 다음이 성립한다.

> 두 함수 $g(x)$, $h(x)$가 미분가능한 함수이고, $f(x)$가 연속함수이면
>
> $$\frac{d}{dx}\int_{h(x)}^{g(x)} f(t)\,dt = f(g(x))\,g'(x) - f(h(x))\,h'(x)$$

다음 정리는 정적분의 계산에서 유용한 몇 가지 성질을 요약한 것이다.

정리 8.1.4 정적분의 기본성질

함수 $f(x)$, $g(x)$가 $[a, b]$에서 연속함수이면 다음이 성립한다.

(1) $\int_a^b \{f(x) \pm g(x)\}\,dx = \int_a^b f(x)\,dx \pm \int_a^b g(x)\,dx$

(2) $\int_a^b kf(x)\,dx = k\int_a^b f(x)\,dx$ (k는 상수)

(3) $\int_a^a f(x)\,dx = 0$

(4) $\int_a^c f(x)\,dx + \int_c^b f(x)\,dx = \int_a^b f(x)\,dx$

(5) $\int_b^a f(x)\,dx = -\int_a^b f(x)\,dx$

[증명] $f(x)$의 부정적분 중의 하나를 $F(x)$, $g(x)$의 부정적분 중의 하나를 $G(x)$라고 하자.

(1) $\int_a^b f(x)\,dx = F(b) - F(a)$, $\int_a^b g(x)\,dx = G(b) - G(a)$가 성립한다. 이것을 이용하면 (1)은 증명된다.

(2) $kF(x)$가 $kf(x)$의 부정적분이므로 쉽게 증명된다.

(3) $\int_a^a f(x)\,dx = F(a) - F(a) = 0.$

(4)
$$\begin{aligned}\int_a^c f(x)\,dx + \int_c^b f(x)\,dx &= [F(c) - F(a)] + [F(b) - F(c)] \\ &= F(b) - F(a) \\ &= \int_a^b f(x)\,dx.\end{aligned}$$

(5) $\int_b^a f(x)\,dx = F(a) - F(b) = -[F(b) - F(a)] = -\int_a^b f(x)\,dx.$ ■

예제 8.1.8 다음 정적분을 구하라.

(1) $\int_1^2 (x^2-3x-3)\,dx$

(2) $\int_{-3}^3 (x+2)^2\,dx - \int_{-3}^3 (x-2)^2\,dx$

[풀이] 정리 8.1.4를 활용하면 다음과 같이 계산한다.

$$\begin{aligned}(1)\ \int_1^2 (x^2-3x-3)\,dx &= \int_1^2 x^2\,dx - 3\int_1^2 x\,dx - \int_1^2 3\,dx\\ &= \left[\frac{1}{3}x^3\right]_1^2 - 3\left[\frac{1}{2}x^2\right]_1^2 - [3x]_1^2\\ &= \frac{7}{3}-\frac{9}{2}-3 = -\frac{31}{6}.\end{aligned}$$

$$\begin{aligned}(2)\ \int_{-3}^3 (x+2)^2\,dx - \int_{-3}^3 (x-2)^2\,dx &= \int_{-3}^3 \{(x+2)^2-(x-2)^2\}\,dx\\ &= \int_{-3}^3 8x\,dx = 8\int_{-3}^3 x\,dx = 8\left[\frac{1}{2}x^2\right]_{-3}^3 = 0.\end{aligned}$$ ■

예제 8.1.9 정적분 $\int_{-1}^3 |x-2|dx$를 구하라.

[풀이] $|x-2| = \begin{cases} x-2, & x \ge 2 \\ 2-x, & x < 2 \end{cases}$ 이므로 적분구간을 나누어 다음과 같이 계산한다.

$$\begin{aligned}\int_{-1}^3 |x-2|\,dx &= \int_{-1}^2 |x-2|\,dx + \int_2^3 |x-2|\,dx\\ &= \int_{-1}^2 (2-x)\,dx + \int_2^3 (x-2)\,dx\\ &= \frac{9}{2}+\frac{1}{2}\\ &= 5.\end{aligned}$$ ■

예제 8.1.10 다음 정적분을 구하라.

(1) $\int_1^2 \left(t-\frac{1}{t^2}\right)^2 dt$ (2) $\int_0^5 (3e^x-2)\,dx$

[풀이] (1) $$\begin{aligned}\int_1^2 \left(t-\frac{1}{t^2}\right)^2 dt &= \int_1^2 \left(t^2-\frac{2}{t}+\frac{1}{t^4}\right)dt\\ &= \left[\frac{1}{3}t^3 - 2\ln|t| - \frac{1}{3}t^{-3}\right]_1^2\\ &= \frac{1}{8}(21-16\ln 2).\end{aligned}$$

(2) $\int_0^5 (3e^x-2)\,dx = [3e^x-2x]_0^5 = 3e^5-13.$ ■

정리 8.1.5 정적분의 치환적분법

$$\int_a^b f(g(x))\,g'(x)\,dx = \int_{g(a)}^{g(b)} f(u)\,du, \quad u = g(x)$$

실제 치환을 이용한 정적분의 계산은 다음과 같이 이루어진다.

$$\int_a^b f(g(x))\,g'(x)\,dx \xrightarrow[g(a)=\alpha,\ g(b)=\beta]{g(x)=u,\ g'(x)dx=du} \int_\alpha^\beta f(u)\,du$$

적분구간이 $[a, b]$에서 $[\alpha, \beta]=[g(a), g(b)]$로 바뀜에 유의하라.

예제 8.1.11 정적분 $\int_0^1 \frac{x}{1+3x^2}\,dx$를 구하라.

[풀이] $u=1+3x^2$으로 치환하면 $du=6x\,dx$이다. $x=0$일 때 $u=1$이고 $x=1$일 때 $u=4$이므로 적분구간은 $[1, 4]$이다. 따라서

$$\int_0^1 \frac{x}{1+3x^2}\,dx = \frac{1}{6}\int_1^4 \frac{1}{u}\,du = \frac{1}{6}[\ln u]_1^4 = \frac{\ln 4}{6}.$$ ■

예제 8.1.12 정적분 $\int_1^e \frac{(\ln x)^2}{x}\,dx$를 구하라.

[풀이] $(\ln x)'=\frac{1}{x}$이므로 $u=\ln x$로 치환하면 $du=\frac{1}{x}dx$이고 적분구간이 $[1, e]$에서 $[\ln 1, \ln e]$로 바뀐다. 따라서

$$\int_1^e \frac{(\ln x)^2}{x}\,dx = \int_0^1 u^2\,du = \left[\frac{1}{3}u^3\right]_0^1 = \frac{1}{3}.$$ ■

예제 8.1.13 정적분 $\int_0^1 \sqrt{1-x^2}\,dx$를 구하라.

[풀이] $x=\sin\theta$로 치환하면 $dx=\cos\theta\,d\theta$이고 $x=0$일 때 $\theta=0$이고 $x=1$일 때 $\theta=\frac{\pi}{2}$이다. 따라서

$$\begin{aligned}\int_0^1 \sqrt{1-x^2}\,dx &= \int_0^{\frac{\pi}{2}} \sqrt{1-\sin^2\theta}\,\cos\theta\,d\theta \\ &= \int_0^{\frac{\pi}{2}} \cos^2\theta\,d\theta = \int_0^{\frac{\pi}{2}} \frac{1+\cos(2\theta)}{2}\,d\theta \\ &= \left[\frac{\theta}{2}+\frac{\sin(2\theta)}{4}\right]_0^{\frac{\pi}{2}} = \frac{\pi}{4}.\end{aligned}$$ ■

정리 8.1.6 정적분의 부분적분법

$$\int_a^b f'(x)g(x)\,dx = \int_a^b (f(x)g(x))'dx - \int_a^b f(x)g'(x)\,dx$$
$$= [f(x)g(x)]_a^b - \int_a^b f(x)g'(x)\,dx$$

예제 8.1.14 정적분 $\int_0^\pi x\cos x\,dx$를 구하라.

[풀이] $f'(x) = \cos x,\ g(x) = x$로 놓으면

$$\begin{aligned}\int_0^\pi x\cos x\,dx &= [x\sin x]_0^\pi - \int_0^\pi \sin x\,dx \\ &= (0-0) - [-\cos x]_0^\pi \\ &= -2.\end{aligned}$$

■

예제 8.1.15 정적분 $\int_1^e x\ln x\,dx$를 구하라.

[풀이] $f'(x) = x,\ g(x) = \ln x$로 놓으면

$$\begin{aligned}\int_1^e x\ln x\,dx &= \left[\frac{x^2}{2}\ln x\right]_1^e - \int_1^e \frac{x^2}{2}\cdot\frac{1}{x}dx \\ &= \left[\frac{1}{2}e^2\cdot\ln e - 0\right] - \left[\frac{x^2}{4}\right]_1^e \\ &= \frac{1}{2}e^2 - \left[\frac{e^2}{4} - \frac{1}{4}\right] \\ &= \frac{1}{4}e^2 + \frac{1}{4}.\end{aligned}$$

■

예제 8.1.16 정적분 $\int_0^\pi e^x\cos x\,dx$를 구하라.

[풀이] 정리 7.3.4에 의해서

$$\int e^x\cos x\,dx = \frac{1}{2}e^x(\cos x + \sin x) + C$$

이므로

$$\begin{aligned}\int_0^\pi e^x\cos x\,dx &= \left[\frac{1}{2}e^x(\cos x + \sin x)\right]_0^\pi \\ &= -\frac{1}{2}e^\pi - \frac{1}{2}.\end{aligned}$$

■

위의 예제처럼 정적분의 부분적분법은 부정적분을 먼저 구한 후 정적분의 값을 구하는 것이 훨씬 편리하다.

연습문제 8.1

1. 구분구적법을 이용하여 다음 도형의 넓이를 구하라.

(1) $y = 2x\,(0 \le x \le 2)$ 의 그래프와 x축 사이의 넓이

(2) $y = 2 - x$, x축, y축으로 둘러싸인 삼각형

2. 다음 정적분을 구하라.

(1) $\int_{-2}^{3} 3\,dx$ (2) $\int_{0}^{3} (3-x)\,dx$

(3) $\int_{-3}^{3} \sqrt{9-x^2}\,dx$ (4) $\int_{0}^{2} (x-\sqrt{x})^2\,dx$

(5) $\int_{-a}^{a} x^9\,dx$ (6) $\int_{0}^{1} \frac{t^3-8}{t-2}\,dt$

3. 다음 정적분을 구하라.

(1) $\int_{-3}^{5} |x-1|\,dx$ (2) $\int_{1}^{5} |x^2-4|\,dx$

(3) $\int_{0}^{6} |\sqrt{x}-2|\,dx$ (4) $\int_{-5}^{-3} |x+4|\,dx$

4. 다음 초월함수의 정적분을 구하라.

(1) $\int_{-\pi}^{\pi} \cos(3x)\,dx$ (2) $\int_{0}^{\pi} \left\{\cos\left(\frac{1}{2}x\right) - 2\sin(3x)\,dx\right\}$

(3) $\int_{0}^{\frac{\pi}{8}} \left\{1+\tan^2(2x)\right\}dx$ (4) $\int_{0}^{3} (2e^{-x}-5)^2\,dx$

5. 다음 정적분을 치환적분법을 이용하여 구하라.

(1) $\int_{0}^{1} \frac{2x}{x^2+1}\,dx$ (2) $\int_{0}^{\frac{\pi}{2}} \cos^3 x \sin x\,dx$

(3) $\int_{0}^{1} \frac{e^x}{e^x+1}\,dx$ (4) $\int_{2}^{3} \frac{1}{x(\ln x)^2}\,dx$

6. 다음 정적분을 부분적분법을 이용하여 구하라.

(1) $\int_0^1 xe^{-x}\,dx$

(2) $\int_{-\pi}^{\pi} x\cos(3x)\,dx$

(3) $\int_0^1 e^{-x}\cos(2x)\,dx$

(4) $\int_e^{e^2} x\ln x\,dx$

7. 다음 함수의 도함수를 구하라.

(1) $y=\int_{-1}^{x} e^{-t^2}\,dt$

(2) $y=\int_x^{x^3} \cos t\,dt$

(3) $y=\int_{x^2}^{1} \cos(\theta^2-\pi)\,d\theta$

(4) $y=\int_0^{-x} (t^2-2)^{10}\,dt$

8. 다음 극한값을 구하라.

(1) $\lim_{x\to 0}\frac{1}{x}\int_0^x \frac{1}{1+t^4}\,dt$

(2) $\lim_{x\to 0}\frac{1}{x^2}\int_0^{x^2} \frac{t^5}{t^{10}+1}\,dt$

9. $\int_0^x (t+1)f(t)\,dt = x^3+x^2-x+a$를 만족시키는 함수 $f(x)$와 상수 a의 값을 구하라.

8.2 ••• 넓 이

함수 $f(x)$가 구간 $[a, b]$에서 연속이고 $f(x) \geq 0$일 때, 곡선 $y = f(x)$와 x축 및 두 직선 $x = a$, $x = b$로 둘러싸인 도형의 넓이 S는 다음과 같다.

$$S = \int_a^b f(x)\,dx$$

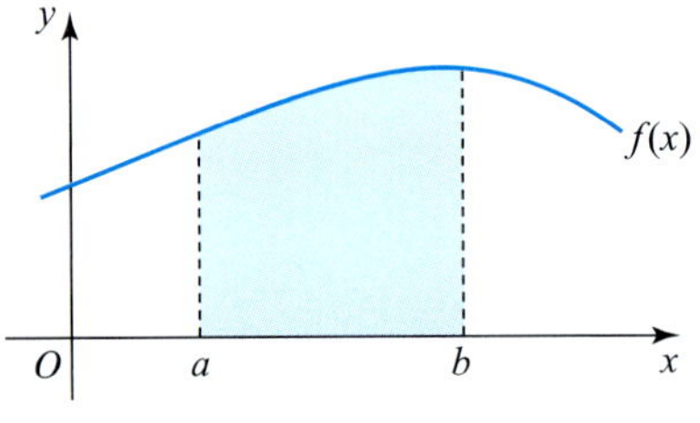

그림 8.2.1

두 곡선 $y = f(x)$, $y = g(x)$와 두 직선 $x = a$, $x = b$로 둘러싸인 도형의 넓이를 구해보자. 이 때 함수 $f(x)$, $g(x)$는 구간 $[a, b]$에서

$$g(x) \leq f(x)$$

를 만족한다고 가정하자.

$$\text{구하는 넓이} = \int_a^b f(x)\,dx - \int_a^b g(x)\,dx$$

이므로

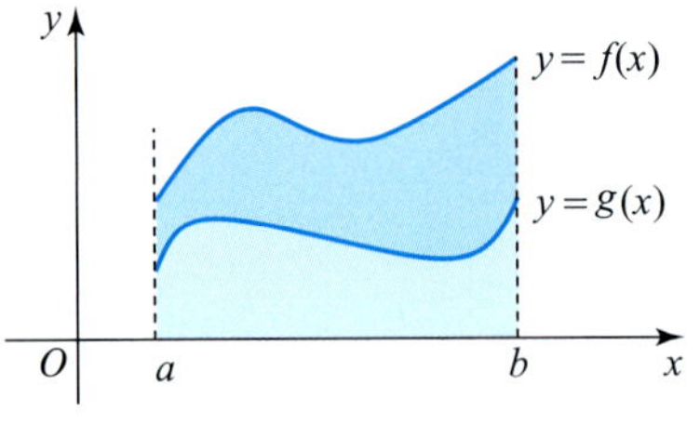

그림 8.2.2

$$S=\int_a^b (f(x)-g(x))\,dx$$

이다.

[참고] 두 함수 $f(x)$나 $g(x)$가 음수 값을 가지면 양수 값을 갖도록 평행이동시켜도 이동된 곡선 사이의 넓이는 변하지 않는다.

예제 8.2.1 구간 $\left[0, \frac{\pi}{2}\right]$에서 직선 $y=x$와 곡선 $y=\sin x$로 둘러싸인 도형의 넓이를 구하라.

[풀이] 그림 8.2.3과 같이 구간 $\left[0, \frac{\pi}{2}\right]$에서 $x \geq \sin x$이므로 구하는 도형의 넓이 S는 다음과 같다.

$$S=\int_0^{\frac{\pi}{2}}(x-\sin x)\,dx=\left[\frac{1}{2}x^2+\cos x\right]_0^{\frac{\pi}{2}}=\frac{\pi^2}{8}-1.$$

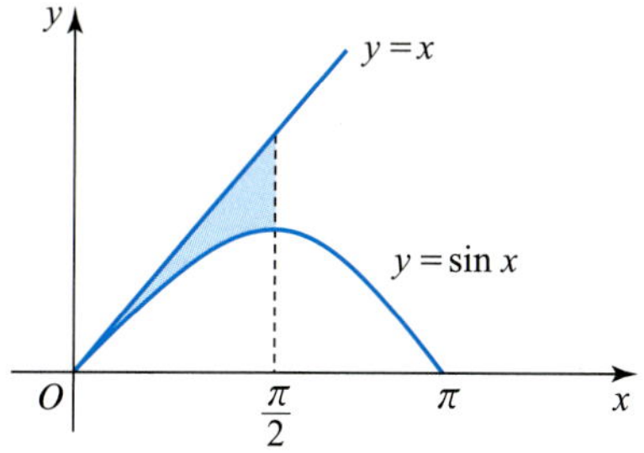

그림 8.2.3

■

예제 8.2.2 곡선 $y=x^2$과 직선 $y=4x$로 둘러싸인 도형의 넓이를 구하라.

[풀이] 두 곡선의 그래프를 이용하여 도형을 표시하면 그림 8.2.4와 같다. 두 곡선의 교점의 x좌표는 방정식 $x^2=4x$에서

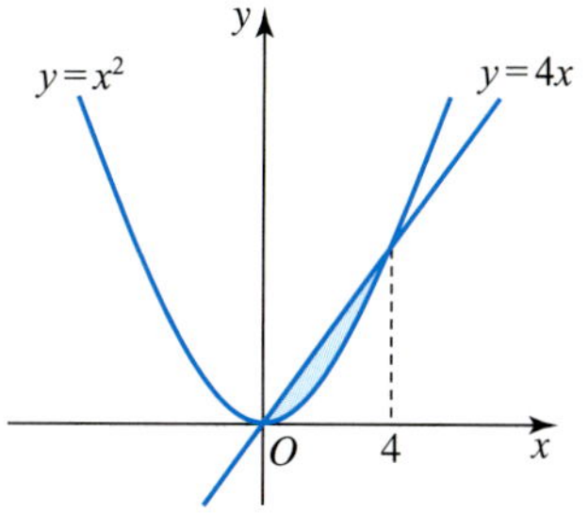

그림 8.2.4

$$x(x-4)=0 \;\Rightarrow\; x=0 \quad \text{또는} \quad x=4.$$

$0 \le x \le 4$ 일 때, $4x \ge x^2$ 이므로 구하는 도형의 넓이 S는 다음과 같다.

$$S=\int_0^4 (4x-x^2)\,dx=\left[2x^2-\frac{1}{3}x^3\right]_0^4=\frac{32}{3}.$$

■

예제 8.2.3 구간 $[-1, 3]$에서 곡선 $y=4-x^2$과 직선 $y=-x+2$ 사이의 도형의 넓이를 구하라.

[풀이] 두 곡선의 그래프를 이용하여 도형을 표시하면 그림 8.2.5와 같다. 두 곡선의 교점의 x좌표는 방정식 $4-x^2=-x+2$에서

$$x^2-x-2=(x+1)(x-2)=0 \;\Rightarrow\; x=-1 \quad \text{또는} \quad x=2.$$

적분 구간은 두 구간 $[-1, 2]$, $[2, 3]$으로 나누어야 하고 구간 $[-1, 2]$에서

$$(4-x^2) \ge (-x+2)$$

이고 구간 $[2, 3]$에서

$$(4-x^2) \le (-x+2)$$

이다. 따라서 구하는 도형의 넓이 S는 다음과 같다.

$$\begin{aligned} S &= \int_{-1}^{2} ((4-x^2)-(-x+2))\,dx+\int_2^3 ((-x+2)-(4-x^2))\,dx \\ &= \int_{-1}^{2} (-x^2+x+2)\,dx+\int_2^3 (x^2-x-2)\,dx \\ &= \frac{9}{2}+\frac{11}{6} \\ &= \frac{19}{3}. \end{aligned}$$

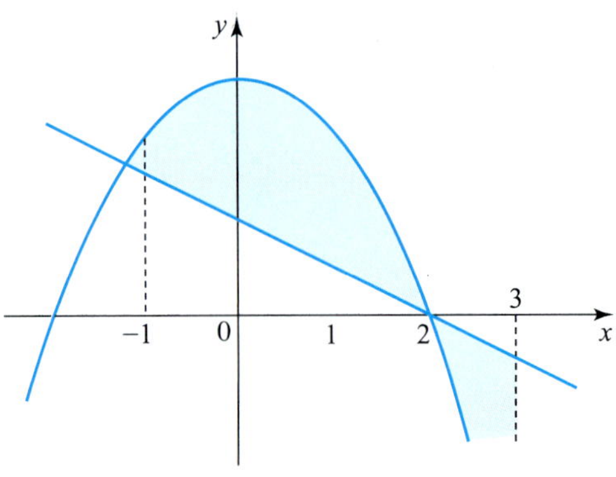

그림 8.2.5

예제 8.2.4 구간 $[0, \pi]$에서 두 곡선 $y=\sin x$ 와 $y=\sin(2x)$로 둘러싸인 도형의 넓이를 구하라.

[풀이] 두 곡선의 교점의 x좌표는 방정식 $\sin x = \sin(2x)$에서

$$\sin x = 2\sin x \cos x \ \Rightarrow\ \sin x = 0 \quad \text{또는} \quad \cos x = \frac{1}{2}$$

이므로 구간 $[0, \pi]$에서 교점은 $x=0, \frac{\pi}{3}, \pi$이다. 그림 8.2.6에서

$$0 \le x \le \frac{\pi}{3} \text{일 때 } \sin x \le \sin(2x)$$
$$\frac{\pi}{3} \le x \le \pi \text{ 일 때 } \sin x \ge \sin(2x)$$

이므로 구하는 넓이 S는 다음과 같다.

$$\begin{aligned} S &= \int_0^{\frac{\pi}{3}} (\sin(2x) - \sin x)\,dx + \int_{\frac{\pi}{3}}^{\pi} (\sin x - \sin(2x))\,dx \\ &= \left[-\frac{1}{2}\cos(2x) + \cos x\right]_0^{\frac{\pi}{3}} + \left[-\cos x + \frac{1}{2}\cos(2x)\right]_{\frac{\pi}{3}}^{\pi} \\ &= \frac{1}{4} + \frac{9}{4} = \frac{5}{2}. \end{aligned}$$

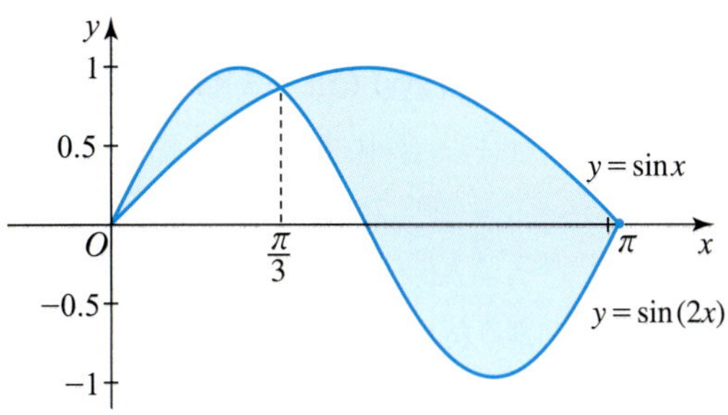

그림 8.2.6

때때로 적분영역의 모양에 따라 곡선 $y=f(x)$를 $x=f^{-1}(y)$로 바꾸어서 적분하면 곡선으로 둘러싸인 도형의 넓이를 쉽게 구할 수 있는 경우가 있다. 우선 다음 예제를 앞의 방법으로 구하여 보자.

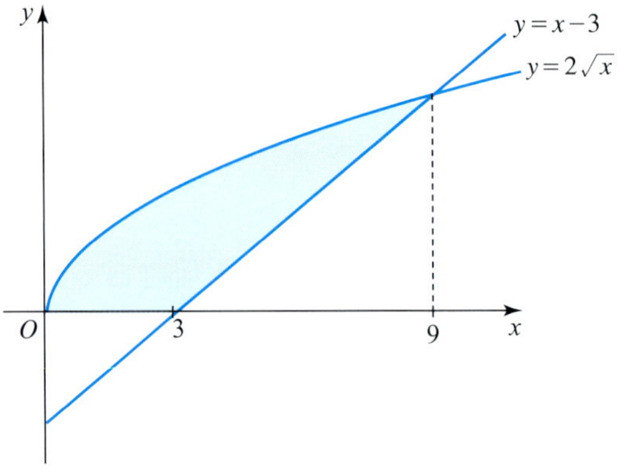

그림 8.2.7

예제 8.2.5 x축과 두 곡선 $y=2\sqrt{x}$, $y=x-3$으로 둘러싸인 도형의 넓이를 구하라.

[풀이] 그림 8.2.7로부터 구하는 도형의 넓이 S는 다음과 같다.

$$\begin{aligned} S &= \int_0^3 (2\sqrt{x}-0)\,dx + \int_3^9 \{2\sqrt{x}-(x-3)\}\,dx \\ &= \left[\frac{4}{3}x^{\frac{3}{2}}\right]_0^3 + \left[\frac{4}{3}x^{\frac{3}{2}} - \frac{1}{2}x^2 + 3x\right]_3^9 \\ &= \left(\frac{4}{3}3^{\frac{3}{2}} - 0\right) + \left(\frac{4}{3}9^{\frac{3}{2}} - \frac{81}{2} + 27\right) - \left(\frac{4}{3}3^{\frac{3}{2}} - \frac{9}{2} + 9\right) \\ &= \frac{4}{3}\cdot 3\sqrt{3} + 36 - \frac{27}{2} - \frac{4}{3}\cdot 3\sqrt{3} - \frac{9}{2} = 18. \end{aligned}$$

도형의 경계가 $x=g(y)$ $(c \le y \le d)$, $g(y) \ge 0$이면 y축과 곡선으로 둘러싸인 도형의 넓이는 다음과 같다(그림 8.2.8).

$$S = \int_c^d g(y)\,dy.$$

또한 $g(y) \le f(y)$ $(c \le y \le d)$일 때 두 곡선 $x=f(y)$와 $x=g(y)$로 둘러싸인 도형의 넓이는 다음과 같이 주어진다(그림 8.2.9).

$$S = \int_c^d \{f(y) - g(y)\}\,dy$$

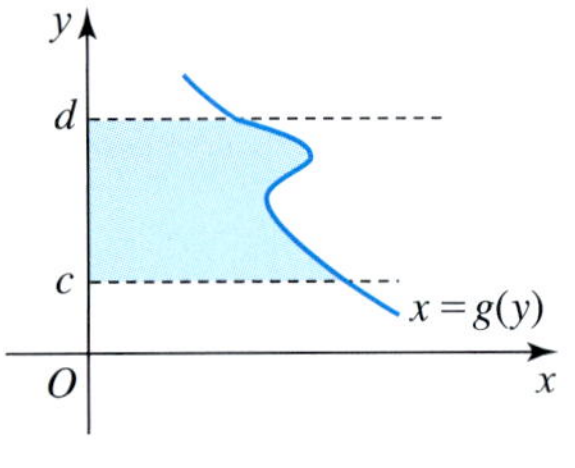

그림 8.2.8

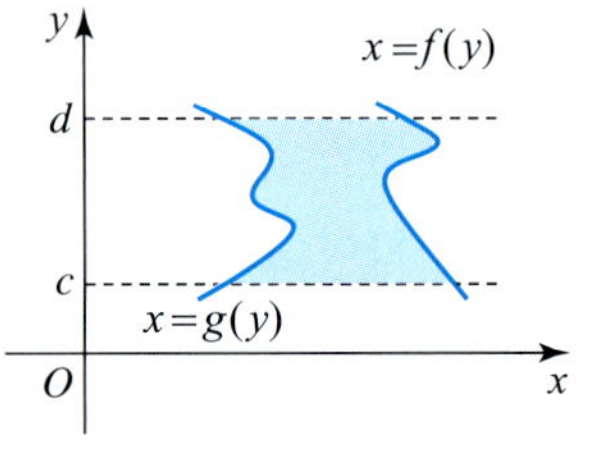

그림 8.2.9 ■

예제 8.2.6 예제 8.2.5를 $x=g(y)$ 형태로 고쳐서 도형의 넓이를 구하라. 즉 곡선 $x=\frac{1}{4}y^2$, $x=y+3$ 및 x축으로 둘러싸인 도형의 넓이를 구하라(단, $y\geq 0$).

[풀이] 곡선 $x=y+3$은 곡선 $x=\frac{1}{4}y^2$보다 항상 오른쪽에 있고, 두 곡선이 $y=6$인 점에서 만나고 구간 $[0, 6]$에서 $(y+3)\geq\frac{1}{4}y^2$이므로 구하는 도형의 넓이 S는 다음과 같다.

$$\begin{aligned} S &= \int_0^6 \left\{(y+3)-\left(\frac{1}{4}y^2\right)\right\} dy = \left[\frac{y^2}{2}+3y-\frac{y^3}{12}\right]_0^6 \\ &= (18+18-18)-(0)=18. \end{aligned}$$

■

예제 8.2.7 포물선 $x=\frac{1}{2}y^2$과 $y=2x-2$로 둘러싸인 도형의 넓이를 구하라.

[풀이] 두 곡선의 그래프를 이용하여 도형을 표시하면 그림 8.2.10과 같다. 두 곡선의 교점의 y좌표는 방정식 $\frac{1}{2}y^2=\frac{1}{2}(y+2)$에서

$$y^2-y-2=(y+1)(y-2)=0 \Rightarrow y=-1 \quad \text{또는} \quad y=2.$$

$-1\leq y\leq 2$일 때, $\frac{1}{2}y^2\leq\frac{1}{2}(y+2)$이므로 구하는 도형의 넓이 S는 다음과 같다.

$$\begin{aligned} S &= \int_{-1}^{2}\left\{\frac{1}{2}(y+2)-\frac{1}{2}y^2\right\}dy \\ &= \frac{1}{2}\int_{-1}^{2}(y+2-y^2)\,dy \\ &= \frac{1}{2}\left[\frac{1}{2}y^2+2y-\frac{1}{3}y^3\right]_{-1}^{2} \\ &= \frac{9}{4}. \end{aligned}$$

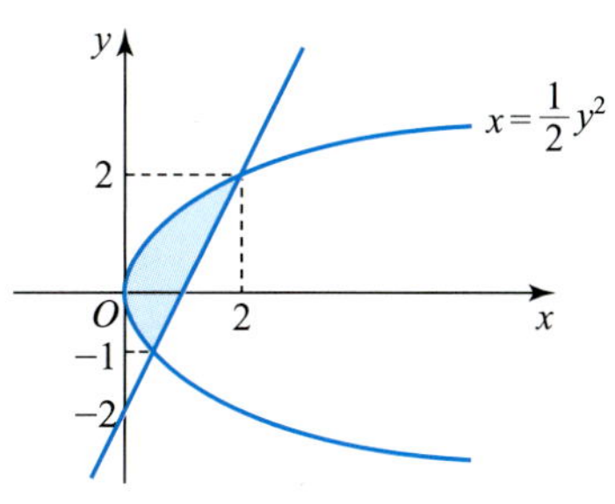

그림 8.2.10

■

연습문제 8.2

1. 다음 곡선으로 둘러싸인 도형의 넓이를 구하라.

(1) $y=x^3-3,\ y=3,\ x=0$

(2) $y=x^2-2x-1,\ y=x-1$

(3) $y=\sqrt{x-1},\ x=0,\ y=0,\ y=2$

(4) $y=\sin x,\ y=-\sin x,\ x=0,\ x=\frac{\pi}{2}$

(5) $y=|\cos x|,\ y=0,\ x=0,\ x=\pi$

(6) $y=\ln x,\ y=x,\ x=1,\ x=e$

2. 다음 곡선으로 둘러싸인 도형의 넓이를 구하라.

(1) $x=\frac{1}{4}y^2,\ x=y+3$

(2) $x=y^2,\ y=x-2$

(3) $x=y^2-2y-7,\ x=1$

(4) $x=y^2,\ x=0,\ y=1,\ y=4$

(5) $x=y^2,\ x=-2y^2+3$

(6) $y^2=4x,\ 4x-3y=4$

3. 다음 도형의 넓이를 구하라.

(1)

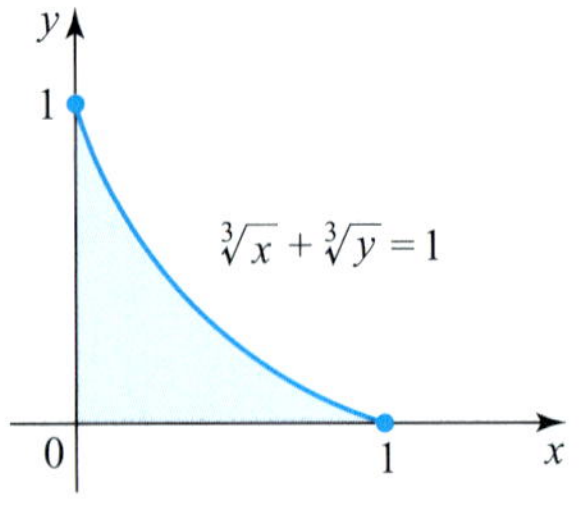

(2)

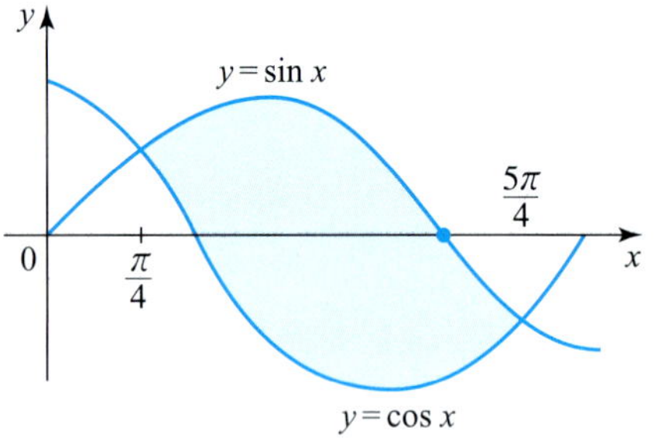

(3)

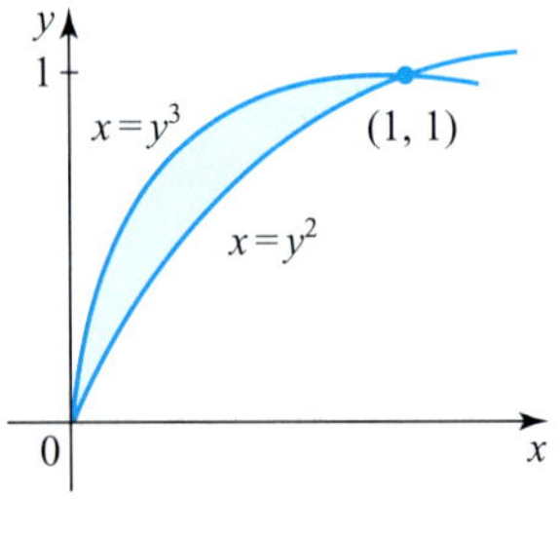

(4)

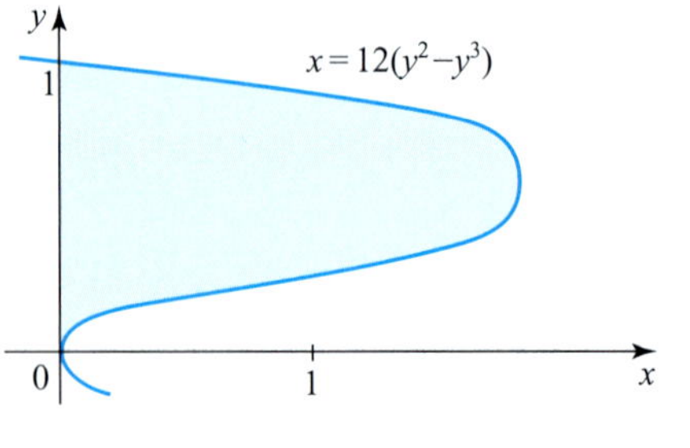

4. 곡선 $y=x(x-1)(x-k)$와 x축으로 둘러싸인 두 영역의 넓이가 같을 때, 실수 k의 값을 구하라(단, $k>1$).

5. 곡선 $y=\ln x$와 x축 및 원점에서 이 곡선에 그은 접선으로 둘러싸인 도형의 넓이를 구하라.

8.3 ••• 부 피

정적분의 또 다른 응용으로서 입체의 부피를 구하는 데 정적분을 이용할 수 있다. 예를 들어 구간 $[a, b]$ 상에 임의의 점 x에서 x축에 수직인 평면으로 물체를 절단했을 때 생기는 절단면의 넓이를 $S(x)$라고 하면 구간 $[a, b]$에 놓여 있는 물체의 부피 V는 다음과 같이 주어진다(그림 8.3.1).

$$V = \int_a^b S(x)\,dx$$

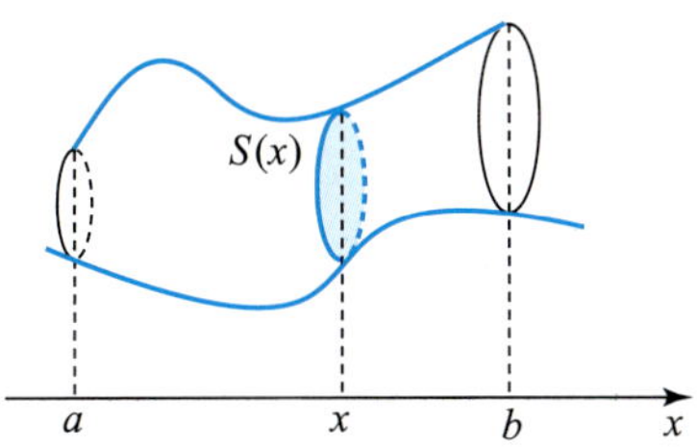

그림 8.3.1

예제 8.3.1 높이가 4인 입체도형을 밑면으로부터 x인 지점에서 밑면에 평행한 평면으로 자른 단면은 한 변의 길이가 $\sqrt{16-x^2}$인 정사각형이다. 이 입체도형의 부피 V를 구하라.

[풀이] 밑면의 중심을 원점으로 하고, 밑면에 수직인 직선을 x축으로 정할 때, $x(0 \le x \le 4)$인 점을 지나 x축에 수직인 평면으로 자른 단면의 넓이 $S(x)$는

$$S(x) = 16 - x^2$$

이다. 따라서 구하는 입체도형의 부피 V는 다음과 같다.

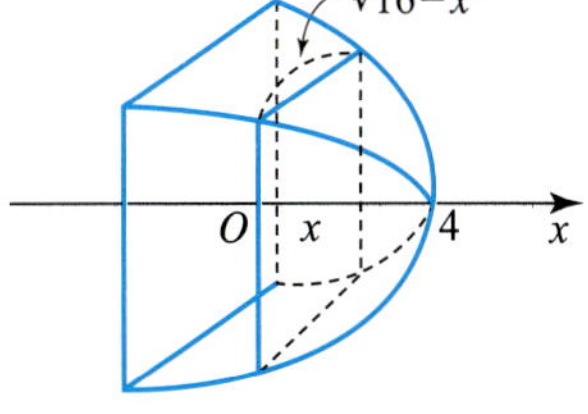

그림 8.3.2

$$V=\int_0^4 S(x)\,dx=\int_0^4 (16-x^2)\,dx$$
$$=\left[16x-\frac{1}{3}x^3\right]_0^4=\frac{128}{3}.$$

■

곡선 $y=f(x)$와 x축 및 두 직선 $x=a$, $x=b$로 둘러싸인 도형을 x축 둘레로 회전시킬 때 생기는 회전체의 경우에는 단면의 넓이가

$$S(x)=\pi(f(x))^2$$

이므로 회전체의 부피는

$$V_x=\int_a^b \pi(f(x))^2\,dx \quad \text{단, } f(x)\geq 0$$

이다. 비슷하게 곡선 $x=g(y)$와 y축 및 두 직선 $y=c$, $y=d$로 둘러싸인 도형을 y축 둘레로 회전시킬 때 생기는 회전체의 경우에는 단면의 넓이가

$$S(y)=\pi(g(y))^2$$

이므로 회전체의 부피는 다음과 같다.

$$V_y=\int_c^d \pi(g(y))^2\,dy, \quad (g(y)\geq 0).$$

예제 8.3.2 $y=\sqrt{x}$, $x=4$, x축 사이의 도형을 x축 둘레로 회전시킬 때 생기는 회전체의 부피를 구하라.

[풀이] 그림 8.3.3에서 회전체의 단면의 넓이가

$$S(x)=\pi(\sqrt{x})^2=\pi x, \quad 0\leq x\leq 4$$

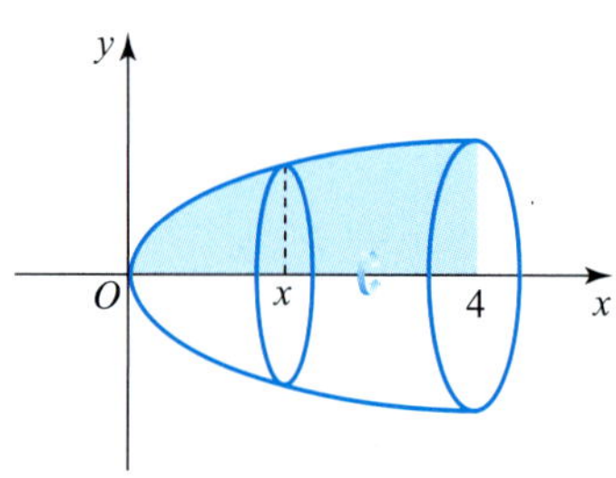

그림 8.3.3

이므로

$$V_x = \int_0^4 S(x)\,dx = \int_0^4 \pi x\,dx = \left[\frac{\pi}{2}x^2\right]_0^4 = 8\pi.$$

■

예제 8.3.3 $y = x^3$, y축, $y = 3$으로 둘러싸인 도형을 y축 둘레로 회전시킬 때 생기는 회전체의 부피를 구하라.

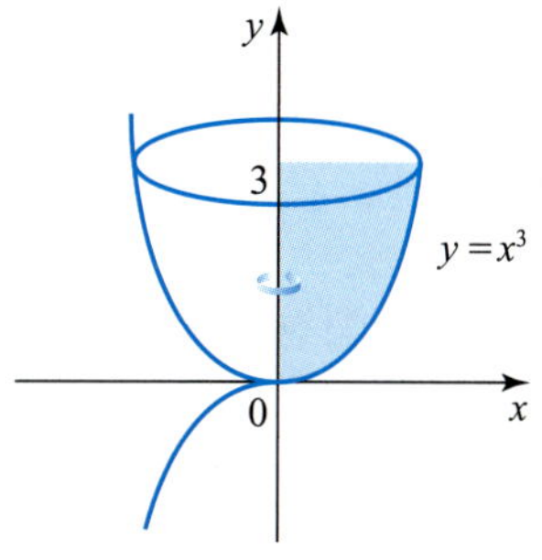

그림 8.3.4

[풀이] 회전체를 y축에 수직으로 자른 단면의 넓이가

$$S(y) = \pi\left(y^{\frac{1}{3}}\right)^2, \quad 0 \le y \le 3$$

이므로

$$V_y = \int_0^3 \pi y^{\frac{2}{3}}\,dy = \left[\frac{3}{5}\pi y^{\frac{5}{3}}\right]_0^3 = \frac{3}{5}3^{\frac{5}{3}}\pi = \frac{3^{\frac{8}{3}}}{5}\pi.$$

■

예제 8.3.4 타원 $\dfrac{x^2}{a^2} + \dfrac{y^2}{b^2} = 1$을 x축 둘레로 회전시킬 때 생기는 회전체의 부피를 구하라 (단, $a > 0$, $b > 0$).

[풀이] 그림 8.3.5와 같이 $y = b\sqrt{1 - \dfrac{x^2}{a^2}}$의 그래프를 회전해서 생긴 회전체의 부피를 구

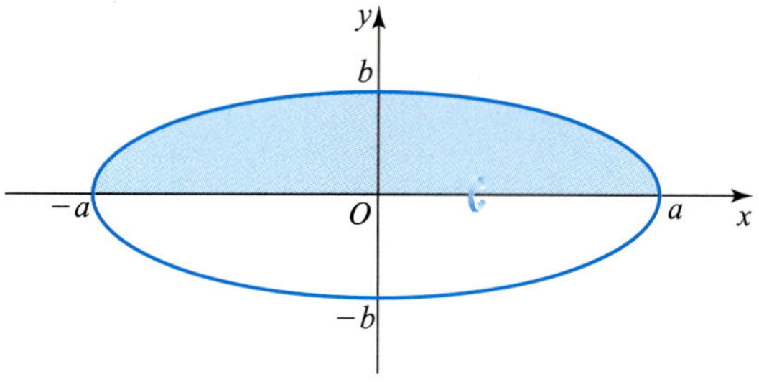

그림 8.3.5

하는 것과 같다. 또한 $x \in [-a, a]$에서 x축에 수직인 평면에 의한 단면의 넓이가 $\pi b^2\left(1-\frac{x^2}{a^2}\right)$이므로 구하는 부피 V_x는 다음과 같다.

$$\begin{aligned} V_x &= \int_{-a}^{a} \pi b^2\left(1-\frac{x^2}{a^2}\right) dx \\ &= 2\pi b^2 \int_0^a \left(1-\frac{x^2}{a^2}\right) dx \\ &= 2\pi b^2 \left[x - \frac{1}{3a^2}x^3\right]_0^a \\ &= \frac{4}{3}\pi ab^2. \end{aligned}$$

■

위의 예제에서 $a=b=r$일 때 회전체의 부피 V_x는 반지름이 r인 구의 부피가 되므로

$$V_x = \frac{4}{3}\pi r^3$$

이 됨을 알 수 있다.

다음으로 두 곡선 $y=f(x)$, $y=g(x)$ $(a \le x \le b)$로 둘러싸인 도형을 x축 둘레로 회전시킬 때 생기는 회전체의 부피를 구해보자. 단, 모든 $x \in [a, b]$에 대하여 $f(x) \ge g(x) \ge 0$이다.

이 경우

단면의 바깥쪽 반지름 : $f(x)$

단면의 안쪽 반지름 : $g(x)$

이므로 단면의 넓이가

$$\begin{aligned} S(x) &= \pi f(x)^2 - \pi g(x)^2 \\ &= \pi(f(x)^2 - g(x)^2). \end{aligned}$$

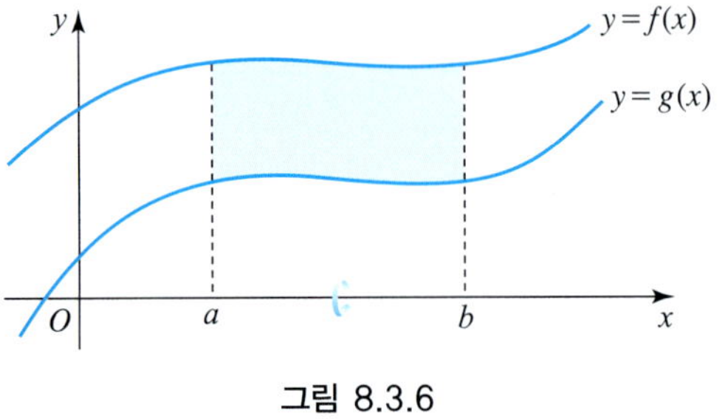

그림 8.3.6

이다. 따라서 회전체의 부피는

$$V_x = \int_a^b \pi(f(x)^2 - g(x)^2)\,dx$$

이다. 같은 방법으로, 곡선

$$x = f(y), \quad x = g(y), \quad c \le y \le d$$

로 둘러싸인 도형을 y축 둘레로 회전시킬 때 생기는 회전체의 부피는 다음과 같다.

$$V_y = \int_c^d \pi(f(y)^2 - g(y)^2)\,dy, \quad (\text{단, } 0 \le g(y) \le f(y),\ c \le y \le d.)$$

예제 8.3.5 두 곡선 $y = x^2 + 2$와 $y = -x + 4$로 둘러싸인 도형을 x축 둘레로 회전시킬 때 생기는 회전체의 부피를 구하라.

[풀이] 먼저 두 곡선이 만나는 점을 구해보자.

$$x^2 + 2 = -x + 4 \;\Rightarrow\; x^2 + x - 2 = (x+2)(x-1) = 0,$$
$$x = -2 \quad \text{또는} \quad x = 1.$$

따라서 구간 $[-2, 1]$에서 $(-x+4) \ge (x^2+2)$이므로 회전체의 부피는 다음과 같다.

$$\begin{aligned} V_x &= \pi \int_{-2}^{1} ((-x+4)^2 - (x^2+2)^2\,dx \\ &= \pi \int_{-2}^{1} ((x^2 - 8x + 16) - (x^4 + 4x^2 + 4))\,dx \\ &= \pi \int_{-2}^{1} (-x^4 - 3x^2 - 8x + 12)\,dx \\ &= \pi \left[-\frac{1}{5}x^5 - x^3 - 4x^2 + 12x \right]_{-2}^{1} \\ &= \frac{162\pi}{5}. \end{aligned}$$

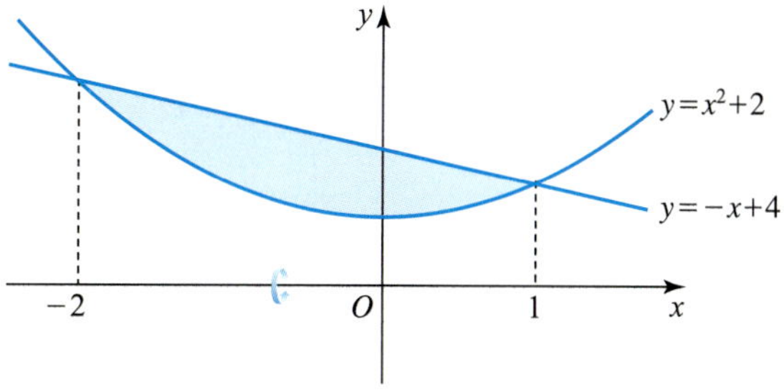

그림 8.3.7

■

예제 8.3.6 두 곡선 $y=x^2$과 $y=3x$로 둘러싸인 도형을 y축 둘레로 회전시킬 때 생기는 회전체의 부피를 구하라.

[풀이] 먼저 두 곡선의 식을 $x=f(y)$의 형태로 고쳐보자. $y=x^2$에서 $x=\sqrt{y}$이고, $y=3x$에서 $x=\frac{1}{3}y$이다. 다음으로 두 곡선의 교점을 구해보자.

$$\sqrt{y}=\frac{1}{3}y,\quad y=\frac{1}{9}y^2 \Rightarrow y^2-9y=y(y-9)=0,$$
$$y=0 \quad \text{또는} \quad y=9$$

한편 구간 $[0, 9]$에서 $\sqrt{y} \ge \frac{1}{3}y$이므로, 회전체의 부피는 다음과 같다.

$$\begin{aligned} V_y &= \pi \int_0^9 \left[(\sqrt{y})^2 - \left(\frac{1}{3}y\right)^2 \right] dy \\ &= \pi \int_0^9 \left(y - \frac{1}{9}y^2 \right) dy \\ &= \pi \left[\frac{1}{2}y^2 - \frac{1}{9} \cdot \frac{1}{3}y^3 \right]_0^9 \\ &= \frac{27\pi}{2}. \end{aligned}$$

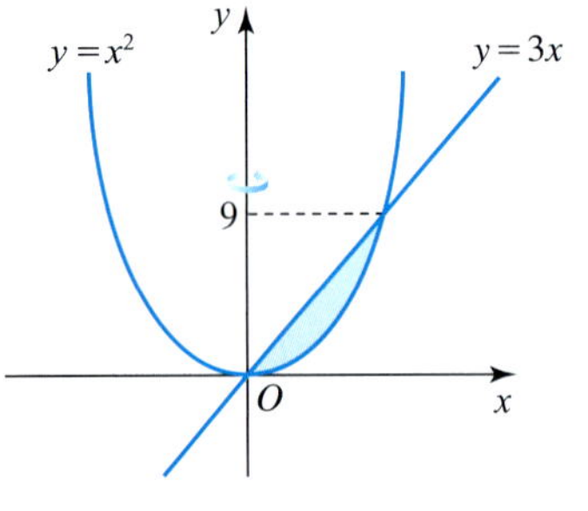

그림 8.3.8

예제 8.3.7 두 곡선 $y=x^2$과 $y=3x$로 둘러싸인 도형을 $x=3$을 회전축으로 회전시킬 때 생기는 회전체의 부피를 구하라.

[풀이] 예제 8.3.6에 의해서 두 곡선의 교점은 다음과 같다.

$$y=0 \quad \text{또는} \quad y=9.$$

그림 8.3.6으로부터 단면의 바깥쪽과 안쪽의 반지름을 구해보면

$$\text{단면의 바깥쪽 반지름} = 3-\frac{1}{3}y, \quad \text{단면의 안쪽 반지름} = 3-\sqrt{y}.$$

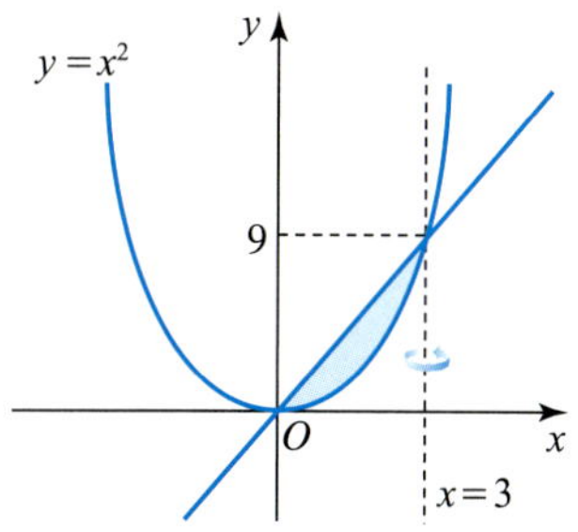

그림 8.3.9

따라서 구하는 회전체의 부피는 다음과 같다.

$$\begin{aligned} V_y &= \pi\int_0^9 \left\{\left(3-\frac{1}{3}y\right)^2 - \left(3-\sqrt{y}\right)^2\right\}dy \\ &= \pi\int_0^9 \left\{\left(\frac{y^2}{9}-2y+9\right)-\left(y-6\sqrt{y}+9\right)\right\}dy \\ &= \pi\int_0^9 \left(\frac{y^2}{9}-3y+6y^{\frac{1}{2}}\right)dy \\ &= \pi\left[\frac{y^3}{27}-\frac{3y^2}{2}+4y^{\frac{3}{2}}\right]_0^9 = \frac{27}{2}\pi. \end{aligned}$$

■

연습문제 8.3

1. 다음 도형을 x축으로 회전시킬 때 생기는 회전체의 부피를 구하라.

(1) $y=2x,\ x=0,\ x=1$　　(2) $y=x^2,\ x=1,\ x=3$

(3) $y=2x-x^2,\ y=0$　　(4) $y=x^3,\ x=1,\ x=2$

(5) $y=\sqrt{1-x^2},\ y=0$　　(6) $y=\sin x,\ x=0,\ x=\dfrac{\pi}{2}$

2. 다음 도형을 y축으로 회전시킬 때 생기는 회전체의 부피를 구하라.

(1) $y=x^2,\ y=0,\ y=3$　　(2) $y=x,\ x=1,\ y=0$

(3) $x=\sqrt{2-y},\ x=0,\ y=0$　　(4) $x=\sqrt{y},\ x=0,\ y=4$

(5) $y=x^{\frac{1}{2}},\ x=1,\ x=2$　　(6) $x=4-y^2,\ x=0$

3. 곡선 $y=\ln x$와 x축 및 원점에서 이 곡선에 그은 접선으로 둘러싸인 도형을 x축 둘레로 회

전시킬 때 생기는 회전체의 부피를 구하라.

4. 깊이가 10 cm인 어떤 그릇을 밑면으로부터 x cm 떨어진 곳에서 밑면에 평행한 평면으로 자른 단면은 한 변의 길이가 $(x+2)$ cm인 정사각형 모양이라고 한다. 이 그릇에 물을 가득 담을 때, 담긴 물의 부피를 구하라(단, 그릇의 두께는 무시한다).

5. 곡선 $y = \ln x$와 x축, y축 및 직선 $y = a\ (a > 0)$로 둘러싸인 도형을 y축으로 회전시킬 때 생기는 회전체의 부피가 π일 때, 상수 a의 값을 구하라.

8.4 ••• 곡선의 길이 및 속도와 거리

곡선의 길이

함수 $y = f(x)$가 구간 $[a, b]$에서 정의되어 있을 때 이 그래프의 곡선의 길이를 생각해 보자. 구간 $[a, b]$를 균등하게 n등분 한 점들을 $x_0, x_1, \cdots, x_n$이라 하고 그림 8.4.1과 같이 그래프상의 분할점 $(x_i, f(x_i))$들을 연속해서 직선으로 연결하자. 구간 $[a, b]$상의 그래프의 길이를 L이라고 하면 L은 점 $P(x_{i-1}, f(x_{i-1}))$과 점 $Q(x_i, f(x_i))$를 연결한 직선들의 길이의 극한으로 표시될 수 있다.

$$\begin{aligned} L &= \lim_{n\to\infty} \sum_{i=1}^{n} \sqrt{(x_i - x_{i-1})^2 + (f(x_i) - f(x_{i-1}))^2} \\ &= \lim_{n\to\infty} \sum_{i=1}^{n} \sqrt{1 + \left(\frac{f(x_i) - f(x_{i-1})}{x_i - x_{i-1}}\right)^2}\, \Delta x_i, \quad \Delta x_i = x_i - x_{i-1}. \end{aligned}$$

위의 식에 미분의 평균값 정리를 적용하면

$$L = \lim_{n\to\infty} \sum_{i=1}^{n} \sqrt{1 + (f'(c_i))^2}\, \Delta x_i\, c_i \in (x_{i-1}, x_i)$$

가 된다. 따라서

$$L = \int_a^b \sqrt{1 + (f'(x))^2}\, dx.$$

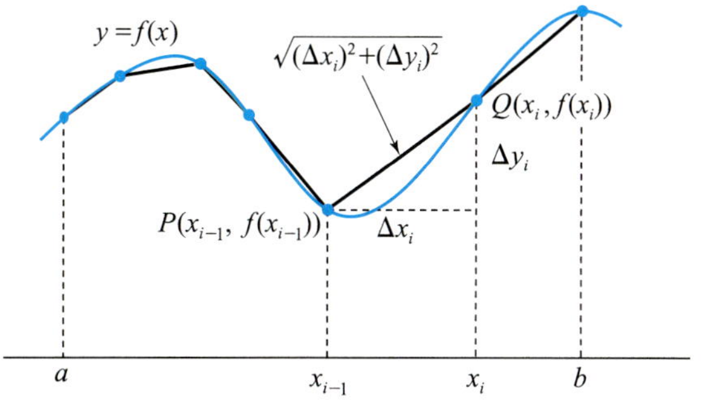

그림 8.4.1

예제 8.4.5 수직선상의 점 $x=3$에서 출발하여 움직이는 물체를 생각하자. 시간 t에서의 속도가 $v(t)=6-3t$일 때 $t=0$에서 $t=4$까지 실제로 움직인 거리를 구하라.

[풀이] $0 \le t \le 2$이면 $v(t) \ge 0$이므로 오른쪽으로 움직이고, $2 \le t \le 4$이면 $v(t) \le 0$이므로 왼쪽으로 움직인다. 따라서 실제로 움직인 거리는 다음과 같다.

$$\begin{aligned} S &= \int_0^4 |v(t)|\,dt \\ &= \int_1^4 |6-3t|\,dt \\ &= \int_0^2 (6-3t)\,dt + \int_2^4 (3t-6)\,dt \\ &= \left[6t-\frac{3}{2}t^2\right]_0^2 + \left[\frac{3}{2}t^2-6t\right]_2^4 \\ &= 12. \end{aligned}$$

연습문제 8.4

1. 다음 곡선의 길이를 구하라.

(1) $y=\frac{1}{3}x^3+\frac{1}{4x},\ 1 \le x \le 2$

(2) $y=\frac{1}{3}(x^2+2)^{\frac{3}{2}},\ 0 \le x \le 4$

(3) $y=\frac{1}{2}(e^x+e^{-x}),\ -1 \le x \le 1$

(4) $y=\ln(1-x^2),\ 0 \le x \le \frac{3}{4}$

(5) $y=\ln(\cos x),\ 0 \le x \le \frac{\pi}{4}$

(6) $y=\frac{1}{4}x^2-\ln\sqrt{x},\ 1 \le x \le e$

2. 실수 전체의 집합에서 이계도함수를 가지고, $f(0)=0,\ f(1)=\sqrt{3}$을 만족하는 모든 함수 $f(x)$에 대하여 $\int_0^1 \sqrt{1+\{f'(x)\}^2}\,dx$의 최솟값을 구하라.

3. 물체를 지상에서 수직으로 던질 때 속도가

$$v(t)=39.2-9.8t$$

라고 한다.

(1) 시간 t에서 물체의 높이를 구하라.

(2) 물체가 최고 높이에 도달하려면 얼마나 걸리는가?

(3) $t=2$에서 $t=5$까지 물체가 움직인 실제 거리를 구하라.

4. 반지름의 길이가 1 cm인 수도관을 흐르는 물의 속도 $v(t)\ \mathrm{cm/sec}$가

$$v(t) = 9t - t^2$$

일 때, 이 물이 흐르기 시작하여 멈출 때까지 흘러나온 물의 양을 구하라.

8.5 ••• 특이적분

지금까지 공부한 정적분은 $[a, b]$에서 $f(x)$가 연속함수인 경우를 다루었다. 적분구간이 무한하거나 피적분함수가 적분구간에서 연속함수가 아닌 경우의 적분이 여러 분야에서 나타나므로 이런 경우를 공부할 필요가 있다.

정의 8.5.1 무한구간에서의 특이적분

함수 $f : [a, \infty) \to \mathbb{R}$가 연속함수이면

$$\int_a^{\infty} f(x)\,dx = \lim_{M \to \infty} \int_a^M f(x)\,dx$$

로 정의한다. 비슷하게 함수 $g : [-\infty, b) \to \mathbb{R}$가 연속함수이면

$$\int_{-\infty}^{b} g(x)\,dx = \lim_{N \to -\infty} \int_N^b g(x)\,dx$$

로 정의한다. 이들 극한이 존재하면 특이적분이 **수렴**한다고 하고 그렇지 않으면 **발산**한다고 한다.

예제 8.5.1 특이적분 $\int_1^{\infty} \frac{1}{x^2}\,dx$를 구하라.

[풀이]

$$\int_1^{\infty} \frac{1}{x^2}\,dx = \lim_{M \to \infty} \int_1^M \frac{1}{x^2}\,dx = \lim_{M \to \infty} \left[-\frac{1}{x}\right]_1^M$$

$$= \lim_{M \to \infty} \left(1 - \frac{1}{M}\right) = 1.$$

■

예제 8.5.2 특이적분 $\int_1^{\infty} \frac{1}{x^p}\,dx$는 $p > 1$일 때만 수렴함을 보여라.

[풀이]

$$\int_1^{\infty} \frac{1}{x^p}\,dx = \lim_{M \to \infty} \int_1^M x^{-p}\,dx = \lim_{M \to \infty} \left[\frac{1}{-p+1} x^{-p+1}\right]_1^M$$

$$= \lim_{M \to \infty} \frac{1}{1-p}(M^{1-p} - 1) = \begin{cases} \frac{1}{p-1} & p > 1 \\ \infty & p < 1 \end{cases}$$

이므로 $p > 1$일 때만 수렴한다. ■

예제 8.5.3 특이적분 $\int_{-\infty}^{1} e^x\,dx$를 구하라.

[풀이]

$$\int_{-\infty}^{1} e^x\,dx = \lim_{N\to-\infty}\int_{N}^{1} e^x\,dx = \lim_{N\to-\infty}[e^x]_N^1$$
$$= \lim_{N\to-\infty}(e-e^N) = e.$$

■

예제 8.5.4 특이적분 $\int_{0}^{\infty} \sin x\,dx$가 발산함을 보여라.

[풀이]

$$\int_{0}^{\infty} \sin x\,dx = \lim_{M\to\infty}\int_{0}^{M} \sin x\,dx = \lim_{M\to\infty}[-\cos x]_0^M$$
$$= \lim_{M\to\infty}(-\cos M+1)$$

이므로 발산한다. ■

정의 8.5.2 불연속함수의 특이적분

함수 $f(x)$에 대해서

(1) 함수 $f(x)$가 $x=a$에서 불연속이면

$$\int_{a}^{b} f(x)\,dx = \lim_{c\to a^+}\int_{c}^{b} f(x)\,dx \quad (c>a)$$

로 정의한다.

(2) 함수 $f(x)$가 $x=b$에서 불연속이면

$$\int_{a}^{b} f(x)\,dx = \lim_{c\to b^-}\int_{a}^{c} f(x)\,dx \quad (c<b)$$

로 정의한다.

이들 극한이 존재하면 특이적분이 수렴한다고 하고 그렇지 않으면 발산한다고 한다.

예제 8.5.5 특이적분 $\int_{0}^{1} \frac{1}{\sqrt{x}}\,dx$를 구하라.

[풀이] $\frac{1}{\sqrt{x}}$이 $x=0$에서 불연속이므로

$$\int_{0}^{1} \frac{1}{\sqrt{x}}\,dx = \lim_{c\to0^+}\int_{c}^{1} \frac{1}{\sqrt{x}}\,dx = \lim_{x\to0^+}[2\sqrt{x}]_c^1$$
$$= \lim_{c\to0^+}(2-2\sqrt{c}) = 2.$$

■

예제 8.5.6 $0<p<1$일 때 특이적분 $\int_0^1 \frac{1}{x^p}dx$의 수렴성을 조사하라.

[풀이]

$$\int_0^1 \frac{1}{x^p}dx = \lim_{c\to 0^+}\int_c^1 \frac{1}{x^p}dx = \lim_{c\to 0^+}\left[\frac{1}{-p+1}x^{-p+1}\right]_c^1$$
$$= \frac{1}{1-p}\lim_{c\to 0^+}(1-c^{1-p}) = \frac{1}{1-p}$$

이므로, 특이적분이 수렴하고, 그 적분값은 $\frac{1}{1-p}$이다. ■

예제 8.5.7 특이적분 $\int_{-1}^0 \frac{1}{\sqrt{x+1}}dx$를 구하라.

[풀이] $\frac{1}{\sqrt{x+1}}$이 $x=-1$에서 불연속이므로

$$\int_{-1}^0 \frac{1}{\sqrt{x+1}}dx = \lim_{c\to -1^+}\int_c^0 \frac{1}{\sqrt{x+1}}dx$$
$$= \lim_{c\to -1^+}\left[2\sqrt{x+1}\right]_c^0$$
$$= \lim_{c\to -1^+}\left(2-2\sqrt{c+1}\right) = 2.$$ ■

예제 8.5.8 특이적분 $\int_0^1 x\ln x\,dx$를 구하라.

[풀이] $f'(x)=x,\ g(x)=\ln x$로 두면 부분적분법에 의해서

$$\int x\ln x\,dx = \frac{1}{2}x^2\ln x - \int \frac{1}{2}x^2\frac{1}{x}dx = \frac{1}{2}x^2\ln x - \frac{1}{4}x^2 + C$$

이므로

$$\int_0^1 x\ln x\,dx = \lim_{c\to 0^+}\int_c^1 x\ln x\,dx$$
$$= \lim_{c\to 0^+}\left[\frac{1}{2}x^2\ln x - \frac{1}{4}x^2\right]_c^1$$
$$= \lim_{c\to 0^+}\left(-\frac{1}{4} - \frac{1}{2}c^2\ln c + \frac{1}{4}c^2\right)$$

이다. 위의 식의 일부에 로피탈 정리를 적용하면

$$\lim_{c\to 0^+} c^2\ln c = \lim_{c\to 0^+}\frac{\ln c}{c^{-2}} = \lim_{c\to 0^+}\frac{\frac{1}{c}}{-2c^{-3}} = \lim_{c\to 0^+}\left(-\frac{c^2}{2}\right) = 0$$

이기 때문에

$$\int_0^1 x\ln x\,dx = -\frac{1}{4}.$$ ■

연습문제 8.5

1. 다음 특이적분을 구하라.

(1) $\displaystyle\int_1^{\infty} \frac{1}{x^4}\,dx$

(2) $\displaystyle\int_0^{\infty} e^{-x}\,dx$

(3) $\displaystyle\int_0^{\infty} xe^{-x}\,dx$

(4) $\displaystyle\int_1^{\infty} \frac{\ln x}{x^2}\,dx$

(5) $\displaystyle\int_1^{\infty} \frac{1}{x(1+x^2)}\,dx$

(6) $\displaystyle\int_0^{\infty} e^{-x}\sin x\,dx$

(7) $\displaystyle\int_0^{\infty} \frac{1}{x^2+1}\,dx$

(8) $\displaystyle\int_{-\infty}^{\infty} \frac{1}{x^2+1}\,dx$

2. 다음 특이적분을 구하라.

(1) $\displaystyle\int_0^{1} \frac{1}{x^3}\,dx$

(2) $\displaystyle\int_2^{3} \frac{1}{(x-2)^2}\,dx$

(3) $\displaystyle\int_1^{4} \frac{1}{(x-1)^{2/3}}\,dx$

(4) $\displaystyle\int_0^{\frac{1}{2}} \frac{1-2x}{\sqrt{x-x^2}}\,dx$

(5) $\displaystyle\int_0^{1} \frac{1}{e^x-e^{-x}}\,dx$

(6) $\displaystyle\int_0^{1} \ln x\,dx$

(7) $\displaystyle\int_{-1}^{1} \frac{1}{x^2}\,dx$

(8) $\displaystyle\int_{-1}^{1} \frac{1}{\sqrt{1-x^2}}$

8.6 ••• 미분방정식

미분방정식(differential equation)이란 미지 함수 y 또는 $y(x)$의 도함수를 포함한 방정식을 의미한다. 예를 들면

$$(1)\ y' = x^2 - x + 2$$
$$(2)\ y' = y$$
$$(3)\ y' = xy$$

는 미분방정식의 예제들이다. 5장에서 배운 미분에서

$$\frac{dy}{dx} = y' = F(x,\ y) \quad \Leftrightarrow \quad dy = F(x,\ y)\,dx$$

라 약속하면 위의 미분방정식을 다음과 같이 나타내기도 한다.

$$(1)\ dy = (x^2 - x + 2)\,dx$$
$$(2)\ dy = ydx$$
$$(3)\ dy = xydx$$

미분방정식에 미지함수의 일계도함수만 나타나면 그 미분방정식을 일계미분방정식이라 한다. 따라서 위의 미분방정식 들은 모두 일계미분방정식의 예가 된다.

일계미분방정식의 일반적인 형태는

$$y' = F(x,\ y)$$

이고 일계미분방정식의 형태가

$$\frac{dy}{dx} = \frac{g(x)}{f(y)}$$

인 미분방정식의 해를 구해보자. 위의 식을 변형하여 얻은 미분방정식

$$f(y)\,y' = g(x) \quad \text{또는} \quad f(y)\,dy = g(x)\,dx$$

의 일반해는 위의 식의 양변을 적분하여 다음과 같이 구한다.

$$\int f(y)\,dy = \int g(x)\,dx$$

위의 식에서 미분방정식의 해는 좌변을 y에 대해, 우변을 x에 대해 적분하면 얻어지는데 이 때 생기는 식의 형태는 $G(x, y)=0$과 같은 음함수 형태이다.

미분방정식이 전미분 형태

$$M(x, y)\,dx + N(x, y)\,dy = 0$$

으로 주어지는 경우에는

$$f(y)\,dy = g(x)\,dx$$

형태로 정리하여 해를 구한다. 이런 형태의 미분방정식을 변수분리형이라고 부른다.

예제 8.6.1 미분방정식 $y' = 3x^2 + 1$의 해를 구하라.

[풀이] $dy = (3x^2 + 1)\,dx$ 의 형태로 변형할 수 있으므로 구하는 해는 다음과 같다.

$$y = \int (3x^2 + 1)\,dx = x^3 + x + C.$$ ■

예제 8.6.2 미분방정식 $(1 + x)\,dx - ydy = 0$의 해를 구하라.

[풀이] 위의 미분방정식에 부정적분을 취하면

$$\int (1 + x)\,dx - \int ydy = 0$$

이므로 다음과 같은 음함수 형태의 해를 얻을 수 있다.

$$\frac{1}{2}x^2 + x - \frac{1}{2}y^2 = C.$$ ■

예제 8.6.3 미분방정식 $y' = -\frac{x}{y}$, $y(4) = 3$의 해를 구하라. 여기서 $y(4) = 3$의 조건을 초기조건(initial condition)이라 하고 초기조건이 주어진 미분방정식의 해를 구하는 문제를 초기치문제(initial value problem)이라 한다.

[풀이] 위의 미분방정식

$$xdx + ydy = 0$$

이므로 미분방정식의 해는 다음과 같이 주어진다.

$$\frac{1}{2}x^2 + \frac{1}{2}y^2 = C.$$

주어진 초기조건에 의해 $x=4$일 때 $y=3$이므로 $C=\frac{25}{2}$이고 구하는 해는 다음과 같다.

$$x^2+y^2=25.$$ ■

예제 8.6.4 미분방정식 $xe^{-y}\sin x\,dx-y\,dy=0$의 해를 구하라.

[풀이] 위의 미분방정식의 양변을 e^{-y}로 나누면

$$x\sin x\,dx-ye^{y}\,dy=0$$

이고 부분적분법을 이용하면 미분방정식의 해를 다음과 같이 구할 수 있다.

$$x\cos x-\sin x+(y-1)e^{y}=C.$$ ■

예제 8.6.5 질량 M_0인 방사능 물질이 붕괴한다고 한다. 실험에 의하면 방사능 물질의 붕괴속도는 현재의 질량에 비례한다고 한다. 임의의 시각 t에서 이 방사능 물질의 질량을 구하라.

[풀이] 시각 t에서 방사능 물질의 질량을 $M(t)$, 비례상수를 k라 하면

$$\frac{dM}{dt}=-kM$$

이 성립한다. 이 식을 변형하면

$$\frac{1}{M}\,dM=-kdt$$

이므로 방사능 물질의 질량 $M(t)$는 다음과 같이 구할 수 있다.

$$\ln M(t)=-kt+C.$$

위의 식을 정리하면

$$M(t)=e^{C}e^{-kt}$$

이고 초기조건 $M(0)=M_0$를 이용하면 $M(t)$를 다음과 같이 구할 수 있다.

$$M(t)=M_0e^{-kt}.$$ ■

연습문제 8.6

1. 다음 미분방정식의 해를 구하라.

(1) $(y^2+1)\,dx + dy = 0$

(2) $xe^x\,dx + ye^{-y}\,dy = 0$

(3) $(1+x^2)\,dy + x(1+y^2)\,dx = 0$

(4) $y' = y - y^2$

2. 다음 초기치문제의 해를 구하라.

(1) $y' + 3y = -1,\ \ y(0) = 1$

(2) $x\,dx + y\,dy = 0,\ \ y(2) = 1$

(3) $e^{x+y}\,dx - e^{-2y}\,dy = 0,\ \ y(0) = 0$

(4) $\sin x\,dy = 2y\cos x\,dx,\ \ y\left(\frac{\pi}{2}\right) = 1$

3. 초기치문제 $P' = ke^{at}P$, $P(0) = P_0$의 해를 구하고, $\lim_{t\to\infty} P(t)$를 구하라(단, $a < 0$).

4. 먹이를 충분히 줄 때 쥐가 50일 만에 2배로 번식한다고 하자. 쥐가 늘어나는 비율이 쥐의 수에 비례한다면 며칠이 지났을 때 쥐의 수가 4배로 늘어나겠는가?

Chapter

9

다변수함수와 편미분

라그랑주(Joseph Louis Lagrange, 1736~1813)는 이탈리아 출생의 프랑스 수학자로 페르마의 문제 등에 관한 정수론, 미분방정식론의 일반적 연구 외에 타원함수, 불변식론 등에도 많은 노력을 기울였다. 물리학의 파동 이론, 전파, 유체역학에 대해서도 깊이 연구하였으며 천문학에서도 삼체 문제(三體問題)의 연구를 남겼다. 22세 때 이미 등주(等周) 문제의 연구에서 변분법(變分法)을 연구해 오일러에게 인정받았다. 오일러의 방법을 순수하게 해석적인 것으로 발전시킨 이 방법을 역학의 여러 문제에 응용하였다. 그가 해명한 해석역학은, 뉴턴의 미적분에 의한 운동방정식이 확립된 후 100년만의 일로, 그때까지 발전한 해석학을 역학에 응용한 것이다. 그의 저서 《해석역학(Mechanique analytique, 1788)》에 의해 역학은 하나의 새로운 발전 단계로 들어서게 되었다.

9.1 ••• 다변수함수의 극한과 연속

다변수함수와 그래프

두 개의 독립변수를 갖는 함수를 이변수함수(function of two variables)라 하고 보통 $z=f(x, y)$로 나타낸다. 일반적으로, n개의 독립변수를 갖는 함수를 n변수함수(function of n variables)라 하고

$$z=f(x_1, x_2, \cdots, x_n)$$

로 쓴다. 이때, 함수 $z=f(x_1, x_2, \cdots, x_n)$의 정의역 D는 함수가 정의되는 독립변수의 순서쌍 $(x_1, x_2, \cdots, x_n)$의 범위로 보통 n차원 Euclid 공간 $\mathbb{R}^n$의 부분집합이고 공역은 실수의 집합이다. 특히, 함수의 정의역을 구체적으로 표시하지 않을 경우 함수를 나타내는 관계식이 정의될 수 있는 $\mathbb{R}^n$의 모든 점의 집합을 정의역으로 한다.

예제 9.1.1 함수 $f(x, y)=\sqrt{x^2+y^2-1}$의 정의역을 구하라.

[풀이] $\sqrt{x^2+y^2-1}$이 실수이기 위한 필요충분조건은 $x^2+y^2-1\geq 0$이다. 따라서 정의역은 $\{(x, y) \mid x^2+y^2\geq 1\}$이다. ■

정의역이 D인 함수 $z=f(x_1, x_2, \cdots, x_n)$에 대하여

$$G(f)=\{(x_1, x_2, \cdots, x_n, z) \mid z=f(x_1, x_2, \cdots, x_n),\ (x_1, x_2, \cdots, x_n)\in D\}$$

를 함수 f의 그래프(graph)라 한다. 특히, 이변수함수 $z=f(x, y)$의 그래프

$$G(f)=\{(x, y, z) \mid z=f(x, y),\ (x, y)\in D\}$$

를 기하학적으로 나타내면 평면 또는 곡선이 된다.

함수 $f(x, y)=x^2+y^2$의 그래프는 그림 9.1.1과 같이 포물면이고, 함수 $f(x, y)=\sqrt{1-x^2-y^2}$의 그래프는 그림 9.1.2와 같이 중심이 $(0, 0, 0)$이고 반지름이 1인 구면의 상반부분이다.

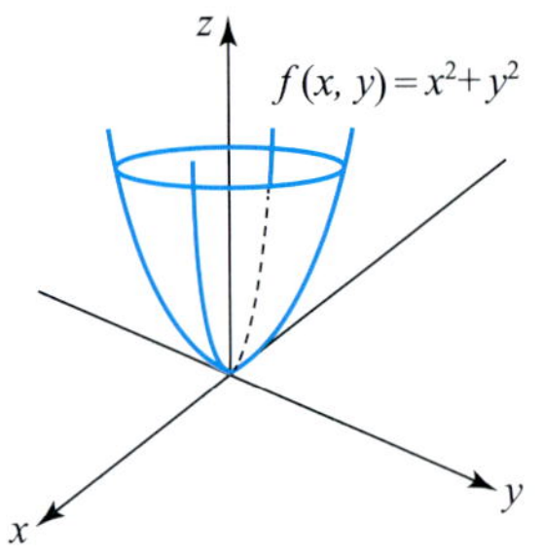

그림 9.1.1

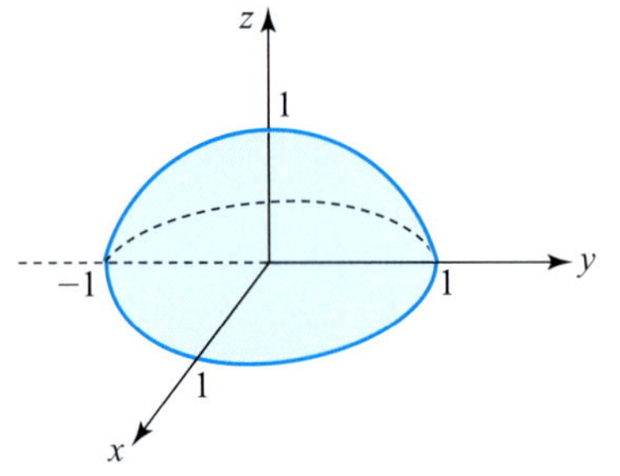

그림 9.1.2

일반적으로 이변수 이상의 함수의 그래프는 전문도구의 도움이 없이 그리기는 어려우며 그림 그리는 프로그램을 이용하여 그리게 된다. 공간에서 이변수함수의 그래프에 대한 이해를 위해 소프트웨어를 이용한 그래프를 아래와 같이 소개한다.

두 개 이상의 독립변수를 갖는 함수를 통틀어 다변수함수(function of several variables)라 한다. 이변수함수에 관한 대부분의 이론은 다변수함수에 대하여 일반화될 수 있으므로, 앞으로 이변수함수를 중심으로 다룬다.

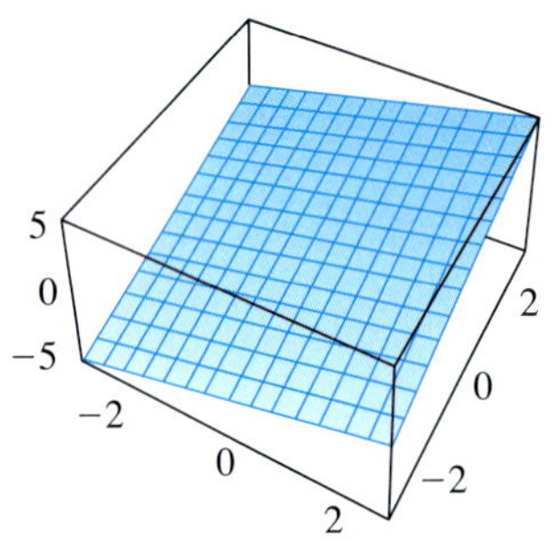

① $f(x, y)=x+y$

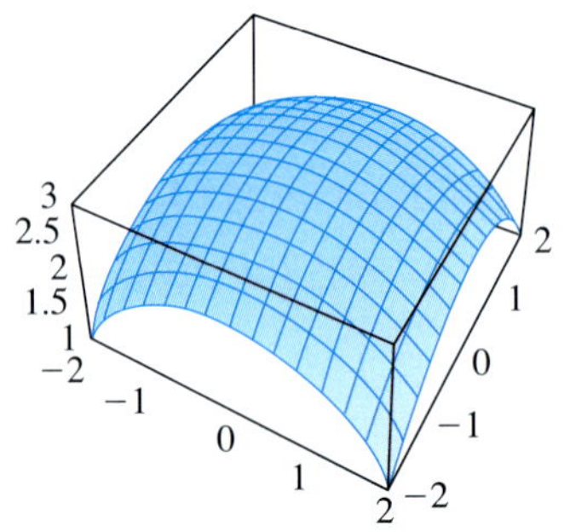

② $f(x, y)=\sqrt{9-x^2-y^2}$

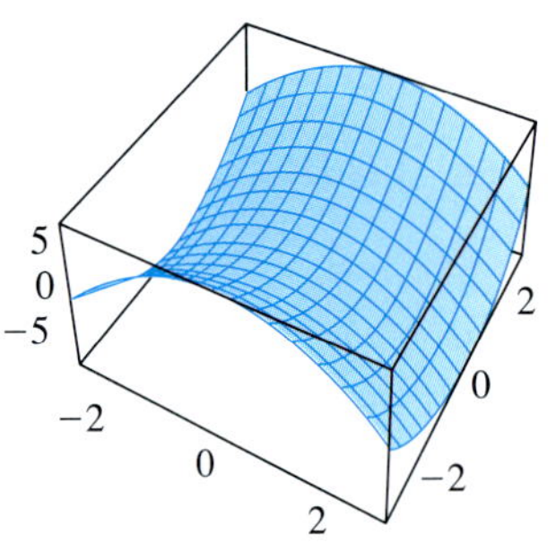

③ $f(x, y)=y^2-x^2$

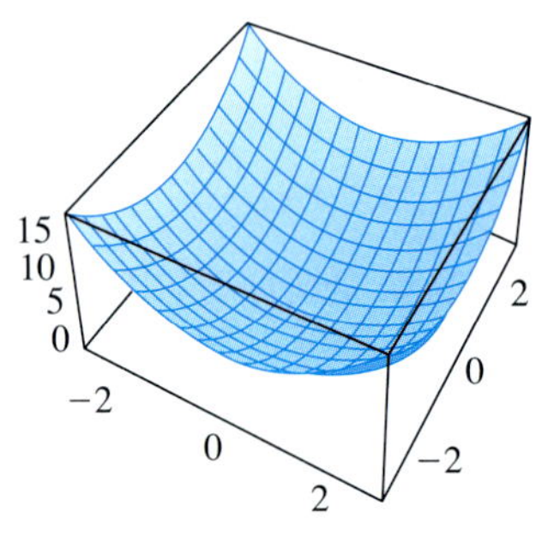

④ $f(x, y)=x^2+y^2$

이변수함수의 극한

일변수함수의 극한 개념을 확장하여 이변수함수의 극한을 정의해 보자.

정의 9.1.1 이변수함수의 극한

주어진 점 $(a, b)\in\mathbb{R}^2$에 대하여 점 $(x, y)\in\mathbb{R}^2$가 점 (a, b)로 접근할 때 이변수함수 $z=f(x, y)$의 값이 어떤 수 L로 접근하면, L을 (a, b)에서 f의 극한이라 하고

$$\lim_{(x, y)\to(a, b)} f(x, y)=L$$

로 나타낸다. 이것을

$$(x, y)\to(a, b)\text{일 때 } f(x, y)\to L$$

로 나타내기도 한다.

위의 정의에서 함수 f는 점 (a, b)에서 $f(a, b)$가 정의되지 않아도 무방하다.

다음 정리는 이변수함수의 극한에 대한 기본적인 성질이다.

정리 9.1.1 극한의 합, 차, 곱 및 상

$\lim_{(x, y)\to(a, b)} f(x, y)=A$, $\lim_{(x, y)\to(a, b)} g(x, y)=B$ 이면 다음이 성립한다.

(1) $\lim_{(x, y)\to(a, b)} \{f(x, y)+g(x, y)\}=A+B$

(2) $\lim_{(x, y)\to(a, b)} \{f(x, y)-g(x, y)\}=A-B$

(3) $\lim_{(x, y)\to(a, b)} \{f(x, y)\cdot g(x, y)\}=A\cdot B$

(4) $\lim_{(x, y)\to(a, b)} \dfrac{f(x, y)}{g(x, y)}=\dfrac{A}{B}$ (단, $B\neq 0$)

예제 9.1.2 점 $(2, 3)$에서 함수 $f(x, y)=x^2+5y^2$의 극한을 구하라.

[풀이] $\lim_{(x, y)\to(2,3)} x^2=2^2=4$, $\lim_{(x, y)\to(2,3)} 5y^2=45$

이므로 $\lim_{(x, \ )\to(2,3)} f(x, y)=4+45=49$. ■

예제 9.1.3 $f(x, y) = \dfrac{x+y}{x^2+y^2+2}$일 때 $\lim_{(x, y)\to(0,0)} f(x, y)$를 구하라.

[풀이] $(x, y) \to (0, 0)$이면 $x \to 0$, $y \to 0$이므로

$$x^2 + y^2 + 2 \ \to \ 2, \quad x + y \ \to \ 0$$

이다. 따라서

$$\lim_{(x, y)\to(0,0)} f(x, y) = \frac{0}{2} = 0.$$ ■

일변수함수와는 달리 이변수함수에서는 점 (x, y)가 (a, b)에 접근하는 방법이 무수히 많다. 따라서 $\lim_{(x, y)\to(a, b)} f(x, y) = L$이 되려면 (x, y)가 어떤 경로를 통하여 (a, b)에 접근하여도 $f(x, y)$가 L에 접근하여야 한다.

예제 9.1.4 함수 $f(x, y) = \dfrac{x^2-2y^2}{x^2+y^2}$은 원점 $(0, 0)$에서 극한을 갖지 않음을 보여라.

[풀이] 점 (x, y)가 x축을 따라서 원점 $(0, 0)$에 접근할 때 $y = 0$이므로 극한은

$$\lim_{(x, 0)\to(0, 0)} f(x, 0) = 1.$$

점 (x, y)가 y축을 따라서 원점 $(0, 0)$에 접근할 때 $x = 0$이므로 극한은

$$\lim_{(0, y)\to(0, 0)} f(0, y) = -2.$$

두 극한이 다르므로 $\lim_{(x, y)\to(0, 0)} f(x, y)$은 존재하지 않는다. ■

이변수함수 $f(x, y)$와 일변수함수 $g(z)$의 합성함수 $g(f(x, y))$는 이변수함수이다. $g(z)$가 연속일 때, 합성함수 $g(f(x, y))$의 극한을 생각하여 보자.

정리 9.1.2

$\lim_{(x, y)\to(a, b)} f(x, y) = L$이고, $g(z)$가 $z = L$에서 극한을 가지면

$$\lim_{(x, y)\to(a, b)} g(f(x, y)) = \lim_{z\to L} g(z)$$

특히, $g(z)$가 $z = L$에서 연속이면 다음이 성립한다.

$$\lim_{(x, y)\to(a, b)} g(f(x, y)) = g\left(\lim_{(x, y)\to(a, b)} f(x, y)\right) = g(L)$$

예제 9.1.5 다음 극한을 구하라.

(1) $\displaystyle\lim_{(x,y)\to(0,0)} \frac{\sin xy}{xy}$　　(2) $\displaystyle\lim_{(x,y)\to(e,1)} \ln\left(\frac{x}{y}\right)$

[풀이] (1) $g(z)=\dfrac{\sin z}{z}$, $z=xy$라 두면 $(x,\ y)\to(0,\ 0)$일 때 $z\to 0$이므로, 정리 9.1.2로부터 $\displaystyle\lim_{(x,y)\to(0,0)} \frac{\sin xy}{xy}=\lim_{z\to 0}\frac{\sin z}{z}=1$이다.

(2) $\displaystyle\lim_{(x,y)\to(e,1)} \frac{x}{y}=e$이고 $\ln z$는 $z=e$에서 연속이므로 정리 9.1.2에 의해서

$$\lim_{(x,y)\to(e,1)} \ln\left(\frac{x}{y}\right)=\ln\left(\lim_{(x,y)\to(e,1)} \frac{x}{y}\right)=\ln e=1.$$

■

이제 이변수함수의 연속성을 정의해 보자.

정의 9.1.2 이변수함수의 연속

이변수함수 f가 다음의 세 가지 조건을 만족할 때 점 $(a,\ b)\in\mathbb{R}^2$에서 연속이라고 한다.

(1) 점 $(a,\ b)$에서 f의 함수값 $f(a,\ b)$가 존재

(2) $\displaystyle\lim_{(x,\ y)\to(a,\ b)} f(x,\ y)$가 존재

(3) $\displaystyle\lim_{(x,\ y)\to(a,\ b)} f(x,\ y)=f(a,\ b)$

이변수함수 f가 어떤 영역 $D\subset\mathbb{R}^2$의 모든 점에서 연속일 때 f는 영역 D에서 연속이라 한다.

예제 9.1.6 함수 $f(x,\ y)=x^2-4y$는 $\mathbb{R}^2$에서 연속임을 보여라.

[풀이] 모든 $(a,\ b)\in\mathbb{R}^2$에서 $f(a,\ b)=a^2-4b$이고

$$\lim_{(x,y)\to(a,b)} f(x,\ y)=a^2-4b$$

이므로

$$\lim_{(x,y)\to(a,b)} f(x,\ y)=f(a,\ b)$$

이다. 따라서 $f(x,\ y)$는 $\mathbb{R}^2$에서 연속이다. ■

예제 9.1.7 원점 (0, 0)에서 다음 함수의 연속성을 조사하라.

$$f(x, y) = \begin{cases} \dfrac{x^2 y}{x^4 + y^2}, & (x, y) \neq (0, 0) \\ 0, & (x, y) = (0, 0) \end{cases}$$

[풀이] 조건에서 $f(0, 0) = 0$이다. 이제 $\lim_{(x, y) \to (a, b)} f(x, y)$를 구하기 위해 점 (x, y)가 $y = x^2$를 따라 원점에 가까워질 때

$$\frac{x^2 y}{x^4 + y^2} = \frac{x^4}{x^4 + x^4} \rightarrow \frac{1}{2}$$

이고, (x, y)가 $y = x$를 따라 원점에 가까워질 때

$$\frac{x^2 y}{x^4 + y^2} = \frac{x^3}{x^4 + x^2} \rightarrow 0$$

이다. 그러므로 주어진 함수는 (0, 0)에서 극한이 존재하지 않는다. 따라서 $f(x, y)$는 (0, 0)에서 연속이 아니다. ■

다음 정리에 의하여 다양한 함수들에 대한 연속성을 판단할 수 있다.

정리 9.1.3 연속함수의 합, 차, 곱 및 상

이변수함수 f와 g가 영역 D에서 각각 연속이면 $f + g$, $f - g$, $f \cdot g$, $\dfrac{f}{g}\,(g(x, y) \neq 0)$도 D에서 연속이다.

예제 9.1.8 함수 $f(x, y) = \dfrac{x^3 y^2}{1 - xy}$의 연속성에 대하여 말하라.

[풀이] $x^3 y^2$과 $1 - xy$는 모든 (x, y)에서 연속이므로 $\dfrac{x^3 y^2}{1 - xy}$은 $1 - xy \neq 0$인 모든 (x, y)에서 연속이다. 따라서 $f(x, y)$는 $xy \neq 1$인 모든 (x, y)에서 연속이다. ■

예제 9.1.9 다음 함수들에 대한 연속성을 말하라.

(1) $f(x, y) = e^{x+y}$　　(2) $f(x, y) = \ln(x^2 + y^2 - 1)$

[풀이] (1) $g(x, y) = x + y$, $h(z) = e^z$라 하면 각각은 모든 실수에서 연속이다.

$$f(x, y) = e^x + y = h(g(x, y))$$

이므로, 합성함수의 연속성에 의하여 $f(x, y)$는 (x, y)에서 연속이다.

(2) $g(x, y) = x^2 + y^2 - 1$, $h(z) = \ln z$라 하면 g는 모든 (x, y)에서 h는 $z > 0$에서 연속이다.

$$f(x, y) = \ln(x^2 + y^2 - 1) = h(g(x, y))$$

로부터 $f(x, y)$는 $x^2 + y^2 - 1 > 0$에서 연속이다. 즉 $f(x, y)$는 $x^2 + y^2 > 1$인 (x, y)에서 연속이다. ■

지금까지 살펴본 이변수함수에 대한 극한과 연속의 개념은 다변수함수에 대해서도 자연스럽게 일반화할 수 있다.

연습문제 9.1

1. 다음 함수들의 정의역을 구하라.

(1) $f(x, y) = \sqrt{y - x}$ (2) $f(x, y) = \dfrac{1}{\sqrt{16 - x^2 - y^2}}$

(3) $f(x, y) = e^{-(x^2 + y^2)}$ (4) $f(x, y) = \ln(xy)$

2. 다음 극한을 구하라.

(1) $\displaystyle\lim_{(x, y) \to (1, -2)} (x^2 + 3y^2) y$ (2) $\displaystyle\lim_{(x, y) \to (-3, 4)} \sqrt{x^2 + y^2 + 4}$

(3) $\displaystyle\lim_{(x, y) \to (0, 0)} \frac{3x^2 - y + 2}{x^2 + y^2 + 1}$ (4) $\displaystyle\lim_{(x, y) \to (1, e)} \ln \frac{x}{y}$

(5) $\displaystyle\lim_{(x, y) \to (\pi, 1)} \left\{ \sin\left(\frac{x}{y}\right) + \cos\left(\frac{x}{y}\right) \right\}$ (6) $\displaystyle\lim_{(x, y) \to (0, 0)} \frac{e^y \sin x}{x}$

(7) $\displaystyle\lim_{(x, y) \to (2, 0)} \frac{x^2 - y^2 - 2x + 2y}{x + y - 2}$ (8) $\displaystyle\lim_{(x, y) \to (0, 2)} \frac{x^2 - y^2 - 2x + 2y}{x + y - 2}$

3. 점 $(0, 0)$에서 함수 $f(x, y) = \dfrac{x + 3y}{x - 3y}$의 극한을 구할 때 주어진 (x, y)의 조건에서 구하라.

(1) $y = x$ (2) $x = 0$

(3) $y = -\dfrac{1}{2}x$ (4) $y = \dfrac{1}{2}x$

4. 점 $(0, 0)$에서 함수 $f(x, y) = \dfrac{\sin(2x + y)}{2x - y}$의 극한을 구할 때 주어진 (x, y)의 조건에서 구하라.

(1) $y = 0$ (2) $x = 0$

5. 점 (0, 0)에서 다음 함수들의 극한을 조사하라.

(1) $f(x, y) = \dfrac{x^2 - y^2}{x^2 + y^2}$

(2) $f(x, y) = \dfrac{2xy^2}{x^2 + y^4}$

(3) $f(x, y) = \dfrac{\sin(xy)}{xy}$

(4) $f(x, y) = xy\sin\dfrac{1}{xy}$

(Hint: sandwich 정리 이용)

6. 다음 함수가 연속인 점의 집합을 구하라.

(1) $f(x, y) = \sin(x + y)$

(2) $f(x, y) = \dfrac{x + y}{2 + \cos x}$

(3) $f(x, y) = e^{x+y}\cos xy$

(4) $f(x, y) = \ln(x + 2y)$

(5) $f(x, y) = \sqrt{x + y} - \sqrt{x - y}$

(6) $f(x, y) = \sqrt{x + y - 1}$

9.2 ••• 편도함수

x와 y를 독립변수로 하는 이변수함수 $z=f(x, y)$에서 x를 상수 a로 고정시키면 $z=f(a, y)$가 되는데 이것은 y에 관한 일변수함수이다. 또 함수 $z=f(x, y)$에서 y를 상수 b로 고정시키면 $z=f(x, b)$가 되는데 이것은 x에 관한 일변수함수이다.

점 $x=a$에서 일변수함수 $z=f(x, b)$의 x에 대한 미분계수를 점 (a, b)에서 함수 $z=f(x, y)$의 x에 관한 편미분계수라 하고, $f_x(a, b)$로 나타낸다. 즉,

$$f_x(a, b)=\lim_{h\to 0}\frac{f(a+h, b)-f(a, b)}{h}.$$

점 $y=b$에서 일변수함수 $z=f(a, y)$의 y에 대한 미분계수를 점 (a, b)에서 함수 $z=f(x, y)$의 y에 관한 편미분계수라 하고, $f_y(a, b)$로 나타낸다. 즉,

$$f_y(a, b)=\lim_{h\to 0}\frac{f(a, b+h)-f(a, b)}{h}.$$

점 (a, b)에서 함수 $z=f(x, y)$의 편미분계수 $f_x(a, b)$, $f_y(a, b)$가 존재할 때 함수 $z=f(x, y)$는 점 (a, b)에서 편미분가능이라고 한다. 함수 $z=f(x, y)$의 x에 관한 편미분계수 $f_x(x, y)$가 존재하는 모든 점 (x, y)들의 집합을 D라고 하면 f_x는 D에서 모든 실수들의 집합 $\mathbb{R}$로의 함수이다. 이 함수 f_x를 $z=f(x, y)$의 x에 관한 편도함수라고 부른다. 이 편도함수를 기호로 나타내면 다음과 같다.

$$f_x,\quad \frac{\partial f}{\partial x},\quad f_x(x, y),\quad \frac{\partial f}{\partial x}(x, y),\quad \frac{\partial z}{\partial x}$$

함수 $z=f(x, y)$의 편도함수 f_x, f_y를 f의 일계편도함수 또는 일차편도함수라고 부르고, 편도함수를 구하는 것을 편미분한다라고 한다.

정의 9.1.1 함수 $z=f(x, y)$의 편도함수

(1) $f_x(x, y)=\lim_{h\to 0}\dfrac{f(x+h, y)-f(x, y)}{h}$ (2) $f_y(x, y)=\lim_{h\to 0}\dfrac{f(x, y+h)-f(x, y)}{h}$

다시 말하면 x에 대한 편도함수 $f_x(x, y)$를 구할 때는 y를 상수로 취급하고 x에 대하여 미분한다. 마찬가지로 y에 대한 편도함수 $f_y(x, y)$를 구할 때는 x를 상수로 취급하고 y에 대하여 미분한다.

예제 9.2.1 함수 $f(x, y) = x^2 + 4y^2 - 8xy + 4$의 편도함수와 점 $(-2, 1)$에서의 편미분계수를 구하라.

[풀이] y를 상수로 보고 x에 관하여 미분하면 $f_x(x, y) = 2x - 8y$이다. 같은 방법으로 x를 상수로 보고 y에 관하여 미분하면 $f_y(x, y) = 8y - 8x$를 얻는다. 따라서 점 $(-2, 1)$에서의 편미분계수는

$$f_x(-2, 1) = 2(-2) - 8 \cdot 1 = -12,$$
$$f_y(-2, 1) = 8 \cdot 1 - 8(-2) = 24.$$

■

예제 9.2.2 $f(x, y) = e^x(\cos x + \sin y)$의 편도함수 $f_x(x, y)$, $f_y(x, y)$와 편미분계수 $f_x\left(0, \frac{2}{3}\pi\right)$, $f_y\left(0, \frac{2}{3}\pi\right)$를 구하라.

[풀이]

$$\begin{aligned} f_x(x, y) &= e^x(\cos x + \sin y) + e^x(-\sin x) \\ &= e^x(\cos x - \sin x + \sin y). \end{aligned}$$
$$f_y(x, y) = e^x \cos y.$$
$$\begin{aligned} f_x\left(0, \frac{2}{3}\pi\right) &= e^0\left(\cos 0 - \sin 0 + \sin \frac{2}{3}\pi\right) \\ &= 1 - 0 + \frac{\sqrt{3}}{2} = 1 + \frac{\sqrt{3}}{2}. \end{aligned}$$
$$f_y\left(0, \frac{2}{3}\pi\right) = e^0 \cos \frac{2}{3}\pi = -\frac{1}{2}.$$

■

예제 9.2.3 $f(x, y) = \sin^2 x \cdot \cos y$에서 $\frac{\partial f}{\partial x}$, $\frac{\partial f}{\partial y}$, $\frac{\partial f}{\partial x}\left(\frac{\pi}{6}, -\frac{\pi}{3}\right)$, $\frac{\partial f}{\partial y}\left(\frac{\pi}{6}, -\frac{\pi}{3}\right)$를 구하라.

[풀이]

$$\frac{\partial f}{\partial x} = 2\sin x \cos y (\cos x).$$
$$\begin{aligned} \frac{\partial f}{\partial x}\left(\frac{\pi}{6}, -\frac{\pi}{3}\right) &= 2\sin\frac{\pi}{6}\cos\left(-\frac{\pi}{3}\right)\cos\left(\frac{\pi}{6}\right) \\ &= 2 \cdot \frac{2}{2} \cdot \frac{1}{2} \cdot \frac{\sqrt{3}}{2} = \frac{\sqrt{3}}{4}. \end{aligned}$$
$$\frac{\partial f}{\partial y} = \sin^2 x(-\sin y) = -\sin^2 x \sin y.$$

$$\frac{\partial f}{\partial y}\left(\frac{\pi}{6}, -\frac{\pi}{3}\right) = -\sin^2\frac{\pi}{6}\cdot\sin\left(-\frac{\pi}{3}\right)$$
$$= -\left(\frac{1}{2}\right)^2\left(-\frac{\sqrt{3}}{2}\right) = \frac{\sqrt{3}}{8}.$$

편도함수의 기하적 의미

함수 $z=f(x, y)$의 편도함수의 기하적 의미를 살펴보자. 그림 9.2.1의 $z=f(x, y)$에서 y를 상수 b로 고정시키면 곡선 $z=f(x, b)$는 곡면 $z=f(x, y)$와 평면 $y=b$가 만나서 생긴 곡선 LPM이다. 곡선 $z=f(x, b)$ 위의 점 $P(a, b, f(a, b))$에서 접선의 기울기는 $\frac{\partial f}{\partial x}(a, b)$임을 알 수 있다. 마찬가지로 그림 9.2.2에서 곡면 $z=f(x, y)$와 평면 $x=a$가 만나서 생긴 곡선은 $z=f(a, y)$이다. 점 $P(a, b, f(a, b))$는 곡선 $z=f(a, y)$ 위의 점이다. 따라서 편미분계수 $\frac{\partial f}{\partial y}(a, b)$는 점 P에서 $z=f(a, y)$의 접선의 기울기임을 알 수 있다.

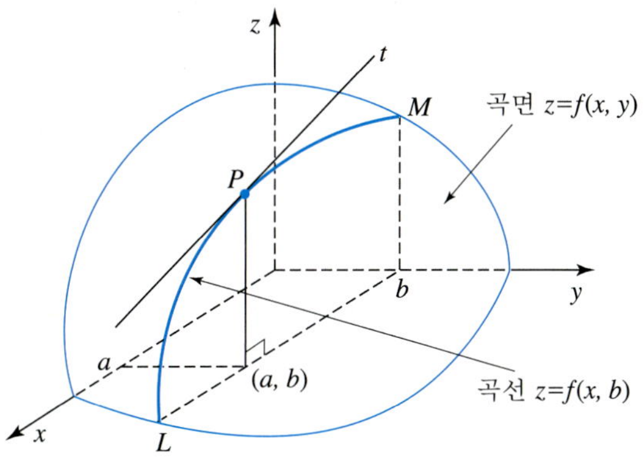

그림 9.2.1 $\frac{\partial f}{\partial x}$ = 점 P에서 접선 t의 기울기

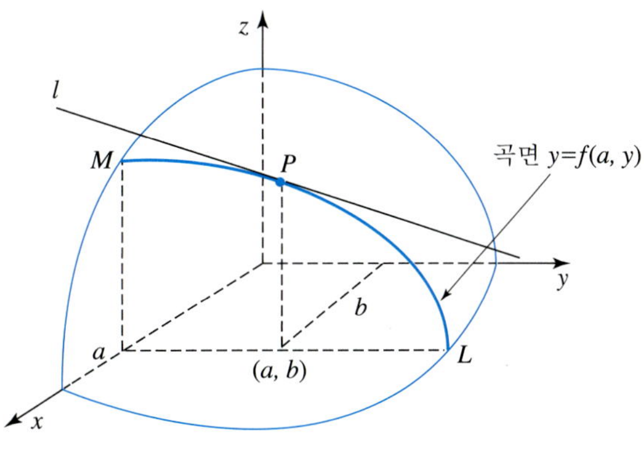

그림 9.2.2 $\frac{\partial f}{\partial x}$ = 점 P에서 접선 l의 기울기

예제 9.2.4 곡면 $f(x, y)=x^2+y^2$의 편미분계수 $\frac{\partial f}{\partial x}(2, 1)$을 구하고 그 의미를 그림에서 설명하라.

[풀이] $\frac{\partial f}{\partial x}=2x$, $\frac{\partial f}{\partial x}(2, 1)=4$, $y=1$이면 $f(x, 1)=x^2+1$이므로 $\frac{\partial f}{\partial x}(2, 1)$은 곡면 $f(x, y)=x^2+y^2$ 위의 곡선 $f(x, 1)=x^2+1$의 점 $(2, 1, 5)$에서 접선의 기울기가 된다. ■

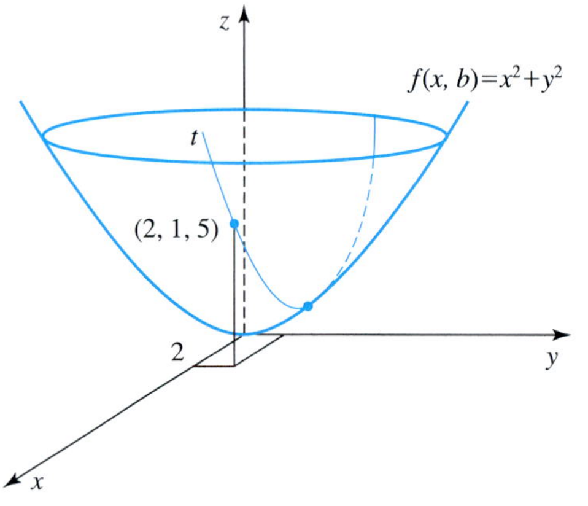

그림 9.2.3

이변수함수 $z=f(x, y)$의 일계편도함수 $\frac{\partial f}{\partial x}$, $\frac{\partial f}{\partial y}$는 x와 y의 함수이다. $\frac{\partial f}{\partial x}$, $\frac{\partial f}{\partial y}$를 다시 x와 y로 편미분할 수 있다면 다음과 같은 편도함수의 편도함수를 얻게 된다. 이들을 $z=f(x, y)$의 이계편도함수 또는 이차편도함수라고 부른다.

$$\frac{\partial}{\partial x}\left(\frac{\partial f}{\partial x}\right)=\frac{\partial^2 f}{\partial x^2}=f_{xx}(x, y),$$

$$\frac{\partial}{\partial y}\left(\frac{\partial f}{\partial x}\right)=\frac{\partial^2 f}{\partial y \partial x}=f_{xy}(x, y),$$

$$\frac{\partial}{\partial x}\left(\frac{\partial f}{\partial y}\right)=\frac{\partial^2 f}{\partial x \partial y}=f_{yx}(x, y),$$

$$\frac{\partial}{\partial y}\left(\frac{\partial f}{\partial y}\right)=\frac{\partial^2 y}{\partial y^2}=f_{yy}(x, y) \quad (x, y\text{의 순서에 유의하라}).$$

예제 9.2.5 이변수함수 $f(x, y) = xe^y - \sin x + x^2 y$의 일계, 이계편도함수를 각각 구하라.

[풀이]

$$\frac{\partial f}{\partial x} = e^y - \cos x + 2xy, \qquad \frac{\partial f}{\partial y} = xe^y + x^2,$$
$$\frac{\partial^2 f}{\partial x^2} = \sin x + 2y, \qquad \frac{\partial^2 f}{\partial x \partial y} = e^y + 2x,$$
$$\frac{\partial^2 f}{\partial y \partial x} = e^y + 2x, \qquad \frac{\partial^2 f}{\partial y^2} = xe^y.$$

■

이계편도함수의 정의와 같이 삼계편도함수 그리고 삼계 이상의 고계편도함수도 같은 방법으로 정의하고 다음과 같이 나타낸다.

$$\frac{\partial}{\partial x}\left(\frac{\partial^2 f}{\partial x^2}\right) = \frac{\partial^3 f}{\partial x^3} = f_{xxx}(x, y),$$
$$\frac{\partial}{\partial y}\left(\frac{\partial^2 f}{\partial x^2}\right) = \frac{\partial^3 f}{\partial y \partial x^2} = f_{xxy}(x, y),$$
$$\frac{\partial}{\partial x}\left(\frac{\partial^2 f}{\partial y \partial x}\right) = \frac{\partial^3 f}{\partial x \partial y \partial x} = f_{xyx}(x, y), \cdots$$

예제 9.2.6 함수 $f(x, y) = e^{2x}\cos y$의 편도함수 $\frac{\partial^3 f}{\partial x^3}$, $\frac{\partial^3 f}{\partial y \partial x^2}$, $\frac{\partial^4 f}{\partial x \partial y \partial x^2}$를 구하라.

[풀이]

$$\frac{\partial f}{\partial x} = 2e^{2x}\cos y,$$
$$\frac{\partial^2 f}{\partial x^2} = \frac{\partial}{\partial x}(2e^{2x}\cos y) = 4e^{2x}\cos y,$$
$$\frac{\partial^3 f}{\partial x^3} = \frac{\partial}{\partial x}(4e^{2x}\cos y) = 8e^{2x}\cos y,$$
$$\frac{\partial^3 f}{\partial y \partial x^2} = \frac{\partial}{\partial y}\left(\frac{\partial^2 f}{\partial x^2}\right) = \frac{\partial}{\partial y}(4e^{2x}\cos y) = -4e^{2x}\sin y,$$
$$\frac{\partial^4 f}{\partial x \partial y \partial x^2} = \frac{\partial}{\partial x}(-4e^{2x}\sin y) = -8e^{2x}\sin y.$$

■

예제 9.2.7 다음 함수 $f(x, y) = \frac{x^3 y - xy^3}{x^2 + y^2}$에 대하여 $f_{xy}(0, 0)$과 $f_{yx}(0, 0)$을 구하라.

[풀이] $(x, y) \neq (0, 0)$인 (x, y)에 대하여 다음을 얻는다.

$$f_x = \frac{(3x^2 y - y^3)(x^2 + y^2) - (x^3 y - xy^3)(2x)}{(x^2 + y^2)^2} = \frac{x^4 y + 4x^2 y^3 - y^5}{(x^2 + y^2)^2}.$$

같은 방법으로,

$$f_y = \frac{x^5 - 4x^3y^2 - xy^4}{(x^2+y^2)^2}.$$

따라서

$$f_{xy}(0,\ 0) = \frac{\partial f_x}{\partial y} = \lim_{h\to 0}\frac{f_x(0,\ h) - f_x(0,\ 0)}{h} = \lim_{h\to 0}\frac{(-h^5-0)/h^4}{h} = -1,$$
$$f_{yx}(0,\ 0) = \frac{\partial f_y}{\partial x} = \lim_{h\to 0}\frac{f_y(h,\ 0) - f_y(0,\ 0)}{h} = \lim_{h\to 0}\frac{h^5/h^4}{h} = 1.$$

■

위 예제는 일반적으로 편미분의 미분순서를 바꾸었을 때 그 결과가 다를 수 있음을 보여준다. 다음 정리는 이계편도함수에서 편미분의 순서와 관계없이 그 결과가 같기 위한 조건을 제시한다.

정리 9.2.1

함수 $f(x,\ y)$가 그 편도함수 f_x, f_y, f_{xy}가 점 $(a,\ b)$의 근방에서 연속이면, $f_{yx}(a,\ b)$가 존재하고 $f_{xy}(a,\ b) = f_{yx}(a,\ b)$이다.

예제 9.2.7 $f(x,\ y) = x\cos y + ye^x$에서 f_{xy}, f_{yx}를 구하고 같음을 보여라.

[풀이] $f_x = \cos y + ye^x$, $\quad f_{xy} = -\sin y + e^x$,

$f_y = -x\sin y + e^x$, $\quad f_{yx} = -\sin y + e^x$,

따라서 $f_{xy} = f_{yx}$.

■

연습문제 9.2

1. 다음 함수의 편도함수 $\frac{\partial f}{\partial x}$, $\frac{\partial f}{\partial y}$를 구하라.

(1) $f(x,\ y) = 2x - y$

(2) $f(x,\ y) = \frac{1}{4}x^2 - \frac{1}{9}y^2$

(3) $f(x,\ y) = \frac{x^2 - y^2}{x}$

(4) $f(x,\ y) = e^x\cos 2y$

(5) $f(x,\ y) = \ln(x^2 + y^2)$

(6) $f(x,\ y) = \sin x\cos 2y$

2. 다음 함수의 편도함수 $\dfrac{\partial f}{\partial x}$, $\dfrac{\partial f}{\partial y}$를 구하라.

(1) $f(x,\ y) = x\sin(y - x)$

(2) $f(x,\ y) = \dfrac{e^{xy}}{x^2 + y^2}$

(3) $f(x,\ y) = \sin^{-1}\dfrac{y}{\sqrt{x^2 + y^2}}$

(4) $f(x,\ y) = \cot^{-1}\left(\dfrac{y}{x}\right)$

3. 다음 주어진 함수에서 f_{xy}, f_{yx}를 구하라.

(1) $f(x,\ y) = y + \dfrac{x}{y}$

(2) $f(x,\ y) = x^2 y + y^2$

(3) $f(x,\ y) = (x^2 + y^2)^{\frac{3}{2}}$

(4) $f(x,\ y) = x^2 y + \cos y + y\sin x$

(5) $f(x,\ y) = x^3 \sin 2y + e^x \cos 2y$

(6) $f(x,\ y) = e^{x^2 + y^2}$

4. 곡면 $z = x^2 + \dfrac{1}{4}y^2$을 평면 $y = 2$로 잘랐을 때 생긴 곡선의 방정식을 구하라. 점 $(1, 2, 2)$에서 이 곡선의 기울기를 구하라.

5. 곡면 $z = \sin(2x + y)$을 평면 $x = \dfrac{\pi}{6}$으로 잘랐을 때 생긴 곡면의 방정식을 구하라. 또 점 $\left(\dfrac{\pi}{6}, \dfrac{\pi}{3}\right)$에서 이 곡선의 기울기를 구하라.

9.3 ••• 연쇄법칙

이 절에서 이변수함수의 합성함수에 대한 편미분을 생각하기로 하자. 합성함수의 미분법을 연쇄법칙(chain rule)이라 한다. 일변수함수 $y = f(u)$, $u = g(x)$가 미분가능하면 도함수는

$$\frac{dy}{dx} = \frac{dy}{du}\frac{du}{dx}$$

임을 잘 알고 있다. 예를 들어

$$y = \sin u, \quad u = x^2$$

일 때 $y = \sin x^2$이고

$$\frac{dy}{dx} = \frac{dy}{du}\frac{du}{dx} = \cos u \cdot 2x = 2x \cos x^2$$

이다.

이변수함수에서도 비슷한 공식을 유도할 수 있다.

정리 9.3.1

이변수함수 $z = f(x, y)$의 편도함수 f_x, f_y가 존재하고 $x = x(t)$, $y = y(t)$가 t에 대하여 미분가능하면

$$\frac{dz}{dt} = \frac{\partial z}{\partial x}\frac{dx}{dt} + \frac{\partial z}{\partial y}\frac{dy}{dt}$$

이다.

그림 9.3.1을 보면서 연쇄법칙을 이해하면 쉽게 기억할 수 있다. 예를 들어 $\frac{dz}{dt}$를 계산할 때 z에서 t에 이르는 각 경로를 따라 미분한 것을 곱한 다음 모두 더하면 된다.

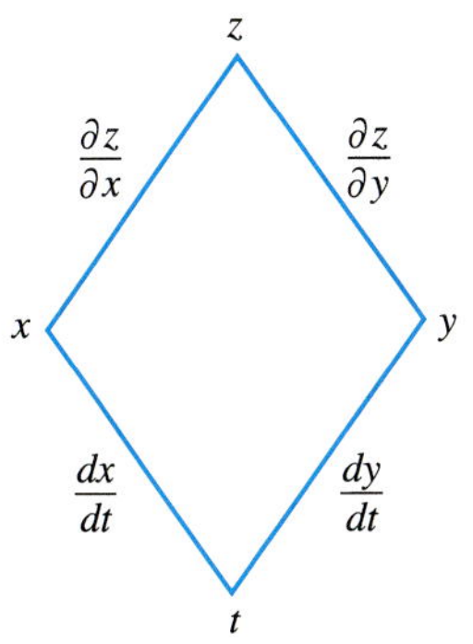

$$\frac{dz}{dt}=\frac{\partial z}{\partial x}\frac{dx}{dt}+\frac{\partial z}{\partial y}\frac{dy}{dt}$$

그림 9.3.1

예제 9.3.1 $z=xy,\ x=t^3,\ y=t^2$일 때 $\dfrac{dz}{dt}$를

(1) 연쇄법칙을 이용하여 구하라.

(2) z를 t의 함수로 표현하고 t에 대해 미분하여 구하라.

[풀이] (1) $\dfrac{\partial z}{\partial x}=y,\ \dfrac{\partial z}{\partial y}=x,\ \dfrac{dx}{dt}=3t^2,\ \dfrac{dy}{dt}=2t$ 이므로

$$\begin{aligned}\frac{dz}{dt}&=\frac{\partial z}{\partial x}\frac{dx}{dt}+\frac{\partial z}{\partial y}\frac{dy}{dt}\\&=y\cdot 3t^2+x\cdot 2t=t^2\cdot 3t^2+t^3\cdot 2t=5t^4.\end{aligned}$$

(2) $z=t^5$ 이므로 $\dfrac{dz}{dt}=5t^4$. ■

연쇄법칙은 u나 w를 t의 함수로 표현했을 때 길고 복잡한 식이 생기는 경우 특히 유용하다. 예제 9.3.1의 경우 연쇄법칙이 더 복잡한 것처럼 보이지만 대부분의 경우에는 연쇄법칙이 훨씬 유용하다.

예제 9.3.2 $z=x^2\ln y,\ x=t^2,\ y=e^{-t}$일 때, $\dfrac{dz}{dt}$을 구하라.

[풀이] $\dfrac{\partial z}{\partial x}=2x\ln y,\ \dfrac{\partial z}{\partial y}=\dfrac{x^2}{y},\ \dfrac{dx}{dt}=2t,\ \dfrac{dy}{dt}=-e^{-t}$ 이므로

$$\begin{aligned}\frac{dz}{dt}&=(2x\ln y)\cdot 2t+\frac{x^2}{y}\cdot(-e^{-t})\\&=(2t^2\cdot\ln e^{-t})\cdot 2t+\frac{t^4}{e^{-t}}(-e^{-t})\\&=-4t^4-t^4=-5t^4.\end{aligned}$$

■

$$\frac{\partial z}{\partial x} = -\frac{F_x}{F_z} \quad (F_z \neq 0).$$

마찬가지로, y에 관해 편미분하면 $\frac{\partial F}{\partial y} + \frac{\partial F}{\partial z}\frac{\partial z}{\partial y} = 0$을 얻으므로 다음을 얻는다.

$$\frac{\partial z}{\partial y} = -\frac{F_y}{F_z} \quad (F_z \neq 0).$$

예제 9.3.5 방정식 $x^3 e^{y+z} - y\sin(x-z) = 0$에서 z가 x와 y의 음함수로 정의된다고 할 때 $\frac{\partial z}{\partial x}$, $\frac{\partial z}{\partial y}$를 구하라.

[풀이] $F(x, y, z) = x^3 e^{y+x} - y\sin(x-z)$ 로부터

$$\frac{\partial z}{\partial x} = -\frac{F_x}{F_z} = -\frac{3x^2 e^{y+x} - y\cos(x-z)}{x^3 e^{y+x} + y\cos(x-z)},$$

$$\frac{\partial z}{\partial y} = -\frac{F_y}{F_z} = -\frac{x^3 e^{y+x} - \sin(x-z)}{x^3 e^{y+x} + y\cos(x-z)}.$$

■

연습문제 9.3

1. 연쇄법칙을 이용하여 다음 함수의 $\frac{dz}{dt}$를 구하라.

(1) $z = x^2 + y^2$; $x = 1 + 2t$, $y = 1 - 2t$

(2) $z = x^2 y^2$; $x = 1 + \sqrt{t}$, $y = 1 - \sqrt{t}$

(3) $z = x^2 + y^2 - 2y + 1$; $x = e^t$, $y = \cos t$

(4) $z = xy^2 + 1$; $x = t$, $y = e^t$

(5) $z = \ln(x^2 + y)$; $x = \sqrt{1+t}$, $y = 1 + t^2$

(6) $z = xe^{x+y}$; $x = \cos t$, $y = \sin t$

2. 연쇄법칙을 이용하여 $\frac{\partial z}{\partial s}$, $\frac{\partial z}{\partial t}$를 구하라.

(1) $z = x^2 + y^2$; $x = s + 2t$, $y = 3st$

(2) $z = x^2 y$; $x = se^t$, $y = 2t$

(3) $z = \sin x \cos y$; $x = s - t$, $y = s^2 + t^3$

(4) $z = xe^y - ye^x$; $x = e^t$, $y = st$

3. 연쇄법칙을 이용하여 다음 함수의 $\dfrac{\partial z}{\partial y}$를 구하라.

(1) $z = r^2 + s^2$; $r = x + y,\ s = x - y$

(2) $z = \sin\theta\cos\phi$; $\theta = t\cos y,\ \phi = \sin y$

(3) $z = r^2\sin 2\theta$; $r = \sqrt{x^2 + y^2},\ \theta = \tan^{-1}\left(\dfrac{y}{x}\right)$

(4) $z = e^r\cos\theta$; $r = xy,\ \theta = \sqrt{x^2 + y^2}$

4. z가 x와 y에 관한 함수라 할 때 음함수 미분법을 이용하여 다음에서 $\dfrac{\partial z}{\partial x}$와 $\dfrac{\partial z}{\partial y}$를 구하라.

(1) $x^2y + y^2z + z^2x = xyz$

(2) $e^x + y + z = \sin(xyz)$

(3) $\dfrac{z}{x} + \dfrac{z}{y} + \dfrac{y}{z} = 1$

(4) $z^x = y^z$

Chapter 10

중적분

라그랑주의 해석역학에 의한 운동방정식은 뉴턴의 방법에 비해 보다 일반적으로 운동의 미분방정식을 유도할 수 있다. 이외에도 정수론, 타원함수론, 불변식론(不變式論) 등에 관해 많은 연구 업적이 있으며, 천체역학 분야에도 기여하였다. 특히 삼체문제(三體問題)의 연구는 유명하다. 라그랑주는 자신의 논문 《방정식의 대수적 해법에 관한 고찰(Réflexions sur la résolution algébrique des équations, 1771)》에서 '라그랑주 정리'를 언급하였으나 증명은 하지 않았다. 이 정리가 최초로 완전하게 증명된 것은 1803년에 출판된 이탈리아 수학자 피에트로 아바티 마레스코티(Pietro Abbati Marescotti, 1768~1842)의 글에서였다. 이 정리는 이후에 코시의 정리가 탄생하는 데 영감을 주었다.

10.1 ••• 이중적분

주어진 폐구간에서 정의된 연속함수에 대한 정적분의 개념을 이변수함수 또는 삼변수함수의 적분으로 확장시킬 수 있다. 이 장에서는 이중적분에 대해서만 살펴보기로 한다.

정의 10.1.1 이중적분의 정의

평면 위의 유계인 영역 R에서 정의된 이변수함수 $f(x, y)$를 생각하자. 영역 R을 그림 10.1.1에서와 같이 n개의 소영역 $R_1, R_2, \cdots, R_n$으로 세분하고 각 R_k에 속하는 임의의 점을 (x_k^*, y_k^*), $R_k(k=1, 2, \cdots, n)$의 넓이는 ΔA_k로 나타내어 다음 합

$$\sum_{k=1}^{n} f(x_k^*, y_k^*)\Delta A_k$$

에 대하여, 이 합의 극한

$$\lim_{\max \Delta A_k \to 0} \sum_{k=1}^{n} f(x_k^*, y_k^*)$$

이 존재하면 $f(x, y)$는 R에서 이중적분가능하다고 하며

$$\iint_R f(x, y)\,dA$$

로 나타내고, 이것을 영역 R에서 $f(x, y)$의 이중적분(double integral)이라 정의한다.

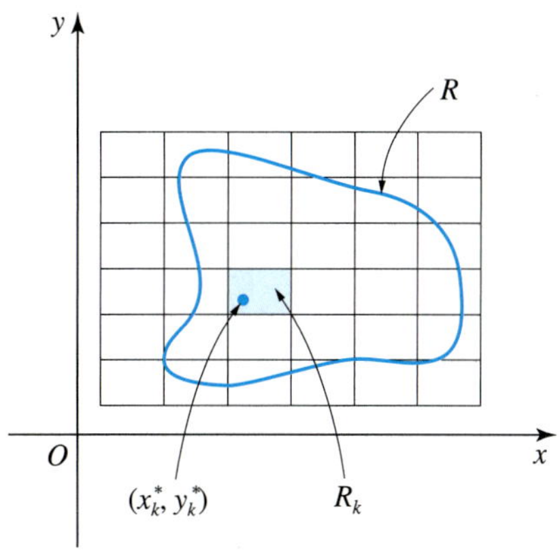

그림 10.1.1

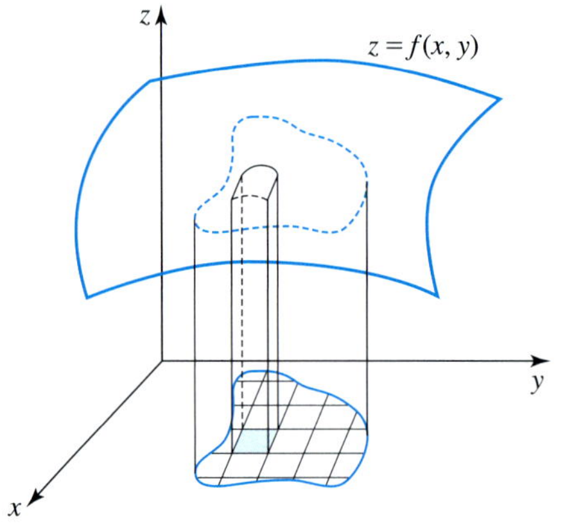

그림 10.1.2

일반적으로 영역 R이 닫힌 영역이고 함수 $f(x, y)$가 R에서 연속일 때, R에서 $f(x, y)$의 이중적분이 존재함은 잘 알려져 있다. 정의로부터 $f(x, y) \geq 0$이면 $f(x_k^*, y_k^*)\Delta A_k$는 그림 10.1.2에서와 같이 작은 직육면체의 부피이고, 따라서 이중적분 $\iint_R f(x, y)\,dy\,dx$는 밑면이 R이고 윗면이 $z = f(x, y)$인 그래프의 부피를 의미한다.

이중적분은 정의에 입각하여 구하는 것은 매우 복잡하다. 먼저 이중적분의 성질을 살펴보고 난 후 이중적분을 효과적으로 계산하는 방법에 대하여 언급한다.

정리 10.1.1 이중적분의 성질

함수 f와 g가 영역 R에서 이중적분가능할 때 다음이 성립한다.

(1) $\iint_R (f(x, y) + g(x, y))\,dx\,dy = \iint_R f(x, y)\,dx\,dy + \iint_R g(x, y)\,dx\,dy$

(2) $\iint_R kf(x, y)\,dx\,dy = k\iint_R f(x, y)\,dx\,dy$ (k는 임의의 상수)

(3) 모든 $(x, y) \in R$에 대해 $f(x, y) \leq g(x, y)$이면

$$\iint_R f(x, y)\,dx\,dy \leq \iint_R g(x, y)\,dx\,dy.$$

(4) $\left|\iint_R f(x, y)\,dx\,dy\right| \leq \iint_R |f(x, y)|\,dx\,dy$

(5) R이 두 변이 접하는 두 직사각형 R_1, R_2의 합이면

$$\iint_R f(x, y)\,dx\,dy = \iint_{R_1} f(x, y)\,dx\,dy + \iint_{R_2} f(x, y)\,dx\,dy.$$

이제 이중적분을 계산하는 반복적분에 대하여 알아보자.

이변수함수 $f(x, y)$는 y를 상수로 보면 x에 관한 일변수함수가 되고, 이것의 x에 관한 정적분 $\int_a^b f(x, y)dx$는 y의 함수가 됨을 알 수 있다. 이 함수의 y에 관한 정적분 $\int_c^d\left(\int_a^b f(x, y)dx\right)dy$를 $\int_c^d\int_a^b f(x, y)dx\,dy$로 간단히 나타낸다. 즉

$$\int_c^d\int_a^b f(x, y)dx\,dy = \int_c^d\left(\int_a^b f(x, y)dx\right)dy.$$

마찬가지로

$$\int_a^b\int_c^d f(x, y)dy\,dx = \int_a^b\left(\int_c^d f(x, y)dy\right)dx.$$

이와 같은 표현을 반복적분(iterated integral)이라 하며, 이중적분의 계산에 많이 사용된다.

예제 10.1.1 다음 반복적분을 구하라.

(1) $\int_0^3\int_1^2 8xy\,dx\,dy$ (2) $\int_1^2\int_0^{\ln 2} xe^y\,dy\,dx$

[풀이] (1) $\int_0^3\int_1^2 8xy\,dx\,dy = \int_0^3 [4x^2y]_1^2\,dy$

$= \int_0^3 12y\,dy = 54.$

(2) $\int_1^2\int_0^{\ln 2} xe^y\,dy\,dx = \int_1^2 x[e^y]_0^{\ln 2}\,dx = \int_1^2 x\,dx = \frac{3}{2}.$ ■

일반적으로 이중적분을 반복적분으로 표현하는 푸비니 정리(Fubini's Theorem)가 성립한다.

정리 10.1.2 푸비니 정리

영역 R에서 연속인 함수 f에 대하여 다음이 성립한다.

(1) 구간 $[a, b]$에서 $g_1(x) \le g_2(x)$이고 연속인 두 함수 $y = g_1(x)$와 $y = g_2(x)$에 대하여 $R = \{(x, y) \mid g_1(x) \le y \le g_2(x),\ a \le x \le b\}$이면

$$\iint_R f(x, y)\,dx\,dy = \int_a^b\int_{g_1(x)}^{g_2(x)} f(x, y)\,dy\,dx.$$

(2) 구간 $[c, d]$에서 $h_1(y) \le h_2(y)$이고 연속인 두 함수 $x = h_1(y)$와 $x = h_2(y)$에 대하여 $R = \{(x, y) \mid h_1(y) \le x \le h_2(y),\ c \le y \le d\}$이면

$$\iint_h f(x, y)\,dx\,dy = \int_c^d \int_{h_1(y)}^{h_2(y)} dx\,dy.$$

예제 10.1.2 다음과 같은 영역 R에서 $f(x, y) = 3 - x - y$의 이중적분을 정리 10.1.2의 (1)과 (2)를 이용하여 구하라.

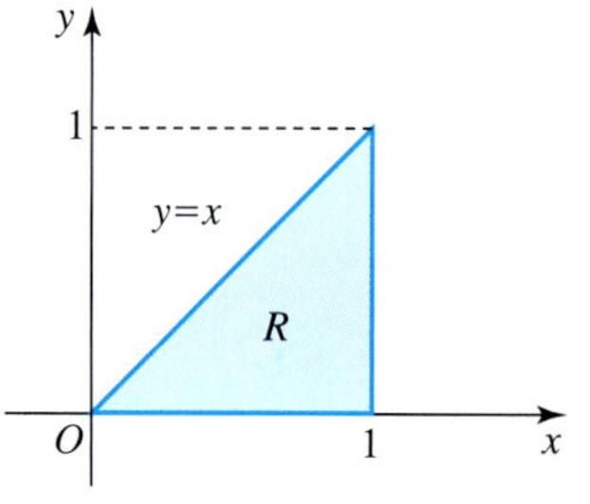

[풀이] (1) $R = \{(x, y) \mid 0 \le x \le 1,\ 0 \le y \le x\}$이므로

$$\begin{aligned}\iint_R f(x, y)\,dx\,dy &= \int_0^1 \int_0^x (3 - x - y)\,dy\,dx \\ &= \int_0^1 \left[3y - xy - \frac{1}{2}y^2\right]_{y=0}^{y=x} dx \\ &= \int_0^1 \left(3x - \frac{3}{2}x^2\right) dx = 1.\end{aligned}$$

(2) $R = \{(x, y) \mid 0 \le y \le 1,\ y \le x \le 1\}$이므로

$$\begin{aligned}\iint_R f(x, y)\,dx\,dy &= \int_0^1 \int_y^1 (3 - x - y)\,dx\,dy \\ &= \int_0^1 \left[3x - \frac{1}{2}x^2 - xy\right]_{x=y}^{x=1} dy \\ &= \int_0^1 \left(\frac{5}{2} - 4y + \frac{3}{2}y^2\right) dy = 1.\end{aligned}$$

■

예제 10.1.3 $R=\left\{(x,\ y)\middle|\frac{\pi}{2}\le x\le \pi,\ 0\le y\le x\right\}$ 일 때, $f(x,\ y)=\frac{\sin x}{x}$ 의 이중적분을 구하라.

[풀이]

$$\iint_R f(x,\ y)\,dx\,dy=\int_{\frac{\pi}{2}}^{\pi}\int_0^x \frac{\sin x}{x}\,dy\,dx$$
$$=\int_{\frac{\pi}{2}}^{\pi}\left[y\cdot\frac{\sin x}{x}\right]_0^x dx=\int_{\frac{\pi}{2}}^{\pi}\sin x\,dx=1$$

■

예제 10.1.4 적분순서를 바꾸어서 다음을 구하라.

$$\int_0^{\sqrt{\pi}}\int_x^{\sqrt{\pi}}\sin(y^2)\,dy\,dx$$

[풀이] $R=\{(x,\ y)\mid 0\le x\le\sqrt{\pi},\ x\le y\le\sqrt{\pi}\}=\{(x,\ y)\mid\ 0\le y\le\sqrt{\pi},\ 0\le x\le y\}$

이므로

$$\int_0^{\sqrt{\pi}}\int_x^{\sqrt{\pi}}\sin(y^2)\,dy\,dx=\int_0^{\sqrt{\pi}}\int_0^y\sin(y^2)\,dx\,dy$$
$$=\int_0^{\sqrt{\pi}}\left[x\sin(y^2)\right]_{x=0}^{x=y}dy$$
$$=\int_0^{\sqrt{\pi}}y\sin(y^2)\,dy=1.$$

■

예제 10.1.5 $\int_0^2\int_0^{4-x^2}\frac{1}{4-y}\,xe^{2y}\,dy\,dx$를 계산하라.

[풀이] $\int_0^{4-x^2}\frac{1}{4-y}\,xe^{2y}\,dy$ 의 계산이 불가능하므로 적분순서를 바꾸어 먼저 x에 대해 적분을 해보자.

$$R=\left\{(x,\ y)\mid\ 0\le y\le 4-x^2,\ 0\le x\le 2\right\}$$
$$=\left\{(x,\ y)\mid\ 0\le y\le 4,\ 0\le x\le\sqrt{4-y}\right\}$$

이므로

$$\int_0^2\int_0^{4-x^2}\frac{1}{4-y}\,xe^{2y}\,dy\,dx=\iint_R\frac{1}{4-y}\,xe^{2y}\,dx\,dy$$
$$=\int_0^4\int_0^{\sqrt{4-y}}\frac{1}{4-y}\,xe^{2y}\,dx\,dy$$
$$=\int_0^4\left[\frac{1}{4-y}\,e^{2y}\cdot\frac{1}{2}\,x^2\right]_{x=0}^{x=\sqrt{4-y}}dy$$
$$=\int_0^4\frac{1}{2}\,e^{2y}\,dy=\frac{1}{4}(e^8-1).$$

■

연습문제 10.1

1. 다음 적분을 계산하라.

(1) $\int_0^1\int_0^3 (x^2y-1)\,dx\,dy$ (2) $\int_0^1\int_0^{2\pi} (1+x^2+y^2)\,dy\,dx$

(3) $\int_0^{\frac{\pi}{2}}\int_{-1}^1 x^2y^2\,dx\,dy$ (4) $\int_0^2\int_0^2 xye^{x+y}\,dx\,dy$

(5) $\int_0^{\frac{\pi}{2}}\int_0^{\frac{\pi}{2}} \sin x\cos y\,dx\,dy$ (6) $\int_{\frac{\pi}{4}}^{\frac{\pi}{2}}\int_1^2 r^2\cos\theta\,dr\,d\theta$

2. 다음 적분을 계산하라.

(1) $\int_0^{\pi}\int_0^{y} x\sin y\,dx\,dy$ (2) $\int_0^{\ln 8}\int_0^{\ln y} e^{x+y}\,dx\,dy$

(3) $\int_0^{\frac{\pi}{2}}\int_0^{\cos y} \frac{x}{\sqrt{1-x^2}}\,dx\,dy$ (4) $\int_0^{\frac{1}{\sqrt{2}}}\int_x^{\sqrt{1-x^2}} x^3y\,dy\,dx$

(5) $\int_0^2\int_0^x e^{x+y}\,dy\,dx$ (6) $\int_0^1\int_0^x (1-xy)\,dy\,dx$

3. 적분순서를 바꾸어 다음 이중적분을 계산하라.

(1) $\int_0^{\sqrt{\pi}}\int_x^{\sqrt{\pi}} \sin(y^2)\,dy\,dx$ (2) $\int_0^1\int_y^1 e^{x^2}\,dx\,dy$

(3) $\int_0^1\int_y^1 x^2e^{xy}\,dx\,dy$ (4) $\int_0^2\int_x^2 2y^2\sin(xy)\,dy\,dx$

(5) $\int_0^2\int_0^{\sqrt{4-x^2}} \sqrt{4-y^2}\,dy\,dx$ (6) $\int_0^{\pi}\int_x^{\pi} \frac{\sin y}{y}\,dy\,dx$

4. 주어진 영역 R에 대하여 다음 이중적분을 계산하라.

(1) $\iint_R x^2y\,dA$, $R: y=x^2,\ y=x^3$으로 싸인 영역

(2) $\iint_R \frac{y}{1+xy}\,dA$, $R: 0\le x\le 2,\ 0\le y\le 1$

(3) $\iint_R (x^2+y^2)\,dA$, $R: x+y\le 1,\ x\ge 0,\ y\ge 0$

(4) $\iint_R (-x-y)\,dA$, $R: x+y\le 1,\ x\ge 0,\ y\ge 0$

(5) $\iint_R x^2y\,dA$, $R: 0\le y\le 1,\ 2y^2\le x\le 2y$

(6) $\iint_R (x+y)^2\,dA$, R: 세 점 $(1, 0), (0, 2), (1, 2)$로 이루어진 삼각형의 내부

10.2 ••• 이중적분에서의 변수변환

xy-평면에서 유계영역 R의 경계가 복잡하여 푸비니 정리에서 주어진 (1)과 (2)의 영역으로 R을 표현하기가 곤란한 경우가 있다. 이때에는 이중적분을 구하는 것이 어렵다. 이런 경우를 극복하기 위해 다음을 생각한다.

uv-평면의 영역 R^*의 각 점 (u, v)에 대한 이변수함수 $\phi(u, v)$와 $\psi(u, v)$가 R^*에서 연속이고 연속인 편도함수를 갖는다고 하자. 이때 xy-평면의 영역 R의 각 점 (x, y)가 $x=\phi(u, v)$, $y=\psi(u, v)$로 결정될 때, 다음 행렬식을 함수 x, y의 u, v에 대한 야코비행렬식 또는 야코비안(Jacobian)이라 하고 다음과 같이 정의된다.

정의 10.2.1 야코비안

$$J=\frac{\partial(x, y)}{\partial(u, v)}=\begin{vmatrix} \frac{\partial x}{\partial u} & \frac{\partial x}{\partial v} \\ \frac{\partial y}{\partial u} & \frac{\partial y}{\partial v} \end{vmatrix}=\frac{\partial x}{\partial u}\frac{\partial y}{\partial v}-\frac{\partial x}{\partial v}\frac{\partial y}{\partial u}$$

예제 10.2.1 $x=\frac{1}{2}(u+v)$, $y=\frac{1}{2}(u-v)$일 때 x, y의 u, v에 대한 야코비안을 구하라.

[풀이]

$$J=\frac{\partial(x, y)}{\partial(u, v)}=\begin{vmatrix} \frac{1}{2} & \frac{1}{2} \\ \frac{1}{2} & -\frac{1}{2} \end{vmatrix}=\frac{1}{2}\left(-\frac{1}{2}\right)-\frac{1}{2}\cdot\frac{1}{2}=-\frac{1}{2}.$$

■

예제 10.2.2 $x=r\cos\theta$, $y=r\sin\theta$일 때 x, y의 r, θ에 대한 야코비안을 구하라.

[풀이]

$$J=\frac{\partial(x, y)}{\partial(r, \theta)}=\begin{vmatrix} \cos\theta & -r\sin\theta \\ \sin\theta & r\cos\theta \end{vmatrix}=r\cos^2\theta+\sin^2\theta=r.$$

■

야코비안을 이용하여 x, y 변수를 다른 변수(예, u, v 변수)로 변환시키는 이중적분에서의 변수변환 공식을 얻는다.

정리 10.2.1

R^*가 uv-평면의 유계영역이고,

$$x=\phi(u,\ v),\quad y=\psi(u,\ v)$$

이고, R은 xy-평면의 유계영역일 때 이변수함수 $f(x,\ y)$가 R에서 연속이면 다음이 성립한다.

$$\begin{aligned}\iint_R f(x,\ y)\,dA &= \iint_R f(x,\ y)\,dx\,dy \\ &= \iint_R f[\phi(u,\ v),\ \psi(u,\ v)]\left|\frac{\partial(x,\ y)}{\partial(u,\ v)}\right|du\,dv\end{aligned}$$

예제 10.2.3 영역 R이 직선 $x+y=-1$, $x+y=1$, $x-y=-1$, $x-y=1$로 둘러싸인 영역일 때 $\iint_R 3xy\,dA$를 구하라.

[풀이] $u=x+y$, $v=x-y$로 놓고 x, y를 u, v에 관하여 나타내면

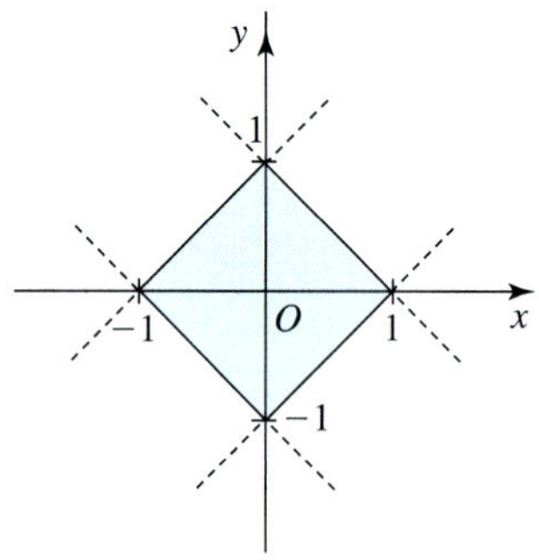

$$x=\frac{1}{2}(u+v),\quad y=\frac{1}{2}(u-v)$$
$$R^*: -1\le y\le 1,\quad -1\le v\le 1$$
$$\frac{\partial(x,\ y)}{\partial(u,\ v)}=-\frac{1}{2}.$$

이다. 또한 $f(x,\ y)=3xy=\frac{3}{4}(u^2-v^2)$이다. 구하고자 하는 이중적분은

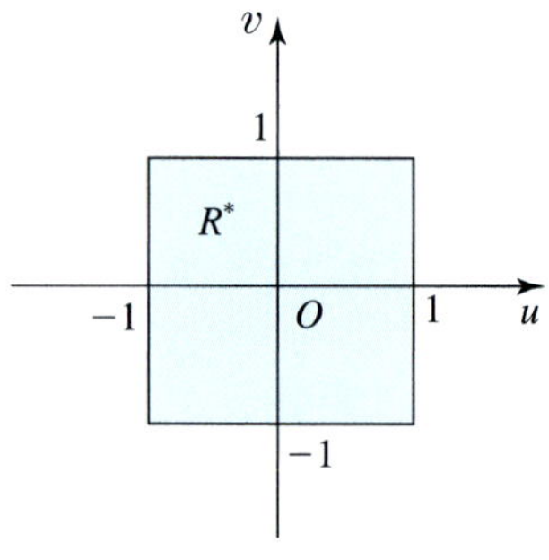

$$\begin{aligned}\iint_R 3xy\,dA &= \iint_{R^*}\frac{3}{4}(u^2-v^2)|J|\,du\,dv \\ &= \int_{-1}^{1}\int_{-1}^{1}\frac{3}{4}(u^2-v^2)\cdot\frac{1}{2}\,du\,dv \\ &= \frac{3}{8}\int_{-1}^{1}\left[\frac{1}{3}u^3-v^2u\right]_{-1}^{1}dv \\ &= \frac{3}{8}\int_{-1}^{1}\left(\frac{2}{3}-vv^2\right)dv=0.\end{aligned}$$

■

반지름이 r인 원 위의 점 $(x,\ y)$는 다음과 같이 r, θ의 함수로 표시된다.

$$x = r\cos\theta, \quad y = r\sin\theta.$$

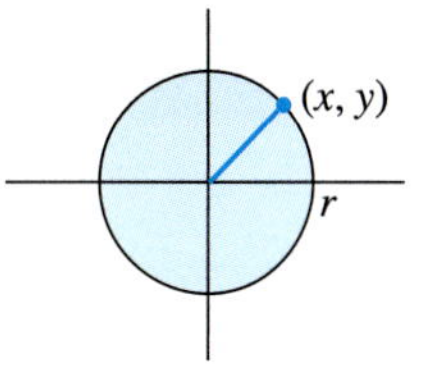

이때 $0 \le \theta \le 2\pi$이면 원 전체를 나타내고 $0 \le \theta \le \frac{\pi}{2}$이면 1사분면의 사분원을 나타낸다. 중심각 θ의 크기를 제한하여 부채꼴의 크기를 조절할 수 있다.

예제 10.2.4 영역 $R = \left\{(x,\ y) \mid 0 \le x \le 1,\ 0 \le y \le \sqrt{1-x^2}\right\}$일 때 이중적분 $\iint_R (x^2 + y^2)\, dA$를 구하라.

[풀이] 영역 R은 위의 그림에서와 같이 xy-평면에서 반지름이 1인 1사분면의 원이므로

$$\iint_R (x^2 + y^2)\, dA = \int_0^1 \int_0^{\sqrt{1-x^2}} (x^2 + y^2)\, dy\, dx$$

이다. 이때

$$x = r\cos\theta, \quad y = r\sin\theta,$$
$$R^*: 0 \le r \le 1, \quad 0 \le \theta \le \frac{\pi}{2},$$
$$\frac{\partial(x,\ y)}{\partial(r,\ \theta)} = r$$

을 이용하면

$$\begin{aligned}\iint_R (x^2 + y^2) &= \iint_{R^*} (r^2\cos^2\theta + r^2\sin^2\theta)\left|\frac{\partial(x,\ y)}{\partial(r,\ \theta)}\right| dr\, d\theta \\ &= \int_0^{\frac{\pi}{2}} \int_0^1 r^2 \cdot r\, dr\, d\theta \\ &= \int_0^{\frac{\pi}{2}} \left[\frac{1}{4}r^4\right]_0^1 d\theta \\ &= \int_0^{\frac{\pi}{2}} \frac{1}{4}\, d\theta = \frac{\pi}{8}.\end{aligned}$$

■

이중적분과 마찬가지로 변수변환에 대한 야코비안을 자연스럽게 고차원으로도 확장된다는 사실을 아는 것으로 본 절을 마친다.

연습문제 10.2

1. 다음 변환에 대한 야코비안 $\dfrac{\partial(x,\ y)}{\partial(u,\ v)}$를 구하라.

(1) $x = u\cos\phi - v\sin\phi,\ \ y = u\sin\phi + v\cos\phi$; 여기서 ϕ는 상수

(2) $x = u + a,\ \ y = v + b$; 여기서 a, b는 상수

(3) $x = u + v,\ \ y = u - v$

(4) $x = u^2 - v^2,\ \ y = 2uv$

(5) $x = ue^v,\ \ y = ue^u$

(6) $x = \ln(u + v),\ \ y = \ln(uv)$

2. 변환 $x = r\cos\theta,\ y = r\sin\theta$를 이용하여 다음 이중적분을 계산하라.

(1) $\iint_R e^{-(x^2+y^2)}\,dA$; $R = \left\{(x,\ y) \mid x^2 + y^2 \le 1\right\}$

(2) $\iint_R \sqrt{4 - x^2 - y^2}\,dA$; $R = \left\{(x,\ y) \mid x^2 + y^2 \le 4\right\}$

(3) $\iint_R e^{x^2+y^2}\,dA$; $R = \left\{(x,\ y) \mid 1 \le x^2 + y^2 \le 4\right\}$

(4) $\iint_R 2(x + y)\,dA$; $R = \left\{(x,\ y) \mid x^2 + y^2 \le 9,\ x \ge 0\right\}$

(5) $\iint_R \cos(x^2 + y^2)\,dA$; $R = \left\{(x,\ y) \,\middle|\, x^2 + y^2 \le \dfrac{\pi}{2},\ x \ge 0\right\}$

3. 주어진 변수변환을 이용하여 다음의 이중적분을 계산하라.

$$\iint_R 4(x + y)e^{x-y}\,dx\,dy\ ;\ \ x = \frac{u+v}{2},\ \ y = \frac{u-v}{2}$$

R은 세 꼭지점이 (−1, 1), (1, 1), (0, 0)인 삼각형의 내부.

4. 주어진 변수변환을 이용하여 다음 이중적분을 계산하라.

$$\iint_R \frac{\sqrt{x+y}}{x}\,dx\,xy\ ;\ \ x = u,\ \ y = uv$$

R은 세 꼭지점이 (0, 0), (4, 0), (4, 4)인 삼각형의 내부.

5. 영역 R이 네 점 (1, 0), (0, 1), (−1, 0), (0, −1)로 둘러싸인 사각형일 때 $\iint_R (x^2 + y^2)\,dA$를 구하라.

부 록

A.1 ••• 평균변화율과 순간변화율

미분은 변화라는 개념으로 설명된다. 우리는 생활속에서 평균속력, 인구증가율, 평균 강우량 등과 같은 평균변화율의 개념을 종종 접하게 된다. 이와 같은 평균변화율은 주어진 단위시간당 변화량을 의미한다. 이 단원에서는 평균변화율과 변화율(순간변화율)에 대하여 알아보기로 하자.

정의 A.1.1

x_0으로부터 $x_0 + h$까지의 구간에서 함수 $y = f(x)$의 평균변화율은

$$\frac{y\text{의 변화량}}{x\text{의 변화량}} = \frac{f(x_0 + h) - f(x_0)}{h}$$

으로 정의된다.

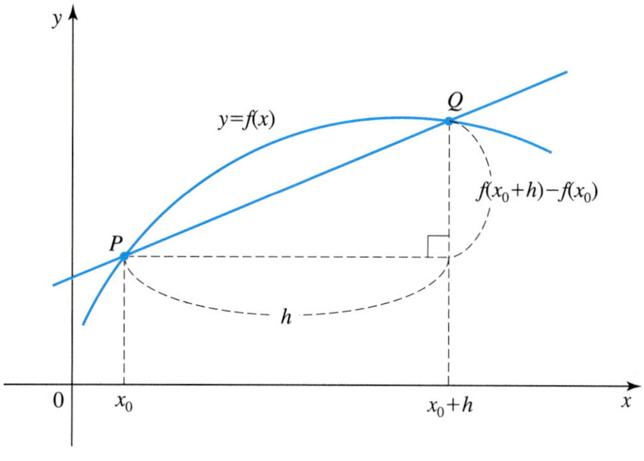

그림 A.1.1

평균변화율에 대한 실제적인 보기를 생각해 보기로 하자.

예제 A.1.1 어떤 물탱크에서 물을 빼기 시작하여 t(분)후 물탱크의 물의 양은 $Q(t) = 200(30-t)^2(\ell)$라고 할 때, 처음 10분 동안 물이 빠져나간 평균비율은 얼마인가?

[풀이] 시간의 변화량 = 10(분)

물의 변화량 $= Q(10) - Q(0) = 80000 - 180000 = -100000(l)$ 이므로 평균변화율은

$$\frac{\text{물의 변화량}}{\text{시간의 변화량}} = \frac{-100000}{10} = -10000\,(l/\text{min})$$

즉, 평균적으로 1분에 10000(l)의 물이 빠진 셈이다. ■

그림 A.1.2에서와 같이 곡선 $y = f(x)$ 위의 한 점 $P(x_0, f(x_0))$를 잡자. 이 때 $Q(x_0 + h, f(x_0 + h))$가 곡선 위의 다른 점이라면 P와 Q를 지나는 직선을 할선(secant line)이라고 한다. 이 때 할선의 기울기 m_s는 다음과 같다.

$$m_s = \frac{f(x_0 + h) - f(x_0)}{h}$$

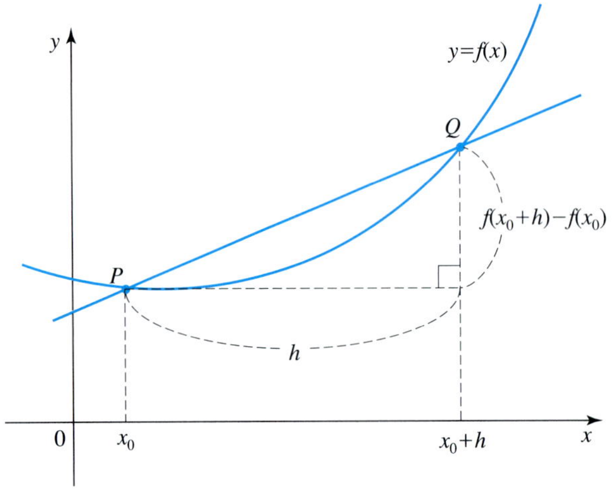

그림 A.1.2

이제 x_0를 고정하고 h를 0에 가까이 가게 하면 Q는 곡선을 따라 고정점 P에 접근한다. 이와 같이 곡선 위의 한 점 P에서의 접선(tangent line)이란 Q가 곡선을 따라서 P로 접근할 때의 할선의 극한위치를 말한다. 이 때 할선 PQ의 기울기 m_s의 극한인 접선의 기울기 m_t가 존재한다면 다음과 같다.

$$m_t = \lim_{Q \to P} m_s = \lim_{h \to 0} \frac{f(x_0 + h) - f(x_0)}{h}$$

정의 A.1.2 곡선의 기울기

곡선 $y = f(x)$ 위의 한 점에서 오직 하나의 접선을 가질 때, 그 점에서 곡선의 기울기는 접선의 기울기이다.

이 때 곡선 $y = f(x)$ 위의 점 $P(x_0, f(x_0))$에서의 접선의 방정식은 다음과 같다.

곡선 $y = f(x)$ 위의 점 $P(x_0, f(x_0))$에서 접선의 기울기 m_t는

$$m_t = \lim_{h \to 0} \frac{f(x_0 + h) - f(x_0)}{h}$$

이고 점 P에서의 접선의 방정식은

$$y = m_t(x - x_0) + f(x_0)$$

이다.

예제 A.1.2 포물선 $y = x^2$ 위의 점 $P(2, 4)$에서의 접선의 기울기와 접선의 방정식을 구하여라.

[풀이] $x = 2$에서의 $f(x) = x^2$의 접선의 기울기는

$$\begin{aligned}\lim_{h \to 0} \frac{f(2 + h) - f(2)}{h} &= \lim_{h \to 0} \frac{(2 + h)^2 - 2^2}{h} \\ &= \lim_{h \to 0} \frac{4h + h^2}{h} \\ &= \lim_{h \to 0} (4 + h) = 4\end{aligned}$$

또 점 $(2, 4)$에서의 접선의 방정식은 $y = 4(x - 2) + 4$, 즉 $y = 4x - 4$이다. ■

함수 $y = f(x)$의 한 점 x_0에서의 변화율은 x_0로부터 $x_0 + h$까지의 평균변화율의 극한으로 정의한다.

정의 A.1.3 변화율

함수 $y=f(x)$의 한 점 x_0에서의 변화율은 $\lim_{h\to 0}\dfrac{f(x_0+h)-f(x_0)}{h}$

따라서 함수 $y=f(x)$의 x_0에서의 변화율은 곡선 $y=f(x)$ 위의 점 $(x_0, f(x_0))$에서의 접선의 기울기와 같다.

예제 A.1.3 구의 반지름이 r에서 $r+\Delta r$로 변한다면 반지름에 대한 구의 체적의 평균변화율과 반지름 r에서의 체적의 변화율을 구하여라.

[풀이] 반지름 r인 구의 체적 V는 다음 공식으로 주어진다.

$$V=\frac{4}{3}\pi r^3$$

반지름이 $r+\Delta r$로 변하면 구의 체적은

$$V+\Delta V=\frac{4}{3}\pi(r+\Delta r)^3$$

이므로

$$\begin{aligned}\Delta V&=\frac{4}{3}\pi\left[(r+\Delta r)^3-r^3\right]\\&=\frac{4}{3}\pi\left[3r^2\Delta r+3r(\Delta r)^2+(\Delta r)^3\right]\end{aligned}$$

$$V\text{의 평균변화율}=\frac{\Delta V}{\Delta r}=\frac{4}{3}\pi\left[3r^2+3r\Delta r+(\Delta r)^2\right]$$

$$\begin{aligned}V\text{의 변화율}&=\lim_{\Delta r\to 0}\frac{\Delta V}{\Delta r}\\&=\lim_{\Delta r\to 0}\frac{4}{3}\pi\left[3r^2+3r\Delta r+(\Delta r)^2\right]\\&=4\pi r^2\end{aligned}$$

■

위에서 V의 변화율 $4\pi r^2$은 반지름이 r인 구의 표면적과 같다.

지금까지 접선의 기울기와 변화율은 모두 같은 형태의 극한으로 표현됨을 보았다. 이러한 형태의 극한식을 일반화하여 도함수를 정의한다.

정의 A.1.4 미분가능성

함수 $y=f(x)$에 대하여 다음 극한

$$\lim_{h\to 0}\frac{f(a+h)-f(a)}{h}$$

가 존재할 때, 함수 f는 $x=a$에서 미분가능(differentiable)하다고 하고 이 극한을 $f'(a)$로 나타내며 이를 a에서 f의 미분계수라고 한다.

$x=a$에서 f의 미분계수 $f'(a)$는 다음과 같이 여러 가지 형태로 표현할 수 있다.

$$\begin{aligned} f'(a) &= \lim_{\Delta x\to 0}\frac{f(a+\Delta x)-f(a)}{\Delta x} \\ &= \lim_{h\to 0}\frac{f(a+h)-f(a)}{h} = \lim_{x\to a}\frac{f(x)-f(a)}{x-a} \end{aligned}$$

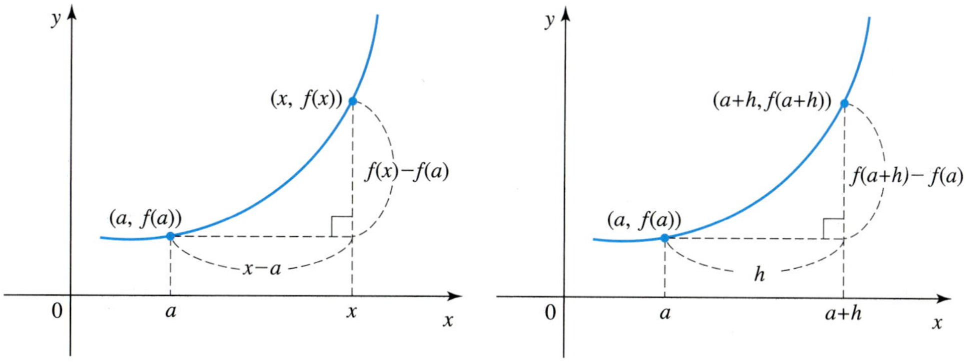

그림 A.1.3

예제 A.1.4 $f(x)=\frac{1}{x}$일 때 $f'(a)$를 구하여라. (단, $a\neq 0$)

[풀이]

$$\begin{aligned} f'(a) &= \lim_{x\to a}\frac{\frac{1}{x}-\frac{1}{a}}{x-a} = \lim_{x\to a}\frac{a-x}{x\cdot a}\cdot\frac{1}{x-a} \\ &= \lim_{x\to a}-\frac{1}{x\cdot a} = -\frac{1}{a^2} \end{aligned}$$

■

접선의 기울기와 변화율은 다음과 같이 a에서 f의 미분계수로 표현된다.

(1) 함수 $y = f(x)$가 $x = a$에서 미분가능하면 함수 f의 그래프 위의 점 $(a, f(a))$에서 접선이 존재한다. 이 때 접선의 기울기는 $f'(a)$이고 접선의 방정식은 다음과 같다.

$$y = f'(a)(x - a) + f(a)$$

(2) 함수 $y = f(x)$의 $x = a$에서 변화율은 $f'(a)$이다. 함수 $y = f(x)$가 주어지면 f의 미분가능한 점들 위에서 새로운 함수 $f'(x)$를 생각할 수 있다.

정의 A.1.5 도함수

함수 $y = f(x)$의 도함수(derivative) f'은 f의 미분가능한 점들의 집합을 정의역으로 하여 다음과 같이 정의된다.

$$f'(x) = \lim_{h \to 0} \frac{f(x+h) - f(x)}{h}$$

$y = f(x)$의 도함수를 표현할 때

$$f'(x),\ y',\ \frac{dy}{dx},\ \frac{df}{dx},\ D_x f$$

등을 사용하기도 한다. 미분계수 $f'(a)$는 $x = a$에서 도함수 $f'(x)$의 값으로서

$$\left.\frac{dy}{dx}\right|_{x=a},\ \frac{df}{dx}(a),\ D_x f(a)$$

등으로 나타낸다. 그리고 도함수를 구하는 과정을 미분이라고 한다.

즉, 함수 f로부터 도함수 f'을 얻는 연산을 미분이라고 한다.

예제 A.1.5 함수 $f(x) = x^2 + 1$의 도함수 $f'(x)$를 정의에 의해서 구하여라.

[풀이]
$$\begin{aligned} f'(x) &= \lim_{h \to 0} \frac{f(x+h) - f(x)}{h} \\ &= \lim_{h \to 0} \frac{(x+h)^2 + 1 - (x^2 + 1)}{h} \\ &= \lim_{h \to 0} \frac{x^2 + 2xh + h^2 + 1 - x^2 - 1}{h} \end{aligned}$$

$$= \lim_{h \to 0} \frac{2xh + h^2}{h} = \lim_{h \to 0} (2x + h) = 2x$$

따라서 f의 도함수는 모든 실수에서 정의되고 $f'(x) = 2x$이다. ■

예제 A.1.6 함수 $f(x) = \sqrt{x}$의 도함수를 구하고 점 (4, 2)에서의 접선의 방정식을 구하여라.

[풀이] 함수 f의 정의역은 $[0, \infty)$이고 $x > 0$이면

$$\begin{aligned} f'(x) &= \lim_{h \to 0} \frac{f(x+h) - f(x)}{h} \\ &= \lim_{h \to 0} \frac{\sqrt{x+h} - \sqrt{x}}{h} \\ &= \lim_{h \to 0} \frac{\left(\sqrt{x+h} - \sqrt{x}\right)\left(\sqrt{x+h} + \sqrt{x}\right)}{h\left(\sqrt{x+h} + \sqrt{x}\right)} \\ &= \lim_{h \to 0} \frac{(x+h) - x}{h\left(\sqrt{x+h} + \sqrt{x}\right)} \\ &= \lim_{h \to 0} \frac{1}{\sqrt{x+h} + \sqrt{x}} = \frac{1}{2\sqrt{x}} \end{aligned}$$

그러나 $f'(0)$는 존재하지 않는다. 따라서 f의 도함수는 $(0, \infty)$에서 정의되고 $f'(x) = \frac{1}{2\sqrt{x}}$이다.

한편 $f(4) = \sqrt{4} = 2$이고 점 (4, 2)에서 기울기는

$$f'(4) = \frac{1}{2\sqrt{4}} = \frac{1}{4}$$

이다. 따라서 (4, 2)에서의 접선의 방정식은 다음과 같다.

$$y = \frac{1}{4}(x-4) + 2 = \frac{1}{4}x + 1$$

■

정의 A.1.6 좌도함수 및 우도함수

함수 $y = f(x)$의 $x = a$에서의 좌도함수(left hand derivative) $f'_-(a)$와 우도함수(right hand derivative) $f'_+(a)$는 다음과 같이 정의된다.

$$f'_-(a) = \lim_{x \to a^-} \frac{f(x) - f(a)}{x - a}$$

$$f'_+(a) = \lim_{x \to a^+} \frac{f(x) - f(a)}{x - a}$$

따라서 함수 $y = f(x)$에서 $f'(a)$가 존재하기 위한 필요충분조건은

$f'_{+}(a)$ 와 $f'_{-}(a)$가 존재하고,

$$f'_{+}(a) = f'_{-}(a)$$

이다. 이 때 $f'(a) = f'_{+}(a) = f'_{-}(a)$이다.

예제 A.1.7 $x = 0$에서 $f(x) = |x|$의 미분가능성을 조사하여라.

[풀이] $x = 0$에서 좌도함수와 우도함수를 구하여 보자.

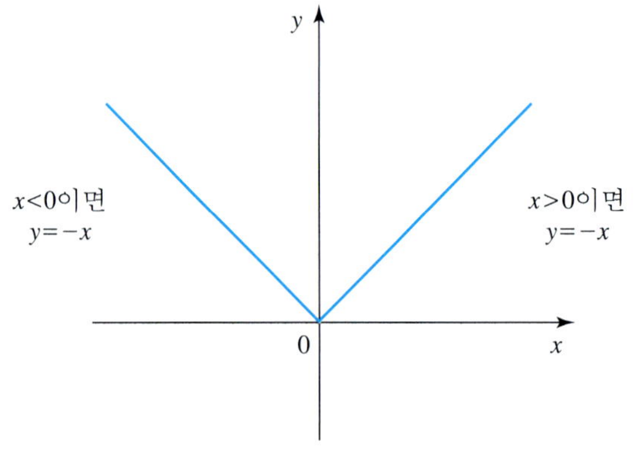

그림 A.1.4

$$f'_{-}(0) = \lim_{x \to 0^-} \frac{f(x) - f(0)}{x - 0} = \lim_{x \to 0^-} \frac{|x|}{x} = \lim_{x \to 0^-} \frac{-x}{x} = -1$$

$$f'_{+}(0) = \lim_{x \to 0^+} \frac{f(x) - f(0)}{x - 0} = \lim_{x \to 0^+} \frac{|x|}{x} = \lim_{x \to 0^+} \frac{x}{x} = 1$$

$f'_{-}(0) \neq f'_{+}(0)$이므로 $y = |x|$는 $x = 0$에서 미분가능하지 않다. ■

함수 $f(x)$에 대한 어떤 구간에서의 미분가능성을 다음과 같이 정의한다.

정의 A.1.7 미분가능성

(1) 함수 f가 개구간 (a, b)의 모든 점에서 미분가능할 때 함수 f는 (a, b)에서 미분가능하다고 한다.

(2) 함수 f가 개구간 (a, b)에서 미분가능하고 a에서 우도함수와 b에서 좌도함수가 존재할 때 함수 f는 폐구간 $[a, b]$에서 미분가능하다고 한다.

다른 형태의 구간 $[a, b)$, $(a, b]$ 등에서도 비슷한 방법으로 미분가능성을 정의할 수 있다.

미분가능함수의 중요한 성질 중의 하나는 다음 정리에서와 같이 미분가능성이 함수의 연속성을 보장한다는 것이다.

고계도함수

함수 $y = f(x)$의 도함수 $f'(x)$는 또 하나의 함수이다. 이 함수 $f'(x)$를 함수 $f(x)$의 1계 도함수(first derivative)라고 한다. 이 1계 도함수의 도함수가 다시 존재할 때 이 도함수를 f의 2계 도함수(second derivative)라고 하고

$$y'',\ f^{(2)}(x),\ \frac{d^2 y}{dx^2},\ \frac{d^2 f}{dx^2}(x),\ D^{(2)} f(x)$$

등으로 나타낸다. 이 2계 도함수의 도함수가 또 존재하면 이것을 f의 3계 도함수(third derivative)라고 하고

$$y''',\ f^{(3)}(x),\ \frac{d^3 y}{dx^3},\ \frac{d^3 f}{dx^3}(x)$$

등으로 나타낸다. $n \geq 4$인 정수일 때 n계 도함수는 비슷한 방법으로 정의하고 또 나타낸다. 일반적으로 $n \geq 2$인 정수일 때 n계 도함수 $f^{(n)}(x)$를 f의 고계 도함수(higher derivative)라고 한다.

예제 A.1.8 앞의 예제 A.1.5에서 함수 $f(x) = x^2 + 1$의 2계 도함수 $f''(x)$를 구하여라.

[풀이] 예제 A.1.5에서 $f'(x) = 2x$임을 알았다. $f(x)$의 1계 도함수는 또 미분이 가능하므로 다음과 같이 2계 도함수 $f''(x)$를 구할 수 있다.

$$\begin{aligned} f''(x) &= \lim_{h \to 0} \frac{f'(x+h) - f'(x)}{h} \\ &= \lim_{h \to 0} \frac{2(x+h) - 2x}{h} \\ &= \lim_{h \to 0} \frac{2h}{h} = \lim_{h \to 0} 2 = 2 \end{aligned}$$

따라서 $f(x)$의 2계 도함수 $f''(x) = 2$이다. ■

연습문제 A.1

1. $y=1-x^2$에 대하여

(1) 그래프를 그려라.

(2) 곡선 위의 두 점 (0, 1)과 (1, 0)을 이은 할선의 기울기를 구하여라.

(3) (1, 0)에서 접선의 기울기를 구하여라.

(4) (1, 0)에서 접선의 방정식을 구하여라.

2. $y=\frac{1}{x}$의 그래프를 그리고 (1, 1)과 (−1, −1)에서 접선의 기울기를 구하여라.

3. $y=x^3$의 그래프를 그리고 x좌표가 각각 $x=-1,\ 0,\ 1,\ 2$인 곡선 위의 점에서 접선의 방정식을 구하여라.

4. t초 동안에 t^2+t만큼 불어나는 어떤 종류의 박테리아를 배양 중이다.

(1) $2\le t\le 3$ 사이의 평균증가율을 구하여라.

(2) $t=2$에서의 변화율을 구하여라.

5 미분계수의 정의에 따라 $f'(1)$을 구하여라.

(1) $f(x)=x^2-2x$　　(2) $f(x)=x^2-x$

(3) $f(x)=\dfrac{x}{x-5}$　　(4) $f(x)=\dfrac{x}{x^2+1}$

(5) $f(x)=\dfrac{1}{x^2+x}$　　(6) $f(x)=\dfrac{x-1}{x+1}$

(7) $f(x)=|2x-1|$　　(8) $f(x)=x+|x|$

(9) $f(x)=\sqrt{2x+1}$　　(10) $f(x)=\dfrac{1}{\sqrt{x+1}}$

6. 주어진 점 $(a,\ f(a))$에서 접선의 방정식을 구하여라.

(1) $f(x)=3x^2$; $a=3$

(2) $f(x)=x^2-x$; $a=2$

(3) $f(x)=x^3$; $a=0$

(4) $f(x)=2x^3+1$; $a=-1$

(5) $f(x)=\sqrt{x+1}$; $a=8$

(6) $f(x)=\sqrt{2x+1}$; $a=2$

7. 함수 $f(x)$가 다음과 같이 정의되었을 때 $f'(1)$이 존재하는가?

(1) $f(x)=\begin{cases} x^3, & x \geq 1 \\ x^2, & x < 1 \end{cases}$

(2) $f(x)=\begin{cases} (x-1)^3, & x \geq 1 \\ (x-1)^2, & x < 1 \end{cases}$

8. 다음 함수에 대하여 2계 도함수를 구하시오.

(1) $f(x)=\sqrt{x}$

(2) $f(x)=\dfrac{1}{x}$

(3) $f(x)=\dfrac{x}{1+x^2}$

(4) $f(x)=\sqrt{1+x^2}$

A.2 ••• 미분법

이 절에서는 도함수를 구할 때 유용하게 사용되는 정리들을 소개한다.

정리 A.2.1 상수함수의 미분

$f(x)=k$ (k는 상수)이면 $f'(x)=0$이다.

[증명]

$$f'(x)=\lim_{h\to 0}\frac{f(x+h)-f(x)}{h}=\lim_{h\to 0}\frac{k-k}{h}=\lim_{h\to 0}0=0$$ ■

예제 A.2.1 다음 함수를 미분하라.

(1) $f(x)=2$　　(2) $f(x)=e$　　(3) $f(x)=\pi^2$

[풀이] (1), (2), (3)의 경우 함수 $f(x)$는 모두 상수함수이므로 $f'(x)=0$이 된다. ■

정리 A.2.2 x^n의 미분

$f(x)=x^n$ (n은 양의 정수)이면 $f'(x)=nx^{n-1}$이다.

[증명]

$$\begin{aligned}f'(x)&=\lim_{h\to 0}\frac{f(x+h)-f(x)}{h}=\lim_{h\to 0}\frac{(x+h)^n-x^n}{h}\\&=\lim_{h\to 0}\frac{\left(x^n+nx^{n-1}h+\frac{n(n-1)}{2}x^{n-2}h^2+\cdots+nxh^{n-1}+h^n\right)-x^n}{h}\\&=\lim_{h\to 0}nx^{n-1}+\lim_{h\to 0}\left[\frac{n(n-1)}{2}x^{n-2}h+\cdots+nxh^{n-2}+h^{n-1}\right]\end{aligned}$$

이고, 첫 항을 제외한 모든 항들은 h를 포함하므로 $h\to 0$이면 극한은 0이다. 따라서 $f'(x)=nx^{n-1}$이다. ■

예제 A.2.2 다음 함수를 미분하여라.

(1) $f(x)=x^6$　　　(2) $f(x)=x^{100}$

[풀이] (1) $f'(x)=6x^5$　　　(2) $f'(x)=100x^{99}$ ■

정리 A.2.3 $f(x)$의 상수곱의 미분

k는 상수이고 f는 미분가능한 함수이면

$$(kf)'(x)=kf'(x)$$

이다.

[증명]
$$\begin{aligned}(kf)'(x) &= \lim_{h\to 0}\frac{kf(x+h)-kf(x)}{h}\\ &= k\lim_{h\to 0}\frac{f(x+h)-f(x)}{h}\\ &= k\cdot\lim_{h\to 0}\frac{f(x+h)-f(x)}{h}\\ &= kf'(x)\end{aligned}$$
■

예제 A.2.3 곡선 $y=2x^3$ 위의 점 (1, 2)에서 접선의 방정식을 구하여라.

[풀이] 곡선 $f(x)=2x^3$ 위의 점 (1, 2)에서 접선의 기울기는 $f'(1)$이다.

$$f'(x)=2\cdot 3x^2=6x^2,$$
$$f'(1)=6$$

따라서 접선은 기울기가 6이고 점 (1, 2)를 지나는 직선이므로 방정식은

$$y-2=6(x-1),\ \text{즉}\ \ y=6x-4$$

이다. ■

정리 A.2.4 합과 차의 미분

함수 $f(x)$와 $g(x)$가 미분가능할 때,

$$\{f(x)+g(x)\}'=f'(x)+g'(x)$$
$$\{f(x)-g(x)\}'=f'(x)-g'(x)$$이다.

정리 A.2.6 정수 지수의 도함수

n이 임의의 정수일 때 다음이 성립한다.

$$\frac{d}{dx}(x^n) = nx^{n-1}$$

[증명] $n>0$인 경우는 정리 3.3.2에서 보였으므로 $n=0$인 경우와 $n<0$인 경우만 증명하면 된다.

(1) $n<0$인 경우:

$m=-n$으로 놓으면 $m>0$이다. 따라서 $x^n = x^{-m} = 1/x^m$이다.

$$\begin{aligned}\frac{d}{dx}(x^n) &= \frac{d}{dx}\left(\frac{1}{x^m}\right) = \frac{x^m \cdot \frac{d}{dx}(1) - 1 \cdot \frac{d}{dx}(x^m)}{(x^m)^2} \\ &= \frac{x^m \cdot 0 - mx^{m-1}}{x^{2m}} = -\frac{mx^{m-1}}{x^{2m}} \\ &= (-m)x^{(m-1)-2m} = (-m)x^{(-m)-1} \\ &= nx^{n-1}\end{aligned}$$

(2) $n=0$인 경우: $\frac{d}{dx}(x^0) = \frac{d}{dx}(1) = 0 = 0 \cdot x^{-1}$ ■

예제 A.2.7 다음 도함수를 구하여라.

(1) $y = x^{-9}$ (2) $y = \frac{1}{x}$

[풀이] (1) $\frac{dy}{dx} = \frac{d}{dx}(x^{-9}) = -9x^{-9-1} = -9x^{-10}$

(2) $\frac{dy}{dx} = \frac{d}{dx}\left(\frac{1}{x}\right) = \frac{d}{dx}(x^{-1}) = -1x^{-1-1}$

$= -x^{-2} = -\frac{1}{x^2}$ ■

정리 A.2.8 연쇄법칙

함수 $g(x)$가 미분가능하고 함수 $f(x)$가 $g(x)$의 치역을 포함하는 구간에서 미분가능하면 그 합성함수 $y=(f \circ g)(x)$도 미분가능하고 도함수는 다음과 같다.

$$y = (f \circ g)(x) = f(g(x))\text{에서 } u = g(x)$$

라고 놓으면

$$\frac{dy}{dx} = \frac{dy}{du} \cdot \frac{du}{dx}$$

또는

$$(f \circ g)'(x) = f'(g(x))\,g'(x)$$

이다.

복잡한 함수는 여러 함수들이 합성된 경우가 많으므로 연쇄법칙은 복잡한 함수의 도함수를 구하는 데 많은 도움이 된다.

예제 A.2.8 $y = \left(x^3 + 7x + 1\right)^{35}$의 도함수를 구하여라.

[풀이] $u = x^3 + 7x + 1$이라 놓으면 $y = u^{35}$이 된다.

$$\begin{aligned}\frac{dy}{dx} &= \frac{dy}{du} \cdot \frac{du}{dx} \\ &= 35u^{34} \cdot (3x^2 + 7) \\ &= 35\,(3x^2 + 7)(x^3 + 7x + 1)^{34}\end{aligned}$$

■

예제 A.2.9 $f(x) = \dfrac{1}{2x^4 + x^2 + 8}$일 때 $f'(x)$를 구하여라.

[풀이] $y = f(x)$, $u = (2x^4 + x^2 + 8)$이라 놓으면, $y = \dfrac{1}{u}$이므로

$$\begin{aligned}f'(x) = \frac{dy}{dx} &= \frac{dy}{du} \cdot \frac{du}{dx} \\ &= \frac{d}{du}\left(\frac{1}{u}\right) \cdot \frac{d}{dx}(2x^4 + x^2 + 8) \\ &= -u^{-2} \cdot (8x^3 + 2x) \\ &= -\frac{8x^3 + 2x}{(2x^4 + x^2 + 8)^2}\end{aligned}$$

■

함수가 $y = f(x)$와 같이 종속변수가 독립변수의 함수꼴로 쓰여진 경우를 양함수(explicit function)라고 한다. 그러나

$$y^3 + 5y - x^3 = 0$$

과 같이 독립변수와 종속변수의 구분이 없이 주어지는 경우도 있다. 이 경우에는 y를 x에

관해서 간단히 풀어쓸 수 없다. 이와 같이 x와 y의 관계식이 $F(x, y) = 0$꼴로 주어지고 x와 y의 영역을 축소하면 x의 값에

$$F(x, y) = 0$$

을 만족시키는 y가 유일하게 존재할 때 y를 음함수(implicit function)라고 한다.

이제 이러한 음함수 $F(x, y) = 0$으로부터 도함수 $\dfrac{dy}{dx}$를 구하는 방법을 공부하자.

정리 A.2.9 음함수의 미분법

음함수 $F(x, y) = 0$에서 $\dfrac{dy}{dx}$를 계산할 때는 y를 x의 함수로 보고 양변을 x에 관하여 미분한 다음 $\dfrac{dy}{dx}$를 구하면 된다.

예제 A.2.10 방정식 $y^3 + 5y - x^3 = 0$에서 $\dfrac{dy}{dx}$를 구하여라.

[풀이] y를 x의 함수로 보고 양변을 x에 대해 미분하자.

$$\frac{dy^3}{dx} + 5\frac{dy}{dx} - \frac{dx^3}{dx} = 0$$
$$\frac{dy^3}{dx} = \frac{dy^3}{dy} \cdot \frac{dy}{dx} = 3y^2\frac{dy}{dx}$$

이므로

$$3y^2\frac{dy}{dx} + 5\frac{dy}{dx} - 3x^2 = 0$$

이다. 여기서 $\dfrac{dy}{dx}$를 구하면

$$\frac{dy}{dx} = \frac{3x^2}{3y^2 + 5}$$

이다. ■

예제 A.2.11 원 $x^2 + y^2 = 5$ 위의 점 (2, 1)에서 접선의 기울기와 접선의 방정식을 구하여라.

[풀이] 먼저 방정식 $x^2 + y^2 = 5$의 양변을 x로 미분하면

$$\frac{d}{dx}y^2 = \frac{d}{dy}y^2 \cdot \frac{dy}{dx} = 2y\frac{dy}{dx}$$

이므로

$$2x + 2y\frac{dy}{dx} = 0$$

이다. 따라서 $\frac{dy}{dx} = -\frac{x}{y}$이고 점 (2, 1)에서의 접선의 기울기는

$$\left.\frac{dy}{dx}\right|_{(2,\,1)} = -2$$

이다. 또 접선의 방정식은 기울기가 -2이고 점 (2, 1)을 지나므로

$$\begin{aligned} y - 1 &= -2(x-2) \\ y &= -2x + 5 \end{aligned}$$

이 된다. ■

예제 A.2.12 $x^2 - xy + y^2 = 1$에서 $\frac{dy}{dx}$를 구하여라.

[풀이]

$$\frac{d}{dx}(x^2 - xy + y^2) = \frac{d}{dx}(1),$$

$$\frac{d}{dx}(x^2) - \frac{d}{dx}(xy) + \frac{d}{dx}(y^2) = 0,$$

$$2x - \left(y \cdot \frac{d}{dx}(x) + x \cdot \frac{d}{dx}(y)\right) + \frac{d}{dy}(y^2) \cdot \frac{dy}{dx} = 0,$$

$$2x - y - x\frac{dy}{dx} + 2y \cdot \frac{dy}{dx} = 0,$$

$$(2y - x)\frac{dy}{dx} = y - 2x,$$

그러므로

$$\frac{dy}{dx} = \frac{y - 2x}{2y - x}$$

이다. ■

음함수의 미분을 이용하면 함수 $y = x^r$ (r은 유리수)의 도함수를 구할 수 있다.

정리 A.2.10 유리수 지수의 도함수

r이 유리수이고 $y = x^r$일 때

$$\frac{dy}{dx} = rx^{r-1}$$

이 된다.

$$\left(\frac{d}{dx}(f(x))^r = r(f(x))^{r-1} \cdot f'(x)\right)$$

[증명] r이 유리수이므로 두 정수 m, n이 존재하여 $r=\frac{m}{n}$으로 쓸 수 있다. $y=x^r=x^{\frac{m}{n}}$으로부터 방정식 $y^n=x^m$을 얻을 수 있고 이 식의 양변을 x에 대해 미분하자.

$$\frac{dy^n}{dx}=\frac{dy^n}{dy}\cdot\frac{dy}{dx}=ny^{n-1}\frac{dy}{dx}$$

이므로

$$ny^{n-1}\frac{dy}{dx}=mx^{m-1}$$

이고

$$\frac{dy}{dx}=\frac{m}{n}\cdot\frac{x^{m-1}}{y^{n-1}}=\frac{m}{n}\left(\frac{x^{m-1}}{x^{\frac{mn-m}{n}}}\right)=\frac{m}{n}x^{\frac{m}{n}-1}=rx^{r-1}$$

이다. ■

예제 A.2.13 $y=\sqrt{1+x^4}$에서 y'을 구하여라.

[풀이] $u=1+x^4$으로 놓으면 $y=\sqrt{u}=u^{\frac{1}{2}}$

$$\begin{aligned} y'=\frac{dy}{dx}&=\frac{dy}{du}\cdot\frac{du}{dx}=\frac{1}{2}u^{-\frac{1}{2}}\cdot(4x^3) \\ &=2x^3\cdot(1+x^4)^{-\frac{1}{2}}=\frac{2x^3}{\sqrt{1+x^4}} \end{aligned}$$

이다. ■

예제 A.2.14 $y=\frac{x}{1+\sqrt{x}}$에서 $\frac{dy}{dx}$를 구하여라.

[풀이]

$$\begin{aligned} \frac{dy}{dx}&=\frac{(x)'(1+\sqrt{x})-x(1+\sqrt{x})'}{(1+\sqrt{x})^2} \\ &=\frac{1+\sqrt{x}-x\cdot\frac{1}{2\sqrt{x}}}{(1+\sqrt{x})^2}=\frac{1+\sqrt{x}-\frac{1}{2}\sqrt{x}}{(1+\sqrt{x})^2} \\ &=\frac{2+\sqrt{x}}{2(1+\sqrt{x})^2} \end{aligned}$$

■

연습문제 A.2

1. 다음 문제에서 도함수를 구하여라.

(1) $y = \pi^3$

(2) $y = 4x^7$

(3) $y = 3x^8 - 2x + 1$

(4) $y = \sqrt{2}\,x - \dfrac{1}{\sqrt{2}}$

(5) $f(x) = -3x^{-8}$

(6) $f(x) = 7x^{-6}$

(7) $f(x) = x^{-3} + \dfrac{1}{x^7}$

(8) $f(x) = x - \dfrac{1}{x}$

(9) $f(x) = (3x^2 + 6)\left(2x - \dfrac{1}{4}\right)$

(10) $f(x) = \left(\dfrac{1}{x} - \dfrac{1}{x^2}\right)(3x^8 + 27)$

(11) $f(x) = (2 - x + 3x^3)(7 + x^5)$

(12) $f(x) = (x^5 + 2x^2)^2$

(13) $h(t) = \dfrac{3t}{2t + 1}$

(14) $h(t) = \dfrac{t^2 + 1}{3t}$

2. 연쇄법칙을 이용하여 $\dfrac{dy}{dt}$를 구하여라.

(1) $y = \sqrt{u},\ u = t + \dfrac{1}{t}$

(2) $y = x^2 + x + 1,\ x = \sqrt{t}$

(3) $y = u^{10} + u^3,\ u = t^3 + t$

(4) $y = x^2 - \dfrac{1}{x},\ x = t^2 + 1$

(5) $y = (x^3 + x^2 + 1)^7$

(6) $y = \left(x + \dfrac{1}{x}\right)^{10}$

(7) $y = \dfrac{1}{(x^2 + 1)^5}$

(8) $y = \sqrt{x^2 + 2x + 3}$

3. 음함수의 미분법을 이용하여 $\dfrac{dy}{dx}$를 구하여라.

(1) $xy^{\frac{3}{2}} + 4 = 2x + y$

(2) $xy^3 = 12 + xy^2$

(3) $x^2y - y^3 = 6$

(4) $\sqrt{x + y} + xy = 17$

(5) $x^2 + y^2 = 1$

(6) $y^2 - 3xy + 2x^2 = 4$

4. 다음 곡선의 점 $\left(2, -\dfrac{1}{3}\right)$에서의 접선의 방정식을 구하여라.

$$y = \frac{1 - x}{1 + x}$$

5. 곡선 $y = ax^2 - bx$가 점 $(1, 5)$에서 기울기 8인 접선을 가질 때 a, b값을 정하여라.

6. 곡선 $y = x^2 + k$가 직선 $y = 2x$를 접선으로 갖도록 k값을 정하여라.

7. 두 곡선이 한 점에서 만나고 그 교점에서 같은 접선을 가질 때(즉, 접선의 기울기가 같을 때) 두 곡선이 그 점에서 접한다고 한다. 다음 두 곡선이 점 (1, 1)에서 접하도록 k값을 정하여라.

$$y = 1 + kx - kx^2,\ y = x^4$$

8. 두 곡선이 한 점에서 만나고 그 교점에서의 접선이 직교할 때 (즉 두 접선의 기울기의 곱이 -1일 때) 두 곡선이 그 점에서 직교한다고 한다. 다음 두 곡선이 점 $\left(1,\ \frac{1}{2}\right)$에서 직교하도록 n값을 정하여라.

$$y = \frac{1}{2}x^{-2},\ y = \frac{1}{2}x^n$$

9. 음함수의 미분을 이용하여 곡선 상의 주어진 점에서 접선의 기울기와 접선의 방정식을 구하여라.

(1) $x^3y + y^3x = 10$; (1, 2)

(2) $y^3 + xy^2 - x^2 = 11$; (1, 2)

(3) $x^{\frac{2}{3}} - y^{\frac{2}{3}} - y = 1$; (1, −1)

A.3 ••• 수학공식

1. 항등식

$a^2 - b^2 = (a+b)(a-b)$

$(a \pm b)^2 = a^2 \pm 2ab + b^2$

$a^3 \pm b^3 = (a \pm b)(a^2 \mp ab + b^2)$

$(a \pm b)^3 = a^3 \pm 3a^2 b + 3ab^2 \pm b^3$

2. 지수법칙

$a^m \times a^n = a^{m+n}$

$a^m \div a^n = a^{m-n}$

$(a^m)^n = a^{mn}$

$a^{-m} = \dfrac{1}{a^m}$

$a^{m/n} = \sqrt[n]{a^m} = (\sqrt[n]{a})^m$

$(ab)^m = a^m b^m$

$a^0 = 1 \ (a \neq 0)$

3. 대 수

$y = \log_a x \longleftrightarrow x = a^y$

$\log_a a = 1$

$\log_a 1 = 0 \quad (a > 0, a \neq 1)$

$\log_a (xy) = \log_a x + \log_a y$

$\log_a (x/y) = \log_a x - \log_a y$

$\log_a x^n = n \log_a x$

$\log_c a = \log_c b \times \log_b a$

$\log_b a \times \log_a b = 1$

$\log_a x$ 에서 $a = 10$ 일 때 상용대수라 하고 $\log x$ 로 표시한다.

$a = e$ 일 때 자연대수라 하고 $\ln x$ 로 표시한다.

$\log x = 0.4343 \ln x$

$\ln x = 2.3026 \log x$

$e = 2.718\ 2818284...$

4. 2차 방정식의 근

$ax^2+bx+c=0$ (a, b, c : 실수, $a \neq 0$)이면

$$x=\frac{-b\pm\sqrt{b^2-4ac}}{2a}$$

5. 급수의 전개

(1) 2항전개

$$(x+y)^n = x^n + nx^{n-1}y + \frac{1}{2!}n(n-1)x^{n-2}y^2 + \frac{1}{3!}n(n-1)(n-2)x^{n-3}y^3 + \ldots$$

(2) Maclaurin 급수

$$f(x) = f(0) + f'(0)x + \frac{1}{2!}f''(0)x^2 + \frac{1}{3!}f'''(0)x^3 + \ldots$$

(3) Tailor 급수

$$(1+x)^n = 1 + nx + \frac{1}{2!}n(n-1)x^2 + \frac{1}{3!}n(n-1)(n-2)x^3 + \ldots$$

$$\sin x = x - \frac{1}{3!}x^3 + \frac{1}{5!}x^5 - \frac{1}{7!}x^7 + \ldots \quad (x^2 < \infty)$$

$$\cos x = 1 - \frac{1}{2!}x^2 + \frac{1}{4!}x^4 - \frac{1}{6!}x^6 + \ldots \quad (x^2 < \infty)$$

$$\tan x = x + \frac{1}{3}x^3 + \frac{2}{15}x^5 + \frac{17}{315!}x^7 + \ldots$$

$$e^x = 1 + x + \frac{1}{2!}x^2 + \frac{1}{3!}x^3 + \frac{1}{4!}x^4 \ldots$$

$$\sinh x = x + \frac{1}{3!}x^3 + \frac{1}{5!}x^5 + \frac{1}{7!}x^7 + \ldots$$

$$\cosh x = 1 + \frac{1}{2!}x^2 + \frac{1}{4!}x^4 + \frac{1}{6!}x^6 + \ldots$$

$$\tanh x = x - \frac{1}{3}x^3 + \frac{2}{15}x^5 - \frac{17}{315!}x^7 + \ldots$$

6. 3각함수

(1) 보각의 3각함수

$$\sin(180° \pm \theta) = \mp \sin\theta$$
$$\cos(180° \pm \theta) = -\cos\theta$$

$$\tan(180° \pm \theta) = \pm \sin\theta$$

(2) 여각의 3각함수

$$\sin(90° \pm \theta) = +\cos\theta$$
$$\cos(90° \pm \theta) = \mp \sin\theta$$
$$\tan(90° \pm \theta) = \mp \cot\theta$$
$$\cot(90° \pm \theta) = \mp \tan\theta$$

(3) 같은 각의 3각함수 사이의 관계

① $\begin{cases} \sin A \operatorname{cosec} A = 1 \\ \cos A \sec A = 1 \\ \tan A \cot A = 1 \end{cases}$　　② $\begin{cases} \sin^2 A + \cos^2 A = 1 \\ \sec^2 A = 1 + \tan^2 A \\ \operatorname{cosec}^2 A = 1 + \cot^2 A \end{cases}$

③ $\tan A = \dfrac{\sin A}{\cos A}$

(4) 가법정리

$$\sin(A \pm B) = \sin A \cos B \pm \cos A \sin B$$
$$\cos(A \pm B) = \cos A \cos B \mp \sin A \sin B$$

(5) 배각의 공식

$$\sin 2A = 2\sin A \cos A$$
$$\cos 2A = 2\cos^2 A - 1 = 1 - 2\sin^2 A = \cos^2 A - \sin^2 A$$
$$\tan 2A = \frac{2\tan A}{1 - \tan^2 A}$$

(6) 반각의 공식

$$\sin\frac{A}{2} = \pm\sqrt{\frac{1-\cos A}{2}}$$
$$\cos\frac{A}{2} = \pm\sqrt{\frac{1+\cos A}{2}}$$
$$\tan\frac{A}{2} = \pm\sqrt{\frac{1-\cos A}{1+\cos A}} = \frac{1-\cos A}{\sin A} = \frac{\sin A}{1+\cos A}$$

(7) 합을 곱으로 고치는 공식

$$\sin A + \sin B = 2\sin\frac{1}{2}(A+B)\cos\frac{1}{2}(A-B)$$
$$\sin A - \sin B = 2\cos\frac{1}{2}(A+B)\sin\frac{1}{2}(A-B)$$

$$\cos A + \cos B = 2\cos\frac{1}{2}(A+B)\cos\frac{1}{2}(A-B)$$

$$\cos A - \cos B = -2\sin\frac{1}{2}(A+B)\sin\frac{1}{2}(A-B)$$

(8) 곱을 합으로 고치는 공식

$$\sin A\cos B = \frac{1}{2}\{\sin(A+B)+\sin(A-B)\}$$

$$\cos A\sin B = \frac{1}{2}\{\sin(A+B)-\sin(A-B)\}$$

$$\sin A\sin B = \frac{1}{2}\{\cos(A-B)-\cos(A+B)\}$$

$$\cos A\cos B = \frac{1}{2}\{\cos(A-B)+\cos(A+B)\}$$

(9) 반각 및 2배각에 관한 공식

① $$\begin{cases}\sin A = 2\sin\frac{A}{2}\cos\frac{A}{2} \\ \cos A = \cos^2\frac{A}{2} - \sin^2\frac{A}{2}\end{cases}$$

② $$\begin{cases}2\sin^2 A = 1-\cos 2A \\ 2\cos^2 A = 1+\cos 2A\end{cases} \qquad \begin{cases}2\sin^2\frac{A}{2} = 1-\cos A \\ 2\cos^2\frac{A}{2} = 1+\cos A\end{cases}$$

(10) 특수각의 삼각함수

각도	sin	cos	tan	cot	sec	cosec	라디안
0°	0	1	0		1		0
30°	$\frac{1}{2}$	$\frac{\sqrt{3}}{2}$	$\frac{\sqrt{3}}{3}$	$\sqrt{3}$	$\frac{2\sqrt{3}}{3}$	2	$\frac{1}{6}\pi$
45°	$\frac{\sqrt{2}}{2}$	$\frac{\sqrt{2}}{2}$	1	1	$\sqrt{2}$	$\sqrt{2}$	$\frac{1}{4}\pi$
60°	$\frac{\sqrt{3}}{2}$	$\frac{1}{2}$	$\sqrt{3}$	$\frac{\sqrt{3}}{3}$	2	$\frac{2\sqrt{3}}{3}$	$\frac{1}{3}\pi$
90°	1	0		0		1	$\frac{1}{2}\pi$
180°	0	-1	0		-1		π
270°	-1	0		0		-1	$\frac{3}{2}\pi$
360°	0	1	0		1		2π

(11) 역삼각함수의 공식

$a>0$ 이면

$$\sin^{-1}(-a)=-\sin^{-1}a, \qquad \cot^{-1}(-a)=\pi-\tan^{-1}(1/a)$$

$$\cos^{-1}(-a)=\pi-\cos^{-1}a, \qquad \sec^{-1}(-a)=\cos^{-1}(1/a)-\pi$$

$$\tan^{-1}(-a)=-\tan^{-1}a, \qquad \mathrm{cosec}^{-1}(-a)=\sin^{-1}(1/a)-\pi$$

$$\sin^{-1}a=\cos^{-1}\sqrt{1-a^2}, \qquad \cos^{-1}a=\sin^{-1}\sqrt{1-a^2}$$

$a>0,\quad b>0$ 이면

$$\sin^{-1}a-\sin^{-1}b=\sin^{-1}\left(a\sqrt{1-b^2}-b\sqrt{1-a^2}\right)$$

$$\tan^{-1}a-\tan^{-1}b=\tan^{-1}(a-b)/(1+ab)$$

7. 미분공식

(1) $\dfrac{dc}{dx}=0 \quad (c:\text{상수})$

(2) $\dfrac{d}{dx}(cu)=c\dfrac{du}{dx} \quad (c:\text{상수})$

(3) $\dfrac{d}{dx}(u\pm v)=\dfrac{du}{dx}\pm\dfrac{dv}{dx}$

(4) $\dfrac{d}{dx}(uv)=v\dfrac{du}{dx}+u\dfrac{dv}{dx}$

(5) $\dfrac{d}{dx}\left(\dfrac{u}{v}\right)=\dfrac{v\dfrac{du}{dx}-u\dfrac{dv}{dx}}{v^2}$

(6) $\dfrac{dy}{dx}=\dfrac{dy}{du}\cdot\dfrac{du}{dx}$

(7) $y=x^m \qquad y'=mx^{m-1}$

(8) $y=e^x \qquad y'=e^x$

(9) $y=a^x \qquad y'=a^x\ln a$

(10) $y=\log x \qquad y'=\dfrac{1}{x}$

(11) $y=\sin x \qquad y'=\cos x$

(12) $y=\cos x \qquad y'=-\sin x$

(13) $y=\tan x \qquad y'=\dfrac{1}{\cos^2 x}=\sec^2 x$

(14) $y=\cot x \qquad y'=-\dfrac{1}{\sin^2 x}=-\mathrm{cosec}^2 x$

(15) $y=\sec x \qquad y'=\sec x\cdot\tan x$

(16) $y=\mathrm{cosec}\,x \qquad y'=-\mathrm{cosec}\,x\tan x$

(17) $y=\sin ax \qquad y'=a\cos ax$

(18) $y=\cos ax$ $\qquad y'=-a\sin ax$

(19) $y=\sin^{-1}x$ $\qquad y'=\pm\dfrac{1}{\sqrt{1-x^2}}$

$$\left(\begin{array}{l} +:\ 2\pi n-\dfrac{\pi}{2}<y<2\pi n+\dfrac{\pi}{2} \\ -:\ 2\pi n+\dfrac{\pi}{2}<y<2\pi n+\dfrac{3\pi}{2} \end{array}\right)$$

(20) $y=\cos^{-1}x$ $\qquad y'=\mp\dfrac{1}{\sqrt{1-x^2}}$

$$\left(\begin{array}{l} -:\ 2\pi n<y<(2n+1)\pi \\ +:\ (2n+1)\pi<y<(2n+2)\pi \end{array}\right)$$

(21) $y=\tan^{-1}x$ $\qquad y'=\dfrac{1}{1+x^2}$

8. 적분공식

(1) $\int a\,dx=ax+C$

(2) $\int a\cdot f(x)\,dx=a\int f(x)dx$

(3) $\int \phi(y)\,dx=\int\dfrac{\phi(y)}{y'}dy,\quad y'=dy/x$

(4) $\int(u+v)dx=\int u\,dx+\int v\,dx$

(5) $\int u\,dv=uv-\int v\,du$

(6) $\int u\dfrac{dv}{dx}dx=uv-\int v\dfrac{du}{dx}dx$

(7) $\int x^n\,dx=x^{n+1}/n+1,\ C\ \ (n\neq-1)$

(8) $\int\dfrac{f'(x)\,dx}{f(x)}=\ln f(x)+C,\ \ [df(x)=f'(x)\,dx]$

(9) $\int\dfrac{dx}{x}=\ln x+C$

(10) $\int\dfrac{f'(x)\,dx}{2\sqrt{f(x)}}=\sqrt{f(x)}+C,\ \ [df(x)=f'(x)\,dx]$

(11) $\int e^x\,dx=e^x+C$

(12) $\int e^{ax}\,dx=e^{ax}/a+C$

(13) $\int b^{ax}\,dx=\dfrac{b^{ax}}{a\ln b}+C$

(14) $\int\ln x\,dx=x\ln x-x+C$

(15) $\int a^x\ln a\,dx=a^x+C$

(16) $\int \frac{dx}{a^2+x^2} = \frac{1}{a}\tan^{-1}\left(\frac{x}{a}\right)$, 또는 $-\frac{1}{a}\cot^{-1}\left(\frac{x}{a}\right)$

3각함수형식

(17) $\int \sin x\, dx = -\cos x$

(18) $\int \cos x\, dx = \sin x$

(19) $\int \tan x\, dx = -\ln\cos x$ 또는 $\ln \sec x$

(20) $\int \cot x\, dx = \ln \sin x$

(21) $\int \sec x\, dx = \ln \tan\left(\frac{\pi}{4}+\frac{x}{2}\right)$

(22) $\int \csc x\, dx = \ln \tan\frac{1}{2}x$

(23) $\int \sin^2 x\, dx = -\frac{1}{2}\cos x \sin x + \frac{1}{2}x = \frac{1}{2}x - \frac{1}{4}\sin 2x$

(24) $\int \sin^3 x\, dx = -\frac{1}{3}\cos x(\sin^2+2)$

(25) $\int \sin^n x\, dx = -\frac{\sin^{n-1}x\cos x}{n} + \frac{n-1}{n}\int \sin^{n-2}x\ \ dx$

(26) $\int \cos^2 x\, dx = \frac{1}{2}\sin x\ \ \cos x + \frac{1}{2}x = \frac{1}{2}x + \frac{1}{4}\sin 2x$

대수형식

(27) $\int \frac{(\ln x)^n}{n}\, dx = \frac{1}{n+1}(\ln x)^{n+1} + C$

지수형식

(28) $\int e^x\, dx = e^x + C$

(29) $\int e^{ax}\, dx = \frac{e^{ax}}{a} + C$

연습문제 해답

연습문제 1.1

1. (1) $x=1,\ y=-1$ (2) $x=3,\ y=1$ (3) $x=1,\ y=3$ (4) $x=\frac{17}{4},\ y=\frac{5}{2},\ z=\frac{5}{2},\ w=-\frac{8}{3}$

2. (1) $\begin{pmatrix} 4 & 1 \\ -2 & -1 \end{pmatrix}$ (2) 크기가 다르다 (3) $\begin{pmatrix} 7 & 28 & 0 \\ 14 & 25 & -4 \end{pmatrix}$ (4) $\begin{pmatrix} -1 & 4 \\ 7 & 12 \end{pmatrix}$

(5) $\begin{pmatrix} 1 & 0 & 4 \\ 19 & 8 & 28 \end{pmatrix}$ (6) 정의되지 않는다

3. (1) 5×3 (2) $A+C$가 정의되지 않는다 (3) 5×5

(4) CD는 4×3, AC는 5×3, 따라서 정의되지 않는다

(5) DE는 3×3, C는 4×3, 따라서 정의되지 않는다 (6) 3×4

4. $\begin{pmatrix} 1 & 4 \\ -2 & 10 \end{pmatrix}$

5. $\begin{pmatrix} 11 & 7 \\ 10 & 8 \end{pmatrix}$

6. 110

7. $\begin{pmatrix} 0 & 10 \\ 0 & 0 \end{pmatrix}$

8. $a=3$

연습문제 1.2

1. (1) $x=1,\ y=2$ (2) $x=4,\ y=-1$ (3) $x=\frac{1}{7},\ y=-\frac{1}{7}$ (4) $x=1,\ y=2$

(5) $x=t,\ y=3-\frac{3}{2}t$ (t는 임의의 실수) (6) 해가 없다

2. (1) $x=t,\ y=-t,\ z=t$ (t는 임의의 실수) (2) $x=-\frac{351}{46},\ y=\frac{281}{46},\ z=-\frac{75}{46}$

(3) $x=0,\ y=0,\ z=0$ (4) $x=-\frac{2}{3},\ y=\frac{4}{3},\ z=\frac{32}{3}$ (5) $x=0,\ y=0,\ z=1$

3. (1) 해 없음 (2) $x=-\frac{8}{7}t+\frac{10}{7},\ y=\frac{5}{7}t-\frac{8}{7},\ z=t$ (t는 임의의 실수)

(3) $x=t,\ y=-\frac{39}{8}t,\ z=-\frac{25}{4}t+3$ (t는 임의의 실수)

(4) $x=-s+t,\ y=s-t,\ z=s,\ u=t$ (s와 t는 임의의 실수) (5) $x=-4t+s,\ y=t$ (t는 임의의 실수)

(6) $x=\frac{4}{7}t,\ y=0,\ z=-\frac{1}{7}t,\ u=t$ (t는 임의의 실수)

연습문제 1.3

1. (1) 14 (2) −15 (3) −474 (4) 4000 (5) −45 (6) −38 (7) 10 (8) 73

2. (1) −2 (2) −32 (3) 6 (4) 36 (5) 9 (6) 96

3. (1) 3 (2) 6 (3) 3 (4) −3

연습문제 1.4

1. (1) $\frac{1}{16}\begin{pmatrix} 3 & -5 \\ -2 & -2 \end{pmatrix}$ (2) $\frac{1}{4}\begin{pmatrix} 2 & -2 \\ -1 & 3 \end{pmatrix}$ (3) $\frac{1}{3}\begin{pmatrix} 1 & -1 & -1 \\ 0 & 3/2 & 3 \\ 0 & 0 & -3 \end{pmatrix}$ (4) $\begin{pmatrix} 3 & -1 & 1 \\ -15 & 6 & -5 \\ 5 & -2 & 2 \end{pmatrix}$

(5) $-\frac{1}{10}\begin{pmatrix} -10 & 5 & 5 \\ 12 & -4 & -10 \\ -8 & 1 & 5 \end{pmatrix}$ (6) $\frac{1}{3}\begin{pmatrix} -3 & 9 & 6 \\ 1 & -2 & 1 \\ 5 & -10 & -8 \end{pmatrix}$

2. (1) $x=-3,\ y=4$ (2) $x=-11/47,\ y=100/47$ (3) $x=1,\ y=3$ (4) $x=\frac{1}{2},\ y=-2$

(5) $x=\frac{5}{6},\ y=-\frac{10}{3},\ z=-\frac{5}{6}$ (6) $x=\frac{25}{6},\ y=-\frac{-11}{6},\ z=\frac{14}{6}$ (7) $x=2,\ y=-3,\ z=1$

(8) $x=-\frac{102}{7},\ y=\frac{39}{7},\ z=\frac{41}{7}$ (9) $x=1,\ y=2,\ z=3$ (10) $x=1,\ y=2,\ z=3$

3. $\alpha \neq -3,\ \alpha \neq 4$ 인 모든 실수

연습문제 2.1

1. $\overrightarrow{AA}$

2. (1) $3\boldsymbol{a}-4\boldsymbol{b}$ (2) $2\boldsymbol{a}-16\boldsymbol{b}+10\boldsymbol{c}$

3. (1) $\overrightarrow{FG},\ \overrightarrow{GC},\ \overrightarrow{ED}$ (2) $\overrightarrow{BA},\ \overrightarrow{DE}$ (3) $\overrightarrow{FA},\ \overrightarrow{DC}$ (4) $\overrightarrow{BA},\ \overrightarrow{DE}$

4. (1) $\overrightarrow{BG}$ (2) $\overrightarrow{CF}$ (3) $\overrightarrow{BF}$ (4) $\overrightarrow{BE}$ (5) $\overrightarrow{BE}$ (6) $\overrightarrow{CF}$

7. (1) $-2\boldsymbol{j}+\boldsymbol{k}$ (2) $-4\boldsymbol{i}-2\boldsymbol{j}+6\boldsymbol{k}$ (3) $3\boldsymbol{i}-\boldsymbol{k}$ (4) $-4\boldsymbol{i}+4\boldsymbol{j}$ (5) $x\boldsymbol{i}+y\boldsymbol{j}+z\boldsymbol{k}$ (6) $y\boldsymbol{j}$

8. (1) $-3\boldsymbol{i}+\boldsymbol{j}-5\boldsymbol{k}$ (2) $\sqrt{13}$ (3) $17\boldsymbol{i}-3\boldsymbol{j}+\boldsymbol{k}$ (4) $3\sqrt{37}$ (5) $\sqrt{109}$

9. $\boldsymbol{i}-5\boldsymbol{j}-\boldsymbol{k}$

10. $x\boldsymbol{i}+y\boldsymbol{j}+z\boldsymbol{k}$

11. $-\frac{4}{\sqrt{29}}(2\boldsymbol{i}-3\boldsymbol{j}+4\boldsymbol{k})$

12. $\pm\frac{2}{\sqrt{6}}(-\boldsymbol{i}+\boldsymbol{j}+2\boldsymbol{k})$

13. ± 1

14. $a=1$ 또는 -2

연습문제 2.2

1. (1) $\boldsymbol{a}\cdot\boldsymbol{b}=6,\ \cos\theta=\frac{6}{\sqrt{42}}$ (2) $\boldsymbol{a}\cdot\boldsymbol{b}=-1,\ \cos\theta=-\frac{1}{2},\ \theta=\frac{2}{3}\pi$ (3) $\boldsymbol{a}\cdot\boldsymbol{b}=19,\ \cos\theta=\frac{19}{26}$

(4) $\boldsymbol{a}\cdot\boldsymbol{b}=1,\ \cos\theta=\frac{1}{3}$

2. (1) $\alpha=-\frac{1}{2}$ (2) $\alpha=-2$

3. (1) $\frac{6}{7}\boldsymbol{i}-\frac{9}{7}\boldsymbol{j}+\frac{3}{7}\boldsymbol{k}$ (2) $-\frac{9}{14}\boldsymbol{i}+\frac{3}{7}\boldsymbol{j}-\frac{3}{14}\boldsymbol{k}$ (3) 0

4. (1) $(-\boldsymbol{i}-\boldsymbol{j}-\boldsymbol{k})+(7\boldsymbol{i}-2\boldsymbol{j}-5\boldsymbol{k})$ (2) $6\boldsymbol{i}-3\boldsymbol{j}-6\boldsymbol{k}$

5. $s=1,\ t=1$

6. $a=0,\ 4$

7. $\boldsymbol{a}\cdot\boldsymbol{b}=2\sqrt{3},\ |\boldsymbol{a}+\boldsymbol{b}|=\sqrt{8+4\sqrt{3}},\ |\boldsymbol{a}-\boldsymbol{b}|=\sqrt{8-4\sqrt{3}}$

연습문제 2.3

1. (1) $\boldsymbol{i}+3\boldsymbol{j}+5\boldsymbol{k}$ (2) 10 (3) $\sqrt{35}$

2. (1) $\pm\frac{1}{5\sqrt{2}}(4\boldsymbol{i}-3\boldsymbol{j}+5\boldsymbol{k})$ (2) $\pm\frac{1}{\sqrt{3}}(\boldsymbol{i}-\boldsymbol{j}+\boldsymbol{k})$

3. (1) $\frac{1}{2}\sqrt{179}$ (2) $\sqrt{6}$

4. (1) 0 (2) 1 (3) 1 (4) $\boldsymbol{i}$

연습문제 2.4

1. (1) $\frac{x-1}{4}=\frac{y-2}{-1}=\frac{z-3}{2}$ (2) $x-3=0,\ \frac{y+2}{-3}=\frac{z-1}{2}$ (3) $y-4=0,\ \frac{x-5}{-3}=\frac{z+3}{1}$

(4) $\frac{x+3}{-2}=\frac{y-2}{-1},\ x+2=0$

2. (1) $\frac{x-2}{1}=\frac{y+1}{-1}=\frac{z-3}{2}$ (2) $x=-2+3t,\ y=3-4t,\ z=2t$ (3) $x=1,\ \frac{y-3}{1}=\frac{z+2}{-4}$

(4) $x=2t,\ y=3t,\ z=1$

3. (1) $2y+3z+3=0$ (2) $x-y-5z+9=0$ (3) $x+2z-6=0$ (4) $x-1=0$

4. (1) $x+y+z=1$ (2) $3x-7y-z=16$

5. $x=t-1,\ y=-t+5,\ z=-3t+6$

6. $\boldsymbol{r}=(-2t+1)\boldsymbol{i}+(-5t+2)\boldsymbol{j}-2\boldsymbol{k}$

7. (1) $\cos\theta=\dfrac{1}{\sqrt{6}}$ (2) $\cos\theta=\dfrac{\sqrt{3}}{2}$

8. $(4,\ -2,\ 3)$

9. $\dfrac{2}{\sqrt{6}}$

10. $x+y-4z=25$

연습문제 3.1

1. (1) $\{-2,\ -1,\ 0,\ 1,\ 2\}$ (2) 실수 전체 집합 (3) $\{-6,\ -5,\ -2\}$

(4) $\{(-2,\ -2),\ (-1,\ -5),\ (0,\ -6),\ (1,\ -5),\ (2,\ -2)\}$

2. (1) 모든 실수 전체 집합 (2) $x=0$을 제외한 모든 실수

3. (1) 단사, 전사, 전단사 (2) 전사 (3) 단사 (4) 아무 것도 안 된다

4. $(f\circ g)(x)=2x+1,\ (g\circ f)(x)=2x-1$

5. (1) $-x^2+4$ (2) x^2-2x-2 (3) x (4) x^4-6x^2+6

6. $y=-\dfrac{1}{3}x+\dfrac{2}{3}$

7. $f\circ f^{-1}=1$이므로 $(f^{-1})^{-1}=f$이다. $(g\circ f)(f^{-1}\circ g^{-1})-g\circ(f\circ f^{-1})g^{-1}=g\circ g^{-1}=1$이므로 $(g\circ f)^{-1}=f^{-1}g^{-1}$이다.

연습문제 3.2

1. (1) 최솟값 -5, 최댓값 4 (2) 최솟값 22, 최댓값 26 (3) 최솟값 -4, 최댓값은 없다

(4) 최솟값 $\dfrac{3}{4}$, 최댓값은 없다

2. (1) 없다 (2) 두 개 (3) 두 개 (4) 두 개(중근)

3. $-2\le k\le 2$

4. (1) $x\ne 1$인 모든 실수 (2) $x\ne -\dfrac{3}{2}$인 모든 실수 (3) $x\ne 3$인 모든 실수

5. (1) 점근선 $x=-2,\ y=2$ (2) 점근선 $x=3,\ y=2$ (3) 점근선 $x=2,\ y=-1$

6. (1) $x\ge 0$인 모든 실수 (2) $x\ge -3$인 모든 실수 (3) $x\ge\dfrac{2}{3}$인 모든 실수

7. (1) $\sqrt{-2\left(x-\dfrac{3}{2}\right)}-4$

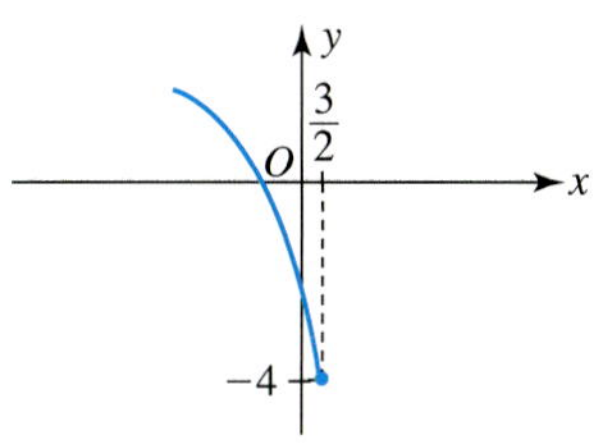

(2) $-\sqrt{2(x-2)}+3$

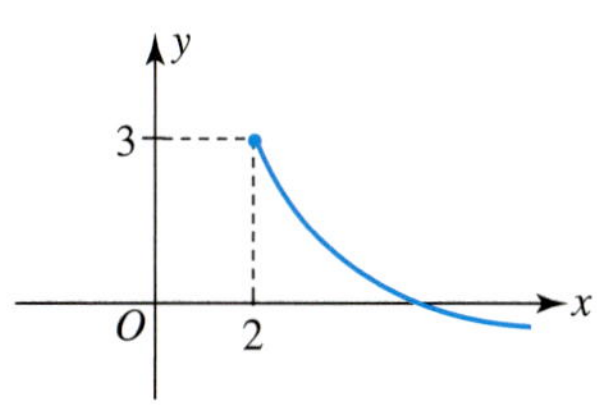

8. (1) 정의역 $x \neq 1$인 모든 실수, 치역 $x \neq -1$인 모든 실수, 역함수는 $y = \dfrac{x-1}{x+1}$

(2) $x \neq -1$ 인 모든 실수, $y \neq 1$인 모든 실수, 역함수는 $y = \dfrac{x+1}{1-x}$

연습문제 3.3

1. (1) 2 (2) $\sqrt[3]{59}$ (3) $2^8 \times 5$ (4) 2^4 (5) 5 (6) $2\sqrt{3}$

2. (1) 9 (2) -1 (3) $2\log_2^3$ (4) $\dfrac{1}{4}$

3.

(1)

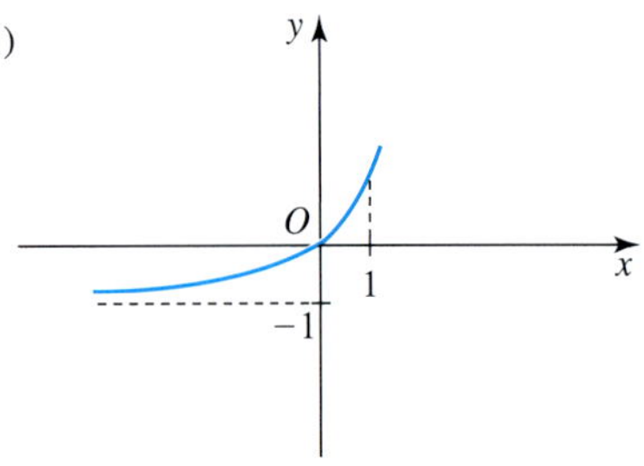

(2)

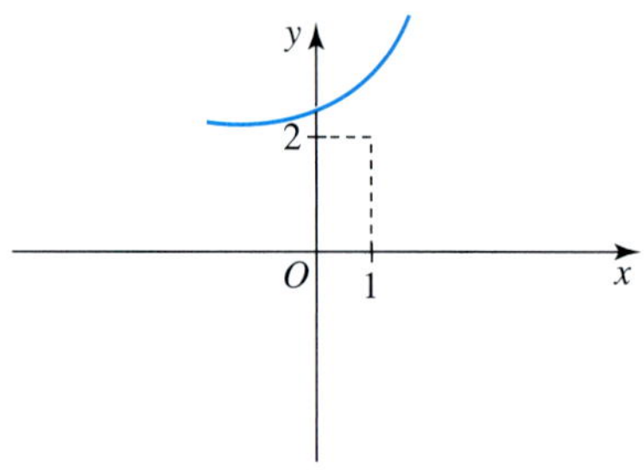

(3)

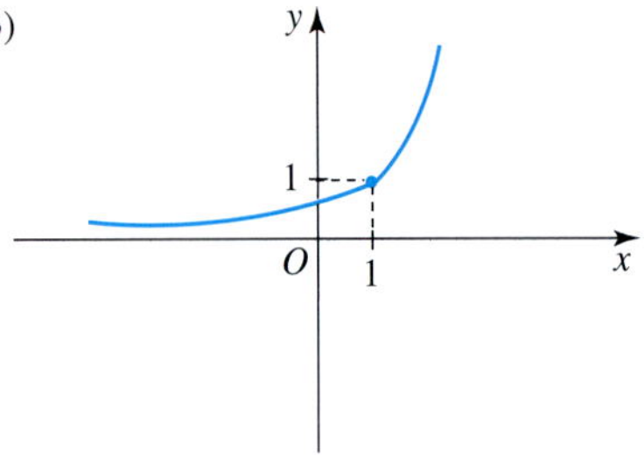

(4)

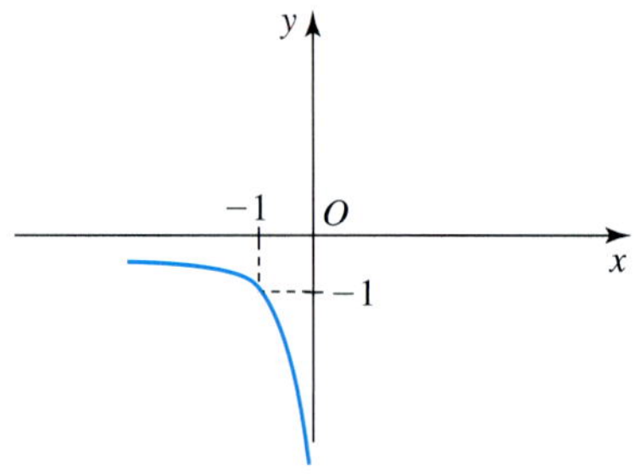

4.

(1)

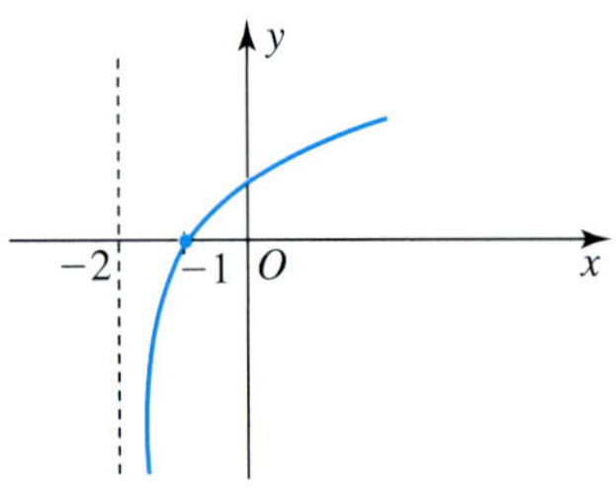

(2)

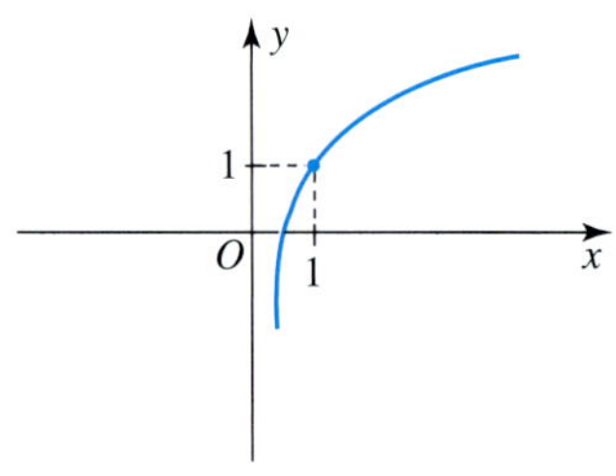

(3)

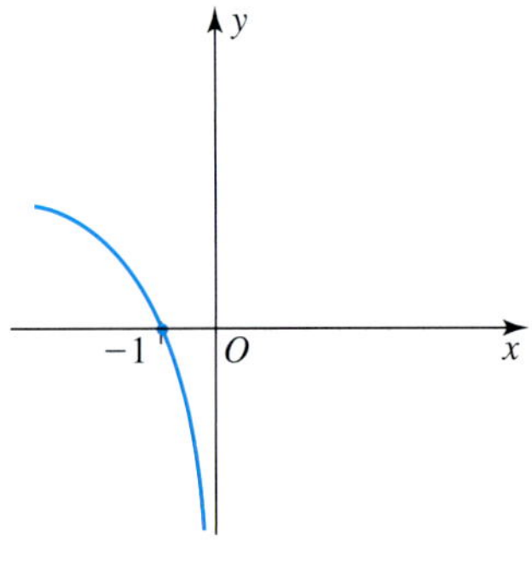

(4)

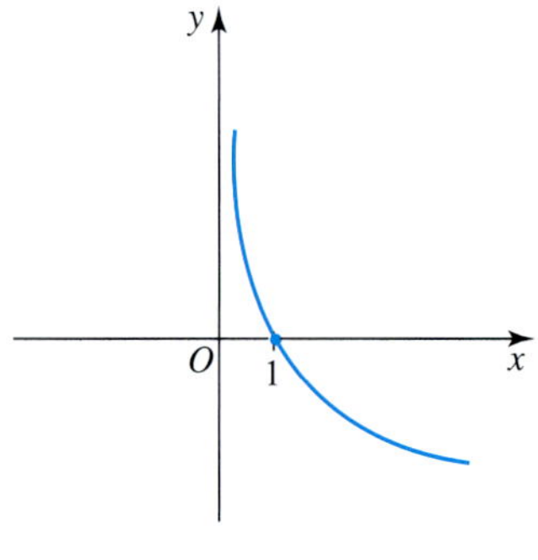

연습문제 3.4

1. (1) $\frac{\pi}{12}$ (2) $\frac{\pi}{2}$ (3) $\frac{3}{4}\pi$ (4) 210° (5) 300° (6) 315° (7) −45° (8) −120° (9) −210°

2. $\sin\theta=-\frac{3}{5}$, $\cos\theta=-\frac{4}{5}$, $\tan\theta=\frac{3}{4}$

3. (1) $\sin\theta=\frac{\sqrt{2}}{2}$, $\cos\theta=\frac{\sqrt{2}}{2}$, $\tan\theta=1$ (2) $\sin\theta=\frac{1}{2}$, $\cos\theta=-\frac{\sqrt{3}}{2}$, $\tan\theta=\frac{\sqrt{3}}{3}$

(3) $\sin\theta=\frac{\sqrt{3}}{2}$, $\cos\theta=\frac{1}{2}$, $\tan\theta=\sqrt{3}$ (4) $\sin\theta=\frac{\sqrt{3}}{2}$, $\cos\theta=\frac{1}{2}$, $\tan\theta=-\sqrt{3}$

4. $\cos\theta=-\frac{5}{13}$, $\tan\theta=-\frac{12}{5}$

5. (1) $\frac{1}{2}$ (2) $\frac{\sqrt{3}}{2}$ (3) 1 (4) $-\frac{1}{2}$ (5) 1 (6) $-\sqrt{3}$ (7) $-\frac{1}{2}$ (8) $-\frac{1}{2}$

6. (1) 주기 4π, 치역 $-1\le y\le 1$ (2) 주기 2π, 치역 $-2\le y\le 2$ (3) 주기 $\frac{2}{3}\pi$, 치역 $-\frac{1}{2}\le y\le\frac{1}{2}$

(4) 주기 2π, 치역 $-3\le y\le 3$ (5) 주기 2π, 치역 모든 실수 (6) 주기 $\frac{1}{2}\pi$, 치역 모든 실수

연습문제 3.5

1. (1) $\frac{\pi}{3}$ (2) $\frac{\pi}{3}$ (3) $\frac{\pi}{4}$ (4) $-\frac{\pi}{3}$ (5) $\frac{\pi}{4}$ (6) $\sqrt{5}$

2. (1) 0.3 (2) $\frac{1}{2}$ (3) ($\sin\left(2\cos^{-1}\frac{3}{4}\right)=2\sin\left(\cos^{-1}\frac{3}{4}\right)\cos\left(\cos^{-1}\frac{3}{4}\right)$을 이용한다) $\frac{3}{8}\sqrt{7}$

(4) $\frac{4\sqrt{5}}{9}$ (5) $\frac{\sqrt{5}}{2}$

(6) ($\cos\left[\sin^{-1}\frac{3}{4}+\cos^{-1}\frac{3}{4}\right]=\cos\left[\sin^{-1}\frac{3}{4}\right]\cos\left[\cos^{-1}\frac{3}{4}\right]+\sin\left[\sin^{-1}\frac{3}{4}\right]\sin\left[\cos^{-1}\frac{3}{4}\right]$을 이용한다) 0

3. (1) $\cos\alpha=\frac{\sqrt{3}}{2}$, $\tan\alpha=-\frac{\sqrt{3}}{3}$, $\sec\alpha=\frac{2\sqrt{3}}{3}$, $\csc\alpha=-2$

(2) $\sin\alpha=\frac{\sqrt{3}}{2}$, $\tan\alpha=\sqrt{3}$, $\sec\alpha=2$, $\csc\alpha=\frac{2\sqrt{3}}{3}$

4. $\sin^{-1}x=\alpha$로 두고 $\cos\alpha$를 계산하라

5. $\sin^{-1}x=\cos^{-1}x=\alpha$로 두면 $x=\sin\alpha=\cos\alpha$이며 $\alpha=\frac{\pi}{4}$이다. 따라서 $x=\frac{\sqrt{2}}{2}$

연습문제 4.1

1. (1) −9 (2) 45 (3) −8 (4) −15

2. (1) 0 (2) $\frac{1}{3}$ (3) $\frac{11}{4}$ (4) $\frac{1}{2}$

3. (1) −7 (2) $\frac{1}{2}$ (3) $-\frac{1}{2}$ (4) $\frac{1}{2}$

4. (1) 2, 1 (2) 존재하지 않음, $\lim_{x\to 2^+}f(x)\neq\lim_{x\to 2^-}f(x)$

5. (1) 1, 1 (2) $\lim_{x\to 2^+}f(x)=\lim_{x\to 2^-}f(x)=1$

연습문제 4.2

1. (1) 0 (2) $\frac{1}{e}$ (3) e^3 (4) 1

2. (1) 3 (2) ∞ (3) 1 (4) 0

3. (1) $\frac{1}{a}$ (2) $\log 3$ (3) $-\infty$ (4) $\log_a e$

4. (1) ∞ (2) $-\infty$ (3) $-\infty$ (4) 2

5. (1) e^6 (2) e^3 (3) $\frac{2}{3}$ (4) $(\ln a)^2$ (5) $\ln a$ (6) 3 (7) 3 (8) e^{-2}

연습문제 4.3

1. (1) $(-\infty, \infty)$ (2) $(-\infty, \infty)$ (3) $(-\infty, \infty)$ (4) $\{x | x \neq \pm 4$ 인 실수$\}$
(5) $(-\infty, \infty)$ (6) $\{x | x \geq -1$ 인 실수$\}$

2. (1) 없음 (2) $x = \pm 1$ (3) $\{x | x < 2$ 인 실수$\}$ (4) 없음 (5) $x = 0$ (6) $x = n\pi + \frac{\pi}{2}$ (n : 정수)

3. (1) 5 (2) 5 (3) 3 (4) 0

4. 불연속, $\lim_{x \to 5^+} [x] = 5$, $\lim_{x \to 5^-} [x] = 4$ 따라서 $\lim_{x \to 5} [x]$가 존재하지 않음

연습문제 4.4

1. (1) $\frac{1}{4}, -2$ (2) $1, \frac{1}{3}$ (3) 2, 0 (4) $\sqrt{3}, \sqrt{2}$ (5) $4, \frac{1}{2}$ (6) 1, 0

6. (2) $f(x) = 2x^5 + x^4 - x^3 - 2x^2 + 5x - 2$ 라 놓으면 $f(x)$는 $[-1, 1]$에서 연속이고, $f(-1) = -9 < 0$, $f(1) = 3 > 0$이므로 $f(c) = 0$인 c가 $(-1, 1)$ 안에 존재한다. 이때 $(-1, 1)$ 안에 존재하는 c의 값은 $c = \frac{1}{2}$이 되는데, 실제로 방정식을 만족하는 실근을 구해보면 $c = \frac{1}{2}$이 된다.

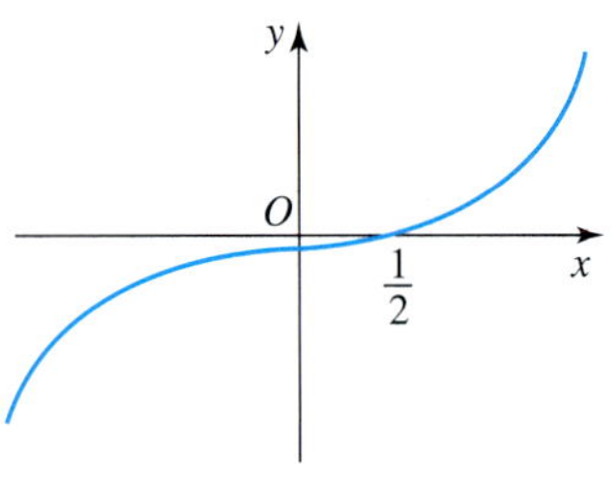

연습문제 5.1

1. (1) $f'(x) = \lim_{\Delta x \to 0} \frac{f(x + \Delta x) - f(x)}{\Delta x} = \lim_{\Delta x \to 0} \frac{\{(x + \Delta x)^2 - 2(x + \Delta x)\} - (x^2 - 2x)}{\Delta x}$

$= \lim_{\Delta x \to 0} \frac{2x \cdot \Delta x + (\Delta x)^2 - 2\Delta x}{\Delta x} = 2x - 2$

$\therefore f'(1) = 2 \times 1 - 2 = 0$

(2) $-\frac{5}{16}$ (3) $-\frac{3}{4}$

(4) $f'(1) = \lim_{x \to 1} \frac{f(x) - f(1)}{x - 1} = \lim_{x \to 1} \frac{|2x - 1| - 1}{x - 1} = \lim_{x \to 1} \frac{(2x - 1) - 1}{x - 1} = 2$ (5) $\frac{\sqrt{3}}{3}$

2. (1) $f'(x) = 4(x + 1)^3 - 3(x + 1)^2$ (2) $f'(x) = \frac{-1}{\sqrt{x}(1 + \sqrt{x})^2}$

3. (1) $y' = 0$ (2) $y' = 24x^7 - 2$ (3) $f'(x) = 24x^{-9}$ (4) $f'(x) = -3x^{-4} - \frac{7}{x^8}$
(5) $f'(x) = 18x^2 - \frac{3}{2}x + 12$ (6) $h'(t) = \frac{3}{(2t + 1)^2}$

4. (1) $f'(x) = 8x(1 + x^2)^3$ (2) $f'(x) = \frac{3}{2\sqrt{x}}(\sqrt{x} + 2)^2$ (3) $y' = -\frac{10x}{(x^2 + 1)^6}$ (4) $y' = \frac{x + 1}{\sqrt{x^2 + 2x + 3}}$

5. (1) $\frac{dy}{dx} = \frac{4 - 2y\sqrt{y}}{3x\sqrt{y} - 2}$ (2) $\frac{dy}{dx} = -\frac{2xy}{x^2 - 3y^2}$

6. (1) $y = \sqrt[4]{x + 4}$ 에서 $y^4 = x + 4$, y에 대하여 미분하면

$4y^3 = 1 \cdot \frac{dx}{dy}$ $\therefore \frac{dy}{dx} = \frac{1}{dx} = \frac{1}{4y^3} = \frac{1}{4(\sqrt[4]{x + 1})^3}$

(2) $\frac{1}{12}$

7. (1) $\frac{dy}{dx} = \frac{3}{2}t^2$ (2) $\frac{dy}{dx} = \frac{t^2 - 1}{t^2 + 1}$

연습문제 5.2

1. (1) $y = 18x - 27$ (2) $y = \frac{1}{6}x + \frac{5}{3}$ (3) $y = 2x$ (4) $y = 0$

2. (1) $y = -4x + 18$ (2) $y = 4x - \frac{23}{2}$

3. $c = \frac{1 \pm \sqrt{7}}{3}$

4. (1) $c = 0$ (2) $c = -1$ (3) $c = 1$ (4) $c = 3 - \sqrt{3}$

5. 구간 $[0, 3]$ 내의 점 $x = 1$에서 미분불가능

6. $c = \frac{5}{2}$

7. $c = \sqrt{ab}$

8. $c = 3$

연습문제 5.3

1. $(-\infty, -2]$, $[1, \infty)$에서 증가, $[-2, 1]$에서 감소

2. $x < -1$, $x > 1$; 증가, $-1 < x < 0$, $0 < x < 1$; 감소

3. 임계점 $x = -\frac{1}{3}, 3, -2, 0$ 최댓값 $x = 3$일 때 56 최솟값 $x = 0$일 때 2

4. (1) 극댓값 $f(-1) = 3$ (2) 극댓값 $f(0) = 1$, 극솟값 $f(-1) = -2$

(3) 극댓값 $f(1) = 16$, 극솟값 $f(3) = 0$ (4) 극댓값 $f(0) = 1$, 극솟값 $f(1) = 0$, $f(-1) = 0$

5. $x = 1$일 때, $y' = 5$가 구하는 조건이며, 접선의 방정식은 $y - \frac{43}{5} = 5(x - 1)$ $\therefore 5x + \frac{18}{5}$

6. $n = 4$

7. (1) $b > 0$ (2) $a = 2\sqrt{b}$

8. 극값을 갖지 않는다. 이유:

x	→	0	→
$f(x)$	+	0	+

9. (1) $x = 2$일 때 극솟값 $f(2) = -1$

(2) $x = 0$일 때 극댓값 $f(0) = 0$, $x = 1$일 때 극솟값 $f(1) = -1$

(3) $x = -1$일 때 극솟값 $f(-1) = 2$, $x = 1$일 때 극댓값 $f(1) = 6$

(4) $x = 0$일 때 극댓값 $f(0) = 1$, $x = \pm 1$일 때 극솟값 $f(-1) = -1$, $f(1) = -1$

연습문제 5.4

1. (1)

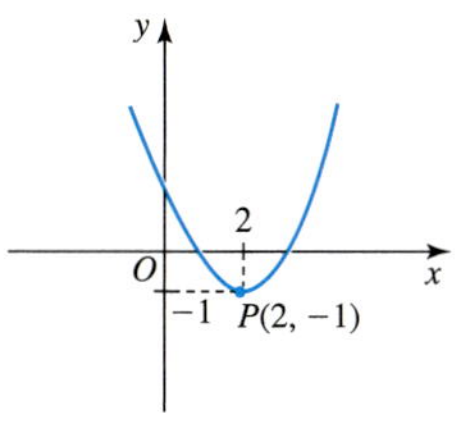

(2)

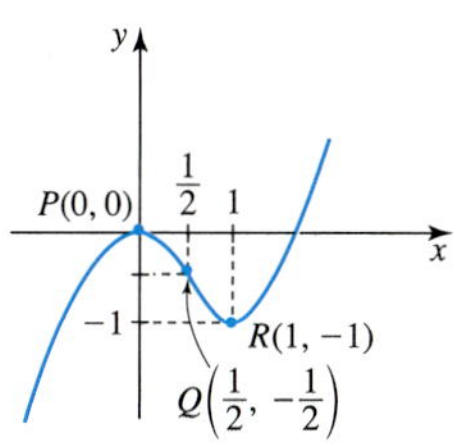

(3)

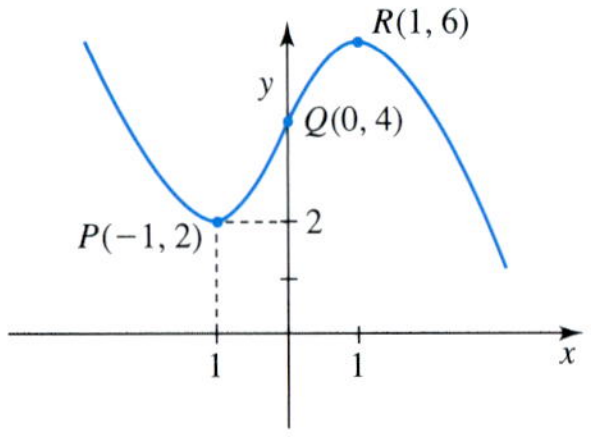

(4)

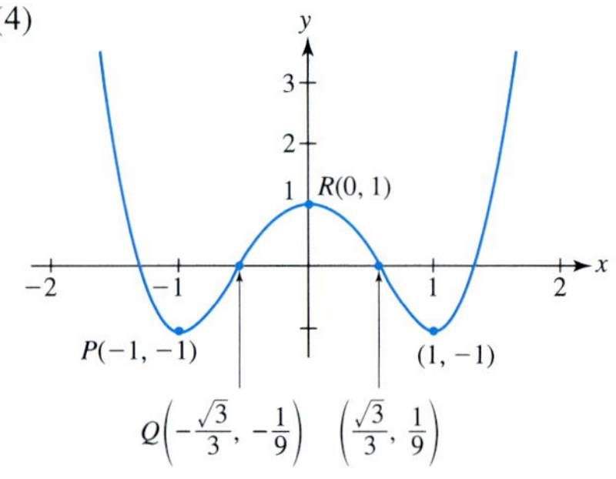

2. $b=-3$ **3.** $r=25,\ s=50$

4. (1) $v(0)=96$ m/sec (2) $s(3)=256$ m (3) $v(7)=-128$ m/sec

5. (1) 극대: $x=1$ 일 때, 극댓값 $f(1)=5$, 극소: $x=2$ 일 때, 극솟값 $f(2)=4$

(2) 이 경우에는 이계도함수를 이용할 수 없다. 일계도함수를 이용하여 풀이한다.

극대: $x=0$ 일 때, 극댓값 $f(0)=4$,

극소: $x=\pm 2$ 일 때, 극솟값 $f(-2)=f(2)=0$, 변곡점: $x=\pm 2$

6. $\left.\frac{dA}{dt}\right|_{r=50}=2\pi\times 50\times 0.01=\pi\,(\mathrm{cm}^2/\mathrm{min})$ **7.** $\frac{dV}{dr}=128\pi\,(\mathrm{cm}^3/\mathrm{sec})$

8. 15, 15 **9.** $x=6,\ y=8$ 일 때 최댓값 50

연습문제 6.1

1. (1) $-2\sin x-3\cos x$ (2) $\cos^2 x-\sin^2 x$ (3) $2x\cos x-x^2\sin x$ (4) $\sec x\tan^2 x+\sec^3 x$

(5) $\frac{x\cos x-\sin x}{x^2}$ (6) $\frac{1}{2}\sec x\tan x+7\sec^2 x$ (7) $\frac{-\csc^2 x(1+\csc x)+\csc x\cot x}{(1+\csc x)^2}$

(8) $\frac{-\csc x\cot x\tan x+\csc x\sec^2 x}{\tan^2 x}$ (9) $\cos x-2\sin x\cos x$ (10) $(\tan x)'=\sec^2 x$

2. (1) $(2x+1)\cos(x^2+x)$ (2) $-2\sin(3-2x)$ (3) $\sec^2(\sin x)\cdot\cos x$

(4) $2\tan\sqrt{2x}\cdot\sec^2\sqrt{2x}\cdot\frac{1}{\sqrt{2x}}$ (5) $-6\cos(3x-5)\cdot\sin(3x-5)$ (6) $6x\sin^2(x^2+1)\cos(x^2+1)$

3. (1) $-\frac{2x}{\sqrt{1-x^4}}$ (2) $\frac{-1}{\sqrt{1-(1-x)^2}}$ (3) $\frac{1}{2\sqrt{x(1-x)}}$ (4) $-\frac{1}{2\sqrt{x(1-x)}}$ (5) $\frac{3}{1+9x^2}$ (6) $\frac{2x}{1+x^4}$

4. (1) $\frac{2}{(2x+1)\sqrt{(2x+1)^2+1}}$ (2) $-\frac{1}{2\sqrt{x}\,(1+x)}$ (3) $\frac{1}{x\sqrt{\frac{1}{x^2}-1}}$ (4) $sec^{-1}x+\frac{1}{2\sqrt{x-1}}$

5. (1) $y=x$ (2) $y=x-\pi$ (3) $y-\frac{1}{\sqrt{2}}=\frac{1}{\sqrt{2}}\left(x-\frac{\pi}{4}\right)$

6. (1) $y=x$ (2) $y-1=2\left(x-\frac{\pi}{4}\right)$ (3) $y+1=2\left(x+\frac{\pi}{4}\right)$

연습문제 6.2

1. (1) $\frac{2}{x-1}$ (2) $\frac{1}{x}$ (3) $\frac{2}{2x+3}$ (4) $\frac{1}{x}-\frac{1}{x+1}$ (5) $\frac{1}{2x\sqrt{\log x}}\cdot\log e$ (6) $\frac{2x}{x^2+1}+\frac{2x}{1-x^2}$

(7) $\frac{x}{x^2+1}$ (8) $\frac{1}{2}\left(\frac{7}{x-1}-\frac{2}{x-3}\right)$ (9) $-\frac{1}{x(1+\ln x)^2}$ (10) $\frac{1}{x\ln x}$

(11) $3\,\frac{\sin 3x}{\cos 3x}=3\tan 3x$ (12) $\sec x$ (13) $\frac{\cos x}{\sin x}=\cot x$ (14) $\tan^{-1}x$

2. (1) $y\left(\frac{1}{x}+\frac{1}{2x+1}-\frac{1}{3x+1}\right)$ (2) $\frac{y}{5}\left(\frac{2x}{x^2+1}-\frac{1}{x}-\frac{3x^2}{x^3+1}\right)$ (3) $y\left(\frac{1}{x}+\frac{x}{x^2+1}-\frac{1}{3x+1}\right)$

(4) $y\left(\frac{3}{x}+\frac{1}{2(x+4)}-\frac{1}{2(x+1)}\right)$

3. (1) 1 (2) $\frac{1}{4}\log e$ (3) 1 (4) $\frac{e}{2}$

4. (1) $3\cdot 2^{3x}\ln 2$ (2) $3^{\tan x}\log 3\sec^2 x$ (3) $2xe^{x^2}$ (4) 3

5. (1) $y\left(-\frac{\ln x}{x^2}+\frac{1}{x^2}\right)$ (2) $y\left(\frac{\ln x}{2\sqrt{x}}+\frac{\sqrt{x}}{x}\right)$ (3) $y\left(\cos x\ln x+\frac{\sin x}{x}\right)$

(4) $y\left(\ln(\ln x)+\frac{1}{\ln x}\right)$ (5) $y\cdot\frac{1}{x}(\log 3\log x+\log_3 x)$ (6) $y\left(\frac{2x}{x^2+1}\ln x+\frac{1}{x}\ln(x^2+1)\right)$

6. (1) $\frac{1}{x}$ (2) $\frac{1}{x^2}\log e$ (3) $e^{x^2}(2+4x^2)$ (4) $e^{\sin x}(\cos^2 x-\sin x)$

연습문제 6.3

1. (1) 2 (2) 1 (3) 0 (4) 0 (5) 1 (6) $\frac{1}{2}$ (7) $\frac{1}{2}$ (8) 0 (9) 0 (10) 0

4. (1) 0 (2) 0 (3) ∞ (4) -1 (5) 0 (6) 0

3. (1) 0 (2) ∞ (3) 1 (4) 1 (5) $-\frac{1}{4}$ (6) 1 (7) 1 (8) 0

4. (1) 1 (2) e^2 (3) e (4) 1 (5) e (6) e

연습문제 6.4

1. (1) $\frac{1}{2}-\frac{1}{4}(x-2)+\frac{1}{8}(x-2)^2$ (2) $1-x+x^2$ (3) $2+\frac{1}{4}(x-4)-\frac{1}{64}(x-4)^2$

(4) $2+\frac{1}{4}x-\frac{1}{64}x^2$ (5) $x+x^2$ (6) $\frac{1}{\sqrt{2}}+\frac{1}{\sqrt{2}}\left(x-\frac{\pi}{4}\right)+\frac{1}{2\sqrt{2}}\left(x-\frac{\pi}{4}\right)^2$

(7) $\frac{1}{\sqrt{2}}-\frac{1}{\sqrt{2}}\left(x-\frac{\pi}{4}\right)-\frac{1}{2\sqrt{2}}\left(x-\frac{\pi}{4}\right)^2$ (8) $(x-1)-\frac{1}{2}(x-1)^2$

2. (1) $f(x)=-6-9(x-1)-5(x-1)^2-2(x-1)^3$ 에서 $f(0.09)=-6-9(-0.01)-5(-0.01)^2-2(-0.01)^3=$

(2) $f(x)=7+11(x-1)+6(x-1)^2+(x-1)^3$ 에서 $f(1.01)=7+11\cdot(0.1)+6\cdot(0.1)^2+(0.1)^3=$

3. (1) $x=-0.8$ 을 대입하면 $\ln 2 \doteqdot -0.8-\frac{(-0.8)^2}{2}+\frac{(-0.8)^3}{3!}\doteqdot -1.20$

(2) $x=\frac{1}{2}$ 을 대입하면 $\sqrt{e}\doteqdot 1+\frac{1}{2}+\frac{\left(\frac{1}{2}\right)^2}{2!}+\frac{\left(\frac{1}{2}\right)^3}{3!}\doteqdot 1.64583$

4. (1) $\sum_{n=0}^{\infty}x^n$ (2) $\sum_{n=0}^{\infty}(n+1)(-x)^n$ (3) $\sum_{n=0}^{\infty}\frac{(-x)^n}{n!}$ (4) $\sum_{n=0}^{\infty}\frac{x^n}{2^n\cdot n!}$

(5) $\sum_{n=0}^{\infty}(-1)^n\frac{x^{4n}}{(2n)!}$ (6) $\sum_{n=1}^{\infty}(-1)^{n-1}\frac{x^{2n}}{(2n-1)!}$

5. $2\sum_{n=1}^{\infty}\frac{x^{2n-1}}{(2n-1)!}$

연습문제 7.1

1. (1) x^2-3x+C (2) $\frac{1}{3}x^3-\frac{1}{2}x^2+x+C$ (3) $\frac{2}{5}x^{5/2}-2x^3+\frac{24}{7}x^{7/2}-2x^4+C$

(4) $2\sqrt{x}+\frac{3}{x}+C$ (5) $\frac{2}{5}t^{5/2}-2\sqrt{t}+C$ (6) $\frac{4}{5}y^5-4\ln|y|-\frac{1}{5y^5}+C$

2. (1) $\frac{9}{2}x-\frac{4}{3}\sin(3x)+\frac{1}{12}\sin(6x)+C$ (2) $6\sin\frac{x}{2}+\frac{4}{3}\cos(3x)+C$ (3) $x-\cos x+C$

(4) $x+\frac{1}{4}\cos(2x)+C$ (5) $\tan x-x+C$ (6) $2(\tan x+\sec x)-x+C$

3. (1) $e^{x+2}+C$ (2) $-e^{-x}+2e^{x}+C$ (3) $-\frac{1}{3}e^{-3x}-2\ln|x|+C$ (4) $\frac{1}{2}(e^{2x}-e^{-2x}+4x)+C$

(5) $\frac{1}{4}e^{4x}-3e^{2x}+9x+C$ (6) $-\frac{1}{2}e^{-2x}-e^{x}+\frac{1}{16}e^{4x}+C$

4. $F(x)=\frac{1}{6}e^{3x}-\sin x+1-\frac{1}{6}e^{3\pi/2}$

5. $F(x)=2\ln x-\frac{1}{2}x^2+\frac{1}{2}x+\frac{e^2}{2}-\frac{e}{2}+1$

6. $x=-1$ 또는 $x=1$

연습문제 7.2

1. (1) $\frac{1}{18}(2x+5)^9+C$ (2) $\frac{1}{3}(2x+3)^{\frac{3}{2}}+C$ (3) $\frac{1}{9}(1+x^3)^3+C$ (4) $\frac{1}{8}\ln(1+4x^2)+C$

(5) $\frac{1}{3}(x^2-1)^{\frac{3}{2}}+C$ (6) $\sqrt{x^2-3}+C$

2. (1) $\frac{1}{4}\sin(4x+1)+C$ (2) $-\frac{1}{4}\cos^4 x+C$ (3) $-\frac{1}{3}\cos(x^3)+C$ (4) $\tan^{-1}(\sin x)+C$

(5) $\frac{1}{6}\tan(6x+1)+C$ (6) $\frac{1}{2}\sec(x^2)+C$

3. (1) $\frac{1}{2}e^{2x-1}+C$ (2) $-\frac{1}{4}e^{-x^4}+C$ (3) $\int\frac{2e^{2x}}{e^{2x}+5}dx$ (4) $-\frac{1}{8}(e^x+3)^{-8}+C$

(5) $\frac{2}{3}(e^x+1)^{\frac{3}{2}}+C$ (6) $\ln|\ln x|+C$

4. (1) $\frac{1}{2}x\sqrt{16-x^2}+8\sin^{-1}\frac{x}{4}+C$ (2) $\frac{1}{2}(x-1)\sqrt{1-(x-1)^2}+\frac{1}{2}\sin^{-1}(x-1)+C$

(3) $-\sqrt{1-x^2}+C$ (4) $\frac{1}{8}x(2x^2-1)\sqrt{1-x^2}+\frac{1}{8}\sin^{-1}x+C$ (5) $\frac{1}{3}\tan^{-1}\left(\frac{x}{3}\right)+C$

(6) $\sqrt{x^2-1}+\tan^{-1}\left(\frac{1}{\sqrt{x^2-1}}\right)+C$

5. $f(x)=\ln|\ln x|$

6. $f(x)=e^{x^2}+2-e^{100}$

연습문제 7.3

1. (1) $-(1+x)e^{-x}+C$ (2) $\left(\frac{x}{2}-\frac{1}{4}\right)e^{2x}+C$ (3) $-\frac{1}{27}e^{-3x}(2+6x+9x^2)+C$

(4) $-(2x+5)e^{-x}+C$

2. (1) $\cos x+x\sin x+C$ (2) $\frac{1}{9}(\sin 3x-3x\cos 3x)+C$ (3) $(2-x^2)\cos x+2x\sin x+C$

(4) $\frac{1}{2}x\cos(2x)+\frac{1}{4}(2x^2-1)\sin(2x)+C$

3. (1) $-\frac{1}{4}x^2+\frac{1}{2}x^2\ln(x^2)+C$ (2) $\frac{1}{4}x^2-\frac{1}{3}x^3-\frac{1}{2}x^2\ln x+x^3\ln x+C$

(3) $2x-2x\ln x+x(\ln x)^2+C$ (4) $\frac{1}{4}x^2-\frac{1}{2}x^2\ln x+\frac{1}{2}x^2(\ln x)^2+C$

4. (1) $\frac{1}{2}e^x(\sin x-\cos x)+C$ (2) $\frac{1}{10}e^{3x}(3\cos x+\sin x)+C$ (3) $\frac{1}{4}e^{-2x}(\sin(2x)-\cos(2x))+C$

(4) $\frac{1}{4}e^{x^2}(\sin(x^2)+\cos(x^2))+C$

5. $f(1)=0$

6. $f(2)=e^{-2}$

연습문제 7.4

1. (1) $\frac{1}{32}(12x - 8\sin 2x + \sin 4x) + C$ (2) $\frac{1}{192}(\cos 6x - 9\cos 2x) + C$

(3) $\frac{1}{840}(157 + 108\cos 2x + 15\cos 4x)\sin^3 x + C$ (4) $\frac{1}{60}\cos^3(2x)(3\cos(4x) - 7) + C$

(5) $\frac{1}{2}\ln(1 + \sin^2 x) + C$ (6) $-\frac{3}{2}x + \frac{1}{4}\sin(2x) + \tan x + C$

2. (1) $\tan x - 2\ln|\cos x| + C$ (2) $\tan x - \cot x + C$ (3) $\frac{1}{3}\tan x(2 + \sec^2 x) + C$

(4) $\frac{1}{3}(2 + \sec(1 + e^x)^2)\tan(1 + e^x) + C$ (5) $\frac{1}{4}(2\ln|\cos 2x| + \sec^2 2x) + C$

(6) $\frac{1}{32}(\cos(4\ln|x|) - 4\cos(2\ln|x|)) + C$

3. (1) $\frac{1}{2}\tan^{-1}(2x) + C$ (2) $-\tan^{-1}(\cos x) + C$ (3) $\tan^{-1}e^x + C$ (4) $\sin^{-1}(x-1)^2 + C$

(5) $\frac{1}{2}(\sin^{-1}x)^2 + C$ (6) $\frac{1}{2}(\tan^{-1}x)^2 + C$

연습문제 7.5

1. (1) $\frac{1}{6}\frac{1}{x-3} - \frac{1}{6}\frac{1}{x+3}$ (2) $\frac{1}{x} - \frac{x}{x^2+1}$ (3) $\frac{5}{x-1} - \frac{5}{x} - \frac{3}{x^2}$ (4) $x + \frac{2}{x+2} + \frac{2}{x-2}$

2. (1) $\ln|x-3| - \ln|x-2| + C$ (2) $\ln|x-2| - \ln|x+3| + C$ (3) $\frac{1}{2}(\ln|x-2| - \ln|x|) + C$

(4) $\frac{1}{4}(\ln|x+2| - \ln|x-2|) + C$

3. (1) $\frac{1}{1-x} - \ln|x-1| + \ln|x| + C$ (2) $\frac{1}{4}\left(-\frac{2x}{x^2-1} - \ln|x-1| + \ln|x+1|\right) + C$

(3) $\frac{1}{4}(-2\tan^{-1}x + \ln|x-1| - \ln|x+1|) + C$ (4) $\ln|x| - \frac{1}{2}\ln(x^2+1) + C$

4. (1) $\frac{3}{2}(5\ln|x-5| - 3\ln|x-3|) + C$ (2) $\frac{3}{x} + 5\ln|x-1| - 5\ln|x| + C$

(3) $\frac{1}{2}(2x + \ln|x-1| - \ln|x+1|) + C$ (4) $\frac{1}{x} + 3x + 3\ln|x-1| + C$

5. $f(3) = -\frac{1}{2}\ln 2$

연습문제 8.1

1. (1) 4 (2) 2

2. (1) 15 (2) $\frac{9}{2}$ (3) $\frac{13}{2}$ (4) $\frac{1}{2}a^2\pi$ (5) 0 (6) $\frac{16}{3}$

3. (1) 16 (2) $\frac{86}{3}$ (3) $4\sqrt{6} - \frac{20}{3}$ (4) 1 **4.** (1) 0 (2) $\frac{2}{3}$ (3) $\frac{1}{2}$ (4) $57 - \frac{2}{e^6} + \frac{20}{e^3}$

5. (1) $\ln 2$ (2) $\frac{1}{4}$ (3) $\ln\frac{1+e}{2}$ (4) $\frac{\ln 3 - \ln 2}{\ln 2 \ln 3}$

6. (1) $1 - \frac{2}{e}$ (2) 0 (3) $\frac{1}{5} - \frac{\cos 2}{5e} + \frac{2\sin 2}{5e}$ (4) $\frac{1}{4}e^2(3e^2 - 1)$

7. (1) e^{-x^2} (2) $3x^2\cos(x^3) - \cos x$ (3) $-2x\cos(x^4 - \pi)$ (4) $-(x^2-2)^{10}$

8. $\frac{1}{6}$ **9.** $f(x) = 3x - 1,\ a = 0$

연습문제 8.2

1. (1) $9\left(\frac{3}{4}\right)^{\frac{1}{3}}$ (2) $\frac{9}{2}$ (3) $\frac{14}{3}$ (4) 2 (5) 2 (6) $\frac{1}{2}(-3+e^2)$

2. (1) $\frac{64}{3}$ (2) $\frac{9}{2}$ (3) 36 (4) 21 (5) 4 (6) $\frac{125}{24}$

3. (1) $\frac{1}{20}$ (2) $2\sqrt{2}$ (3) $\frac{1}{12}$ (4) 1

4. $k=2$

5. $\frac{e}{2}-1$

연습문제 8.3

1. (1) $\frac{1}{3}\pi$ (2) $\frac{242}{5}\pi$ (3) $\frac{16}{15}\pi$ (4) $\frac{127}{7}\pi$ (5) $\frac{4}{3}\pi$ (6) $\frac{1}{4}\pi^2$

2. (1) $\frac{9}{2}\pi$ (2) $\frac{2}{3}\pi$ (3) 2π (4) 8π (5) $\left(\frac{20\sqrt{2}}{3}-\frac{4}{3}\right)\pi$ (6) $\frac{512}{15}\pi$

3. $\left(2-\frac{2}{3}e\right)\pi$

4. $\frac{1720}{3}(\text{cm}^3)$

5. $a=\frac{1}{2}\ln 3$

연습문제 8.4

1. (1) $\frac{59}{24}$ (2) $\frac{76}{3}$ (3) $e-\frac{1}{e}$ (4) $\ln 7-\frac{3}{4}$ (5) $\ln\left(\cos\frac{\pi}{8}+\sin\frac{\pi}{8}\right)-\ln\left(\cos\frac{\pi}{8}-\sin\frac{\pi}{8}\right)$

(6) $\frac{1}{4}(e^2+1)$

2. 2

3. (1) $s(t)=4.9t^2+39.2t$ (2) 4초 (3) 24.5

4. $\frac{243}{2}\pi(\text{cm}^3)$

연습문제 8.5

1. (1) $\frac{1}{3}$ (2) 1 (3) 1 (4) $\frac{\pi}{2}$ (5) $\frac{1}{2}$ (6) $\frac{1}{2}$

2. (1) 발산 (2) 발산 (3) $3^{\frac{4}{3}}$ (4) 발산 (5) 발산 (6) -1

연습문제 8.6

1. (1) $-\tan(x+C)$ (2) $(xe^x-e^x)-(ye^{-y}+e^{-y})=C$ (3) $\tan\left(C-\frac{\ln(x^2+1)}{2}\right)$ (4) $\frac{e^{x+C}}{1-e^{x+C}}$

2. (1) $\frac{1}{3}(4e^{-3x}-1)$ (2) $x^2+y^2=5$ (3) $-\frac{1}{3}\ln|4-3e^x|$ (4) $\sin^2 x$

3. $\lim_{t\to\infty}P(t)=\frac{aP_0-k}{a}$

4. 100배

연습문제 9.1

1. (1) $\{(x,\ y)\mid y\ge x\}$ (2) $\{(x,\ y)\mid 16-x^2-y^2>0\}$ (3) 모든 $(x,\ y)\in\mathbb{R}^2$ (4) $\{(x,\ y)\mid xy>0\}$

2. (1) -26 (2) $\sqrt{29}$ (3) 2 (4) -1 (5) -1 (6) 1 (7) -2 (8) -2

3. (1) -2 (2) -1 (3) -5 (4) -5

4. (1) 1 (2) -1

5. (1) 존재하지 않음 (2) 0 (3) 1 (4) 0

6. (1) 모든 $(x, y) \in \mathbb{R}^2$ (2) 모든 $(x, y) \in \mathbb{R}^2$ (3) 모든 $(x, y) \in \mathbb{R}^2$

(4) $\{(x, y) \mid x + 2y > 0\}$ (5) $\{(x, y) \mid x + y \geq 0, x - y \geq 0\}$ (6) $\{(x, y) \mid x + y - 1 \geq 0\}$

연습문제 9.2

1. (1) $\frac{\partial f}{\partial x} = 2$, $\frac{\partial f}{\partial y} = -1$ (2) $\frac{\partial f}{\partial x} = \frac{1}{2}x$, $\frac{\partial f}{\partial y} = -\frac{2}{9}y$ (3) $\frac{\partial f}{\partial x} = \frac{x^2 + y^2}{x^2}$, $\frac{\partial f}{\partial y} = -\frac{2y}{x}$

(4) $\frac{\partial f}{\partial x} = e^x \cos 2y$, $\frac{\partial f}{\partial y} = -2e^x \sin 2y$ (5) $\frac{\partial f}{\partial x} = \frac{2x}{x^2 + y^2}$, $\frac{\partial f}{\partial y} = \frac{2y}{x^2 + y^2}$

(6) $\frac{\partial f}{\partial x} = \cos x \cos 2y$, $\frac{\partial f}{\partial y} = -2 \sin x \sin 2y$

2. (1) $\frac{\partial f}{\partial x} = \sin(y - x) - x\cos(y - x)$, $\frac{\partial f}{\partial y} = x\cos(y - x)$

(2) $\frac{\partial f}{\partial x} = \frac{ye^{xy}(x^2 + y^2) - 2xe^{xy}}{(x^2 + y^2)^2}$, $\frac{\partial f}{\partial y} = \frac{xe^{xy}(x^2 + y^2) - 2ye^{xy}}{(x^2 + y^2)^2}$

(3) $\frac{\partial f}{\partial x} = \frac{1}{\sqrt{1 - \frac{y^2}{x^2 + y^2}}} \, y \frac{-\frac{x}{\sqrt{x^2 + y^2}}}{x^2 + y^2}$, $\frac{\partial f}{\partial y} = \frac{1}{\sqrt{1 - \frac{y^2}{x^2 + y^2}}} \frac{\sqrt{x^2 + y^2} - y\frac{y}{\sqrt{x^2 + y^2}}}{x^2 + y^2}$

(4) $\frac{\partial f}{\partial x} = \frac{-\frac{y}{x^2}}{1 + \left(\frac{y}{x}\right)^2}$, $\frac{\partial f}{\partial y} = \frac{\frac{1}{x}}{1 + \left(\frac{y}{x}\right)^2}$

3. (1) $f_{xy} = -\frac{1}{y^2} = f_{yx}$ (2) $f_{xy} = 2x = f_{yx}$ (3) $f_{xy} = 3xy(x^2 + y^2)^{-\frac{1}{2}} = f_{yx}$

(4) $f_{xy} = 2x + \cos x = f_{yx}$ (5) $f_{xy} = 6x^2 \cos 2y - 2e^x \sin 2y = f_{yx}$ (6) $f_{xy} = 4xye^{x^2+y^2} = f_{yx}$

4. 곡선의 방정식 $f(x, 2) = x^2 + 1$, 기울기 $f_x(1, 2) = 2$

5. 곡선의 방정식 $f\left(\frac{\pi}{6}, y\right) = \sin\left(\frac{\pi}{3} + y\right)$, 기울기 $f_y\left(\frac{\pi}{6}, \frac{\pi}{3}\right) = \cos\frac{2}{3}\pi = -\frac{1}{2}$

연습문제 9.3

1. (1) $16t$ (2) $2(t-1)$ (3) $2e^t - 2\sin t \cos t + 2\sin t$ (4) $e^{2t}(2t + 1)$ (5) $\frac{2t + 1}{t^2 + t + 2}$

(6) $e^{\cos t + \sin t}(\cos^2 t - \cos t \sin t - \sin t)$

2. (1) $\frac{\partial z}{\partial s} = 2s + 4t + 18st^2$, $\frac{\partial z}{\partial t} = 4s + 8t + 18s^2 t$ (2) $\frac{\partial z}{\partial s} = 4ste^{2t}$, $\frac{\partial z}{\partial t} = 2s^2 e^t(2t + 1)$

(3) $\frac{\partial z}{\partial s} = \cos(s - t)\cos(s^2 + t^3) - 2s\sin(s - t)\sin(s^2 + t^3)$

$\frac{\partial z}{\partial t} = -\cos(s - t)\cos(s^2 + t^3) - 3t^2 \sin(s - t)\sin(s^2 + t^3)$

(4) $\frac{\partial z}{\partial s} = s(e^{st+t} - e^{e^t})$, $\frac{\partial z}{\partial t} = (e^{st} - ste^{e^t})e^t + (e^t e^{st} - e^{e^t})t$

3. (1) $4y$ (2) $-t\cos(t\cos y)\cos(\sin y)\sin y - \cos y \sin(t \sin y)\sin(\sin y)$

(3) $2\sqrt{x^2 + y^2}\sin\left(2\tan^{-1}\frac{y}{x}\right)\frac{y}{\sqrt{x^2 + y^2}} + 2(x^2 + y^2)\cos\left(2\tan^{-1}\frac{y}{x}\right) \cdot \frac{x}{x^2 + y^2}$

(4) $e^{xy}\cos\left(\sqrt{x^2 + y^2}\right) \cdot x - e^{xy}\sin\left(\sqrt{x^2 + y^2}\right) \cdot \frac{y}{\sqrt{x^2 + y^2}}$

4. (1) $\frac{\partial z}{\partial x} = -\frac{2xy + z^2 - yz}{y^2 + 2xz - xy}$, $\frac{\partial z}{\partial y} = -\frac{x^2 + 2yz - xz}{y^2 + 2xz - xy}$ (2) $\frac{\partial z}{\partial x} = -\frac{e^x - yz\cos(xyz)}{1 - xy\cos(xyz)}$, $\frac{\partial z}{\partial y} = -\frac{1 - xz\cos(xyz)}{1 - xy\cos(xyz)}$

(3) $\dfrac{\partial z}{\partial x} = \dfrac{\dfrac{z}{x^2}}{\dfrac{1}{x} + \dfrac{1}{y} - \dfrac{y}{z^2}}$, $\dfrac{\partial z}{\partial y} = \dfrac{\dfrac{y}{z^2} - \dfrac{1}{z}}{\dfrac{1}{x} + \dfrac{1}{y} - \dfrac{y}{z^2}}$ (4) $\dfrac{\partial z}{\partial x} = -\dfrac{z^x \ln z}{xz^{x-1} - y^z \ln y}$, $\dfrac{\partial z}{\partial y} = \dfrac{zy^{z-1}}{xz^{x-1} - y^z \ln y}$

연습문제 10.1

1. (1) $\frac{3}{2}$ (2) $\frac{8\pi}{3} + \frac{8}{3}\pi^3$ (3) $\frac{16}{9}\pi^3$ (4) $(e^2+1)^2$ (5) 1 (6) $\frac{7}{3}\left(1 - \frac{1}{\sqrt{2}}\right)$

2. (1) $\frac{1}{2}(\pi^2 - 2)$ (2) $\frac{1}{2}(\ln 8)^2 - \ln 8$ (3) $\frac{\pi}{2} - 1$ (4) $\frac{1}{96}$ (5) $\frac{1}{2}e^4 - e^2 + \frac{1}{2}$ (6) $\frac{3}{8}$

3. (1) 1 (2) $\frac{1}{2}(e-1)$ (3) $\frac{1}{2}e - 1$ (4) $\frac{16}{3} - \sin 4$ (5) $\frac{16}{3}$ (6) 2

4. (1) $\frac{1}{63}$ (2) $\frac{3}{2}\ln 3 - 1$ (3) $\frac{1}{6}$ (4) $-\frac{1}{3}$ (5) $\frac{1}{5}$ (6) $\frac{7}{48}$

연습문제 10.2

1. (1) 1 (2) 1 (3) -2 (4) $4u^2 + 4v^2$ (5) $-ue^{u+v}$ (6) $\dfrac{u-v}{4v(u+v)}$

2. (1) $\pi\left(1 - \frac{1}{e}\right)$ (2) $\frac{16}{3}\pi$ (3) $\pi(e^4 - e)$ (4) 36 (5) $\frac{\pi}{2}$

3. $2(1 - e^{-2})$

4. $\frac{32}{9}(2\sqrt{2} - 1)$

5. $\frac{2}{3}$

연습문제 A.1

1. (1)

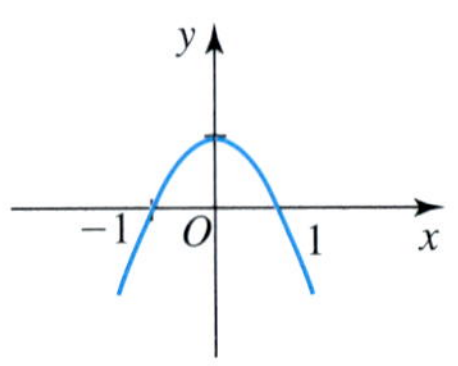

(2) -1 (3) -2 (4) $y = -2x + 2$

2. (1)

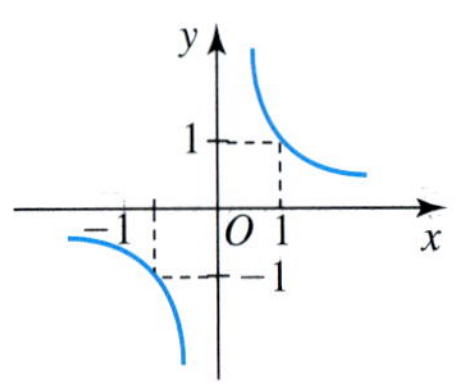

(2) -1, -1

3.

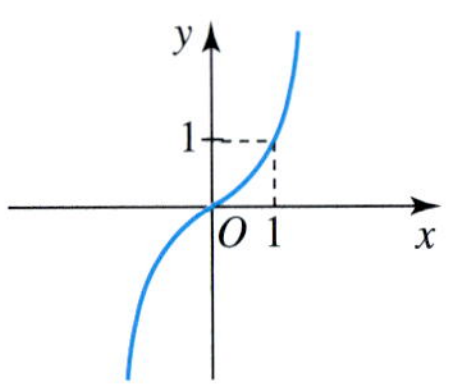

$y = 3x + 2$, $y = 3x$, $y = 3 - 2$, $y = 12x - 22$

4. (1) 6 (2) 5

5. (1) 0 (2) 1 (3) $-\frac{5}{16}$ (4) 0 (5) $-\frac{3}{4}$ (6) $\frac{1}{2}$ (7) 2 (8) 2 (9) $\frac{1}{\sqrt{3}}$ (1) $-\frac{1}{4\sqrt{2}}$

6. (1) $y=18x-27$ (2) $y=3x-4$ (3) $y=0$ (4) $y=\frac{1}{6}x+\frac{5}{3}$ (5) $\frac{1}{\sqrt{5}}x+\frac{3}{\sqrt{5}}$

7. (1) $f'_+(1)=3$이고 $f'_-(1)=2$이므로 $f'(1)$ 존재하지 않음

(2) $f'_+(1)=0=f'_-(1)$이므로 $f'(1)=0$.

8. (1) $-\frac{1}{4}x^{-\frac{3}{2}}$ (2) $2x^{-3}$ (3) $\frac{2x^3-6x}{(1+x^2)^3}$ (4) $\frac{1}{(x^2+1)^{\frac{3}{2}}}$

연습문제 A.2

1. (1) 0 (2) $28x^6$ (3) $24x^7-2$ (4) $\sqrt{2}$ (5) $24x^{-9}$ (6) $-42x^{-7}$

(7) $-3x^{-4}-7x^{-8}$ (8) $1+\frac{1}{x^2}$ (9) $18x^2-\frac{3}{2}x+12$ (10) $21x^6-31x^5-27x^{-2}+54x^{-3}$

(11) $18x^5-4x^3+69x^2-7$ (12) $2x^3(5x^6+14x^3+8)$ (13) $\frac{3}{(2t+1)^2}$ (14) $-\frac{1}{3}\frac{t^2-2t+1}{t^2}$

2. (1) $\frac{1}{2\sqrt{t^3}\sqrt{t^2+1}}(t^2-1)$ (2) $1+\frac{1}{2\sqrt{t}}$ (3) $(3t^2+1)(10(t^3+t)^9+3(t^2+t)^2)$

(4) $2t\left(2(t^2+1)+\frac{1}{(t^2+1)^2}\right)$ (5) $7(3x^2+2x)(x^3+x^2+1)$ (6) $10\left(1-\frac{1}{x^2}\right)\left(1+\frac{1}{x}\right)^9$

(7) $-10x\left(x^2+1\right)^{-6}$ (8) $\frac{x+1}{2\sqrt{x^2+2x+3}}$

3. (1) $\frac{4-2\sqrt{y^3}}{3(x\sqrt{y}-2)}$ (2) $\frac{y^2-y^3}{3xy^2-2xy}$ (3) $\frac{-2xy}{x^2-3y^2}$ (4) $\frac{-2y\sqrt{x+y}}{1+x\sqrt{x+y}}$ (5) $-\frac{x}{y}$ (6) $\frac{3y-4x}{2y-3x}$

4. $y=-\frac{2}{9}x+\frac{1}{9}$

5. $a=3,\ b=-2$

6. $k=1$

7. $k=-4$

8. $n=2$

9. (1) $y-2=-\frac{12}{13}(x-1)$ (2) $y-2=-\frac{1}{8}(x-1)$ (3) $y+1=2(x-1)$

찾아보기

ㅅ

ㅇ

ㅈ

ㅊ

ㅌ

ㅍ

ㅎ

기타

대 학 수 학 (개정판)

2015년 3월 5일 1판 1쇄 발행
2016년 3월 2일 개정판 1쇄 발행

저 자 ● **권중성 · 길병문 · 심홍태 · 한동환**
발행자 ● **조 승 식**
발행처 ● (주) 도서출판 **북스힐**
서울시 강북구 한천로 153길 17
등 록 ● 제 22-457 호

TEL (02) 994-0071(代)
FAX (02) 994-0073
E-MAIL bookswin@unitel.co.kr
www.bookshill.com

값 22,000원

잘못된 책은 교환해 드립니다.

ISBN 978-89-5526-957-4